Norbert Thom | Robert J. Zaugg (Hrsg.)

Moderne Personalentwicklung

Norbert Thom | Robert J. Zaugg (Hrsg.)

Moderne Personalentwicklung

Mitarbeiterpotenziale erkennen,
entwickeln und fördern

3., aktualisierte Auflage

GABLER

Bibliografische Information der Deutschen Nationalbibliothek
Die Deutsche Nationalbibliothek verzeichnet diese Publikation in der
Deutschen Nationalbibliografie; detaillierte bibliografische Daten sind im Internet über
<http://dnb.d-nb.de> abrufbar.

Prof. Dr. Dr. h. c. mult. Norbert Thom ist Ordinarius für Betriebswirtschaftslehre, Gründer und Direktor des Instituts für Organisation und Personal der Universität Bern. Mit Personalentwicklung beschäftigt er sich seit drei Jahrzehnten. Weitere Schwerpunkte: Organisation und Public Management.

Prof. Dr. Robert J. Zaugg ist Dozent für Personalmanagement und Organisation an der Universität Freiburg (Schweiz) sowie Unternehmensberater. Forschungsschwerpunkte: Personal- und Organisationsmanagement, Leadership und Fallstudienmethodik.

1. Auflage 2006
2. Auflage 2007
3. Auflage 2008

Alle Rechte vorbehalten
© Gabler | GWV Fachverlage GmbH, Wiesbaden 2008

Lektorat: Ulrike Lörcher | Katharina Harsdorf

Gabler ist Teil der Fachverlagsgruppe Springer Science+Business Media.
www.gabler.de

Umschlaggestaltung: Ulrike Weigel, www.CorporateDesignGroup.de
Druck und buchbinderische Verarbeitung: Krips b.v., Meppel
Gedruckt auf säurefreiem und chlorfrei gebleichtem Papier
Printed in the Netherlands

ISBN 978-3-8349-1060-8

Vorwort

In den Leitbildern vieler Unternehmen und öffentlicher Institutionen wird die Förderung und Entwicklung von Mitarbeitenden nicht nur erwähnt, sondern sehr prominent positioniert. Bildungsbudgets beanspruchen einen zunehmenden Anteil der Personalkosten und die diesbezüglichen Aufgaben des Personalmanagements werden aufgewertet. Eine wichtige Ursache für diese Entwicklung ist gewiss der grundlegende Wandel von der Industrie- zur Dienstleistungsgesellschaft, der sich in vielen entwickelten Volkswirtschaften vollzieht. Diese Veränderung führt zu einer grösseren Bedeutung des Wissens und der Kompetenzen der Mitarbeitenden. Zweitens zwingt die demographische Herausforderung Unternehmen dazu, spezifische Fähigkeiten intern aufzubauen, weil sie diese nicht oder nur mit sehr grossem Aufwand am externen Arbeitsmarkt gewinnen können. Drittens stellen die Fähigkeiten und Werthaltungen von Mitarbeitenden *das* Differenzierungsmerkmal im Wettbewerb dar. Das gezielte Management von Kompetenzen und die Personalentwicklung werden damit zu strategischen Erfolgsfaktoren.

Diese nicht abschliessende Liste von Gründen hat uns dazu bewogen, im September 2003 eine Tagung zum Thema „Trends in der Personalentwicklung. Humanressourcen gezielt beurteilen, entwickeln und fördern" durchzuführen. Das grosse Echo der Tagung und die qualitativ hoch stehenden Vorträge führten schliesslich zu einem Buch, welches nunmehr bereits in der dritten Auflage erscheint. Wir haben intensive Diskussionen mit Autoren und Autorinnen geführt, neue wissenschaftliche Einsichten gewonnen und im Buch verarbeitet.

Das Buch umfasst sechs Teile sowie diverse Anhänge und Verzeichnisse. Der erste Teil beschäftigt sich mit konzeptionellen Grundlagen der Personalentwicklung. *Norbert Thom* zeigt ausgewählte Trends dieser Funktion auf, *Robert J. Zaugg* widmet sich dem Aspekt der Nachhaltigkeit in der Personalentwicklung, und *Manfred Becker* beschreibt die neue Rolle der Personalentwicklung. Der zweite Teil geht auf die Beurteilung ein. Hier thematisieren *Adrian Blum* und *Robert J. Zaugg* das 360-Grad-Feedback, *Nicolas Gonin*, *Daniel Fahrni* und *Rahel Knecht* greifen das Assessment Center auf und *Urs Klingler* sowie – in einem zweiten Beitrag – *René A. Lichtsteiner* behandeln das Performance Management. Im dritten Teil, der mit Fördern überschrieben ist, wendet sich *Jean-Paul Thommen* dem Coaching als Instrument der Personalentwicklung zu. *Hans Gurtner*, *Jürg Habermayr* und *Barbara Saskia Schmid* erläutern das Mentoring bei der Schweizerischen Post. Mit dem Erfassen und Entwickeln von Schlüsselkompetenzen setzt sich *Bernadette Kadishi* auseinander. Neue Lernformen werden einerseits anhand des Beispiels des Blended Learning von *Thomas Myrach* und *Corinne Montandon* sowie andererseits im Zusammenhang mit einem strategisch verankerten E-Learning von *Andrea Back* beleuchtet.

Der vierte Teil umfasst Beiträge zur Entwicklung im engeren Sinn. *Gabrielle Schlittler* und *Andreas Erb* zeigen auf, dass Unternehmensentwicklung Personalentwicklung erfordert. *Vera Friedli* beschreibt die betriebliche Karriereplanung im Überblick und *Anita Graf* stellt das Konzept der lebenszyklusorientierten Personalentwicklung anschaulich dar. Mit *Philippe Hertig*, der die Laufbahnplanung aus der Sicht des Executive Search analysiert, und *Hans Hofmann*, der die Fachlaufbahnen der IBM Research darstellt, äussern sich auch in diesem Teil zwei weitere kompetente Praktiker. *Carsten Busch* betrachtet den Aspekt der Zielvereinbarung aus der Perspektive des Business Process Reengineering. *Norbert Thom* und *Vera Friedli* schliessen den vierten Teil mit einem Beitrag über Best Practices im Bereich Traineeprogramme ab.

Der fünfte Teil ist den Besonderheiten der Personalentwicklung im öffentlichen Sektor gewidmet. *Peter Hablützel* zeigt die Zusammenhänge zwischen Verwaltungsmodernisierung und Personalentwicklung auf. *André Studer* erläutert die Managemententwicklung in der öffentlichen Verwaltung anhand des Kantons Luzern, und *Adrian Ritz* sowie *Martin Weissleder* greifen das gleiche Thema aus einer übergeordneten Sicht (Perspektive der Bundesverwaltung) auf und stellen den Wandel der Anforderungen an Führungskräfte in den Vordergrund. Der abschliessende sechste Teil stellt zentrale Trends in der Personalentwicklung in der Form von Thesen prägnant dar. *Norbert Thom* und *Robert J. Zaugg* haben in diese Ausführungen ihr theoretisches, empirisches und praktisches Wissen einfliessen lassen.

Allen Autorinnen und Autoren dieses Sammelwerkes danken wir als Herausgeber bestens für das Engagement, ihre Kompetenz und die sehr gute Zusammenarbeit. Den Firmen *Egon Zehnder*, *Rehau* und *Executrack* danken wir für die finanzielle Unterstützung der Tagung. Ein Werk mit rund 30 Autorinnen und Autoren lässt sich nicht ohne vielfältige Unterstützung realisieren. Wir danken *Fabian Egger*, *Reto Niederhauser* und *Raffael Knecht* ganz herzlich für die grosse Hilfe bei der Erstellung des Manuskriptes. *Stefanie Schüpbach*, *David Lüthi* und *Brigitte Zaugg* gebührt grosser Dank für das gewissenhafte Lektorat. *Ulrike Lörcher* und das Team des *Gabler Verlages* haben einmal mehr gut mit uns zusammengearbeitet. Dem gesamten Team des *Instituts für Organisation und Personal* der Universität Bern danken wir für die direkte und indirekte Unterstützung dieses Vorhabens sowie der Tagung. Obwohl wir bei der Erstellung dieses Werks wertvolle Hilfe von mehreren Personen erhalten haben, tragen wir die Endverantwortung für dieses Buch.

Wir freuen uns darüber, dass innerhalb von zwei Jahren eine dritte, aktualisierte Auflage dieses Sammelwerks erscheinen kann. Für die Assistenz bei den Korrekturarbeiten danken wir Frau *Sandra Kohler* bestens. Frau *Kerstin Kloke* danken wir für die Mitwirkung bei den abschliessenden Arbeiten für die Druckvorlage. Rückmeldungen aus der Leserschaft sind uns stets willkommen.

Bern, im August 2008   Norbert Thom und Robert J. Zaugg

Inhaltsverzeichnis

Teil 4: Entwickeln

Teil 5: Personalentwicklung im öffentlichen Sektor

Teil 6: Thesen

Teil 1:

Konzipieren

Norbert Thom

Trends in der Personalentwicklung

1 Einleitung

Bei der Personalentwicklung wird es auch zukünftig darum gehen, die Anforderungsprofile der Stellen mit den Fähigkeitsprofilen der Stelleninhaber in bestmögliche Übereinstimmung zu bringen. Auch wenn die Grundfragestellung unverändert geblieben ist, entwickelten sich in jüngerer Zeit neue Schwerpunkte der Problemstellung. Diesen soll der nachfolgende Artikel nachgehen. Nach der Klärung des Personalentwicklungsverständnisses des Verfassers werden ausgewählte Trends der Personalentwicklung dargestellt.

2 Verständnis von Personalentwicklung

Ein Unternehmen rekrutiert selten absolut fertig ausgeformte Fähigkeitspotenziale durch Beschaffung von aussen oder innen, sondern es baut die benötigten Fähigkeitspotenziale selbst auf (vgl. Drumm 2008: 381). Zur Erlangung dieser Fähigkeiten ergeben sich im Unternehmen zwei Gruppen von PE-Massnahmen – bildungsbezogene und stellenbezogene (vgl. Thom 1992 und Thom 2007) –, welche im Folgenden näher erläutert werden. Die PE stützt sich dabei auf Informationen über Personen (z. B. Leistung, Potenzial), Organisationseinheiten (z. B. Anforderungsprofile) und relevante Märkte (z. B. Bildungsmarkt) (vgl. Thom 1992: 1676 f.). Vor Initiierung der einzelnen Massnahmen gilt es, für den betroffenen Mitarbeiter einen Abgleich zwischen dem Anforderungsprofil der Stelle bzw. der Zielstelle und dem momentanen Fähigkeitsprofil zu erstellen. Dem so ermittelten Defizit soll mit Hilfe von bildungs- und stellenbezogenen PE-Massnahmen begegnet werden (vgl. dazu Abbildung 2-1).

Abbildung 2-1: *Abstimmung der Unternehmens- und Mitarbeiterziele (vgl. Thom 1992)*

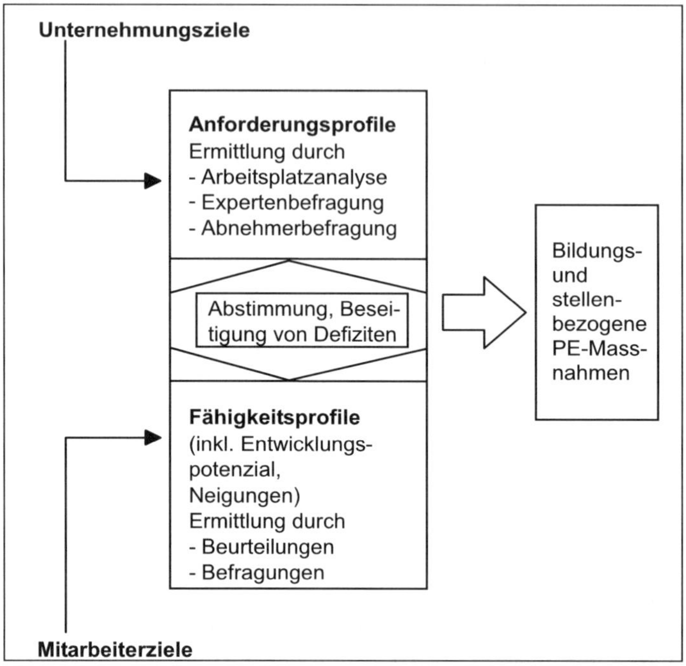

Unternehmungsziele

Anforderungsprofile
Ermittlung durch
- Arbeitsplatzanalyse
- Expertenbefragung
- Abnehmerbefragung

Abstimmung, Beseitigung von Defiziten

Fähigkeitsprofile
(inkl. Entwicklungspotenzial, Neigungen)
Ermittlung durch
- Beurteilungen
- Befragungen

Bildungs- und stellenbezogene PE-Massnahmen

Mitarbeiterziele

Die bildungsbezogenen PE-Massnahmen beinhalten eine explizite Qualifizierungsabsicht und können unterteilt werden in Ausbildung (z. B. Lehre), Weiterbildung (z. B. Nachdiplomkurse) und Umschulung. Die in der Ausbildung vermittelten und erlernten ganzheitlichen Qualifikationen (Kenntnisse, Fertigkeiten und Verhaltensweisen) dienen dazu, dass der Mitarbeiter „[...] flexibel einsetzbar, für anspruchsvolle Tätigkeiten qualifiziert und offen für zusätzliche notwendige Weiterbildung ist" (Becker 1999: 156). Aus diesem Grund haben verschiedene Grossunternehmen ihre Lehrlingsausbildungen neu strukturiert und bilden nicht mehr in so genannten Monopolberufen aus, welche nur noch in wenigen Betrieben Verwendung finden. Stattdessen werden die benötigten Qualifikationen mit Fertigkeiten anderer Berufe ergänzt und so z. T. zu neuen Berufsbildern zusammengesetzt. Dies erhöht die Arbeitsmarktfähigkeit des Mitarbeitenden und mindert zugleich die Verantwortung des Unternehmens gegenüber dem Arbeitnehmer i. S. einer Arbeitsplatzgarantie.

Im Rahmen der Weiterbildung können Anpassungs-, Ergänzungs- und Höherqualifizierungsaktivitäten unterschieden werden. Während Anpassungsmassnahmen der Erfüllung gegenwärtiger Stellenanforderungen dienen, werden mit anderen Aktivitäten neue Qualifikationen erworben. Es gilt also, neben den unumgänglichen Repetierungs- und

Anpassungskursen insbesondere auch die notwendigen *zusätzlichen* Qualifizierungen für die angestrebten neuen Stellen zu erlangen. Zu den klassischen Weiterbildungsmassnahmen zählen primär Schulungen und Kurse. Dabei kann es sich um betriebseigene oder betriebsexterne Schulungsanbieter handeln. Je nach Grösse des Unternehmens und Stellenwert der Lerninhalte ist es wenig sinnvoll, betriebseigene Schulungen durchzuführen. In diesem Falle sind auch Lernmodule externer Weiterbildungsanbieter in Betracht zu ziehen.

Bei der Zusammenarbeit des Unternehmens mit externen Bildungsinstitutionen ist in letzter Zeit vor allem der Begriff der *Corporate University (CU)* geprägt worden. Er bezeichnet die Zusammenarbeit des Unternehmens mit einer Universität oder Hochschule im Dienst der Mitarbeiterschulung (vgl. Kraemer 2000: 108). Aus Sicht des Unternehmens geht es dabei insbesondere um die Erschliessung aktueller Lehr- und Forschungsinhalte bei entsprechender unternehmensgerechter Aufbereitung. Neben dem offensichtlichen PE-Ziel verfolgen viele Betriebe mit der Gründung von Corporate Universities auch Nebenziele wie z. B. die Profilierung des Firmenimages oder die Unterstützung der Unternehmenskultur. In einigen Unternehmen wird auch als Fernziel genannt, dass die CU zum Kompetenzzentrum und damit zur Drehscheibe des unternehmensweiten Wissensmanagements werden soll. Noch sind es vor allem Grossunternehmen, welche CUs gegründet haben (z. B. Daimler-Chrysler, Bertelsmann oder Andersen Consulting). Gerade in der Diskussion um CU wird das Thema des Verhältnisses von Praxis und Theorie wieder aktuell. Es kann aus der Sicht des Verfassers allerdings nicht angehen, dass unabhängige und umfassende Bildungsinstitutionen wie eine Universität auf die Funktion des Zulieferers ‚bestellter' Informationen reduziert werden.

Gerade im Bereich reiner Off-the-Job-Weiterbildungsaktivitäten wird die Frage nach deren Effektivität und Effizienz laut. Häufig wird das in der Schulung Erlernte kaum in den Arbeitsalltag übertragen. Die Gründe hierfür sind vielfältig: So können z. B. bestehende Strukturen des Unternehmens die Umsetzung verhindern. Es gilt, das Erlernte bzw. dessen Anwendung in der Praxis auch nach Abschluss des Kurses zu fördern und zu unterstützen, z. B. durch das Errichten von Lerngemeinschaften oder Coaching. Diese Massnahmen müssten im Rahmen eines unternehmensweiten Wissensmanagements i. S. einer ständigen Wissenserarbeitung und -verbreitung für Mitarbeitende aller Hierarchiestufen und Positionen ergriffen werden.

Stellenbezogene PE-Massnahmen weisen eine implizite Qualifizierungsabsicht auf und sind immer on-the-job. Dazu gehören als Grundbausteine die Verwendungsplanung und -steuerung (horizontale Stellenwechsel), die Aufstiegsplanung und -steuerung (vertikale Stellenwechsel), Stellvertretungsregelungen, Lernpatenschaften, qualifikationsfördernde Arbeitsgestaltung sowie Massnahmen bei Stellenaufgabe (vgl. Thom 2007: Sp. 1359 f.). „Die Besetzung bzw. Planung einer Folge von zu besetzenden Stellen muss in der vorrangigen Absicht erfolgen, die Qualifikationen von Unternehmensmitgliedern anzupassen, zu erweitern und zu vertiefen bzw. das Leistungsvermögen bestmöglich zur Entfaltung gelangen zu lassen" (Thom 2007: 1359). Als klassische Instrumente der qualifikationsfördernden Arbeitsgestaltung gelten Job Rotation, Job Enlargement (Arbeitserweiterung), Job Enrichment (Arbeitsbereicherung), die teilautonome Arbeitsgruppe oder temporäre Projekteinsätze. *Job Rotation* beinhaltet einen systematischen Arbeitsplatzwechsel und dient so der Vermittlung von Qualifikationen, die inhaltlich andersartig sind, aber einen vergleichbaren Schwierigkeitsgrad aufweisen. Je nach Reichweite des Arbeitswechsels (z. B. über verschiedene Abteilungen hinweg) kann Job Rotation zu einem wesentlichen Instrument der Karriereplanung ausgebaut werden, indem vor allem die horizontale Verwendbarkeit des Mitarbeiters gefördert wird. So bestehen verschiedene Formen des Trainee-Programms neben den Off-the-Job-Schulungen im Wesentlichen aus Arbeitsplatzwechseln über verschiedene Abteilungen und/oder Fachgebiete hinweg. Das *Job Enlargement* fügt der angestammten Tätigkeit qualitativ ähnliche Aufgabenschritte hinzu und erweitert so das Aufgabenfeld zu einem zweckmässigen Aufgabenpaket. Durch die Bearbeitung mehrerer zusammenhängender Arbeitsschritte wird dem Mitarbeiter eine breitere Tätigkeit ermöglicht. Das *Job Enrichment* beinhaltet eine vertikale Ausweitung des Tätigkeitsfeldes. Durch die Erweiterung des Entscheidungs- und Kontrollspielraums setzt das Job Enrichment allgemein eine Höherqualifizierung voraus. So kommt z. B. die Stellvertretung häufig zur angestammten Tätigkeit hinzu und beinhaltet zusätzliche Aufgabenfelder mit den jeweiligen Kompetenzen und Verantwortungen. In Unternehmen mit klassischer Nachfolgeplanung gelten Stellvertretungen als ideale Vorbereitung für spätere Aufgaben: Der Kandidat kann sich bereits mit dem nachfolgenden Arbeitsfeld vertraut machen und erste Verantwortung übernehmen. Die *teilautonome Arbeitsgruppe* übernimmt als Team die Verantwortung für einen zusammenhängenden Aufgabenerfüllungsprozess und entscheidet unter Umständen auch über die Einstufung in Lohngruppen, Personalauswahl und Qualifizierungsmassnahmen autonom. Neben wechselseitigen Lernprozessen innerhalb der Gruppe fördert sie zugleich auch die Flexibilität und Leistungsbereitschaft der Belegschaft insgesamt. Zur Bewältigung innovativer und interdisziplinärer Aufgaben werden in vielen Unternehmen *Projekte* gebildet. Die zeitlich befristete Zuordnung von Mitarbeitern zu Projekten lässt sich ebenso in die Personalentwicklung einbeziehen. Neben den Kernkompetenzen können so zusätzliche Qualifikationen gewonnen werden: Fachwissen, erste Führungserfahrungen, kognitive und emotionale Intelligenz, methodisches Projektwissen, Kreativität und Fantasie. Für High Potentials des mittleren Managements wurden in den USA vermehrt so genannte *Junior Executive Boards* eingerichtet. Hier arbeiten die jungen Manager in Gruppen für mindestens sechs Monate beim Vorstand ihrer Gesellschaft mit und gehen dabei die anstehenden Probleme an, deren mögliche Lösung sie an den gewählten Vorstand im Sinne einer Empfehlung weitergeben. Mit Hilfe dieses ‚Praktikums' erlernen sie unter Realitätsbedingungen die Anforderungen übergeordneter Verantwortlichkeiten und können sich für höhere Aufgaben empfehlen. Mentoring und Coaching beruhen im Rahmen von Lernpatenschaften auf persönlichem Kontakt und Kommunikation einer älteren erfahrenen und einer jüngeren Person. Beim Mentoring findet der Austausch auf einer persönlichen Ebene mit einem hohen Mass an emotionalem Engagement statt. Die Beteiligten (Mentor, Mentee) sind normalerweise nicht Vorgesetze und Mitarbeiter. Mentees erhalten durch den Austausch mit ihrem Mentor formelle und informelle informatorische Grundlagen, um die für sie richtigen Entscheidungen im

Rahmen der Personalentwicklung zu treffen. Ein Coach betreut meistens mehrere Coachees und ist psychologisch geschult. Ein externer Coach übt Coaching als Beruf aus. Übernimmt ein direkt Vorgesetzer die Rolle des Coaches, kann für den Mitarbeitenden eine individuelle Qualifizierungshilfe im Rahmen der Personalentwicklung geschaffen werden (vgl. Thom/Habegger 2005: 57). Immer wichtiger werden die Massnahmen zum Übergang in den Ruhestand. Die Alterung der Gesellschaft und die mit ihr verbundene Wichtigkeit des Wissensmanagements sind neben der sozialen Verantwortung von Unternehmen für ihre Mitarbeitenden wesentliche Gründe dafür. Eine entscheidende Aufgabe der Personalentwicklung liegt deshalb darin, das Wissen und die Erfahrungen in den Ruhestand tretender Mitarbeitender zu sichern (vgl. Graf 2002: 129) sowie die Generationenvielfalt im Unternehmen zu erhalten (vgl. Becker 2002: 424 f.). Auch das Thema des lebenslangen Lernens rückt aufgrund der immer kürzer werdenden Halbwertszeit vieler Arten des Wissens vermehrt in den Fokus (vgl. Staudinger 2008: 295).

Betriebliche Aus- und Weiterbildung im Allgemeinen und der Fach- und Führungskräfte im Besonderen ist immer auch Ausdruck der Unternehmenskultur. Unternehmen, welche das Lernen der Schlüsselmitarbeiter als einen strategischen Erfolgsfaktor postulieren, werden darauf bedacht sein, dass lebenslanges Lernen und häufige interfunktionelle Wechsel als Normalität empfunden werden, und eine Karrierekultur aufbauen, welche lern- und erfolgsorientiert ist (vgl. Meier/Schindler 1992: Sp. 321 f.).

3 Ausgewählte Trends in der Personalentwicklung

Nachfolgend werden einige ausgewählte Trends in der Personalentwicklung beschrieben. Es interessieren im Besonderen die Förderung von High Potentials, die Änderung im Karriereverständnis, Instrumente der Personalentwicklung und die Personalentwicklung im öffentlichen Sektor. Diese Trends sind unvollständig. Sie orientieren sich an Forschungsinteressen des Verfassers und seines Instituts.

3.1 Förderung von High Potentials

Wechselten die Mitarbeitenden in den letzten Jahren recht häufig ihre Arbeitsstelle, so wird zumindest auf Seiten der Geschäftsleitung die Forderung nach einem längerfristigen und somit nachhaltigeren Personalmanagement laut. In der Unternehmenspraxis konzentrieren sich die Personalerhaltungsanstrengungen auf eine vergleichsweise kleine Mitarbeitergruppe der sogenannten Schlüsselmitarbeitenden bzw. High Potentials: Mitarbeitende, welche durch besonderes Engagement und überdurchschnittliche Leistungen auffallen (vgl. Thom/Friedli 2008), durch Ausbildung im Unternehmen oder durch ein gutes bis sehr gutes Studium hervorragend qualifiziert sind und weiteres Entwicklungspotenzial aufweisen (vgl. Wollsching-Strobel 1999: 7). Aus unternehmensinternen Daten der Leistungs- und Potenzialbeurteilung lassen sich Mitarbeitende in Gruppen zusammenfassen und in so genannten Portfolios darstellen (vgl. Graf 2002). Abbildung 3-1 zeigt, dass High Potentials nur einen sehr kleinen Anteil der Gesamtbelegschaft ausmachen.

Abbildung 3-1: *Personalportfolio (vgl. Thom/Friedli 2008)*

Ein umfassendes, zur Erhaltung von Schlüsselmitarbeitenden geeignetes Anreizsystem enthält verschiedene Anreize (sowohl materielle als auch immaterielle) und basiert auf der extrinsischen und intrinsischen Motivation.

High Potentials lassen sich nicht (mehr) ausschliesslich durch spezielle finanzielle Mittel binden, sondern es bedarf mindestens ebenso der immateriellen Anreize wie z. B. eines angemessenen Führungsstils der Vorgesetzten, der geeigneten Unternehmensstruktur, eines ansprechenden Karriereangebotes etc. Für die High Potentials besonders wichtig ist die Arbeit an sich: Arbeitsinhalt, Verantwortung und Kompetenz abgestimmt auf die Aufgabe, Selbstorganisation bei der Aufgabenerfüllung etc. Nicht vergessen werden darf, dass im Rahmen einer freiheitlichen Wirtschafts- und Gesellschaftsordnung auch Personalerhaltungsstrategien nie das Ziel einer Fluktuation von Null haben sollten. Mitarbeitende lassen sich nicht binden. Es können lediglich Anreize zum Verbleib im Unternehmen geboten werden. Daher gilt die Devise: „Able to go, but happy to stay!"

Zur Erhaltung der High Potentials empfiehlt es sich auch, ihrer Work-Life-Balance Rechnung zu tragen. „Ziel der ‚Work-Life-Balance' ist es, ein ausgewogenes Verhältnis zwischen Arbeits- und Privatleben herzustellen. Der Waagebalken zwischen Karriere und Freizeit oder Familie gerät in Schieflage durch verstärkten Leistungsdruck, Überstunden, Stress am Arbeitsplatz und die Forderung, sich auch in nebenberuflichen Tätigkeiten zu engagieren" (Moser/Saxer 2002: 31).

Zusätzlich zu den psychosozialen Funktionen der Arbeit ist der kontinuierlichen Pflege von High Potentials ein besonderes Augenmerk zu schenken. Hierunter kann z. B. die Schaffung eines Nachwuchskräfte-Pools mit entsprechender firmenindividueller Beachtung und Förderung fallen. Bereits das Gefühl, zu den ‚wichtigen Mitarbeitenden' des Unternehmens zu gehören, kann die Fluktuation in der betreffenden Mitarbeitergruppe mindern. Regelmässige Entwicklungs- und Karrieregespräche fördern bei den Betroffenen die Konkretisierung ihrer Zukunftsvorstellungen im Unternehmen.

3.2 Änderungen im Karriereverständnis

Während langer Zeit führte der Bindungswille der Unternehmen und ihrer Mitarbeiter zu der in beiderseitigem Interesse stehenden *traditionellen Karriere* (vgl. dazu Berthel 1995: 1285) in Form eines kontinuierlichen ranghierarchischen Aufstiegs bei entsprechenden Qualifikationen. Zunehmender Zeitwettbewerb und verstärkte Globalisierung führen auf Unternehmensseite zu Konzentrationen aufs Kerngeschäft und zu Zusammenschlüssen. Häufig geht dabei neben Umstrukturierungsmassnahmen mit einem Personalabbau auch ein Abbau von Führungsebenen einher (vgl. Becker 2005: S. 389 ff.). Die Abflachung führt zu einer deutlichen Reduzierung der Positionen auf der zweiten und dritten Führungsebene (vgl. Brexel 1998: 34). Die Möglichkeiten der verbleibenden Mitarbeiter, eine traditionelle Karriere zu durchlaufen, werden eingeschränkt. Die Verflachung der Hierarchien erzeugt „[...] aus personalpolitischer Sicht ein Vakuum. Denn zu bedenken ist doch, daß Unternehmenshierarchien in der Regel zwei Funktionen erfüllen: Einerseits geben sie die Führungs- und Entscheidungsstrukturen in der Unternehmensorganisation wieder; andererseits markieren sie den Orientierungsrahmen für das berufliche Fortkommen der Menschen" (Fuchs 1998: 83). Im Wesentlichen stellen sich die folgenden Veränderungen heraus:

◼ Vertikale Entwicklungsmöglichkeiten nehmen aufgrund einer durch Personalabbau und Hierarchieabbau verminderten Anzahl von Aufstiegspositionen ab.

◼ Diagonale Entwicklungsmöglichkeiten nehmen aufgrund von Dezentralisierungsprozessen zu.

Auf Seiten der Mitarbeiter wird beobachtet und z. T. empirisch belegt, dass die Werte der Freizeit und der Familie gegenüber einem karrierebedingten Zuwachs an Macht, Ansehen und Ruhm an Priorität gewinnen. Diese Bewertung der Prioritäten ist jedoch sehr stark von individuellen Bedingungsgrössen des Mitarbeiters abhängig, so z. B. der Ausbildung, Familiensituation und bereits gemachten Arbeitserfahrungen. Während Umfragen unter Absolventen der Wirtschaftswissenschaften eine starke Karriereorientierung aufzeigen, weisen Befragungen von Mitarbeitern mit einigen Jahren Arbeitserfahrung und von Führungskräften darauf hin, dass die Karriere für viele (zu) ‚lange Schatten' wirft. Zu den Schatten gehören insbesondere die Verarmung der sozialen Kontakte, die langen Arbeitszeiten und eine zunehmende Anzahl belastender Personalentscheidungen, welche die Führungskraft zu fällen hat und dem betroffenen Mitarbeiter kommunizieren muss (vgl. Czwalina/Walker 1998: 18 ff.).

„Karrieren entstehen durch das Zusammenspiel von entscheidungs- und situationsabhängigen betrieblichen Gelegenheiten einerseits und individuellen Verhaltensweisen andererseits." (Berthel 1995: Sp. 1285). Als Bestandteil eines umfassenden Anreizsystems in Unternehmen hat die betriebliche Karriereplanung eine grosse Motivationswirkung, sowohl in materieller als auch in immaterieller Hinsicht. Daher ist es sinnvoll, neben der traditionellen Führungskarriere zusätzliche Modelle einzuführen, um die Motivation und somit die Leistungsbereitschaft sowie ein effektives Arbeiten der Mitarbeiter weiterhin zu fördern. Bei der Initiierung und Gestaltung *zusätzlicher Karrieremodelle* geht es darum, die Mitarbeiterwünsche in genügendem Umfang zu berücksichtigen, damit sich die Motivationswirkung der Modelle entfalten kann.

Bilden sich in einem Unternehmen über längere Zeit hinweg charakteristische Positionsfolgen, entstehen Bewegungsprofile. Diese können durch bewusste Gestaltungsentscheidungen entstehen und gefördert werden, bis sie sich zu Karrieremodellen verfestigen. Karrieremodelle unterscheiden sich voneinander durch ihre Tiefe (Anzahl der erreichbaren Positionen), die Aufeinanderfolge der Positionen und deren mögliche Steighöhen (die höchste erreichbare hierarchische Position) (vgl. Berthel 1997: 290). Hat sich ein Unternehmen für bestimmte Karrieremodelle entschieden, so legt es damit einen generalisierten Versetzungsmodus vor, wobei grundsätzlich auch Abweichungen von der generellen Vorlage möglich sein sollten.

Parallel zur Führungskarriere setzen sich, insbesondere in Grossunternehmen, zunehmend auch die Fachkarriere und das Modell der Projektkarriere durch. Abbildung 3-2 stellt diese so genannten alternativen Karrieremodelle und ihre Besonderheiten im Überblick dar.

Abbildung 3-2: *Die alternativen Karrieremodelle (Friedli 1999: 11)*

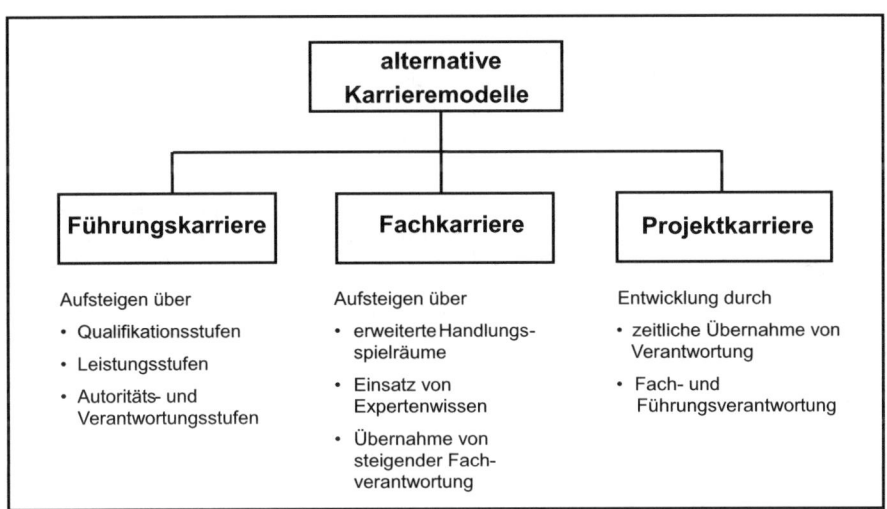

3.3 Instrumente im Personalentwicklungsprozess

Sieht man die Entwicklung und Förderung eines Mitarbeiters als Kreislauf bzw. als sich wiederholenden Prozess, so lösen sich im Laufe der Jahre verschiedene Instrumente ab. Abbildung 3-3 zeigt einen möglichen Kreislauf der Förderung. Nach der Personalbeurteilung resp. Leistungsbeurteilung erfolgt die Eröffnung der Ergebnisse im Mitarbeitergespräch. Zusammen mit dem Mitarbeitenden werden hier Massnahmen zur Förderung besprochen und initiiert. Je nach Ergebnis der Beurteilung ist es möglich, dass dieser Mitarbeitende für ein Förderungs-Assessment-Center (AC) empfohlen wird. Dieses AC soll Aufschluss über die Eignung des Kandidaten bezüglich bestimmter Stellen oder Informationen für die Förderkartei geben. Ebenso resultieren hieraus Entwicklungsvorschläge bezüglich ins Auge gefasster weiterführender Positionen. Die Angaben sowohl aus Mitarbeiterbeurteilung und -gespräch als auch aus einem allfälligen AC werden in der Regel in Förderkarteien (-dateien) gesammelt, damit bei entsprechenden Vakanzen im Unternehmen geeignete interne Kandidaten angesprochen werden können. Hier besteht die Schnittstelle zur Stellenplanung. Der Kreislauf schliesst sich mit der Leistungsbeurteilung im folgenden Jahr, in der auch eine erste Kontrolle bereits erkennbarer Fortschritte der eingeleiteten Massnahmen bzw. der Versetzungsentscheidungen erfolgen kann (vgl. Friedli 2002: 116 ff.).

Abbildung 3-3: *Der Entwicklungs- und Förderungskreislauf (vgl. Friedli 2002: 116)*

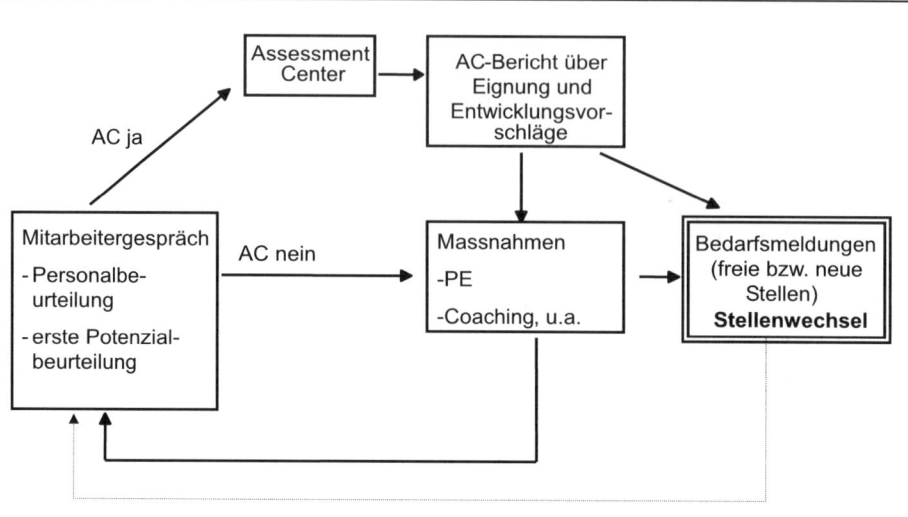

3.4 Personalentwicklung im öffentlichen Sektor

Die Personalentwicklung soll auf Dauer betrachtet ein vergleichbares Aktivitäts- und Qualitätsniveau hinsichtlich der informatorischen Grundlagen, Bildungsmassnahmen und stellenbezogenen Massnahmen erreichen (vgl. Thom 1987). Über- oder Unterentwicklungen in einem Feld gefährden die Erreichung der PE-Ziele. Abbildung 3-4 zeigt die Konzepte der Personalentwicklung im Überblick.

Abbildung 3-4: *Konzepte der Personalentwicklung (vgl. Scholz 1994: 255).*

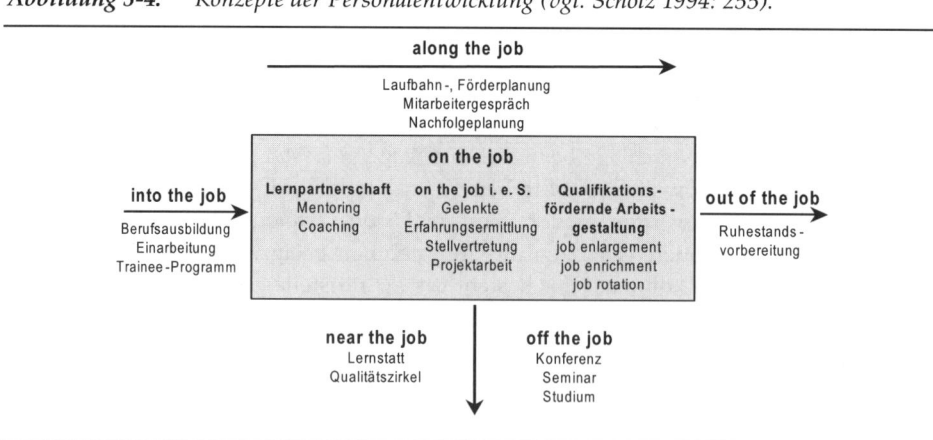

Die verschiedenen Konzepte bilden zusammen eine umfassende Personalentwicklungskonzeption. Eine Umfrage des Verfassers (vgl. Thom/Ritz: 2008) bei Schweizer Reformprojektleitern zeigte, dass sich sehr stark verbreitete PE-Aktivitäten im öffentlichen Sektor bisher auf das Mitarbeitergespräch und Weiterbildungskonzepte beschränken (vgl. Tabelle 3-1).

Tabelle 3-1:   *Massnahmen der Personalentwicklung (Thom/Ritz 2008: 362)*

Einsatz von Maßnahmen der Personalentwicklung					
Angaben in Prozent n = Kein Einsatz, wird angestrebt, wird eingesetzt / Einsatz eher oder sehr erfolgreich	Kein Einsatz geplant	Wird ang- strebt	Wird einge- setzt	Einsatz eher erfolgreich	Einsatz sehr erfolgreich
Mitarbeitergespräch (n = 54/51)	0	6	94	55	37
Assessment Center (n = 45)	76	20	4	100	0
Fördergespräch, Laufbahnberatung (n = 47/22)	21	32	47	55	27
Aus-, Fort- und Weiterbildungskonzept (n = 51/39)	0	24	76	72	23
Job Enlargement (n = 45/28)	13	25	62	82	11
Job Rotation (n = 44)	57	25	18	62	25
Job Enrichment (n = 44/25)	20	23	57	68	24
Fachkarriere (n = 46/21)	26	28	46	52	29
Trainee-Programme (n = 43)	70	14	16	86	14

„Der sehr begrenzte Einsatz von Arbeitsplatzwechseln (Job Rotation) erstaunt nicht, insbesondere vor dem Hintergrund der traditionellen Wahl und Verwendung von Beamten in der Schweizer Verwaltung" (Thom/Ritz 2008: 362). Mit der stetigen Abnahme des so genannten Beamtenstatus und den damit verbundenen automatischen Beförderungen dürften Instrumente der stellenbezogenen Personalentwicklung und der Karriereplanung auch im öffentlichen Sektor vermehrt zum Tragen kommen und mitarbeiterspezifisch ausgestaltet werden. Wünschenswert erscheint, dass diese Personalentwicklungsmassnahmen auch in diesem Sektor so ausgebaut werden, damit ihnen in Zukunft eine reelle Motivationswirkung zukommt.

4   Ausblick

Die Gewinnung, Förderung und Erhaltung der Mitarbeitenden bedingen sich gegenseitig. Nur Unternehmen, welche ihre Mitarbeitenden fördern, können diese auch längerfristig dem Unternehmen erhalten. Die Personalentwicklung muss deshalb in eine umfassende Personalmanagementkonzeption eingebunden sein, welche die unterschiedlichsten Funktionen und Instrumente umfasst. Die Variabilität der Instrumente und Massnahmen ermöglicht eine spezifische Förderung unterschiedlicher Mitarbeitendengruppen. Mit den High Potentials wurde eine Gruppe in diesem Beitrag etwas ausführlicher behandelt.

Stellenbezogene Massnahmen der Personalentwicklung dienen der spezifischen Motivation und Pflege der Mitarbeitenden, insbesondere der High Potentials. Die Pflege und Motivation von Schlüsselmitarbeitenden bedarf besonderer Sorgfalt. Mit dem Aufbau adäquater Karrieremöglichkeiten für Führungs- und Fachspezialisten können neben materiellen Anreizen weitere wesentliche Anreize eingesetzt werden. Immaterielle und soziale Anreize wie Aus- und Weiterbildung, Aufstiegsmöglichkeiten und deren interne Imagewirkung, unterstützende Kollegen, eine wirksame Unternehmenskommunikation und eine mit den individuellen Werten kompatible Unternehmenskultur ermöglichen ein auf High Potentials ausgerichtetes Anreizsystem, in der die Personalentwicklung in besonders wirksamer Form der Personalerhaltung dient.

Literaturverzeichnis

BECKER, MANFRED (1999): Personalentwicklung. Bildung, Förderung und Organisationsentwicklung in Theorie und Praxis, 2. Aufl., Stuttgart 1999.

BECKER, MANFRED (2005): Personalentwicklung. Bildung, Förderung und Organisationsentwicklung in Theorie und Praxis, 4. aktualisierte und überarbeitete Aufl., Stuttgart 2005.

BERTHEL, JÜRGEN (1995): Karriere und Karrieremuster von Führungskräften. In: Handwörterbuch der Führung, 2. Aufl., hrsg. v. Alfred Kieser, Gerhard Reber und Rolf Wunderer, Stuttgart 1995, Sp. 1285-1296.

BERTHEL, JÜRGEN (1997): Personal-Management. Grundzüge für Konzeptionen betrieblicher Personalarbeit, 5. Aufl., Stuttgart 1997.

BREXEL, ERNST (1998): Fette Jahre für Manager. In: Personalwirtschaft, 25. Jg. 1998, Nr. 9, S. 34.

CZWALINA, JOHANNES/WALKER, ANDREAS (1998): Karriere ohne Sinn? Der Manager zwischen Beruf, Macht und Familie, 2. Aufl., Gräfelfing 1998.

DRUMM, HANS JÜRGEN (2008): Personalwirtschaft, 6. Aufl., Berlin u. a. 2008.

FRIEDLI, VERA (1999): Die integrierte betriebliche Karriereplanung. Ausgangslage in einem Forschungsprojekt. Arbeitsbericht Nr. 33 des Instituts für Organisation und Personal der Universität Bern, Bern 1999.

FRIEDLI, VERA (2002): Die betriebliche Karriereplanung. Konzeptionelle Grundlagen und empirische Studien aus der Unternehmensperspektive, Bern u. a. 2002.

FUCHS, JÜRGEN (1998): Die neue Art Karriere im schlanken Unternehmen. In: Harvard Business Manager, 20. Jg. 1998, Nr. 4, S. 83-91.

GRAF, ANITA (2002): Lebenszyklusorientierte Personalentwicklung. Ein Ansatz für die Erhaltung und Förderung von Leistungsfähigkeit und -bereitschaft während des gesamten betrieblichen Lebenszyklus, Bern u. a. 2002.

KRAEMER, WOLFGANG (2000): Corporate Universities – Ein Lösungsansatz für die Unterstützung des organisatorischen und individuellen Lernens. In: Zeitschrift für Betriebswirtschaft – Ergänzungsheft, 67. Jg. 2000, Nr. 3, S. 107-129.

MEIER, HARALD/SCHINDLER, ULRICH (1992): Aus- und Fortbildung für Führungskräfte. In: Handwörterbuch des Personalwesens, 2. Aufl., hrsg. v. Eduard Gaugler und Wolfgang Weber, Stuttgart 1992, Sp. 510-524.

Moser, Regine/Saxer, Andrea (2002): Retention-Management für High Potentials, unveröffentlichte Lizentiatsarbeit am Institut für Organisation und Personal der Universität Bern, Bern 2002.

Scholz, Christian (1994): Personalmanagement. Informationsorientierte und verhaltenstheoretische Grundlagen, 4. Aufl., München 1994 (5., neu bearb. u. erw. Aufl., München 2000).

Staudinger, Ursula (2008): Strategische Personalentwicklung und demographischer Wandel. In: Jahrbuch Personalenwicklung 2008, hrsg. v. Karlheinz Schwuchow und Joachim Gutmann, Köln 2008, S. 295-304.

Thom, Norbert (1987): Personalentwicklung als Instrument der Unternehmungsführung. Konzeptionelle Grundlagen und empirische Studien, Stuttgart 1987.

Thom, Norbert (1992): Personalentwicklung und Personalentwicklungsplanung. In: Handwörterbuch des Personalwesens, 2. Aufl., hrsg. v. Eduard Gaugler und Wolfgang Weber, Stuttgart 1992, Sp. 1676-1690.

Thom, Norbert (2007): Personalentwicklung. In: Handwörterbuch der Betriebswirtschaft, 6. Aufl. hrsg. v. Richard Köhler, Hans-Ulrich Küpper und Andreas Pfingsten., Stuttgart 2007, Sp. 1354-1363.

Thom, Norbert/Friedli, Vera (2008): Hochschulabsolventen gewinnen, fördern und erhalten, 4. Aufl., Bern u. a. 2008 (im Druck).

Thom, Norbert/Habegger, Anja (2005): Mentoring als Instrument der Personalführung. In: Akademische Seilschaften. Mentoring für Frauen im Spannungsfeld von individueller Förderung und Strukturveränderung, hrsg. v. Doris Nienhaus, Gael Pannatier und Claudia Töngi, Bern u. a. 2005, S. 47-61.

Thom, Norbert/Ritz, Adrian (2008): Public Management. Innovative Konzepte zur Führung im öffentlichen Sektor, 4. Aufl., Wiesbaden 2008.

Wollsching-Strobel, Peter (1999): Managementnachwuchs erfolgreich machen. Personalentwicklung für High Potentials, Wiesbaden 1999.

Robert J. Zaugg

Nachhaltige Personalentwicklung
Von der Schulung zum Kompetenzmanagement

1   Ausgangslage und empirische Befunde

Personalentwicklung umfasst die Qualifizierung der Mitarbeitenden aller Hierarchie-stufen durch informatorische, bildungsbezogene und stellenbezogene Massnahmen. Das Ziel dieser Funktion besteht in der langfristigen, sozial verantwortlichen und wirtschaftlich zweckmässigen Entwicklung der Mitarbeitenden, wobei diese ein hohes Mass an Selbstverantwortung wahrnehmen und in ihren Bemühungen von der Unter-nehmung und deren Exponenten (Vorgesetzte, Kollegen, Personalverantwortliche) sowie externen Personen (z. B. Schulungsanbieter, Berater etc.) unterstützt werden. Eine so verstandene Personalentwicklung sollte sowohl für die Unternehmung als auch für die einzelnen Mitarbeitenden Sinn stiften, auf einem von der Unterneh-mungsstrategie abgeleiteten Kompetenzmodell basieren, den Lebenszyklus der Un-ternehmung und der Mitarbeitenden berücksichtigen und mit anderen personalwirt-schaftlichen Instrumenten (Zielvereinbarung, Kompetenzbeurteilung, Anreiz- und Entlöhnungssysteme) verknüpft sein. Neben individuellen Formen des Lernens sind kollektive Lernmodelle zu berücksichtigen. Durch die Kollektivierung individuellen Wissens, d. h. Mitarbeitende stellen ihr Wissen anderen zur Verfügung, und die Insti-tutionalisierung kollektiven Wissens im Sinne des organisationalen Lernens wird eine Brücke zwischen der PE und der OE gebaut, welche die Veränderungsfähigkeit der Unternehmung als Ganzes fördert.

Kasten 1-1:   *Charakterisierung der Nachhaltigkeitsstudie (Zaugg 2009)*

An der Studie haben insgesamt 1'016 von 6'420 kontaktierten Personalverantwortlichen teilge-nommen, was einer Rücklaufquote von rund 16 Prozent entspricht. Grundgesamtheit waren die Mitglieder der nationalen Verbände für Personalmanagement in der Schweiz, Deutschland, Ita-lien, Frankreich, Spanien, Holland, Österreich und Grossbritannien. 13 Prozent der antwortenden Unternehmungen gehören zur Gruppe der kleinen Unternehmungen mit bis zu 50 Mitarbeitenden, 47 Prozent zur Gruppe der mittelgrossen Betriebe mit 51-500 Beschäftigten und 40 Prozent zur Kategorie der Grossunternehmungen mit mehr als 500 Mitarbeitenden. Die Studie orientiert sich an den folgenden Zielsetzungen: 1) Analyse von Grundsätzen, Instrumenten und Prozessen eines nachhaltigen Personalmanagements in europäischen Unternehmungen und Institutionen. 2) Ermittlung qualitativer Trends bezüglich des Einsatzes von Instrumenten eines nachhaltigen Personalmanagements. 3) Identifikation von Vorbildunternehmungen, die im Rahmen von qualita-tiven Fallstudien vertieft untersucht werden.

Gemäss den Daten der *Nachhaltigkeitsstudie* (Zaugg 2009) gehören die Bereitstellung eines zweckmässigen Aus- und Weiterbildungsangebotes sowie die gezielte Motivati-on der Mitarbeitenden, sich laufend beruflich weiterzubilden, zum Standardinstru-mentarium eines HRM. 81 Prozent der befragten Unternehmungen engagieren sich in der Bereitstellung eines zweckmässigen Aus- und Weiterbildungsangebotes und 88 Prozent motivieren ihre Mitarbeitenden gezielt, sich laufend beruflich weiter zu bilden. Die Personalentwicklung wird auch als das Kriterium für Nachhaltigkeit im HRM angesehen (vgl. Abbildung 1-1). Die Motivation zur kontinuierlichen, beruflichen Weiterbildung und die Beurteilung der Nachhaltigkeit sind ausgeprägt positiv korreliert.

Abbildung 1-1: *Motivation zur kontinuierlichen Weiterbildung*

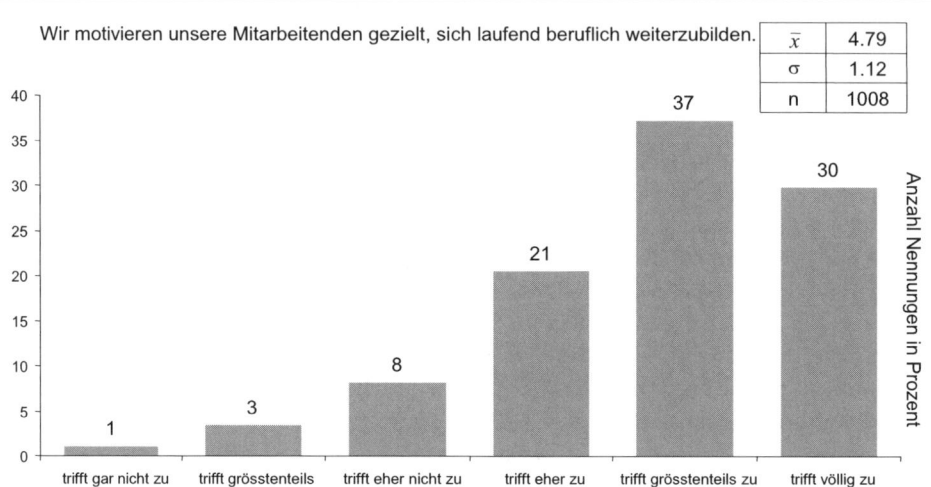

Mehr als zwei Drittel der Unternehmungen nutzen Projekte als Massnahmen der Personalentwicklung (PE-on-the-project). Die gezielte Förderung der Selbstverantwortung (z. B. durch Bildungsbudgets, die die Mitarbeitenden selbst verwalten können) ist erst in einem guten Viertel der Unternehmungen Bestandteil des HRM-Instrumentariums. Es sind eher kleinere Unternehmungen, solche mit einer qualifizierteren Belegschaft, in kompetitiven Arbeitsmärkten, die diese Massnahmen nutzen. Traineeprogramme bieten 46 Prozent der Firmen an, etwa die Hälfte davon systematisch. Eine Minderheit von 16 Prozent der Unternehmungen führt bei allen Mitarbeitenden eine systematische Laufbahnplanung durch, weitere 23 Prozent im Einzelfall. Je häufiger die Unternehmen eine systematische Laufbahnplanung nutzen, umso höher ist deren Rentabilität, deren strategische Orientierung im HRM sowie deren Nachhaltigkeit. Das Qualifikationsniveau und die Anwendungshäufigkeit der Laufbahnplanung sind ebenfalls positiv korreliert.

2 Nachhaltige Personalentwicklung im Überblick

2.1 Konzeption

Eine allgemein anerkannte Theorie der Personalentwicklung ist derzeit nicht vorhanden und zeichnet sich auch nicht ab (vgl. Mayer 1993: 15; Oechsler/Strohmeier 1993: 75 ff.; Hanft 1995: 46; Felsch 1999: 1 ff.). Eine umfassende Analyse von Lehrbüchern, Monographien und Zeitschriften (vgl. Gerber 2001) führt aber zum Ergebnis, dass Personalentwicklung vermehrt mit der Strategie zu verknüpfen ist, bildungs- und stellenbezogene Massnahmen umfasst, eine enge Verbindung mit der Organisationsentwicklung aufweist und in Richtung des organisationalen Lernens weiter zu entwickeln ist. Die nachfolgenden Ausführungen orientieren sich am Ansatz der Personalentwicklung von Thom (1987; 1992; Thom/Zaugg 1995). Sie erweitern ihn um aktuelle Instrumente und heben vor allem Aspekte der Nachhaltigkeit hervor.

Nach Thom (1987: 6 ff.) umfasst die Personalentwicklung (PE) alle informatorischen (Informationen über Personen, Organisationseinheiten und Märkte), bildungsbezogenen (Ausbildung, Weiterbildung, Umschulung) und stellenbezogenen Massnahmen (Verwendungsplanung und -steuerung, Aufstiegsplanung und -steuerung, Stellvertretungsregelungen), die zur *Qualifizierung der Mitarbeiter aller Hierarchiestufen* dienen. Die Handlungsgrössen bzw. Massnahmen der Personalentwicklung lassen sich grob in die folgenden drei Gruppen einteilen:

(1)   Informatorische Massnahmen
(2)   Bildungsbezogene Massnahmen
(3)   Stellen- oder förderungsbezogene Massnahmen

Die weiteren Ausführungen gehen auf alle drei Massnahmenbündel ein, konzentrieren sich allerdings auf Verfahren, die eine hohe Nachhaltigkeit aufweisen. Zur besseren Illustration sind diese Instrumente in einem Würfel dargestellt (vgl. Abbildung 2-1). Diese Visualisierung soll verdeutlichen, dass alle Instrumente und Instrumentengruppen miteinander verknüpft sind und aufeinander aufbauen.

Abbildung 2-1:   Nachhaltige Instrumente der PE

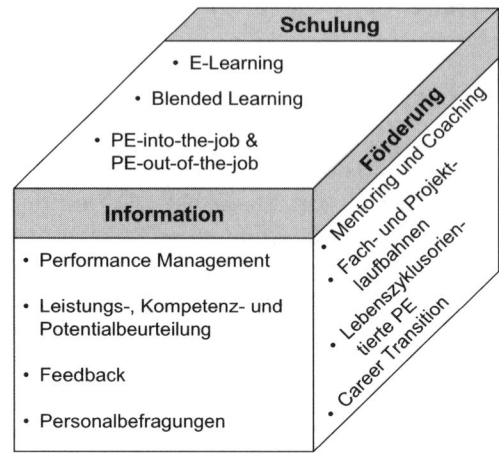

2.2   Information

Die Qualität der Personalentwicklung hängt stark von der Qualität der zur Verfügung stehenden *Informationen* ab. Die Personalbeurteilung, das Personalinformationssystem, Personalbefragungen, Feedbacksysteme (z. B. Vorgesetztenfeedback oder 360-Grad-Feedback) und Mitarbeitergespräche liefern wertvolle Hinweise auf Qualifikationsdefizite und Entwicklungsbedürfnisse der Mitarbeiter und Vorgesetzten (vgl. den Beitrag von Blum und Zaugg in diesem Buch). Aus Kompetenzprofilen, Organigrammen und speziellen Erhebungen lassen sich Informationen über die Anforderungen der zu besetzenden Stellen gewinnen. Daten über den Arbeits- und Bildungsmarkt (z. B. Angebot an externen Arbeitskräften sowie Seminaren und Weiterbildungsveranstaltungen) vervollständigen die Informationsbasis und ermöglichen eine nachhaltige Ausrichtung der PE.

Ein zentrales Informationsinstrument der PE ist die Personalbeurteilung. Sie findet üblicherweise im Rahmen von strukturierten Mitarbeitergesprächen statt (vgl. Becker 1994: 90 ff.; Becker 2002: 346 ff.) und umfasst die Aspekte Zielerreichung, Leistung, Verhalten, Fähigkeiten und Potenzial. Neben den vereinbarten Zielen sollte sich diese Beurteilung vor allem an einem Kompetenzmodell orientieren. Genauso wie es sinnvoll ist, dass Mitarbeitende von ihren Vorgesetzten ein regelmässiges und strukturiertes Feedback erhalten, sind auch andere Beurteilungsrichtungen denkbar. In der klassischen Vorgesetztenbeurteilung erteilt ein einzelner Mitarbeiter oder ein Team ein Feedback. Beim Peer-Feedback sind es die gleichgestellten Kollegen und beim 360-

Grad-Feedback (vgl. Lepsinger/Lucia 1997; Neuberger 2000; Freimuth/Zirkler 2001; Scherm/Sarges 2002) werden alle Beurteilungsperspektiven miteinander kombiniert.

Mit der zunehmenden Demokratisierung von Organisationen und dem partiellen Ersatz von Hierarchie durch Partizipation haben die Notwendigkeit und die Bereitschaft für Feedbacksysteme zugenommen. Durch das strukturierte und differenzierte Feedback von Personen, mit denen sie regelmässig zusammenarbeiten, erhalten die Beurteilten fundierte Hinweise für die eigene Persönlichkeits- und Kompetenzentwicklung. Alle Feedbacksysteme bauen auf einer offenen, vertrauensvollen Gesprächskultur auf. Die Beurteilungsdimensionen orientieren sich ebenfalls am Kompetenzmodell. Feedbackgeber werden nur über diejenigen Merkmale befragt, die sie kompetent beurteilen können. Nach dem Feedback gilt es gezielte Entwicklungsmassnahmen abzuleiten, welche idealerweise in die persönlichen und individuellen Entwicklungspläne Eingang finden.

2.3   Schulung

Nach der Feststellung des spezifischen Entwicklungsbedarfs mittels informatorischer Massnahmen kommen die Schulung (=bildungsbezogene Massnahmen) und die Förderung (=stellenbezogene Massnahmen) zum Einsatz. Im Rahmen der Schulung gilt es, die *Ausbildung* (PE-into-the-job), die *Weiterbildung* (z. B. PE-on-the-job, PE-off-the-job oder PE-near-the-job) sowie die *Umschulung* zu unterscheiden. Diese Auflistung von bildungsbezogenen PE-Massnahmen kann noch um die Aspekte PE-on-the-project (Qualifizierung durch Projektarbeit) und PE-along-the-job (Qualifizierung durch Stellvertretung, Nachfolgeplanung und Laufbahn- bzw. Karriereplanung) ergänzt werden (vgl. Abbildung 2-2). Die letztgenannten Aspekte verdeutlichen die enge Beziehung zwischen bildungsbezogenen und stellenbezogenen PE-Massnahmen.

Aus der nahezu unüberschaubaren Fülle von bildungsbezogenen Massnahmen der PE werden nun das *E-Learning* und das *Blended Learning* (vgl. den Beitrag von Myrach und Montandon in diesem Buch) sowie die *Ruhestandsvorbereitung* (PE-out-of-the-job) vorgestellt. Während die beiden erstgenannten Lernformen vor allem aufgrund der Partizipation eine hohe Nachhaltigkeit aufweisen, ist es bei der letztgenannten Form die Anspruchsgruppenorientierung.

E-Learning nutzt elektronische Hilfsmittel, um Lernsequenzen zeitunabhängig, personenunabhängig und ortsunabhängig zu erbringen. Lernende können in einem hohen Ausmass selbst entscheiden, wann, wie lange und mit welcher Intensität sie lernen wollen (vgl. Tenger 2001). In der Form des Blended Learning werden traditionelle Lernformen (z. B. Vortrag) mit elektronischen Lernformen ergänzt (vgl. Myrach 2003: 20). Auf diese Weise lassen sich Nachteile des reinen E-Learning (erschwerte direkte Interaktion, kein persönlicher Kontakt) vermeiden, dessen Vorteile aber voll nutzen (effizientes Erarbeiten von Sachinhalten und Basiswissen).

Die *PE-into-the-job* (Einführung neuer Mitarbeitenden) wurde bereits im Abschnitt zur Personalgewinnung erläutert. Sie steigert den Einarbeitungs- und Sozialisationserfolg und ist daher als nachhaltig zu bezeichnen. Mit der *Ruhestandsvorbereitung*, also der systematischen Auseinandersetzung mit der Zeit nach dem altersbedingten Ausscheiden aus dem Erwerbsprozess sowie der gleitenden Pensionierung, sind gleich mehrere positive Effekte verbunden. Der Pensionierungsschock wird vermieden, wertvolle Kompetenzen stehen länger zur Verfügung und lassen sich besser übertragen, das Selbstwertgefühl der Betroffenen bleibt gewahrt und sie können sich bewusst auf den Ruhestand vorbereiten. Konkrete Massnahmen der Ruhestandsvorbereitung sind Antizipationsseminare (vgl. Mühle 1995: 55), gleitende Pensionierungen (inkl. Stafettenmodell) (vgl. Blum/Zaugg 1999: 105 f.) und die Überführung in Senior-Berater-Pools. Die Firmen Sulzer und ABB haben mit der Sulzer Management Support AG bzw. der ABB Consulting AG (vgl. Probst/Raub/Romhardt 1997: 297 ff.) erfolgreiche Beispiele für die letztgenannte Form der Ruhestandsvorbereitung realisiert.

Abbildung 2-2: *Personalentwicklungsmassnahmen (eigene Darstellung in Anlehnung an Conradi 1983: 25; Scholz 2000: 511)*

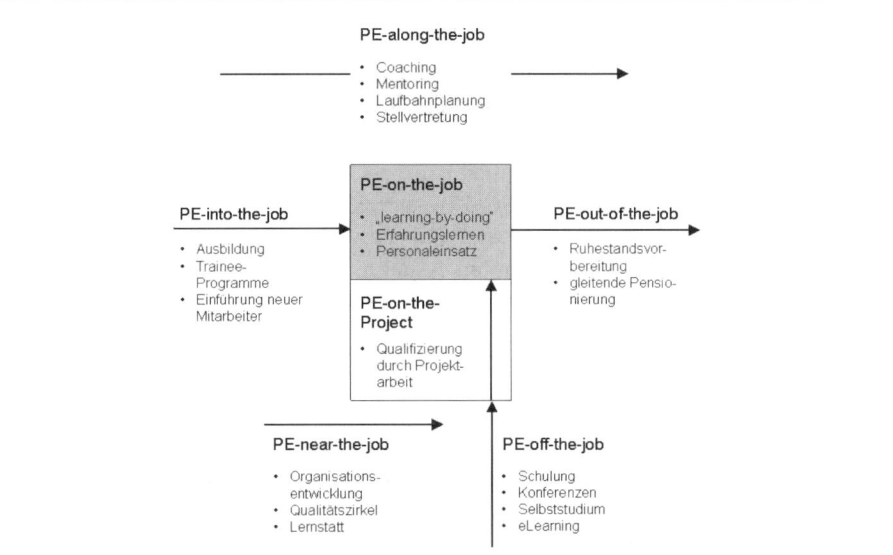

2.4   Förderung

Mit Laufbahnplanung sind sowohl horizontale als auch vertikale Veränderungen im Stellengefüge einer Unternehmung oder sogar verschiedener Unternehmungen gemeint. Neue Formen der Arbeitsgestaltung und die zunehmende Spezialisierung verlangen nach den traditionellen Führungslaufbahnen gleichgestellten Modellen wie die Fach- oder Projektlaufbahnen (vgl. Kessler/Hönle 2002). Mit der Verflachung von Hierarchien und der Netzwerkbildung in Unternehmen wird es immer schwieriger, klassische Führungspositionen anzubieten. Thom/Friedli (2003: 15 ff.) unterscheiden neben Führungskarrieren, Fach- und Projektkarrieren.

Während die Führungskarriere auf einen hierarchischen Aufstieg bzw. eine vertikale Versetzung in der Aufbauorganisation ausgerichtet ist, trachtet die Fachkarriere nach einer Kompetenzerweiterung ohne zusätzliche Führungsfunktion. Die Projektkarriere bietet Mitarbeitenden die Möglichkeit, für eine beschränkte Zeit zusätzliche Verantwortung zu übernehmen und Wissen bzw. Erfahrungen zu erwerben. Diese Karriereform kann einerseits als PE-on-the-project verstanden werden, die auf die Übernahme zusätzlicher Linienverantwortung vorbereitet (vgl. Thom/Friedli 2003: 22). Andererseits lässt sich die Projektlaufbahn zu einem vollwertigen alternativen Karrieremodell ausbauen, indem Mitarbeitende mit der Führung kleiner Projekte beginnen und der Komplexitätsgrad sukzessive gesteigert wird. In der Beratung, der Architektur, der Forschung und Entwicklung sowie im Bauwesen sind solche Karriereschritte durchaus üblich. So genannte „Patchwork-Karrieren" kombinieren verschiedene Karriereformen und ergänzen sie um ausserberufliche Erfahrungen (z. B. Sabbaticals). Diese Modelle erhöhen die Qualifikationsbreite der Führungspersönlichkeiten, unterstützen die Work-Life-Balance und vermindern das Burn-out-Risiko.

2.5   Lebenszyklusorientierte Personalentwicklung

Die *lebenszyklusorientierte PE* (vgl. Graf 2001; Graf 2002) orientiert sich am biosozialen, familiären, beruflichen, betrieblichen und stellenbezogenen Lebenszyklus (vgl. Mayerhofer 1992: 1241; Sattelberger 1995: 288 ff.) und berücksichtigt, in welchen Phasen des Teilzyklus sich ein Mitarbeiter gerade befindet. Dabei stehen alle Mitarbeitenden im Fokus und nicht nur die so genannten „High Potentials". Die lebenszyklusorientierte PE umfasst zudem die ganze Verweildauer einer Person in einem Betrieb bzw. einer Stelle. Sie fördert und erhält dadurch die Leistungsfähigkeit, die Leistungsbereitschaft und die Arbeitsmarktfähigkeit auf lange Sicht und trägt zum Kompetenzmanagement der Unternehmung in einem umfassenden Sinn bei.

Die Bedürfnisse der Mitarbeitenden in den verschiedenen Lebenszyklen, die sich auch überlagern (vgl. Ernst 1997: 227), sind sehr verschieden und beeinflussen deren Leistungsbereitschaft und -fähigkeit. Gelingt es der PE, auf diese Aspekte Rücksicht zu nehmen, resultieren daraus Vorteile für die Unternehmung und die Mitarbeitenden. Die Phasen der lebenszyklusorientierten PE (Einführung, Wachstum, Reife, Sättigung und Austritt) ergeben sich aus dem stellenbezogenen bzw. betrieblichen Entwicklungspotenzial und der Leistung des Mitarbeiters (vgl. Graf 2002: 246 ff.). Das zugrunde liegende Personalportfolio (vgl. auch Odiorne 1984; Hilb 1992: 25; Sattelberger 1995:

157; Hilb 1998) dient als lebenszyklusorientiertes Diagnoseinstrument. Es erlaubt eine Zuordnung von spezifischen PE-Massnahmen zu den einzelnen Phasen (vgl. Graf 2002: 274 f.).

2.6 Coaching und Mentoring

Backhausen/Thommen (2003: 20) bezeichnen *Coaching* als innovatives Instrument der Personalentwicklung, das dazu dient, „[…] die Problemlösungs- und Lernfähigkeit der Mitarbeiter und Mitarbeiterinnen zu verbessern, gleichzeitig die individuelle Veränderungsfähigkeit zu erhöhen und schliesslich das Spannungsfeld zwischen den persönlichen Bedürfnissen, den wahrzunehmenden Aufgaben (Rolle) und den übergeordneten Unternehmenszielen auszuhalten oder auszubalancieren" (Backhausen/Thommen 2003: 20). Becker (2002: 396 ff.) spricht von der „[…] Unterstützung von Mitarbeitenden und Führungskräften durch psychologisch geschulte Berater" und Schreyögg (1995: 47 ff.) unterscheidet zwischen einer fachlichen und einer therapeutischen Coachingfunktion. Im Kern beschäftigt sich Coaching mit der individuellen Beratung und Betreuung von Mitarbeitenden und Führungskräften. Es baut, analog zur Organisationsentwicklung, auf dem Prinzip der Hilfe zur Selbsthilfe auf (vgl. Böning 2002: 32). Gemeinsam mit einem qualifizierten Gesprächspartner (interner oder externer Coach) diskutiert die betreute Person (Coachee) aktuelle Fragestellungen der Tätigkeit, Verhaltensweisen oder persönliche und berufliche Probleme mit dem Ziel, die persönliche Lern- und Veränderungsfähigkeit zu verbessern. Ähnlich wie die Massnahmen der Gesundheitsförderung kann Coaching diagnostisch, interventionistisch und präventiv wirken.

Das *Mentoring* ist im Vergleich zum Coaching spezifischer auf die Beziehung zwischen einer erfahrenen Führungskraft und einer Nachwuchskraft ausgerichtet (vgl. Hentze/Kammel 2001: 379). Die erfahrene Kaderperson gibt ihr Wissen, ihre Erfahrungen und ihr Beziehungsnetzwerk gezielt an ausgewählte Potenzialträger weiter, um deren persönliche und fachliche Kompetenzen zu fördern. Mentoring-Programme sind häufig Bestandteil von Konzepten der Führungskräfteentwicklung oder Traineeprogrammen (vgl. den Beitrag von Gurtner, Habermayr und Schmid in diesem Buch).

Die genannten Instrumente verdeutlichen den zunehmenden Stellenwert, der einer nachhaltigen Personalentwicklung zukommen *kann*. Es gilt nun zu analysieren, ob die beschriebene Form der Personalentwicklung den Nachhaltigkeitskriterien genügt bzw. wie sie nachhaltig auszugestalten ist.

3 Anforderungen an ein nachhaltiges HRM

Ein nachhaltiges HRM basiert auf den Grundsätzen der Partizipation der Mitarbeiten-den, der Wertschöpfung, der strategischen Orientierung, der Wissens- und Kompe-tenzgenerierung, der Berücksichtigung der Interessen verschiedener Anspruchsgrup-pen sowie der Förderung der Flexibilität. Die Einhaltung aller rechtlicher Vorschriften sowie einer ethisch-moralischen Grundhaltung bilden die Voraussetzungen für ein nachhaltiges HRM. Die einzelnen Nachhaltigkeitskriterien (vgl. Abbildung 3-1) lassen sich wie folgt umschreiben:

Partizipation

Partizipation bedeutet, dass Mitarbeitende bei der Erarbeitung von Strategien und Zielsetzungen des HRM zu beteiligen sind, dass ihnen eine hohe Autonomie bei der Wahl der Mittel zusteht, dass sie sich kreativ um die Suche nach Problemlösungen für HRM-Fragen kümmern sowie aktiv und eigenverantwortlich an HRM-Prozessen teil-haben.

Wertschöpfungsorientierung

Ein nachhaltiges HRM stiftet qualitativen und quantitativen Nutzen für alle An-spruchsgruppen und trägt zur Steigerung der Wertschöpfung des Unternehmens bei. Es konzentriert sich nicht nur auf die Effizienz personalwirtschaftlicher Massnahmen (Input-Output-Verhältnis), sondern bezieht auch die Effektivität von Massnahmen (Zielerreichungsgrad) in seine Überlegungen mit ein.

Strategieorientierung

Ein nachhaltiges HRM ist strategisch, d. h. langfristig, ausgerichtet. Es analysiert in-terne und externe Rahmenbedingungen und leitet daraus ein Stärken-Schwächen-bzw. Chancen-Risiko-Profil sowie konkrete Zielsetzungen ab. Diese langfristigen Ziel-setzungen werden anschliessend in einer Personalstrategie zusammengefasst.

Robert J. Zaugg

Abbildung 3-1:   *Nachhaltigkeitskriterien nach Zaugg (2009)*

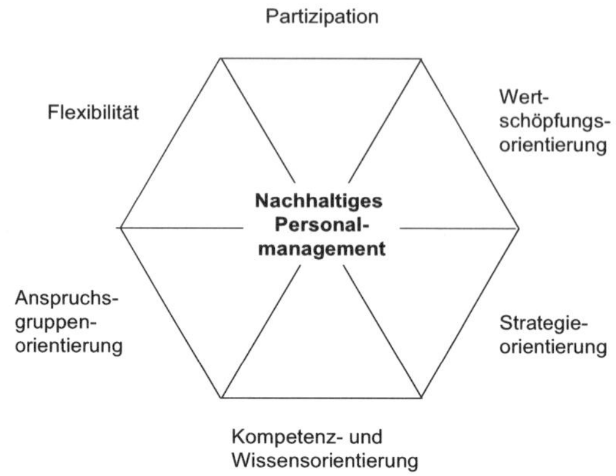

Partizipation

Flexibilität

Wert-
schöpfungs-
orientierung

**Nachhaltiges
Personal-
management**

Anspruchs-
gruppen-
orientierung

Strategie-
orientierung

Kompetenz- und
Wissensorientierung

Kompetenz- und Wissensorientierung

Für das HRM ergeben sich aus der Kompetenz- und Wissensorientierung die folgenden Aufgaben bzw. Anforderungen: (1) Förderung der individuellen Lernfähigkeit, (2) Förderung der kollektiven Lernfähigkeit und der Wissensübertragung, (3) Innovationsförderung, (4) Aufbau von Kompetenzprofilen, die zu Kernkompetenzen führen, sowie (5) Erweiterung der gesamten organisationalen Wissensbasis.

Anspruchsgruppenorientierung

Personalwirtschaftliche Lösungen sind umso tragfähiger, je stärker sie auf die Bedürfnisse der verschiedenen internen und externen Anspruchsgruppen ausgerichtet sind. Neben den primären Anspruchsgruppen wie dem Linienmanagement und den Mitarbeitenden gilt es zudem, die Bedürfnisse weiterer Anspruchsgruppen wie Angehörige, ehemalige Mitarbeitende, Bewerber, Arbeitnehmervertreter etc. zu berücksichtigen.

Flexibilität

Mit Flexibilität ist die Fähigkeit zur kurzfristigen Anpassung des HRM an Unvorhergesehenes gemeint. Es geht um die Erhöhung der kulturellen, strategischen und strukturellen Veränderungs- und Entwicklungsfähigkeit von Organisationen und den in ihnen tätigen Menschen.

4 Beurteilung anhand der Nachhaltigkeitskriterien

4.1 Partizipation

Durch die explizite Berücksichtigung von Mitarbeiterinteressen, dem hohen Stellenwert der Selbstentwicklung und dem Vertrauen in das Verantwortungsbewusstsein der Mitarbeitenden für die eigene Arbeitsmarktfähigkeit ist die hier vorgestellte Form der PE ausgeprägt partizipativ. Mitarbeitende nehmen eine Selbstbeurteilung der eigenen Kompetenzen vor, beurteilen Vorgesetzte und Kollegen, legen gemeinsam mit ihren Vorgesetzten Qualifizierungs- und Entwicklungsziele fest, verfügen selbstständig über eigene Bildungsbudgets, erarbeiten sich Wissen durch Selbststudium (vgl. Tenger 2001) und E-Learning, sehen in der lebenszyklusorientierten PE ihre individuellen Bedürfnisse berücksichtigt und interagieren in Coachings oder Mentoringprozessen mit Betreuungspersonen. *Kurz*: PE kommt ohne Partizipation der Mitarbeitenden nicht aus. Die Bereitschaft zu lernen und sich zu entwickeln ist eine wichtige Voraussetzung für den nachhaltigen Erfolg der Personalentwicklung. In einer fortgeschrittenen Form der Partizipation betrachtet sich der Mitarbeiter als in hohem Ausmass für die eigene *Arbeitsmarktfähigkeit* verantwortlich. Er definiert das angestrebte Soll-Kompetenz-Profil in Abstimmung mit übergeordneten Zielen, legt konkrete Entwicklungsrichtungen fest, entscheidet sich für Massnahmen und setzt diese auch um. Portfolio-Worker streben sogar nach Qualifizierungsstrategien, die über eine betriebliche Perspektive weit hinausgehen. Sie gestalten ein „Set" (Portfolio) von Tätigkeiten, die den gewünschten Qualifikations- und Entwicklungsfortschritt gewährleisten. Eine langfristige Karriereplanung erstreckt sich in der Regel über mehrere Arbeitgeber. Auch Unternehmungen erkennen, dass diese Strategie für sie Vorteile haben kann. Mitarbeitende, die innerhalb einer Unternehmung keine unmittelbaren Zielpositionen sehen, können später wieder kommen und werden nicht aufgrund mangelnder Perspektiven demotiviert.

In der Praxis sind Massnahmen, welche die Selbstverantwortung gezielt fördern, noch eher die Ausnahme. Ein gutes Viertel der in der *Nachhaltigkeitsstudie* befragten Unternehmungen nutzt beispielsweise Bildungsbudgets, die von den Mitarbeitenden selbst verwaltet werden, für diesen Zweck. Die Bereitstellung von selbst verwalteten Bildungsbudgets wird aber eindeutig als Kennzeichen für ein strategisch orientiertes und nachhaltiges Personalmanagement anerkannt.

4.2 Wertschöpfungsorientierung

Wie bereits angedeutet, kann die nachhaltige Personalentwicklung in mehrfacher Weise zur Wertschöpfung beitragen. Sie generiert intellektuelles Kapital für die Unternehmung, steigert die Produktivität der Mitarbeitenden, führt zu den angestrebten Kompetenzprofilen und wirkt bei der Unternehmensentwicklung mit. Auf der Kostenseite sind Rationalisierungen durch E-Learning, Selbstbestimmtes Lernen und Performance Management denkbar. Die Effizienz der PE steigt vor allem durch systematische Feedbacksysteme, alternative Laufbahnmodelle, Personalbefragungen, das Blended Learning und die Institutionalisierung des organisationalen Lernens durch Coaching und Mentoring. Eine Steigerung der Effektivität entsteht durch die strategische Ausrichtung der PE und durch die Verknüpfung mit dem Kompetenzmanagement. Die PE ist vor allem dann wertschöpfungsorientiert, wenn sie die Zufriedenheit der Mitarbeitenden steigert, zu den gewünschten Kompetenzprofilen führt, die Selbstentwicklung anregt und organisationales Lernen ermöglicht. Der Wertschöpfungsbeitrag der PE lässt sich auch auf der Ebene von Einzelinstrumenten begründen. Feedbacksysteme führen zu einer differenzierten Kenntnis über Stärken und Schwächen. Sie erlauben gezieltere bildungsbezogene Massnahmen, was sich wiederum positiv auf das Kosten-Nutzen-Verhältnis und die Effektivität auswirkt. Coaching trägt im Idealfall dazu bei, Probleme präventiv zu verhindern oder so früh zu diagnostizieren, dass kein allzu grosser Schaden entsteht. Die durch Coaching geförderten Veränderungs- und Problemlösungsfähigkeiten bewirken, dass notwendige Veränderungen rascher und konsequenter umgesetzt werden.

4.3 Strategieorientierung

Böhme (2003: 7 ff.) spricht dann von einer strategischen Personalentwicklung, wenn in einem Unternehmen folgende Anforderungen erfüllt sind:

- Die Unternehmung weiss, wohin sie will, und kommuniziert das an die Mitarbeitenden.

- Die Geschäftsleitung stellt sich voll hinter Massnahmen der PE („Top-Management-Commitment").

- Personalleiter und Personalentwickler arbeiten gezielt auf die strategische Orientierung der PE hin.

- Führungskräfte und Mitarbeitende übernehmen Verantwortung im Rahmen der PE.

Eine Personalentwicklung ist vor allem dann strategisch, wenn sie neben der individual- und teamorientierten PE auch auf das Gesamtsystem fokussiert. Neuberger (1994: 12) spricht von personalen (Individuum), interpersonalen (Team) und – sprachlich etwas un-glücklich – von *a*personalen Aspekten der PE. Damit ist nichts anderes gemeint als das Kompetenzmanagement auf übergeordneter Ebene sowie die Kultur- und Organisations-entwicklung (vgl. Abbildung 4-1).

Abbildung 4-1:   *Strategische Personalentwicklung (Scholz 2000: 410)*

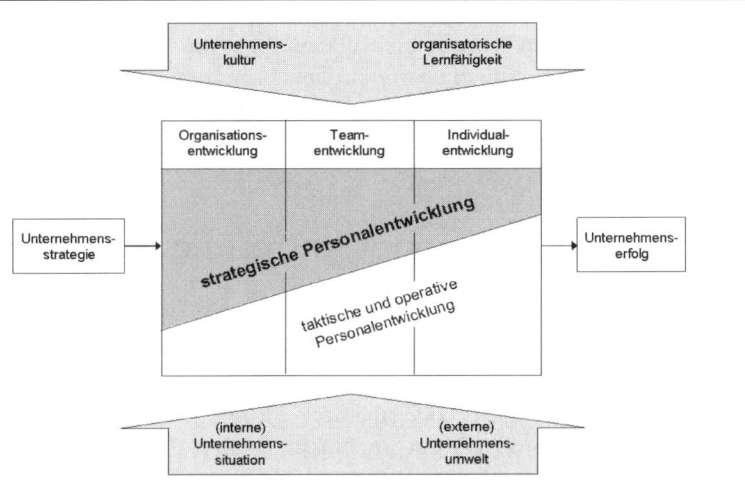

Um langfristig überleben zu können, ist eine Unternehmung auf Personalentwicklung angewiesen, da sie sonst mit dem Fortschritt nicht mehr Schritt halten kann, gute Mit-arbeitende verliert und auf dem Arbeitsmarkt als völlig unattraktiver Arbeitgeber angesehen wird. Hochschulabsolventen etwa messen dem Aspekt der Personalent-wicklung bei der Wahl ihrer Erststelle eine entscheidende Bedeutung zu (vgl. Gattlen 1994: 58; Leuenberger 2001).

4.4   Kompetenz- und Wissensorientierung

Die PE kann wohl als ‚Königsdisziplin' des Kompetenzmanagements gelten. Ihre Massnahmen sind darauf ausgerichtet, Fähigkeiten und Wissen zum Nutzen von In-dividuen, Teams und Organisationen aufzubauen und zu erhalten. Es bestehen ausge-prägte Schnittstellen zum Wissensmanagement und zum organisationalen Lernen. Probst/Büchel (1994: 156 ff.) bezeichnen die PE sogar als Instrument des organisationa-len Lernens und meinen damit vor allem gruppenbezogene Lernformen. Personalent-wicklung kann zu organisationalem Lernen führen, wenn es gelingt, individuelles Wissen für andere nutzbar zu machen. Durch Massnahmen des Coaching und insbe-sondere des Mentorings werden wichtige implizite Wissensbausteine weitergegeben.

Die PE-out-of-the-job verfolgt ein ähnliches Ziel, indem sie die Kompetenzen älterer Mitarbeitender für die Unternehmung länger nutzbar macht.

Betrachtet man die engen Zusammenhänge zwischen der Personalentwicklung und dem Aufbau von intellektuellem Kapital erstaunt es nicht, dass Intellectual Capital-Reports häufig auch Kennzahlen wie Schulungskosten pro Mitarbeiter oder Anteil an Mitarbeitenden mit höheren Bildungsabschlüssen enthalten. So verständlich diese Daten zwar aus Effizienz- und Operationalisierungsgründen sind, sie sagen wenig über das effektive intellektuelle Kapital aus. Becker (2001: 62 ff.) hat einige Ansätze vorgelegt, die den Aspekt des konkreten Nutzens (vgl. die Ausführungen zur Wertschöpfungsorientierung) wesentlich besser einfangen. Kompetenzorientierung bedeutet also nicht, möglichst viel für PE auszugeben, sondern ein Maximum an Nutzen aus den investierten Mitteln zu erzielen.

4.5 Anspruchsgruppenorientierung

Die Liste von positiven Effekten einer nachhaltigen Personalentwicklung ist lang. Sie führt u. a. zu Identifikation, Zufriedenheit, Motivation, Selbstverantwortung, Engagement, Leistung, unternehmerischem Denken, Qualitätsbewusstsein, Kundenorientierung, Kooperation, Teamfähigkeit, Belastbarkeit, Flexibilität, Arbeitsmarktfähigkeit, Selbstbewusstsein, Kompetenz, Wissen und Orientierung. Entsprechend profitieren viele interne und externe Anspruchsgruppen von diesen Massnahmen. Mitarbeitende erhalten bei ihren Bemühungen zur Selbstentwicklung kompetente Unterstützung. Vorgesetzte wissen aufgrund von systematischen Feedbacks, wie sie sich weiterentwickeln können. Kollegen werden von Kollegen unterstützt und lernen aus deren Erfahrungen. Die Geschäftsleitung gewinnt ein wirkungsvolles Instrument zur Strategieentwicklung und -umsetzung. Die HRM-Verantwortlichen sehen sich offenen, lern- und lehrbereiten Partnern gegenüber. Die Mitarbeitervertretung schätzt die Investitionen in die Fähigkeiten der Mitarbeitenden. Für die Angehörigen bedeutet Personalentwicklung Sicherheit und Ausgeglichenheit der berufstätigen Familienmitglieder. Pensionierte und ältere Mitarbeitende erfahren Wertschätzung und sind nach wie vor gefragt.

Auch für externe Anspruchsgruppen entsteht durch PE ein beachtlicher Nutzen. Kunden erhalten eine professionellere und freundlichere Betreuung sowie qualitativ hoch stehende Produkte und Dienstleistungen (vgl. Bruhn 2002: 202 ff., insbesondere 213 bis 221). Eigentümer bzw. Shareholder können davon ausgehen, dass ihre Investition langfristig gesichert ist. Der Volkswirtschaft kommt zugute, dass Mitarbeitende besser qualifiziert und weniger häufig arbeitslos sind. So wie es früher hiess, PE geht alle an, kann es jetzt heissen, PE nutzt allen. Eine zentrale Bedingung der nachhaltigen PE ist somit gegeben.

4.6   Flexibilität

Qualifizierte und motivierte Mitarbeitende sind eine Voraussetzung für eine hohe Veränderungsfähigkeit und organisationales Lernen. Widerstände, die auf Fähigkeitsbarrieren basieren, lassen sich mittels PE wirkungsvoll abbauen. Qualifizierte Mitarbeitende können sich veränderten Rahmenbedingungen besser anpassen und auf diese Weise einen evolutorischen Wandel umsetzen. Veränderungsfähigkeit und Veränderungsbereitschaft bedingen Kompetenz. Massnahmen der PE-into-the-job wie z. B. Praktika für Studierende oder Auszubildende oder der PE-out-of-the-job wie z. B. die gleitende Pensionierung gewährleisten Flexibilität im Sinne der Personalplanung. Versteht man die PE als Grundlage oder Vorstufe des organisationalen Lernens und folgt man der Argumentation, dass das organisationale Lernen die ideale Form des konfigurationalen Wandels (vgl. Zaugg/Thom 2003: 200 ff.) darstellt, zeigt sich eine weitere flexibilitätsfördernde Funktion. Dem Anspruch der Nachhaltigkeit wird also auch in diesem Kriterium Genüge getan.

5   Entwicklungsperspektiven einer nachhaltigen Personalentwicklung

Die Personalentwicklung stellt einen betriebswirtschaftlichen ‚Evergreen' dar. Die Analyse der Ansätze in der Literatur und Praxis ergibt, dass über die Inhalte der PE keine Einigkeit besteht (vgl. Gerber 2001). Die Kurzformel *‚PE = Qualifizierung + Förderung'* dürfte als kleinster gemeinsamer Nenner gelten. Im Verbund mit den anderen personalwirtschaftlichen Funktionen kann die Personalentwicklung dazu dienen, eine Unternehmungsstrategie durch entsprechende Kompetenzprofile zu unterstützen, die Unternehmungsstruktur qualitativ anzureichern und die Unternehmungskultur zu gestalten. Eine nachhaltige Personalentwicklung sollte zudem bezüglich ihrer Zielgruppen differenzieren. Nur so ist eine effektive, effiziente und vor allem bedarfs- und bedürfnisgerechte PE möglich. Das Instrument des Personalportfolios (Unterscheidung der Mitarbeiter bezüglich Potenzial und Leistung) kann im Zusammenhang mit der *Zielgruppendifferenzierung* wertvolle Hinweise liefern. Die zum Teil sehr rasch anwachsenden Personalkosten setzen HRM-Verantwortliche unter einen verstärkten Rechtfertigungsdruck. Durch ein ergebnis- und prozessorientiertes Personalcontrolling wird die Basis für eine effektive und effiziente Personalentwicklung geschaffen.

Aus einer ressourcenorientierten Unternehmungsführung könnte in weiterer Folge eine kompetenzorientierte Unternehmungsführung werden, die primär auf das intellektuelle Kapital ausgerichtet ist. Mitarbeitende übernehmen wesentlich mehr Verantwortung für die eigene Entwicklung. Als Portfolio-Worker und Ich-AG bewirtschaften sie das persönliche Kompetenzprofil und sichern ihre Arbeitsmarktfähigkeit (vgl.

Scholz 2000: 4; Wunderer/Dick 2002: 137). Vorgesetzte unterstützen die Entwicklungsmassnahmen der Mitarbeitenden als Coaches. Effektive Lernformen gewinnen an Bedeutung (vgl. Münch 1995: 106) und On-the-Job-Massnahmen werden wichtiger (vgl. Wunderer/Dick 2002: 137 ff.). Bezogen auf konkrete Massnahmen sind es das E-Learning, die Selbstentwicklung, das Counselling (= Beratung von Vorgesetzten durch Mitarbeitende), das Coaching, Teamentwicklung, Projektarbeit, Job Rotation und autonome Arbeitsgruppen, die den grössten Bedeutungszuwachs erfahren (vgl. Wunderer/Dick 2002: 139). Mit dem hohen Stellenwert der On-the-Job-Massnahmen steigt auch der Bedarf an einer entwicklungsförderlichen Aufgabengestaltung. Aufgrund der demografischen Entwicklung erweitert sich die klassische Zielgruppe der PE (=Fach- und Führungskräfte) um Migrierende, ältere Mitarbeitende, Wiedereinsteigerinnen und – noch stärker als bis anhin – Führungsnachwuchskräfte. Wirtschaftlichkeitsüberlegungen bewirken, dass die Wertschöpfungsorientierung konsequent überprüft und Einsparungspotenziale durch ein gezieltes Outsourcing realisiert werden.

Fasst man diese Trends zusammen, wird deutlich, dass Personalentwickler gemäss den Rollen nach Dave Ulrich (vgl. Ulrich 1997: 24 ff.) als Strategic Partner (strategische Orientierung der PE), als Employee Champion (Betreuung und Beratung im Rahmen von Coaching und Counselling) sowie als Change Agents (Förderung der Veränderungsfähigkeit) tätig sind. Ein hoher Anspruch, den es einzulösen gilt.

Literaturverzeichnis

BACKHAUSEN, WILHELM/THOMMEN, JEAN-PAUL (2003): Coaching. Durch systemisches Denken zu innovativer Personalentwicklung, Wiesbaden 2003.

BECKER, MANFRED (1994): Strukturierte Mitarbeitergespräche. In: Jahrbuch Weiterbildung, hrsg. v. Schwuchow, Karlheinz u. a., Düsseldorf 1994, S. 90-95.

BECKER, MANFRED (2001): Aufbau und Bewertung von Intellektuellem Kapital. In: Excellence durch Personal- und Organisationskompetenz, hrsg. v. Norbert Thom und Robert J. Zaugg, Bern/Stuttgart/Wien 2001, S. 51-77.

BECKER, MANFRED (2002): Personalentwicklung. Bildung, Förderung und Organisationsentwicklung in Theorie und Praxis, 3. Aufl., Stuttgart 2002.

BLUM, ADRIAN/ZAUGG, ROBERT J. (1999): Praxishandbuch Arbeitszeitmanagement. Beschäftigung durch innovative Arbeitszeitmodelle, Zürich 1999.

BÖHME, KARSTEN (2003): Strategische Personalentwicklung. Nutzen Sie das Potenzial Ihrer Mitarbeiter, München/Neuwied 2003.

BÖNING, UWE (2002): Der Siegeszug eines Personalentwicklungs-Instruments. Eine 10-Jahres-Bilanz. In: Handbuch Coaching, hrsg. v. Christopher Rauen, 2. Aufl., Göttingen et al. 2002, S. 21-35.

BRUHN, MANFRED (2002): Integrierte Kundenorientierung. Implementierung einer kundenorientierten Unternehmensführung, Wiesbaden 2002.

CONRADI, WALTER (1983): Personalentwicklung, Stuttgart 1983.

ERNST, FLORIAN ALEXANDER (1997): Die Integration von unternehmens- und personenbezogenen Lebenszyklen. Eine Konzeptualisierung unter besonderer Berücksichtigung des Unternehmenszyklus, Bamberg 1997.

FELSCH, ANKE (1999): Personalentwicklung und Organisationales Lernen: Mikropolitische Perspektiven zur theoretischen Grundlegung, 2. Aufl., Berlin 1999.

FREIMUTH, JOACHIM/ZIRKLER, MICHAEL (2001): Lizenz zum Führen? 360-Grad-Feedback in der Personal- und Organisationsentwicklung, Hamburg 2001.

GATTLEN, ANDRÉ (1994): Personalmarketing aus der Sicht der Studierenden. Literaturanalyse und empirische Untersuchung, Bern 1994.

GERBER, ERNST (2001): Aktueller Stand und neuere Tendenzen in der Personalentwicklung. Konzeptionelle Grundlagen - Literaturanalyse, Bern 2001.

GRAF, ANITA (2001): Lebenszyklusorientierte Personalentwicklung. Ein Ansatz für die Erhaltung und Förderung von Leistungsfähigkeit und -bereitschaft während des gesamten betrieblichen Lebenszyklus. In: io Management Zeitschrift, 70. Jg. 2001, Nr. 3, S. 24-31.

GRAF, ANITA (2002): Lebenszyklusorientierte Personalentwicklung. Ein Ansatz für die Erhaltung und Förderung von Leistungsfähigkeit und -bereitschaft während des gesamten betrieblichen Lebenszyklus, Bern/Stuttgart/Wien 2002.

HANFT, ANKE (1995): Personalentwicklung zwischen Weiterbildung und „organisationalem Lernen", München/Mering 1995.

HENTZE, JOACHIM/KAMMEL, ANDREAS (2001): Personalwirtschaftslehre 1, 7. Aufl., Bern/Stuttgart/Wien 2001.

HILB, MARTIN (1992): Ursachen - Folgen - Lösungsansätze. In: Innere Kündigung. Ursachen und Lösungsansätze, hrsg. v. Hilb, Martin, Zürich 1992, S. 3-26.

HILB, MARTIN (1998): Integriertes Personal-Management. Ziele - Strategien - Instrumente, 5. Auflage, Neuwied/Kriftel 1998.

KESSLER, HEINRICH/HÖNLE, CLAUS (2002): Karriere im Projektmanagement, Berlin et al. 2002.

LEUENBERGER, MATTHIAS (2001): Personalmarketing aus der Sicht der Studierenden. Konzeptionelle Grundlagen - Empirische Ergebnisse. Unveröffentlichte Lizentiatsarbeit am Institut für Organisation und Personal der Universität Bern, Bern 2001.

LEPSINGER, RICHARD/ LUCIA, ANNTOINETTE D. (1997): The Art and Science of 360° Feedback, San Francisco 1997.

MAYER, BERNT (1993): Personalentwicklung für Führungskräfte: Eine Fallstudie in der Software-Industrie, München 1993.

MAYERHOFER, WOLFGANG (1992): Individueller Lebenszyklus und Lebensplan. In: Handwörterbuch des Personalwesens, hrsg. v. Eduard Gaugler und Wolfgang Weber, 2. Aufl., Stuttgart 1992, S. 1240-1254.

MÜHLE, GERTRUD (1995): Betriebliche Ruhestandsvorbereitung aus der Sicht der Personalentwicklung, Bern 1995.

MÜNCH, JOACHIM (1995): Personalentwicklung als Mittel und Aufgabe moderner Unternehmensführung, Bielefeld 1995.

MYRACH, THOMAS (2003): Blended Learning. Vortrag anlässlich der IOP-Fachtagung 2003: Trends in der Personalentwicklung, Bern 2003.

NEUBERGER, OSWALD (1994): Personalentwicklung, 2. Aufl., Stuttgart 1994.

NEUBERGER, OSWALD (2000): Das 360-Grad-Feedback, München/Mering 2000.

ODIORNE, GEORGE STANLEY (1984): Strategic Management of Human Resources. A Portfolio Approach, San Francisco/Washington/London 1984.

OECHSLER, WALTER A./STROHMEIER, STEFAN (1993): Widersprüche und Probleme von theoretischen Ansätzen zur Personalentwicklung. Auf dem Weg zur Theorie der Personalentwicklung. In: Spannungsfeld Personalentwicklung: Konzeptionen, Analysen, Perspektiven, hrsg. v. Stephan Laske und Stefan Gorbach, Wiesbaden 1993, S. 75-91.

PROBST, GILBERT J. B./BÜCHEL, BETTINA S. T. (1994): Organisationales Lernen, Wiesbaden 1994.

PROBST, GILBERT. J. B./RAUB, STEFFEN/ROMHARDT, KAI (1997): Wissen managen. Wie Unternehmen ihre wertvollste Ressource optimal nutzen, Wiesbaden 1997.

SATTELBERGER, THOMAS (1995): Lebenszyklusorientierte Personalentwicklung. In: Innovative Personalentwicklung, hrsg. v. Thomas Sattelberger, 3. Aufl., Wiesbaden 1995, S. 287-305.

SCHERM, MARTIN/SARGES, WERNER (2002): 360°-Feedback, Göttingen 2002.

SCHOLZ, CHRISTIAN (2000): Personalmanagement, 5. Auflage, München 2000.

SCHREYÖGG, ASTRID (1995): Coaching. Eine Einführung für Praxis und Ausbildung, Frankfurt/New York 1995.

TENGER, BERNHARD (2001): Selbstlernen mit neuen Medien. In: Personalwirtschaft, 28. Jg. 2001, Nr. 3, S. 53-60.

THOM, NORBERT (1987): Personalentwicklung als Instrument der Unternehmungsführung, Stuttgart 1987.

THOM, NORBERT (1992): Personalentwicklung und Personalentwicklungsplanung. In: Handwörterbuch des Personalwesens, hrsg. v. Eduard Gaugler und Wolfgang Weber, 2. Aufl., Stuttgart 1992, S. 1676-1690.

THOM, NORBERT/FRIEDLI, VERA (2003): Hochschulabsolventen gewinnen, fördern und erhalten, Bern/Stuttgart/Wien 2003.

THOM, NORBERT/ZAUGG, ROBERT J. (1995): Konzeptionen und neuere Tendenzen der Personal- und Organisationsentwicklung. In: Handbuch Personalmanagement. Zukunftsorientierte Personalarbeit, hrsg. v. Jürgen Berthel und Horst Groenewald, Landsberg/Lech 1995, S. 1-23.

ULRICH, DAVID (1997): Human Resource Champions: The Next Agenda for Adding Value and Delivering Results, Boston 1997.

WUNDERER, ROLF/DICK, PETRA (2002): Personalmanagement - Quo vadis?, 3. Aufl., Neuwied/Kriftel 2002.

ZAUGG, ROBERT J. (2009): Nachhaltiges Personalmanagement. Eine neue Perspektive und empirische Exploration des Human Resource Managements, Wiesbaden 2009 (in Bearbeitung).

ZAUGG, ROBERT J./THOM, NORBERT (2003): Excellence through Implicit Competences. Human Resource Management - Organizational Development - Knowledge Creation. In: Journal of Change Management, 3. Jg. 2003, Nr. 3, S. 199-211.

Manfred Becker

Die neue Rolle der Personalentwicklung
Empirische Befunde und Entwicklungstendenzen

1 Einführung

Dynamik und Komplexität bestimmen die aktuelle Situation in den Unternehmen. Die Entwicklung zur Informations- und Wissensgesellschaft verlangt kontinuierliches Lernen aller Mitarbeiter auf allen Ebenen. Unternehmen sind gezwungen, neue Entwicklungen zu nutzen und Kompetenzen zur wettbewerbsfähigen Bewältigung von Dynamik und Komplexität aufzubauen. Die Mitarbeiterinnen und Mitarbeiter sind ihrerseits gezwungen, ihre Befähigung durch Personalentwicklung (PE) so zu gestalten, dass sie beschäftigungsfähige Kompetenzangebote offerieren können. Beide Seiten, die Unternehmen und die Arbeit anbietenden Menschen haben hohe Erwartungen an die Personalentwicklung.

Es ist Aufgabe der Personalentwicklung, die arbeitenden Menschen durch Lernen zu befähigen, ihren Beitrag zur Verwirklichung der Unternehmensziele so effektiv wie möglich zu leisten. Die Rolle der PE bestimmt somit den Bestand, die Entwicklung und den Erfolg der Unternehmen in hohem Maße. Mit der Veränderung der Rahmenbedingungen ändern sich die Erwartungen und Anforderungen an die PE. Wenn sich die Unternehmensziele und die Arbeitsbedingungen verändern, dann ändert sich auch die Rolle der PE. Neue Aufgaben sind anzunehmen, neue Verfahren zur Planung, Steuerung und Erfolgssicherung der PE sind zu entwickeln. Das Selbstverständnis und die Professionalität der Personalentwickler verändern sich vom passiven Dienstleister zum aktiven Geschäftspartner im Funktionsgefüge der Unternehmen. Aufgabe der Personalentwicklung ist es aber auch, die Beschäftigungsfähigkeit der arbeitenden Menschen in dynamischen Beschäftigungsverhältnissen zu sichern. Die Metapher vom lebenslangen Lernen bestimmt die Praxis der Personalentwicklung.

Der Begründungszusammenhang, die Ziele und Inhalte und die „Toolbox" der PE sind ebenfalls ständig zu überprüfen und zu aktualisieren. Speziell die personalwirtschaftliche Forschung muss mit empirischen Untersuchungen das Praxisfeld ausleuchten, um Kenntnisse zur anforderungsgerechten Gestaltung der PE zu gewinnen. Empirische Forschung zur PE fehlt noch weitgehend. Gründe dafür sind fehlende Analyseinstrumente, aber auch die mangelnde Bereitschaft der Unternehmen, die Praxis für die empirische Forschungsarbeit zu öffnen sowie stereotype Handlungsweisen gegen wissenschaftlich begründete Handlungsempfehlungen auszutauschen.

2 Empirische Befunde

Singulare und zufällige Beobachtungen der PE-Szene können systematische empirische Analysen nicht ersetzen. Am Lehrstuhl für Betriebswirtschaftslehre, insbesondere

Organisation und Personalwirtschaft, an der Martin-Luther-Universität Halle-Wittenberg, wurden in den Jahren 2002 und 2003 zwei empirische Untersuchungen zur PE durchgeführt.

2.1 Repräsentativbefragung 2002

Im Jahre 2002 wurden 1280 Unternehmen zur Unternehmensentwicklung, PE und Führungskräfteentwicklung befragt. Insgesamt 237 Unternehmen haben sich beteiligt. Es fällt auf, dass die Unternehmen zielorientiert, kundenorientiert und qualitätsorientiert aufgestellt sind. Die Dynamik ist als Herausforderung erkannt und die Ergebnisse der repräsentativen Untersuchung zeigen auch, dass die Unternehmen die Toolbox zur professionellen Steuerung und strategischen Ausrichtung verbessern (vgl. Becker/Schwertner 2002b).

Abbildung 2-1: *Empirische Befunde zur Unternehmensentwicklung*

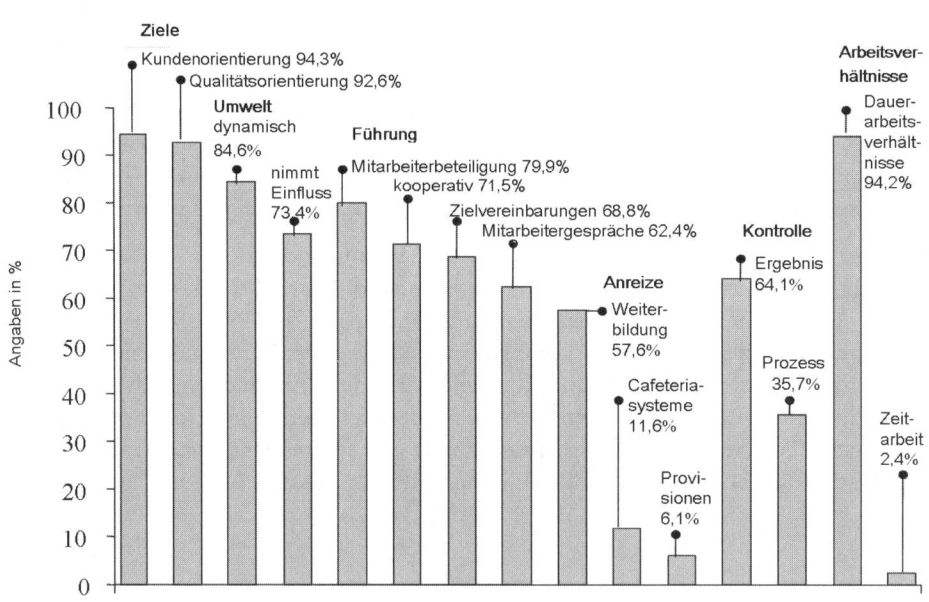

Die empirischen Befunde zur PE zeigen tendenziell dieselben Schwerpunkte auf, wie die Antworten zur Unternehmensentwicklung. Die Zielorientierung der PE wird mit höchster Priorität genannt. Gelingen kann eine zielorientierte PE nur, wenn die Unternehmensziele widerspruchsfrei formuliert und handlungsorientiert kommuniziert

werden. Die Schwerpunkte der Personalentwicklungsarbeit haben sich — so das klare
Bild der empirischen Befunde — von der Bildung zur Förderung verschoben. Mitarbei-
tergespräche haben sich durchgesetzt, Zielvereinbarungen stehen auf der Agenda der
Personalentwickler. Auch wird eine bessere methodische Absicherung der PE mit
Bedarfsanalyse, Erfolgskontrolle und Transfersicherung verlangt. Lobenswert ist die
Erkenntnis der Unternehmen, dass PE vor allem eine nicht delegierbare Führungsauf-
gabe darstellt.

Abbildung 2-2: *Empirische Befunde zur Personalentwicklung*

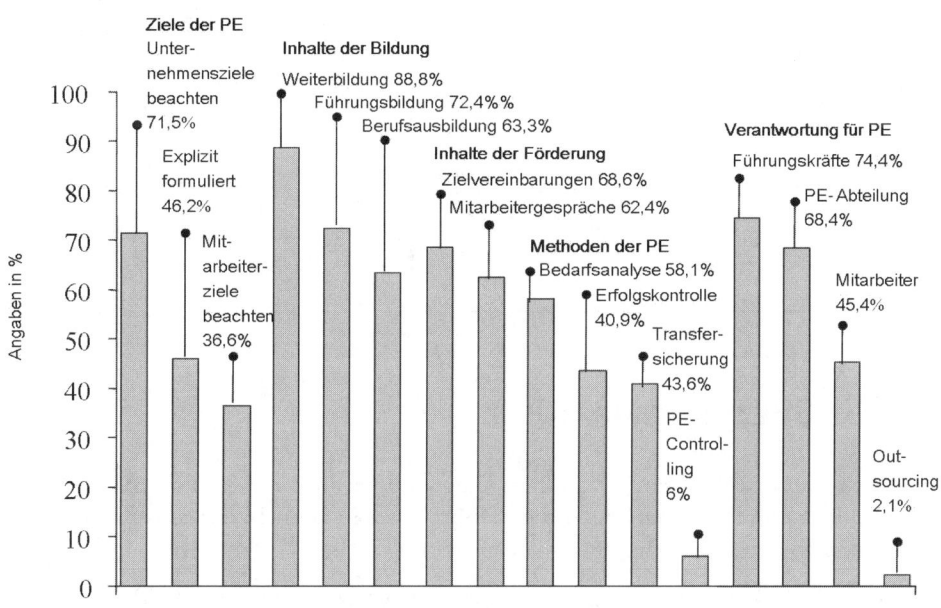

Dynamik und Komplexitätsbewältigung stehen im Vordergrund der Führungskräfteentwicklung. Veränderungsfähigkeit, Kommunikationsfähigkeit und die Fähigkeit, die
gestiegenen sozialen Aufwendungen zu bewältigen, wurden als Auftrag an die Führungskräfteentwicklung formuliert. Dabei setzen die Unternehmen in hohem Maße
auf die Entwicklung der Führungskräfte aus den eigenen Reihen.

Abbildung 2-3:   *Empirische Befunde zur Führungskräfteentwicklung*

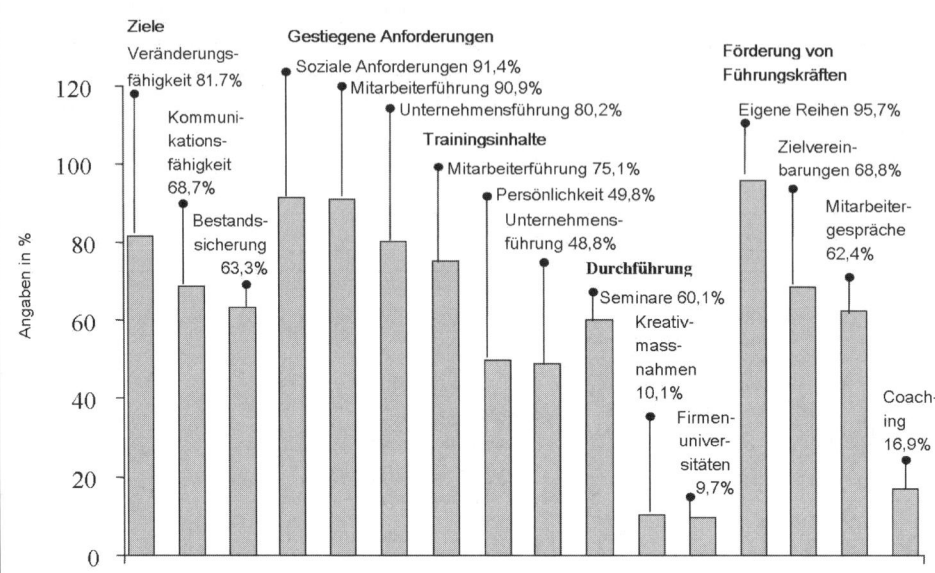

2.2   Blitzumfrage 2003

Im Jahre 2003 wurden die 500 größten Unternehmen in Deutschland erneut zur PE befragt. Insgesamt 66 Fragebögen dieser Blitzumfrage konnten ausgewertet werden. Die Unternehmen sollten drei Fragen beantworten.

▨ Welches sind die fünf wichtigsten Herausforderungen, die die PE in den nächsten fünf Jahren zu bewältigen hat? (2.2.1)

▨ Wie gut meinen Sie, ist Ihre PE gerüstet, die Herausforderungen zu bewältigen? (2.2.2)

▨ Welches sind die fünf wichtigsten Instrumente der PE, die beibehalten, verändert oder neu eingeführt werden sollen? (2.2.3)

2.2.1   Herausforderungen an die Personalentwicklung

Die Herausforderungen an die PE, so wie diese von den Personalleitern gesehen werden, zeigen eine große Bandbreite. Von „Anpassungsweiterbildung" bis „Talentmanagement" wurden insgesamt 297 unterschiedliche Herausforderungen angeführt. Die Befragung zeigt neben der großen Bandbreite an Anforderungen auch klare Schwerpunkte der zukünftigen Herausforderungen. Wie in Abbildung 2-4 dargestellt, sind Führungskräfteentwicklung, Internationalisierung, Nachfolgeplanung, Change Management, Potenzialanalyse und Strategieorientierung die fünf am häufigsten genannten Herausforderungen an die PE der Zukunft, gefolgt von Diversity Management und bedarfsorientierter Weiterbildung sowie Fach- und Führungskräfterekrutierung.

Die Vielfalt der Nennungen zeigt, dass die PE immer noch als „Mädchen für Alles" ein sehr weites Aufgabenspektrum wahrnimmt. Andererseits zeigt die Vielfalt der Herausforderungen die noch immer nicht abgeschlossene Professionalisierung der PE. Wenn das Aufgabenfeld sehr heterogen und sehr dynamisch ist, bleibt die Professionalisierung der Personalentwickler ebenfalls amorph. Dem geringen Grad an Professionalisierung entspricht ein diffuses Ansehen der PE. Wer ein so vielfältiges Aufgabenspektrum zu bewältigen hat, hat es schwer, darzulegen, wofür die PE als betriebliche Funktion wirklich steht und welche Kernaufgaben sie wahrnimmt. Profilbildung muss in Zukunft noch häufiger heißen, Aufträge dann zurückzuweisen, wenn die Aufgaben entweder nicht zum Kerngeschäft der PE gehören oder Delegationen ungeliebter Aufgaben der Führungskräfte an die PE sind. Die genannte Vielfalt der Herausforderungen verlangt von den Mitarbeiterinnen und Mitarbeitern ein breites Kompetenzspektrum und eine hohe Flexibilität. Ohne intensive und systematische Weiterbildung sind die vielfältigen Aufgaben nicht zu bewältigen. Die neue Rolle der PE ist erst in Ansätzen erkennbar.

Abbildung 2-4: *Herausforderungen der Personalentwicklung*

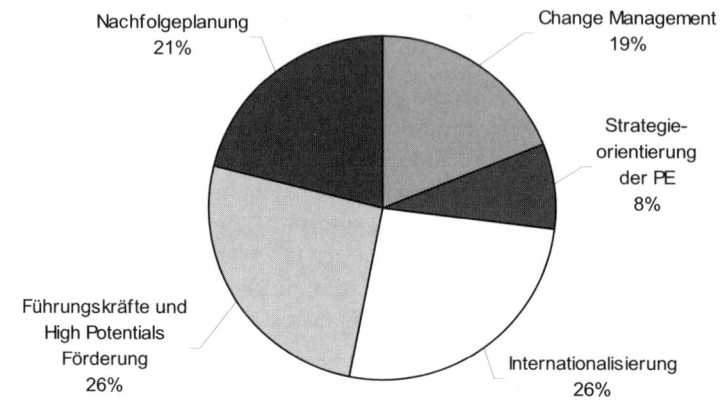

Die fünf wichtigsten Herausforderungen, die die PE in den nächsten fünf Jahren zu bewältigen hat

Nachfolgeplanung 21%

Change Management 19%

Strategie-orientierung der PE 8%

Führungskräfte und High Potentials Förderung 26%

Internationalisierung 26%

n=66; Mehrfachnennungen möglich

Eine Befragung der Boston Consulting Group (BCG) aus dem Jahre 2008 zeigt ein ähnliches Bild. Als wichtigste Herausforderungen nennen dort die Unternehmen: Führungskräfteentwicklung und Talentmanagement, Demografiemanagement, die Entwicklung zur Learning Organization, Work-Life-Balance und Change Management/Transformation der Unternehmenskultur (vgl. Strack et al. 2008: 5 ff.). Dabei hat die Bedeutung der Führungskräfteentwicklung im Vergleich zum Vorjahr zugenommen.

Die genannten Herausforderungen bestätigen, dass der Schwerpunkt der PE im Bereich der Förderung liegt. Antworten zur Aus- und Weiterbildung sind unterrepräsentiert. Herausforderungen aus dem Bereich der Organisationsentwicklung werden auf Platz 10 und zur Unternehmenskulturgestaltung auf Platz 11 genannt. Die Konzentration auf die Förderung erscheint deshalb logisch, weil das Wollen und Können der Belegschaft über Erfolg oder Misserfolg dynamischer Unternehmen entscheidet. Wenn wenige Spezialisten und Führungskräfte zum Nadelöhr für den unternehmerischen Erfolg werden, dann sind gezielte Fördermaßnahmen lebensnotwendige Aktivitäten zur Sicherung der Wettbewerbsfähigkeit.

Die großen Unternehmen haben entdeckt, dass sie exzellente Führungskräfte brauchen, um ihre Ertragskraft und Innovationsfähigkeit zu erhalten. Die hochgepunktete Nachfolgeplanung und Potenzialanalyse stehen im Zusammenhang mit der wachsenden Sorge um die Sicherung der Schlüsselkräfte. Spezialisten sind gefragt. Gewinnung und Bindung müssen verstärkt werden.

Ebenfalls ist zu erkennen, dass die Bewältigung der Herausforderungen von der Gestaltung der Rahmenbedingungen und der klaren Vermittlung der Unternehmensziele abhängt. Internationalisierung verdankt den zweiten Platz sicherlich der Tatsache, dass die 500 größten Unternehmen auch Global Player sind. Auf dem Weltmarkt setzen sich nur die Unternehmen durch, deren Mitarbeiter interkulturelle Kompetenz, Sprachen und den Umgang mit internationalen Institutionen beherrschen. Die Vielfältigkeit der Befähigung gilt es sicherzustellen und anforderungsgerecht zu managen.

Diversity Management steht für die Herausforderung, die Fülle unterschiedlicher Beschäftigter (hinsichtlich Geschlecht, ethnischer Herkunft, sexueller Orientierung, Behinderung und Alter) und die wachsende Vielfalt der Beschäftigungsverhältnisse leistungsstark so zusammenzubringen, dass die Bedürfnisse der Belegschaft nach Vereinbarkeit von Beruf und Privatleben einerseits und die vielfältigen Herausforderungen der Märkte andererseits, in Einklang gebracht werden können. Diversity Management stärkt die Forderung nach exzellenten Führungskräften, die es schaffen, differenzierte Belegschaften effizient und für alle zufriedenstellend zu führen (vgl. Becker/Seidel 2006).

Nicht sehr häufig, aber auch als Herausforderung genannt, ist die konzeptionelle Absicherung der PE. PE muss mit der Erarbeitung und der Umsetzung von PE-Standards, Inhalten, Maßnahmen, Instrumenten und Verantwortlichkeiten vom Zufall zum System umgebaut werden. PE-Konzepte legen als normatives Fundament die Schwerpunkte der PE-Arbeit der Unternehmen und die Entwicklungsmöglichkeiten der Mitarbeiter fest. Eine Herausforderung, die ebenfalls in verschiedenen Zusammenhängen auftaucht, ist das Management von Information und Kommunikation in dynamischen Unternehmen. „Weiche Themen" wie Stressmanagement und „Wertorientierung" sind dagegen derzeit keine Herausforderungen, die nach Ansicht der befragten Unternehmen vordere Rangplätze belegen.

Den Anforderungen an die PE aus der Unternehmenssicht sind die Erwartungen der Mitarbeiterinnen und Mitarbeiter und die der potentiellen Bewerber gegenüberzustellen. In Zeiten alternder Belegschaften und knapp werdender Nachwuchskräfte für Fach- und Führungspositionen trägt die Personalentwicklung wesentlich zum Aufbau der Arbeitgeberattraktivität (Employer Branding) bei. Eine aktuelle Studie aus 2008 zeigt, dass die Personalentwicklung zu den TOP-Anforderungen an potentielle Arbeitgeber gehört. So bewerteten angehende Ingenieure und Betriebswirte die Möglichkeit der Weiterbildung im Unternehmen auf einer Skala von 1 (unwichtig) bis 6 (sehr wichtig) mit 5 Punkten (vgl. Kiefer/Regnet 2008: 34 ff.). Passgenaue HR-Maßnahmen können dazu beitragen, die Mitarbeitermotivation und das Engagement zu steigern (vgl. Seebald/Enneking 2008: 6). Die prominente Position der Personalentwicklung verwundert deshalb nicht, weil eine systematische und leistungsfähige Personalentwicklung Garant der Erhaltung der Beschäftigungsfähigkeit ist. Es gilt das Motto: „Staff should be able to leave, but happy to stay!"

2.2.2 Professionalität der Personalentwicklung

Die Unternehmen wurden nach ihrer Meinung gefragt, wie ihre PE gerüstet sei, die aktuellen Herausforderungen zu bewältigen (vgl. Abbildung 2-5). Die Antworten zeigen Realitätssinn und Selbstbewusstsein der befragten Personalmanager. Nur 6 Prozent geben an, sehr gut gerüstet zu sein, 62 Prozent sagen, sie seien für die Herausforderungen gut gerüstet. Allerdings ist ein knappes Drittel (29 Prozent teils/teils und 3 Prozent nicht ausreichend) der Auffassung, die PE müsse noch Anstrengungen unternehmen, um die kommenden Herausforderungen meistern zu können.

Abbildung 2-5: *Selbsteinschätzung zur Professionalität der Personalentwicklung*

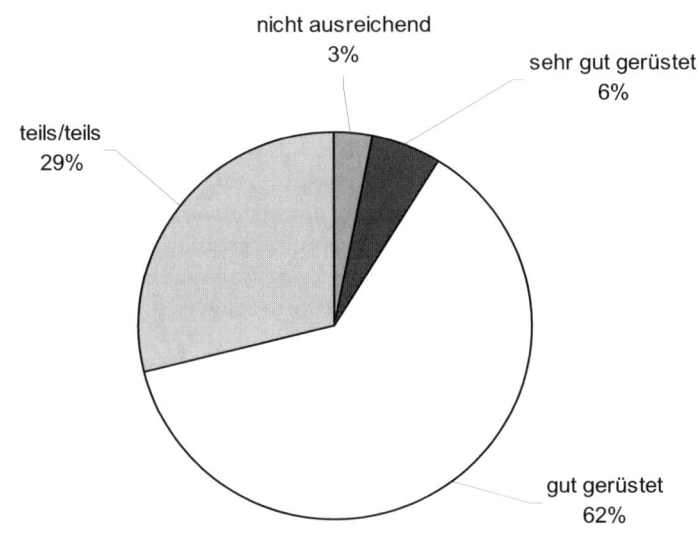

Wie gut meinen Sie, ist Ihre PE gerüstet, die Herausforderungen zu bewältigen?

nicht ausreichend
3%

sehr gut gerüstet
6%

teils/teils
29%

gut gerüstet
62%

n=65

Bei der Frage nach der Professionalität muss eine gewisse Einseitigkeit zugestanden werden. Das Bild wäre erst vollständig, wenn die Nachfrager, die Nutzer der PE, zusätzlich zu den Personalleitern, um ihre Einschätzungen gebeten worden wären.

Es fällt auf, dass zunehmend Qualifizierungsangebote zur Verbesserung der Professionalität der Personalentwickler auf dem Weiterbildungsmarkt erscheinen. Ohne intensive und systematische Weiterbildung ist eine anforderungsgerechte Professionalisierung der Personalentwickler nicht zu erreichen.

Geht man bei der Beurteilung der Professionalität der Personalentwickler von der Professionalisierungsgleichung aus, dann bestimmen die Faktoren Begabung, Lernen, Erfolg und Anerkennung das aktuell erreichte Niveau der Professionalität (Professionalisierungsgleichung: P = f (B,L,E,A), (vgl. Becker 2005a: 214 ff.).

In der PE ist immer noch eine große Bandbreite von Grundberufen vertreten. Pädagogen, Soziologen, Psychologen, Wirtschaftswissenschaftler und im Unternehmen gewachsene Praktiker bestimmen das PE-Bild. Die heterogene Herkunft verlangt eine intensive fachliche Qualifizierung der Fach- und Führungskräfte der PE. Gerade die Dynamik der Unternehmensentwicklung verlangt vom Personalentwickler, sich stets aktuell zu qualifizieren. Ohne Erfahrung bleibt die PE-Tätigkeit steriler Anspruch. Erfahrung für eine erfolgreiche Tätigkeit in seinem Bereich, gewinnt der Personalentwickler innerhalb und außerhalb der PE. Er entwickelt dann Verständnis für die Probleme der Funktionsbereiche, wenn er selbst dort gearbeitet hat. Job Rotation erhöht die Flexibilität und verhindert die Vergreisung der PE-Mitarbeitenden. Eine solide Ausbildung, Tätigkeiten in anderen Unternehmensfunktionen und Erfahrung in unterschiedlichen PE-Positionen bestimmen die Professionalität der Personalentwickler. Wenn ein Trainer über Jahre Standardthemen trainiert, fehlen ihm die Erfahrung im Feld und die Breite der Erfahrung in Bildung, Förderung und Organisationsentwicklung. Vielseitigkeit statt einseitiger Spezialisierung zeichnet den Beruf des Personalentwicklers zukünftig stärker aus, als dies in der Vergangenheit der Fall war (vgl. Peutner 2001: 25 f.).

2.2.3 Instrumente der zukünftigen Personalentwicklungsarbeit

Die Unternehmen wurden nach den fünf wichtigsten PE-Instrumenten/Maßnahmen gefragt, die sie zur Bewältigung der von ihnen genannten Anforderungen entweder neu einführen, weiterentwickeln oder beibehalten wollen. Bei den Antworten fällt zunächst die Fülle von Aktivitäten und Instrumenten auf, die die Personalentwickler zur Bewältigung der Herausforderungen einsetzen wollen. Die Antworten wurden in Cluster zusammengefasst. Die Mehrzahl der Antworten liegt eindeutig im Bereich der Förderinstrumente (vgl. Abbildung 2-6). Die Antworten zeigen die wachsende Bedeutung der Förderung. Die PE wandelt sich zum interessanten Arbeitsplatz für PE-Spezialisten mit betriebswirtschaftlicher, sozialwissenschaftlicher und pädagogischer Grundbildung. Konzeptionelle Arbeit und klientelbezogene Beratung nehmen zu.

Die 66 Unternehmen, die auf die Blitzumfrage geantwortet haben, betonen die Bedeutung der Führungskräfteentwicklung. Gruppenarbeit, Teamkonzepte und teilautonome Arbeitsgruppen haben den Zenit ihrer Bedeutung anscheinend überschritten. Die Renaissance der Hierarchie stellt die Führungsaufgaben wieder in den Vordergrund. So verwundert die hohe Bedeutung, die die Unternehmen der Führungskräfteentwicklung beimessen, nicht. An zweiter Stelle der PE-Instrumente der Zukunft sehen die Unternehmen Feedbackgespräche. Wenn Leistungsfähigkeit, Motivation und Flexibilität der Kernbelegschaften zum Nadelöhr für Wettbewerbsfähigkeit und Innovationsvermögen der Unternehmen werden, dann leuchtet es ein, dass Mitarbeitergespräche an Bedeutung gewinnen. Der Siegeszug der strukturierten Mitarbeitergespräche über formalisierte Leistungsbeurteilungen setzt sich fort. Potenzialanalysen belegen den dritten Platz der in Zukunft bedeutsamen PE-Instrumente. Auch diese Platzierung ist logisch, wenn hochbezahlte Fach- und Führungskräfte in wichtige Funktionen entwickelt werden und in diesen erfolgreich arbeiten sollen. Schon mit deutlich weniger Nennungen steht die Weiterbildung auf Platz vier der Bestenliste der PE-Instrumente. Es fällt auf, dass die Berufsausbildung nicht als wichtiges Instrument der PE genannt wird. Die auf Platz fünf gesetzte Nachfolge- und Karriereplanung bestätigt die Erkenntnis der Unternehmen, dass gute Mitarbeiter gehalten und mit Entwicklungsmöglichkeiten gefördert werden müssen. Mitarbeiter sollten stärker als Investition und weniger als Kostenfaktor betrachtet werden.

Zielvereinbarungen und Coaching folgen auf den Plätzen sechs und sieben. Zielvereinbarungen kann ein kurzes Leben beschieden sein. Wenn Zielvereinbarungen mit variabler Vergütung verknüpft werden, verlässt das Instrument ohnehin die PE. Es mutiert zum Geldverteilungsinstrument. Wenn zwei Welten entstehen, die in Zielen beschriebenen Ansprüche einerseits und die tatsächliche Dynamik der Unternehmensentwicklung andererseits, dann werden Ziele für Mitarbeiterinnen und Mitarbeiter hinderlich. Auch Führungskräfte lehnen das Instrument ab, weil sie wenig Freude an der Abarbeitung obsoleter Ziele haben. Abbildung 2-6 zeigt die Top-Instrumente zukünftiger PE.

Abbildung 2-6: Die wichtigsten Instrumente der Personalentwicklung

---

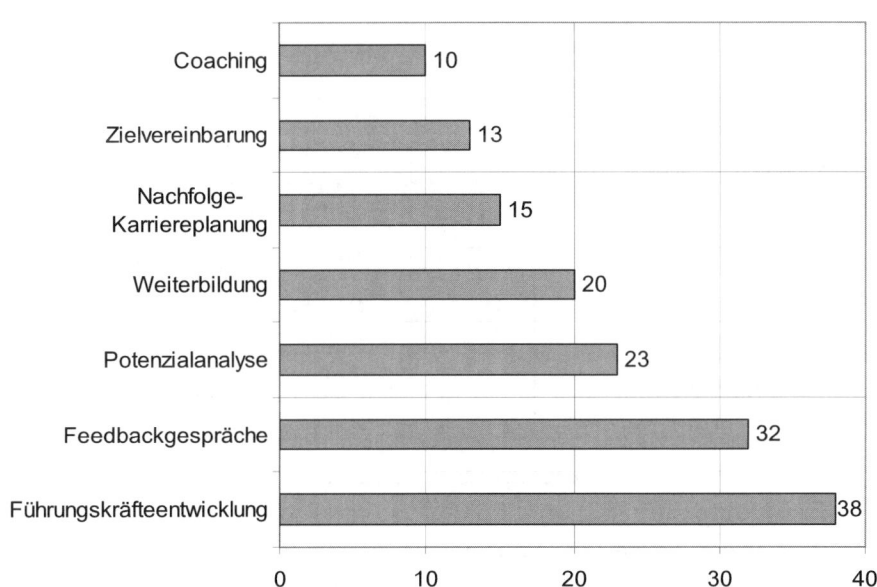

n=66; Mehrfachnennungen möglich

Unterteilt man PE in Bildung, Förderung und Organisationsentwicklung, dann sehen die Unternehmen die Schwerpunkte der PE-Arbeit mit 75 Prozent im Bereich Förderung. 20 Prozent der genannten Instrumente beziehen sich auf den Bereich Bildung, nur 5 Prozent auf Organisationsentwicklung. Die Personalentwickler wurden zusätzlich gebeten, anzugeben, ob sie die fünf wichtigsten PE-Instrumente in Zukunft im Unternehmen beibehalten, weiterentwickeln oder neu einführen wollen. Abbildung 2-7 zeigt die sieben meist genannten PE-Instrumente, die entweder beibehalten, weiterentwickelt oder neu implementiert werden sollen. Die konzeptionelle Arbeit der Personalentwickler, so die Erkenntnis, nimmt zu.

Abbildung 2-7: *Personalentwicklungsinstrumente und ihre Zukunft*

	Beibehal-ten	Weiterentwi-ckeln	Neu	Ohne Anga-ben	Insge-samt
Führungskräfte- und High Poten-tialsförderung	15,7%	63,2%	15,7%	5,2%	38
Feedbackgespräche	25,0%	46,8%	15,6%	12,5%	32
Potenzialanalyse	8,6%	56,5%	26,0%	8,6%	32
Weiterbildung	25,0%	60,0%	5,0%	10,0%	23
Nachfolgeplanung		66,6%	13,3%	-	20
Zielvereinbarungen		46,1%	15,4%	-	15
Coaching		40,0%	10,0%	-	13

Zusammenfassend können die Erkenntnisse aus den empirischen Untersuchungen wie folgt spezifiziert werden:

▦ Die Orientierung der Personalentwicklung an den Unternehmenszielen nimmt zu.

▦ Die Personalentwicklungsaktivitäten nehmen in Art und Umfang zu.

▦ Die Ausweitung der Personalentwicklung betrifft insbesondere den Bereich Förderung.

▦ Die Organisationsentwicklungsaktivitäten verharren trotz gelegentlicher Pendelschläge auf einem niedrigen Niveau.

▦ Das Selbstbewusstsein und die Professionalität der Personalentwickler haben sich verbessert.

3 Die neue Rolle der Personalentwicklung

Die Befragungsergebnisse zur Unternehmens- und Personalentwicklung zeigen, dass die Unternehmensanforderungen stark im Fluss sind. Sie zeigen auch, dass die Aufgaben und die Instrumente der PE neu zu bestimmen sind. Die PE wird zum Schlüsselbereich für Wettbewerbsfähigkeit und Innovationen. Die traditionelle Aus- und Weiterbildung mit Standardangeboten gehört der Vergangenheit an (vgl. Becker/Labucay 2008a: 62 ff.). Die „neue" Rolle der PE ist durch Rollenvielfalt und Rollenambiguität bestimmt. Lösungen für Probleme, die heute noch erfolgreich sind, passen nicht zu den Aufgaben von morgen. Die PE hat die pädagogische Provinz verlassen. Sie entwickelt sich zum strategischen Partner der Funktionsbereiche.

Schlagworte, die die neue Rolle der PE bzw. das Human Resources Management bestimmen, sind Kompetenzentwicklung, Wissensmanagement, Zielgruppenorientierung, Blended Learning-Konzepte, E-Learning, Trainings-Camps, Verbundpersonalentwicklung, emotionale Intelligenz, HR-Due-Diligence, Intervision, Metakognitives Lernen, Ältere Mitarbeiter, Diversity Management, Reciprocal Management und Human Asset Management. Die plakative Vielfalt der Themengebiete enthält sicherlich einige modische Elemente, die der Berater-Rhetorik entstammen und dem Aufbau neuer Beratungsangebote die erforderliche Wortgewandtheit verleihen sollen. Im Kern zeigt der Blumenstrauß an Themen den tiefgreifenden Wandel der PE. Die strategischen Potenziale zur Erzielung von Wettbewerbsvorteilen verschieben sich, von den traditionellen Ressourcen zunehmend in Richtung Humanressourcen, da der qualifizierte und innovative Mitarbeiter sich zum Engpassfaktor für den erfolgreichen organisatorischen Wandel entwickelt. Neue Herausforderungen kommen auf Führungskräfte und Personalentwicklung zu (vgl. Picot et al. 2001: 455). Dies belegen auch aktuelle Entwicklungen zum Aufbau und zur Nutzung der Humanressourcen (vgl. Becker 2008: 19 ff.)

3.1 Rolle und Rollenverständnis der Personalentwicklung

„Rolle" wird in der Soziologie als Bündel von Erwartungen beschrieben, das sich an das Verhalten des Inhabers einer Position richtet. Als Position bezeichnet man eine Stelle oder Funktion, die mit Rechten und Pflichten ausgestattet ist. Das Bündel von Erwartungen (Gesamtrolle) an die PE setzt sich aus den Einzelerwartungen (Rollensegmente) der verschiedenen Anspruchsgruppen (Mitarbeiter, Trainer, Unternehmensleitung etc.) und den Anforderungen der Position zusammen. Die Rolle ist also ein Komplex von Verhaltenserwartungen (vgl. Hillmann 1994: 742 ff.). Sich widersprechende Erwartungen können zu Konflikten führen. Die Erwartungen der Führungskräfte an die PE können z. B. sehr verschieden von denen der Mitarbeiter sein. Konflikte entstehen aus unterschiedlichen Erwartungen und aus Abweichungen zwischen Selbst- und Fremdverständnis der PE.

Die PE selbst versteht sich möglicherweise schon als Stratege, als Berater, als Erneuerer, Gestalter, Förderer und Politiker. Dieses Verständnis widerspricht u. U. den Erwartungen der Anspruchsgruppen, die den Personalentwickler lieber in der Rolle des

Taktikers, Beurteilers, Bewahrers, Verwalters, Trainers und Beamten sehen. Die Rolle der PE ist in Bewegung. Neue Aufgaben, veränderte Inhalte, verbesserte Methoden bestimmen das Bild der Veränderung.

3.2 Neue Aufgaben, neues Selbstverständnis

Die traditionale PE war eher reaktiv auf die Planung und Durchführung von Aus- und Weiterbildungsmaßnahmen ausgerichtet. Die empirischen Ergebnisse zeigen, dass sich die Aufgaben der PE gewandelt haben. In den drei Bereichen der PE, der Bildung, der Förderung und der Organisationsentwicklung sind Erfolge zu verzeichnen. Speziell in der Bildung wurden viele Berufe neu geordnet und an die Erfordernisse dynamischer Tätigkeiten angepasst. Die Weiterbildung ist inhaltlich stark angereichert und methodisch vielfältig aufgestellt. Führungsbildung wurde als Diversity Management auf die Vielfalt von Personen und Situationen ausgeweitet. Lehr- und Lernmethoden konnten mit tutoriellem Lernen, E-Learning, arbeitsnahem und arbeitsintegriertem Lernen stark verbessert werden. Im Bereich der Förderung lösen Stellenbündel nach dem Prinzip der Generalisierung flächendeckende Stellenbeschreibungen ab und trial-and-error-Verfahren werden durch systematische Auswahlverfahren ersetzt (vgl. Becker 2004: 9 ff.). Einarbeitungskonzepte (vgl. Thom 2001: 319 ff.) mit systematischem Bezug zur Zielposition sichern die Qualifizierung und Integration neuer Mitarbeitenden ab. Strukturierte Mitarbeitergespräche und Zielvereinbarungen greifen steuernd und bewertend in die Dynamik der Tätigkeiten und der Anforderungen ein. Management-Audits und Potenzialanalysen, systematische Karriere- und Nachfolgeplanung erhöhen die Treffsicherheit der Platzierungsentscheidungen. Variable Vergütungskonzepte zielen auf die Verbesserung von Leistung und Zufriedenheit der Belegschaften. Erfolge im Bereich Organisationsentwicklung werden durch Mitsprache und Mitgestaltung der Mitarbeitenden bei der Planung und Realisierung ihrer Arbeit erreicht. Projektarbeit hat sich als flexible Organisationsform durchgesetzt, Teamkonzepte und Gruppenarbeit erreichen Teilerfolge, Mitarbeiterbefragungen sind weit verbreitet, 360°-Beurteilungen werden verstärkt eingesetzt. Teamarbeit und interkulturelle Zusammenarbeit nehmen zu.

Die methodische Absicherung der PE findet größere Beachtung. Der Funktionszyklus systematischer PE ersetzt den Zufall durch einen leistungsfähigen Algorithmus zur Planung, Steuerung und Kontrolle der PE (vgl. Becker 2005: 17 ff.). Die Personalwirtschaftslehre ist an fast allen Fachhochschulen und Universitäten als spezielle Betriebswirtschaftslehre etabliert. Kern der Disziplin ist die Personalentwicklung. Auch Pädagogen, Soziologen, Psychologen und Arbeitsrechtler studieren vermehrt Personalwirtschaft. Die Forschungs- und Publikationsanstrengungen zu Themen der PE nehmen stark zu. Sie zeigen ein breites, interdisziplinäres Bild, wobei die Forschungsansätze normativ, deskriptiv, empirisch und modelltheoretisch ausgerichtet sind. Internationale Studien und empirische Forschungsvorhaben nehmen ebenfalls zu (vgl. Becker/Schwertner 2002a: 7 ff.; Neubauer 2002: 47 ff.). Die neuere Institutionenökonomik bereichert die personalwirtschaftliche Forschung ebenfalls. Die Gestaltungsfrage und die Verantwortung für die Personalentwicklung wird zunehmend von der paternalistisch organisierten Personalentwicklung als „Bringschuld der Unternehmen" abgelöst durch eine eigenverantwortliche Gestaltungsaufgabe der Humanvermögen anbietenden Menschen. Personalentwicklung verändert sich zur „Holschuld der Arbeitenden". Die Entsendung zu Seminaren wird zunehmend abgelöst durch vertraglich begründete, marktwirtschaftlich organisierte Sicherstellung der erforderlichen Personalentwicklung (vgl. Becker 2003: 25 ff.).

Sozialwissenschaftliche Kulturforschung tritt aufgrund der aktuellen Wirtschaftslage ein wenig in den Hintergrund. Die betriebswirtschaftliche Ausrichtung der Personalentwicklung und im Gefolge davon die Renaissance der Erforschung und Gestaltung einer leistungsfähigen Humanvermögensrechnung sind zu beobachten (vgl. Becker 2008). Die Personalentwicklung hat ihren festen Platz im Wissenschaftsgefüge der Sozialwissenschaften, der Betriebswirtschaftslehre und der Wirtschaftspädagogik gefunden. Beratungsunternehmen etablieren Personalentwicklung als neues strategisches Geschäftsfeld und erwarten hohe Wachstumsraten.

Die Personalentwicklung ist als Kernaufgabe der Personalwirtschaft dann erfolgreich, wenn ihre Ziele und Inhalte in enger Verzahnung mit den Zielen und Inhalten der Unternehmen stehen. Maßgeschneiderte Personalentwicklung trägt zur Sicherung der Humanressourcen und damit zur Erhaltung der Wettbewerbsfähigkeit wesentlich bei. Die PE ist zum Motor der Unternehmensentwicklung geworden.

3.3 Die zukünftige Rolle der Personalentwicklung

Die PE soll nicht zeigen, zu welchen kunstfertigen Aktivitäten sie fähig ist, sondern soll den Betriebsabteilungen an Konzepten, Methoden, Beratung und Training zur Verfügung stellen, was diese benötigen. Um das zu gewährleisten, muss die PE in den strategischen Kontext eingebunden werden. Demzufolge hat die PE an die Strategie, die Strukturen, die Prozesse und die Kultur des Unternehmens anschlussfähig zu sein. Ebenso hat die PE Expanderfunktion zur Unternehmens- und Mitarbeiterentwicklung zu leisten. Das ist nur möglich, wenn leistungsstarke und anforderungsgerechte Konzepte und Instrumente zur Verfügung stehen und die PE als „Kreativer Impulsgeber" die Unternehmensentwicklung und die Beschäftigungsfähigkeit sichert. Die PE steht im Wettbewerb um finanzielle und materielle Ressourcen, sie muss um Macht und Ansehen kämpfen. Um ihren Rang zu behaupten und zu verbessern, hat die PE einen signifikanten Beitrag zur Unternehmensleistung zu erbringen, diesen nachzuweisen und kontinuierlich zu steigern. PE muss wertorientiert, strategiegeleitet, systematisch und ergebnisorientiert arbeiten, d. h. ihre Toolbox à jour halten, den Zufall durch System ersetzen und grobe Schätzungen durch exakte Messungen ablösen. Alles, was in der PE gemessen werden kann, sollte auch gemessen und bewertet werden. Fortschreitende Professionalisierung sichert Macht und Ansehen der PE. Fachliche Kompetenz, personale Wirksamkeit und Einbindung in das unternehmensweite Netzwerk von Beziehungen, sichern Ansehen und Einfluss der PE. Die PE erfüllt für sich selbst, was sie bisher für ihr Klientel forderte: Hervorragende Ausbildung, anforderungsgerechte Weiterbildung und die Fähigkeit ein umfassendes Netzwerk nützlicher Beziehungen managen zu können.

Abbildung 3-1: Konkrete Aufgaben der Personalentwicklung in der Zukunft

---

Konkrete Aufgaben bzw. Herausforderungen an die PE der Zukunft sind:

- Bewältigung der Alterung der Arbeitsbevölkerung, der zunehmenden Migration und der Vielfalt der Beschäftigungsverhältnisse (Segmentierung und Integration).
- Der problemgerechte Umgang mit der Dynamisierung und Virtualisierung der Unternehmen (Professionelles Management of Diversity).
- Die Bewältigung der zunehmenden Internationalisierung der Unternehmen und der Wertschöpfung (Think global act local) und der wachsenden Migration aus nicht europäischen Staaten (Alphabetisierung und Integration).
- Die Vorbereitung und Umsetzung der Reintegration der PE in die Arbeit (Integration von Arbeiten und Lernen).
- Der Aufbau leistungsfähiger PE-Instrumente zur Verbesserung von Leistung und Zusammenarbeit (Überwindung der Zweiklassengesellschaft von Arbeitsinhabern und Arbeitslosen).
- Der Aufbau eines leistungsfähigen PE-Marketings zur Verbesserung von Akzeptanz und Relevanz (Personnel Development must be sold!).
- Die Segmentierung der Adressaten, kostenorientierte Maßnahmenplanung, Vermeidung von Bildungstourismus (Bedarfs- und adressatenorientierte PE).
- Forcierung der Marktöffnung der PE durch Erarbeitung von Bewertungsverfahren und Preisbildung (von der paternalistischen zur vertraglichen PE).
- Die Verbesserung der Professionalität der PE-Mitarbeiterinnen und Mitarbeiter (vom Lehrer in der Erwachsenenbildung zum Performance Improvement Consultant).
- Verbesserung der Akzeptanz und Relevanz der PE durch konzeptionelle Absicherung und dauerhaftes Commitment (Systematische PE statt Zufallsprinzip).

---

4 Handlungsempfehlungen für die Personalentwicklungs-Praxis

Die PE hat einen optimalen Beitrag zur Erreichung der Unternehmensziele zu leisten. Daraus resultieren die Forderungen an die inhaltliche Ausgestaltung der Personalentwicklung. Die Personalentwicklungsarbeit muss den „Reparaturbetrieb Betriebliche Bildung" zum Performance-Improvement-Center vorantreiben. Die Personalentwicklung wird strategischer Geschäftspartner sowohl der Unternehmen als auch der Mitarbeiter und Mitarbeiterinnen. Handlungskompetenz in dynamischen Unternehmen aufbauen heißt, proaktiv Signale der Veränderung wahrzunehmen und in Kompetenzentwicklung einzubringen. Reaktive Anpassungsweiterbildung führt zur Reparatur von Defiziten, strategisch ausgerichtete Personalentwicklung leistet einen signifikanten Beitrag zur Bewältigung von Komplexität und Dynamik. Programmatische Qualifizierungsprogramme nivellieren die Basisbefähigung der Belegschaft. Systematische Kompetenzentwicklung befähigt zu wertschöpfender Arbeit, wie sie die Markt- und Wettbewerbssituation verlangt.

Am Beginn aller Personalentwicklungsaktivitäten, ist zu untersuchen, was die Unternehmensentwicklung der Belegschaft an Tätigkeiten und Anforderungen abverlangt. Tätigkeits- und Anforderungsanalysen zeigen den Handlungsrahmen der Personalentwicklung auf. Sie markieren den Zielbereich der PE-Arbeit. Die Verantwortlichen der Personalentwicklung haben die erforderlichen personellen, finanziellen und Machtressourcen zu beschaffen, die erforderlich sind, um eine leistungsfähige Personalentwicklung aufzubauen. Es ist ebenfalls festzustellen, wozu die PE in der Lage ist und was sie nicht leisten kann. Aus der Analyse der Erwartungen an die Personalentwicklung und der Beurteilung der Leistungsfähigkeit der Personalentwicklung ergeben sich der Leistungsumfang und die Leistungsgrenzen der Personalentwicklung. Die Devise muss lauten, den Betriebsbereichen die Unterstützung an Bildung, Förderung und Organisationsentwicklung zu geben, die von diesen zur Bewältigung der unternehmerischen Herausforderungen benötigt wird. Die Personalentwicklung soll dagegen nicht damit werben, zu welcher Vielfalt an Angeboten sie in der Lage wäre. Angebotsorientierte und damit nicht bedarfsgerechte PE ist schon im Hinblick auf kleiner werdende PE-Budgets durch nachfrageorientierte und damit problemzentrierte PE abzulösen. Wenn das geschieht, dann wird die PE zum Motor der Unternehmenstransformation.

Die PE steht vor vier großen Herausforderungen:

- Bewältigung der Alterung der Gesellschaft durch ein leistungsfähiges Human-Resources-Diversity-Management (HRDM)

- Die Integration gering qualifizierter Schulabgänger und Zuwanderer durch die Ausweitung kompensatorischer Personalentwicklung

■ Die Kompensation fehlender berufsbefähigender Qualifikation aus Bachelor- und Masterstudiengängen durch den Ausbau von Corporate Universities und Academies

■ Die systematische Absicherung der Personalentwicklung und der Aufbau einer leistungsfähigen Humanvermögensrechnung (vgl. Becker 2007).

Als Blick auf die Aufgaben, die Rolle und die Bedeutung der PE lässt sich kurz gefasst sagen: PISA und BOLOGNA — die PE muss es ausbaden! Den Schulabgängern sind Kulturtechniken zu vermitteln, die sie in der Schule nicht gelernt haben. Den Fachhochschul- und Hochschulabsolventen sind fachliche Grundlagen und Problemlösefähigkeit zu vermitteln, die in Bachelor-Studiengängen als Hochschulausbildung „light" nicht vermittelt werden können. Die Bedeutung der PE steigt nach wie vor stark. Spezielle Masterstudiengänge „Human Resources Management (MSc HRM)" bereiten dagegen optimal auf die zentralen Handlungsfelder der PE vor (vgl. http://personal.wiwi.uni-halle.de/2167_1000720/).

Literaturverzeichnis

BECKER, MANFRED (2008): Messung und Bewertung von Humanressourcen. Konzepte und Instrumente für die betriebliche Praxis, Stuttgart 2008.

BECKER, MANFRED/LABBUCAY, INÉZ (2008a): „Nach Maß geschneidert oder von der Stange gekauft?" Entwicklungstendenzen und Gestaltungsempfehlungen zur Personalarbeit als „Fabrik" und „Manufaktur", Halle (Saale) 2008.

BECKER, MANFRED (2008b): Strategische Potentialreserven nutzen - No slack - Bad slack – Good slack, Halle (Saale) 2008.

BECKER, MANFRED (2007): Die Internationalisierung der Arbeit in Deutschland - Tendenzen und Auswirkungen auf die Personalarbeit, in: Aktuelle Herausforderungen und neue Aufgaben in industriellen Beziehungen in Deutschland und Korea, Sangji Universität (Seoul), KDGW Konferenzbericht, 2007, S. 115 – 139.

BECKER, M., SEIDEL, A. (HRSG.) (2006): Diversity Management. Unternehmens- und Personalpolitik der Vielfalt, Stuttgart 2006 .

BECKER, MANFRED (2005): Systematische Personalentwicklung, Planung, Steuerung und Kontrolle im Funktionszyklus, Stuttgart 2005.

BECKER, MANFRED (2005a): Personalentwicklung: Bildung, Förderung und Organisationsentwicklung in Theorie und Praxis, 4. Auflage, Stuttgart 2005.

BECKER, MANFRED (2004): Strategisch orientierte Auswahl und Qualifizierung von Nachwuchskräften. Halle (Saale) 2004.

BECKER, MANFRED (2003): Wer bestimmt PE? Paternalistische oder marktliche Gestaltung der Personalentwicklung, in: Geno-Zeitschrift des Württembergischen Genossenschaftsverbandes, 2003, Heft 12, S. 25-29.

BECKER, MANFRED/SCHWERTNER, ANKE (2002a): Personalentwicklung als Kompetenzentwicklung, München 2002.

BECKER, MANFRED/SCHWERTNER, ANKE (2002b): Gestaltung der Personal- und Führungskräfteentwicklung: Empirische Erhebung, State of the Art und Entwicklungstendenzen, München 2002.

ENNEKING, ANDREAS/SEEBALD, HARRIET (2008): Mehr Differenzierung. In: Personal - Spezial, Jg. 60, 2008 Nummer 4, S.6.

HILLMANN, KARL-HEINZ (1994): Wörterbuch der Soziologie, 4. überarb. u. erg. Auflage, Stuttgart 1994.

KIEFER, STEFAN/ REGNET ERIKA (2008): Wissen, wie die Zielgruppe tickt. In Personalwirtschaft, Jg. 35, Heft 4/2008, S. 34-37.

NEUBAUER, KATJA (2002): Zur Wettbewerbsfähigkeit der Personalentwicklungsfunktion. Eine empirische Analyse des aktuellen Funktionswandels der Personalentwicklung, Frankfurt am Main et al. 2002.

PEUTNER, THOMAS (2001): Braucht die Personalfunktion der Zukunft professionelle Standards? In: Personalführung, Jg. 34 2001, Nummer 6, S. 24-30.

PICOT, ARNOLD/REICHWALD, RALF/WIGAND, ROLF T. (2001): Die grenzenlose Unternehmung: Information, Organisation und Management, 4. Auflage, Wiesbaden 2001.

STRACK, RAINER/DYER, ANDREW/CAYE, JEAN-MICHEL ET AL. (2008): Creating People Advantage – How to Address HR Challenges Worldwide Through 2015, Düsseldorf, Sydney, Paris et al. 2008.

THOM, NORBERT (2001): Innovationsförderliche Ausrichtung von Führungsinstrumenten. In: Excellence durch Personal- und Organisationskompetenz, hrsg. v. Norbert Thom und Robert J. Zaugg, Bern 2001, S. 319-341.

Teil 2:

Beurteilen

Adrian Blum und Robert J. Zaugg

360-Grad-Feedback
Komplexe Arbeitsbeziehungen erfordern differenzierte Feedbacksysteme

Das 360-Grad-Feedback hat in den letzten Jahren eine weite Verbreitung und Anwendung in der Praxis erfahren. Mit dem 360-Grad-Feedback können Führungs- und Fachkräfte eine differenzierte Rückmeldung von verschiedenen Anspruchsgruppen zu ihren beruflichen Kompetenzen und zu ihrem Führungs- und Teamverhalten einholen. Das Feedback-System ergänzt klassische Top-Down-Beurteilungen mit Informationen aus einer Multi-Perspektiven-Rückmeldung, welche die persönliche Entwicklung der beurteilten Personen unterstützen. Der folgende Beitrag geht auf die Entstehungsgeschichte des Feedback-Verfahrens ein, zeigt konzeptionelle Grundlagen auf, stellt einen idealen Prozess vor und schliesst mit einer Würdigung des Verfahrens sowie Schlussfolgerungen ab.

1 Von der Top-Down-Beurteilung zur Feedbackkultur

In den letzten 30 Jahren haben sich die Machtverhältnisse in Unternehmen laufend verändert: Die Mitarbeitenden haben vermehrt Verantwortung für ihr betriebliches Handeln übernommen. Die Bedeutung von Partizipation hat im Vergleich zu hierarchischer Macht zugenommen. Freimuth und Asbahr sprechen in diesem Zusammenhang auch von einer „Demokratisierung von Organisationen" (Freimuth/Asbahr 2002: 79 f.). Blickt man auf der Zeitachse zurück, so lassen sich die folgenden Entwicklungen erkennen:

- In den 60er und 70er Jahren waren die Personalbeurteilungssysteme stark auf die Positionsmacht der Vorgesetzten ausgerichtet. Sie übten die Bewertung der Leistung von Mitarbeitenden mehrheitlich alleine aus.

- Ende der 70er Jahre erlebte das Management-by-Objectives (MbO) sowohl in der Literatur als auch in der Praxis einen weiten Durchbruch als Führungsmodell. Die im Modell angewandte Zielhierarchie widerspiegelte damals zugleich die betriebliche Hierarchie und die Macht der Vorgesetzten. Es handelte sich dabei vor allem um ein hierarchisches Beurteilungssystem im Top-Down-Verfahren.

- In den 80er Jahren fanden eine Institutionalisierung und verschiedene Modifikationen des MbO statt. Das zunehmende Selbstbewusstsein der Mitarbeitenden und ihr Verlangen nach zusätzlicher Partizipation führten zur Zielvereinbarung als partizipativen und institutionalisierten Prozess. Daraus entstand ein leistungs- und verhaltensbezogenes Feedback zwischen Vorgesetzten und Mitarbeitenden im Rahmen von jährlichen Beurteilungsgesprächen, welche die Unternehmen mehrheitlich als Top-Down-Verfahren einsetzten.

In den 90er Jahren wurden die Feedback-Systeme weiter ausgebaut, weil die Führungs- und Ausführungsrollen in Unternehmungen aufgrund der komplexeren betrieblichen Prozesse nicht mehr klar definierbar, stark situationsbezogen und häufigen Veränderungen unterworfen waren. So ist es beispielsweise keine Seltenheit, dass Fachspezialisten ohne Linienführung Projektleitungsaufgaben übernehmen und dadurch zeitweise eine Führungsfunktion ausüben. Dies führte zur Einführung von Top-Down- und Bottom-Up-Beurteilungen, um die real existierenden Führungs- und Kommunikationsstrukturen in Beurteilungssystemen genauer abzubilden. Führungsrollen müssen vermehrt aus der Perspektive unterschiedlicher Anspruchsgruppen betrachtet und weiterentwickelt werden, da immer mehr Interessengruppen die Rollen in Unternehmen definieren (z. B. die Kunden).

Das 360-Grad-Feedback nimmt diese Entwicklung auf und versucht, die Facetten der Führung zu operationalisieren und messbar zu machen. Unterschiedliche Feedback-Geber liefern ihre Einschätzung zur Führungsleistung einer Person ab, wodurch ein ausgewogenes Bild der Gesamtleistung entsteht. Dieses Gesamtbild im Sinne einer schriftlichen Rückmeldung dient dazu, eine sachliche Diskussion in Gang zu bringen und eine Standortbestimmung für den Feedback-Nehmer zu erstellen, welche letztlich eine dauerhafte Verhaltensänderung bzw. eine Verbesserung der Führungsqualität zur Folge haben soll.

2 Das 360-Grad-Feedback im Detail

2.1 Standortbestimmung als zentrales Ziel

Das 360-Grad-Feedback soll aus personalwirtschaftlicher Sichtweise Kompetenz- und Verhaltensveränderungen bei den beurteilten Führungs- und Fachkräften einleiten und deren Beitrag zum Unternehmenserfolg erhöhen. Durch strukturierte Rückmeldungen zeigt es den Feedback-Nehmern auf, wie ihre aktuellen (Führungs-) Kompetenzen und das (Führungs-)Verhalten von unterschiedlichen Zielgruppen wahrgenommen werden, mit denen sie beruflich direkt kooperieren (z. B. direkt unterstellte Mitarbeitende, Arbeitskollegen). Die Rückmeldungen erfolgen explizit über konkret erlebte Verhaltensmerkmale in der realen Arbeitssituation.

Konkret gesehen, stellt das Feedback eine differenzierte Standortbestimmung zur Einleitung einer selbstständigen, zielgerichteten Verhaltensänderung dar. Es handelt sich dabei um Veränderungsprozesse, welche die persönlichen Kompetenzen der beurteilten Person und die von ihr beeinflussten Team- und Organisationsmerkmale betreffen (Quiskamp 2001: 61). Die einzuleitenden Veränderungsprozesse werden im Idealfall in einem spezifischen Entwicklungsplan festgehalten.

2.2 Abgrenzung zu anderen Feedback-Instrumenten

Das 360-Grad-Feedback grenzt sich deutlich von Methoden zur Bewertung erbrachter Leistungen oder gezeigten Verhaltens mit Ergebnisrelevanz auf variable Gehaltsanteile oder Karriereschritte (z. B. Beförderungen) ab. Hierzu sind Instrumente zur Messung des Erfüllungsgrades vereinbarter Ziele (zum Beispiel das Mitarbeitergespräch) zweckmässiger. Ebenso grenzt sich das 360-Grad-Feedback ab von eignungsdiagnostischen Instrumenten im engeren Sinne wie beispielsweise dem Assessment Center (AC). Solche Instrumente beruhen auf Informationen, die von Spezialisten ausserhalb der alltäglichen Arbeitspraxis der Feedback-Nehmer generiert werden. Diese Spezialisten kooperieren normalerweise nicht mit den Feedback-Nehmern bei der Bewältigung der täglichen Arbeitsaufgaben (Gerpott 2000: 196).

2.3 Anonymität und Freiwilligkeit in der Datenerhebung – offene Diskussion der Ergebnisse im Team

Im Idealfall wird das Feedback über einen schriftlichen Fragebogen anonym und freiwillig abgegeben, um den Feedback-Gebern in einem sanktionsfreien und geschützten Raum die Möglichkeit zu eröffnen, ihre Wahrnehmungen detailliert und strukturiert zu kommunizieren (vgl. Scherm/Sarges 2002: 48; Quiskamp 2001: 62). Anonym bedeutet in diesem Fall, dass der Feedback-Nehmer keine Rückschlüsse auf einzelne Feedback-Geber ziehen kann, da die Ergebnisse ohne deren Namen versehen sind und nur in verdichteter Form (statistische Masszahlen) ausgewiesen werden. Eine Ausnahme bildet das Feedback der direkten Vorgesetzten, da es sich dort in der Regel um Einzelpersonen und nicht um Personengruppen handelt.

Ein ehrliches und konstruktives Feedback setzt Offenheit (keine Zwänge) und Anonymität (keine Angst vor Sanktionen der Feedback-Nehmer) bei der Datenerhebung und -auswertung voraus. Aus diesem Grund ist es empfehlenswert, das Feedback von externen spezialisierten Institutionen durchführen zu lassen, welche die Anonymität glaubhaft den Betroffenen kommunizieren können. Vertraulichkeit wird auch dem Feedback-Nehmer gewährt: Den Ergebnisbericht erhält jeweils nur die Person, für die die Resultate bestimmt sind. In Ausnahmefällen kann es Sinn machen, dass die Personalabteilung oder die direkten Vorgesetzten der Feedback-Nehmer die Berichte einsehen können, um die Entwicklungsmassnahmen zu steuern (z. B. um die Einsätze der Coaches zu koordinieren). Diese Einsichtmöglichkeit muss bereits bei der Datenerhebung allen Beteiligten entsprechend kommuniziert werden.

Die vielfach diskutierte Anforderung einer (nicht-anonymen) Vertrauenskultur, die im Feedback-Prozess angestrebt werden soll und von Skeptikern des 360-Grad-Feedback als Kritik am System oft vorgebracht wird, lässt sich in der Regel nicht durch eine Offenlegung der Antworten der Feedback-Geber bzw. eine Absage ans Anonymitätsgebot erreichen. Ein nicht-anonymes Feedback führt vielmehr zu beschönigten Antworten als zu einer offenen Diskussion der real existierenden Wahrnehmungen der Feedback-Geber. Unterschiedliche empirische Analysen verdeutlichen diesen Sachverhalt. Das anzustrebende Vertrauensverhältnis lässt sich schrittweise am ehesten durch eine sachliche Diskussion der Ergebnisse in einem offenen Gespräch zwischen Feedback-Nehmer und Feedback-Gebern erreichen. Im Idealfall werden solche Diskussionen durch interne oder externe Coaches begleitet, welche einen strukturierten Ablauf der Gespräche und die Einhaltung spezifischer Kommunikationsregeln sicherstellen.

Das Zitat einer Führungskraft am Ende eines Feedback-Prozesses, den die Verfasser begleitet haben, bringt es auf den Punkt: „Durch das Feedback sprechen wir plötzlich Sachen an, die wir vorher ignoriert haben."

Kasten 2-1: *Empirische Erkenntnisse zur Anonymität*

Antonioni (1994) zeigt in einer Studie bei 183 Mitarbeitenden eines amerikanischen Versicherungsunternehmens, dass nicht-anonym bleibende Beurteilende ihren Vorgesetzten bessere Bewertungen gaben als solche, die anonym urteilten. In der Gruppe der nicht-anonymen Feedback-Geber fiel die Akzeptanz des Feedback-Systems zudem signifikant niedriger aus als in der Gruppe der anonymen Feedback-Geber. Gleichzeitig hatten die beurteilten Vorgesetzten eine signifikant positivere Einstellung zum Feedbackverfahren, wenn die Feedback-Geber sich namentlich auswiesen, als wenn sie anonym blieben. Weitere erwähnenswerte Feststellungen machten die Verfasser bei insgesamt 34 Interviews mit Mitarbeitenden und Führungskräften in einem Schweizer Versicherungs- und einem Schweizer Telekommunikationsunternehmen. Anonymität bei der Feedbackabgabe war aus Sicht von 31 Befragten eine zentrale Anforderung an ein zweckmässiges Feedback-System. Erwähnenswert ist der Sachverhalt, dass auch Vorgesetzte eine anonyme Darstellung der Ergebnisse wünschten, um die Resultate sachlich und nicht personenbezogen interpretieren zu können. Die Tatsache, dass die meisten Vorgesetzten in einem grossen Unternehmen sowohl selbst ein Feedback erhalten als auch ihre direkten Vorgesetzten beurteilen (also Feedback-Nehmer und Feedback-Geber sind) dürfte zu diesem Ergebnis beigetragen haben. Die Verfasser analysierten zudem anonyme Feedbacks bei insgesamt 326 beurteilten Führungskräften in Bezug auf die Rücklaufquote: Durchschnittlich betrug die Rücklaufquote der Feedback-Geber 76 Prozent, das obere Quartil liegt bei 84 Prozent. Dieser Wert lässt auf eine hohe Akzeptanz eines anonymen Feedback-Systems schliessen.

2.4 Ausrichtung des Feedbacks auf das übergeordnete Führungskonzept

In der Regel basiert das 360-Grad-Feedback auf einem Fragebogen mit einzelnen Aussagen, welche die Kompetenzen des Feedback-Nehmers beschreiben und mittels einer Rating-Skala beurteilen. Die folgende Aussage zeigt ein Beispiel, das ein Kriterium der Führungskompetenz abbildet (Zielvereinbarung): „Mein/e direkte/r Vorgesetzte/r vereinbart mit mir klare Ziele."

Die erfassten Kriterien zur Beschreibung der Kompetenzen und des Verhaltens sollten sich in ihren Ausprägungen auf einige zentrale, voneinander unabhängige Kompetenzen bzw. Verhaltensdimensionen beschränken. Diese orientieren sich am übergeordneten Führungskonzept des Unternehmens (z. B. Führungsvision, Führungskräfteleitbild, Führungskompetenzen) und müssen von den Feedback-Gebern eindeutig beurteilt werden können. Dadurch lassen sich die beurteilten Führungskräfte im Hinblick auf die zentralen Führungsanforderungen des Unternehmens entwickeln. Auf abstrakte, schwer fassbare Kriterien (z. B. nicht beobachtbares Verhalten wie implizite Werte und Normen) ist zu verzichten, da diese von den Feedback-Gebern im Rahmen eines Fragebogens nur schwer beurteilbar sind. Zudem lassen sich die Ergebnisse daraus aufgrund der geringen Aussagekraft nur beschränkt kommunizieren und nicht für Entwicklungsmassnahmen beiziehen. Im Idealfall nimmt ein Projektteam mit Mitgliedern aus unterschiedlichen Feedback-Nehmern und Feedback-Gebern auf Basis des übergeordneten Konzeptes eine Operationalisierung der ins Feedback einzubeziehenden Kriterien vor (vgl. Kasten 2-1). Es sollen diejenigen Kriterien in die Befragung einfliessen, welche als besonders entscheidend für die Umsetzung des Führungskonzeptes bzw. für die Messung des Beitrags des Feedback-Nehmers an den Unternehmenserfolg erachtet werden. Für jede Gruppe an Feedback-Gebern (z. B. Kunden, Arbeitskollegen) wird ein spezifischer Fragenkatalog entwickelt, da nicht alle Beurteilenden über dieselben Informationen über die Feedback-Nehmer verfügen. So beurteilen Peers (=Kollegen) beispielsweise andere Kompetenzen als direkt unterstellte Mitarbeitende oder Kunden (vgl. Abb. 2-1). Es lohnt sich nicht, bei der Konzeption des 360-Grad-Feedbacks auf standardisierte, vorformulierte Einheitsfragebogen zurückzugreifen. Die Zielrichtung sollte sein, die aus Unternehmenssicht kritischen Erfolgsgrössen der Führung und des Verhaltens zu messen.

Abbildung 2-1: *Ableitung des Fragebogens aus dem Führungskonzept*

2.5 Wichtige Befragungs- und Auswertungsanforderungen

Alle beurteilenden Personen werden idealerweise gleichzeitig befragt. Dadurch lassen sich eine gegenseitige Beeinflussung der Feedback-Geber und eine Verzerrung der Ergebnisse minimieren. Um mögliche Reihenfolgeeffekte zu reduzieren und eine weitgehende Unvoreingenommenheit der Beurteilenden zu gewährleisten, werden die Aussagen des Fragebogens nicht nach Kompetenzen bzw. Themen geordnet in den Fragebogen integriert, sondern in zufälliger Reihenfolge wiedergegeben. Offene Bemerkungen der Feedback-Geber am Schluss des Fragebogens (z. B. zu Stärken und Verbesserungspotenzialen) oder zu jeder Aussage ergänzen die quantitative Analyse, da ein Fragebogen in der Regel nicht alle Facetten der Wahrnehmung einer Person abbilden kann. Die Antworten der Befragung werten Spezialisten mit quantitativen und qualitativen Verfahren aus und stellen sie in einem Ergebnisbericht mit einfach interpretierbaren Grafiken und Tabellen vor. Der Ergebnisbericht enthält in der Regel die folgenden Masszahlen:

- Mittelwerte der Fremdeinschätzungen jeder Feedback-Geber-Gruppe (z. B. Sicht Mitarbeitende) und absoluter Wert der Selbsteinschätzung jeder Kompetenz und jeder einzelnen Aussage,

- Streuungsmasse wie Standardabweichung oder Range, um die Vielfalt der Antworten bzw. Wahrnehmungen abzubilden und

- Vergleichswerte (z. B. Mittelwerte der entsprechenden Hierarchieebene der beurteilten Führungskraft oder interne Benchmarks im Sinne eines Soll-Profils), um die Ergebnisse in einen Gesamtkontext einzuordnen.

Aufschlussreich ist insbesondere die mehrmalige Durchführung des Feedbacks, um Zeitvergleiche aufzuzeigen und signifikante Veränderungen in der Wahrnehmung der Feedback-Geber im Zeitablauf zu ermitteln. Dadurch lässt sich beispielsweise die Wirkung von Entwicklungsmassnahmen (z. B. Lerntransfer) empirisch feststellen.

2.6 Vergleich von Selbst- und Fremdbild als Basis für persönliche Veränderungen

Die Auswertung basiert zum einen auf einem Profil von Stärken und Verbesserungspotenzialen aus Sicht der Feedback-Geber. Zum anderen bildet der Vergleich zwischen der Selbsteinschätzung durch die Feedback-Nehmer und den Fremdeinschätzungen durch die Feedback-Geber einen zentralen Anhaltspunkt für die Interpretation der Resultate. Der Vergleich dieser beiden Perspektiven soll unter anderem blinde Flecken (signifikante, deutliche Überschätzungen der Feedback-Nehmer) und versteckte Stärken (signifikante, deutliche Unterschätzungen der Feedback-Geber) ersichtlich machen, welche als Basis der Standortbestimmung und des Entwicklungsplanes dienen.

Kasten 2-2:   *Empirische Erkenntnisse zur Gegenüberstellung von Selbst- und Fremdbild*

Dem Vergleich von Selbst- und Fremdbild kommt beim 360-Grad-Feedback im Hinblick auf die Einleitung von persönlichen Entwicklungsmassnahmen eine besondere Bedeutung zu (vgl. Scherm/Sarges 2002: 30 ff.): Abweichungen zwischen Selbst- und Fremdbild werden als Urteilsdifferenz bezeichnet. Eine Zielperson schenkt Urteilsdifferenzen umso grössere Aufmerksamkeit, je ausgeprägter diese ausfallen. Sie wird sich fragen, weshalb ihr Umfeld sie anders sieht und wird versuchen, diesen dissonanten Zustand zu beenden. Allerdings gilt dieser Effekt vor allem dann, wenn sich die Feedback-Geber in ihrem Urteil weitgehend einig sind, d. h. bei einer geringen Streuung innerhalb der Feedback-Geber-Gruppe. Liefern die Feedback-Geber deutlich unterschiedliche Einschätzungen, wird die Zielperson Erklärungen bei ihren Feedback-Gebern und weniger in der eigenen Person suchen.

2.7 Entwicklungsziele und Unterstützung der Vorgesetzten als Voraussetzung für Veränderungen

Die schriftliche Rückmeldung der Ergebnisse des 360-Grad-Feedbacks an die Feedback-Geber und die Aufbereitung der Selbst- und Fremdbildanalyse allein reichen nicht aus, um nachhaltige Verhaltensänderungen bei den Feedback-Nehmern zu erzielen. Hierzu braucht es auf Basis der Ergebnisse eine Vereinbarung von klar formulierten Entwicklungszielen mit entsprechenden Massnahmen, Verantwortlichkeiten und Terminen, deren Erfüllung die Prozesspromotoren (z. B. Personalverantwortliche) oder Machtpromotoren (z. B. Vorgesetzte) aktiv unterstützen und regelmässig überprüfen. Die Entwicklungsziele werden in Feedback-Runden zwischen Feedback-Nehmern und -Gebern (vornehmlich Mitarbeitende und direkte Vorgesetzte) erarbeitet und in einem Entwicklungsplan festgehalten. Interne oder externe Moderatoren können als Begleitung der Workshops beigezogen werden.

Kasten 2-3:   *Empirische Erkenntnisse zur Kompetenzentwicklung*

Insbesondere der Rolle der Vorgesetzten kommt bei der Kompetenzentwicklung auf Basis von Feedback-Systemen eine zentrale Bedeutung zu: Führungskräfte in der Studie von Hazucha/Hezlett/Schneider (1993) berichten von umso grösseren Entwicklungsanstrengungen, je stärker sie dabei von ihren Vorgesetzten unterstützt werden. Die Unterstützung betrifft insbesondere das regelmässige Feedback zu den aktuellen Leistungen, die Erstellung des Entwicklungsplanes und das Coaching der Beurteilten bezüglich der im Plan enthaltenen Entwicklungsziele.

2.8 Empfänger des Feedbacks (Feedback-Nehmer)

Feedback-Nehmer sind Personen, die aufgrund der spezifischen Merkmale ihrer Tätigkeit eine vielschichtige, fundierte Rückmeldung über ihre Kompetenzen erhalten wollen, um das eigene Verhalten zu reflektieren und persönliche Entwicklungspotenziale zu identifizieren. Sie nehmen freiwillig am Feedback teil und sind bereit, auf Basis der schriftlichen Ergebnisse klare Entwicklungsziele zu definieren und diese umzusetzen.

Nach Gerpott (2000: 207) eignen sich primär Personen mit folgenden Eigenschaften für diese Form des Feedbacks:

- Mitarbeitende, die Funktionen ausüben, welche zur Aufgabenerfüllung eng mit anderen unternehmensinternen oder -externen Personen kooperieren.

▓ Mitarbeitende, die Positionen besetzen, in denen sie im Arbeitsalltag kaum offene und fundierte Rückmeldungen erwarten dürfen. Dies trifft vor allem auf Führungskräfte zu. Viele Vorgesetzte bewegen sich in einem feedbackarmen Raum und sehen sich dadurch oft anders als ihr Umfeld. Aufgrund der Machtdistanz zu potenziellen Feedback-Gebern haben Führungskräfte – insbesondere im oberen Management – oft nicht die Möglichkeit, offene und breit abgestützte Feedbacks zu ihren Kompetenzen und zu ihrem Verhalten zu erhalten. Diese Tatsache führt oft zu Verzerrungen in der Wahrnehmung des Führungsalltags (vgl. Quiskamp 2001: 61 f.).

▓ Mitarbeitende, die in ihrer Identität in hohem Masse von ihren fachlichen Leistungen geprägt werden (Fachspezialisten).

Diese Auswahlkriterien implizieren, dass beim 360-Grad-Feedback vor allem Führungskräfte des mittleren und oberen Managements, Führungsnachwuchskräfte mit hohem Entwicklungspotenzial und qualifizierte Fachkräfte in Betracht kommen, die in teamartig vernetzte Arbeitsprozesse eingebunden sind.

Kasten 2-4: *Empirische Erkenntnisse zu Hierarchieeffekten*

Empirische Hinweise zur Angemessenheit der vorgeschlagenen Auswahlkriterien sind einer Studie von Brutus/Fleenor/McCauley (1999: 429) zu entnehmen: Eine Befragung von 1'014 Führungskräften aus verschiedenen Unternehmen der Vereinigten Staaten zeigt, dass mit zunehmender Hierarchiestufe eines Feedback-Nehmers das Ausmass der Abweichung zwischen beruflicher Selbst- und Fremdeinschätzung ansteigt. Führungskräfte auf oberen Hierarchiestufen neigen eher zu einer Selbstüberschätzung als ihre Berufskollegen auf unteren Ebenen. Zu ergänzenden Ergebnissen kommen die Verfasser bei der Analyse ihres Datenmaterials aus der Durchführung von Feedbacks bei insgesamt 326 beurteilten Führungskräften aus 9 Dienstleistungs- und Industrieunternehmen mit jeweils mindestens 60 Mitarbeitenden. Dort konnte ebenfalls eine signifikante Abweichung zwischen Selbst- und Fremdbild bei Führungskräften festgestellt werden (U-Test nach Mann/Whitney, $p=0.02$), diese war aber nicht abhängig von der Hierarchieebene ($p=0.08$) oder demographischen Merkmalen wie etwa dem Geschlecht ($p=0.07$). Eine Anwendung des Instruments bei Führungskräften ist aus empirischer Sicht sinnvoll. Es führt zu aufschlussreichen Ergebnissen, die den beurteilten Personen wichtige Erkenntnisse über die Urteilsdifferenz liefern. Diese stellt einen wichtigen Schritt zur Definition von Entwicklungsmassnahmen dar.

2.9 Anforderungen an die beurteilenden Personen (Feedback-Geber)

Die Feedback-Geber können aus verschiedenen Personengruppen ausgewählt werden, die in Interaktion mit den Feedback-Nehmern stehen und unterschiedliche Wahrnehmungsformen abdecken. In Literatur und Praxis besteht weitgehend Einigkeit darüber, welche Personengruppen in Betracht gezogen werden können (vgl. Gerpott 2000: 199; Quiskamp 2001: 62; Scherm/Sarges 2002: 2 f.). Neben den in Abbildung 2-2 erwähnten Personengruppen und ihren Wahrnehmungsschwerpunkten können weitere Personen in das 360-Grad-Feedback integriert werden, um die Vielfalt der Wahrnehmung breiter abzudecken. Geht man davon aus, dass eine Personengruppe ein Wahrnehmungsfeld von 90 Grad abdeckt, wären auch 450 Grad oder mehr denkbar, wenn beispielsweise neben Vorgesetzten, Kollegen (Peers), Kunden und direkt unterstellten Mitarbeitenden noch Organisationsmitglieder wie beispielsweise Personalfachleute, Trainer, Coaches, Mentoren usw. einbezogen würden (vgl. Rastetter/Neuberger 2000: 24).

Abbildung 2-2: *Feedback-Geber-Gruppen und Wahrnehmungsschwerpunkte (vgl. Gerpott 2000: 199)*

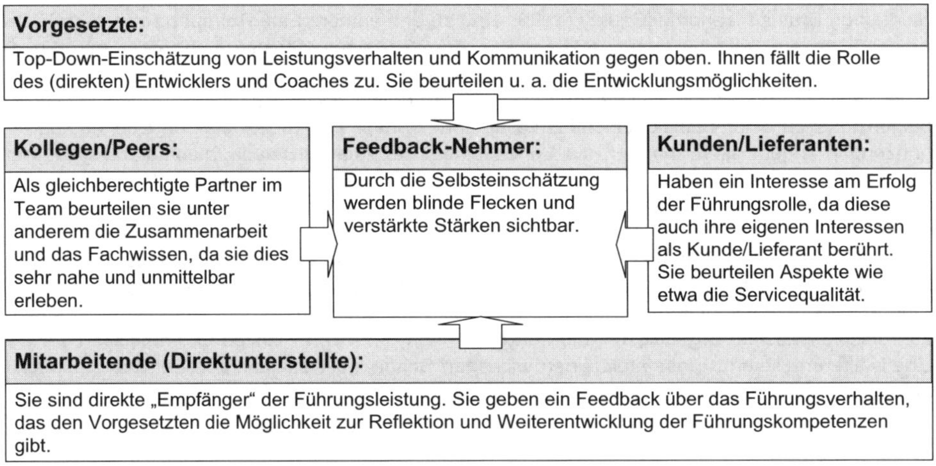

Vorgesetzte:
Top-Down-Einschätzung von Leistungsverhalten und Kommunikation gegen oben. Ihnen fällt die Rolle des (direkten) Entwicklers und Coaches zu. Sie beurteilen u. a. die Entwicklungsmöglichkeiten.

Kollegen/Peers:
Als gleichberechtigte Partner im Team beurteilen sie unter anderem die Zusammenarbeit und das Fachwissen, da sie dies sehr nahe und unmittelbar erleben.

Feedback-Nehmer:
Durch die Selbsteinschätzung werden blinde Flecken und verstärkte Stärken sichtbar.

Kunden/Lieferanten:
Haben ein Interesse am Erfolg der Führungsrolle, da diese auch ihre eigenen Interessen als Kunde/Lieferant berührt. Sie beurteilen Aspekte wie etwa die Servicequalität.

Mitarbeitende (Direktunterstellte):
Sie sind direkte „Empfänger" der Führungsleistung. Sie geben ein Feedback über das Führungsverhalten, das den Vorgesetzten die Möglichkeit zur Reflexion und Weiterentwicklung der Führungskompetenzen gibt.

Das 360-Grad-Feedback stellt spezifische Anforderungen an die Feedback-Geber, um Verzerrungen in den Ergebnissen gering zu halten. Im Idealfall werden Personen als Feedback-Geber bestimmt, welche die folgenden Eigenschaften aufweisen:

■ Die Feedback-Geber nehmen freiwillig am 360-Grad-Feedback teil und sind über die Zielsetzungen des Verfahrens sowie über den Prozess gut informiert.

■ Sie stehen mit dem Feedback-Nehmer über einen längeren Zeitraum in direkter Interaktion und kennen zumindest einen relevanten Teil seiner Aufgaben.

■ Sie kennen und akzeptieren die zentralen Regeln des Feedbacks (z. B. das Feedback nicht für persönliche „Abrechnungen" missbrauchen) und verfügen über eine angemessene Fachkompetenz zur Beurteilung von Kompetenzen und Verhalten des Feedback-Nehmers.

■ Die Feedback-Geber sind dem Feedback-Nehmer bekannt und werden von diesem als solche akzeptiert.

Jede Gruppe von Feedback-Gebern (z. B. Kunden) sollte mindestens drei Personen enthalten. Bei einer kleineren Anzahl an Feedback-Gebern kann die Anonymität der antwortenden Personen nur beschränkt garantiert werden (insbesondere dann nicht, wenn die kommunizierten Ergebnisse Streuungsmasse wie etwa Maximum- oder Minimumwerte enthalten). Eine grössere Anzahl an Feedback-Gebern pro Gruppe kann aufgrund einer höheren Akzeptanz der Resultate zweckmässig sein, führt aber nicht zwingend zu aussagekräftigeren Ergebnissen (vgl. Neuberger 2000: 19 ff.). Allfällige Wahrnehmungs- oder Beurteilungsfehler werden durch die Erhöhung der Anzahl Beurteiler oder die Anzahl an Feedback-Geber Gruppen nicht automatisch ausgeglichen oder reduziert, denn zwölf Augen oder acht Augen sehen nicht zwingend genauer als vier Augen, sondern vor allem facettenreicher und anders. Es ist also durchaus möglich, dass Wahrnehmungsfehler durch die Erhöhung der Anzahl beurteilender Personen potenziert (z. B. durch methodische Fehler wie etwa unklare Fragen im Fragebogen) und nicht ausgeglichen werden.

Sowohl in der Literatur (vgl. Gerpott 2000: 208; Kaul/Gessner 1998: 44) als auch in der Praxis besteht keine einheitliche Meinung darüber, ob die Feedback-Nehmer bei der Auswahl der Feedback-Geber Einfluss ausüben sollen oder nicht. Das 360-Grad-Feedback soll in erster Linie der beurteilten Person verlässliche Daten zur persönlichen Standortbestimmung und zur Definition von individuellen Entwicklungsschritten liefern. Insofern ist es sinnvoll, wenn die Feedback-Nehmer ein ausgewogenes Sample an Personen selbst zusammenstellen, welche aus ihrer Sicht eine kompetente Meinung über Kompetenzen und Verhalten abgeben können. Der Prozesspromotor (z. B. Management Development Abteilung) sollte vor allem sicherstellen, dass die Feedback-Geber die notwendigen Informationen über das Verfahren erhalten und mindestens drei Personen pro Feedback-Geber-Gruppe im Sample vorhanden sind.

3   Feedback-Prozess

Der Feedback-Prozess gliedert sich in die folgenden vier Phasen: Konzeptentwicklung, Vorbereitung, Durchführung und Nachbereitung. Die Phasen bauen aufeinander auf und werden im Idealfall sequentiell durchlaufen. Wichtig ist zudem, dass 1) alle in den Phasen genannten Aktivitäten konsequent umgesetzt werden und 2) die Erkenntnisse zum Feedbackinstrument und -prozess aus der Nachbereitung in der Überarbeitung bzw. Weiterentwicklung Berücksichtigung finden. Dadurch wird der Kreislauf der kontinuierlichen Verbesserung geschlossen.

Abbildung 3-1:   *Feedback-Prozess im Überblick*

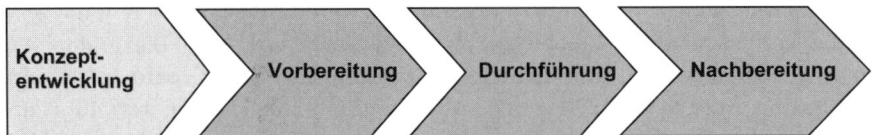

Konzept-entwicklung	Vorbereitung	Durchführung	Nachbereitung
• Gestaltung Prozess • Entwicklung der Fragen • Entwicklung des Erfassungs-Tools (Papierfragebogen oder Online-Erfassung über Internet) • Test des Tools	• Mailing an Mitarbeitende • Obligatorische Informationsveranstaltung für Vorgesetzte (Ziele, Rahmenbedingungen, Prozess, Informationen für Mitarbeitende) • Führungskraft informiert die Mitarbeitenden über das Feedback im nächsten Team-Meeting	• Versand des Fragebogens bzw. der Zugangsdaten bei online Befragungen • Durchführung der Selbst- bzw. Fremdeinschätzung • Reminder nach 10 Tagen	• Obligatorische Informationsveranstaltung für Vorgesetzte (Einführung in den Ergebnisreport, Interpretationshilfen, weiteres Vorgehen) • Workshop: Vorbereitung Feedback-Runde • Durchführung der Feedback-Runde mit den Mitarbeitenden (mit Coach)

3.1   Konzeptentwicklung

Ausgehend vom Unternehmensleitbild, den Führungsgrundsätzen oder dem Kompetenzmodell wird in der Phase Konzeptentwicklung das Erhebungsinstrument entwickelt. Dabei werden spezifische Unternehmenserfordernisse mit messtheoretischen und methodologischen Erfordernissen in Einklang gebracht. So können beispielsweise die Kompetenzdimensionen und Kompetenzen frei gewählt werden, bei der Operationalisierung empfiehlt sich allerdings ein Rückgriff auf empirisch und theoretisch validierte Items (Fragen, Aussagen). Unmittelbar nach der Festlegung der Items kann ein Auswertungskonzept erarbeitet werden. Es greift die gewählten Items auf und legt fest, welche Auswertungsformen zur Anwendung kommen. Der Informationsverdichtung und eindeutigen Interpretierbarkeit kommen in diesem Zusammenhang eine hohe Bedeutung zu. Einfachen Auswertungsformen ist tendenziell der Vorzug zu geben, da diese von den Feedback-Nehmern besser interpretiert werden können.

Nach der Festlegung der Erhebungs- und Auswertungsverfahren sind diese in einem unternehmensspezifischen Gesamtprozess einzubetten. Das Feedback sollte nicht als isolierte „Einmalaktion", sondern als integriertes Instrument des Human Resource Management verstanden werden.

3.2 Vorbereitung

Als erster Schritt der Implementierung empfiehlt sich eine generelle Information der Mitarbeitenden über das Instrument. Sämtliche Kommunikationsmassnahmen basieren idealerweise auf einem systematischen Kommunikationskonzept. Durch eine umfassende, frühzeitige und adressatengerechte Information lassen sich Widerstände gegen das Feedback vermeiden bzw. abbauen. Neben den Mitarbeitenden bilden die betroffenen Fach- und Führungskräfte (Feedback-Nehmer) eine zentrale Zielgruppe der Information. Sie sollten das Feedback-System nicht nur verstehen, sondern akzeptieren. Dabei ist besonderes Augenmerk auf den Umgang mit kritischem Feedback zu legen. Feedback-Nehmer sind in solchen Situationen häufig überfordert und können unangemessen reagieren (z. B. Verteidigung, Aggression oder Rückzug). Die Information oder Schulung der Feedback-Nehmer erfolgt idealerweise durch die Personalabteilung im Rahmen einer obligatorischen Veranstaltung. Unmittelbar vor dem Start des Feedbacks sollten die – jetzt geschulten – Vorgesetzten bzw. Feedback-Nehmer ihre Mitarbeitenden bzw. Feedback-Geber persönlich informieren und zur Teilnahme motivieren. Sie können bei dieser Gelegenheit die Bedeutung des Instrumentes hervorheben.

3.3 Durchführung

Aus Anonymitätsgründen ist es sinnvoll, die Durchführung und Auswertung des Feedbacks einem externen Institut zu übertragen. Diese Dienstleister versenden den Papierfragebogen an die Feedback-Geber oder stellen diesen die Zugangsdaten für ein Online-Erhebungsinstrument zu. In diesem Fall kommt der Authentifizierung der Berechtigten eine hohe Bedeutung zu. Nach der Beantwortung der Fragen durch die Feedback-Geber werden die Daten gemäss Auswertungskonzept (vgl. Abschnitt 3.1) ausgewertet. Die Berichte können wiederum als Papierausdruck oder online vorliegen.

3.4 Nachbereitung

Bei der Nachbereitung handelt es sich zweifellos um die erfolgskritische Phase des Feedback-Prozesses. Die Feedback-Nehmer müssen sich in einem geführten Prozess mit den Ergebnissen des Feedbacks auseinandersetzen. Damit sie dazu in der Lage sind, ist wiederum eine obligatorische Informations- bzw. Schulungsverantwortung nützlich. Sie lernen hier die Ergebnisse des Feedbacks zu interpretieren und gemeinsam mit ihren Mitarbeitenden zu besprechen. Dieses Gespräch kann in einem Workshop erfolgen. Falls die Vorgesetzten ein kritisches Feedback erhalten haben, empfiehlt sich der Beizug einer internen oder externen Moderation. Da die Feedback-Nehmer von den Ergebnissen persönlich betroffen sind, ist es für sie schwierig, eine sachliche Perspektive wahrzunehmen. Eine neutrale Moderation trägt zur Versachlichung der Diskussion eines kritischen Feedbacks bei und erhöht den Wirkungsgrad des Gesprächs. Aus dem Workshop resultieren konkrete und terminierte Massnahmen für Vorgesetzte *und* Mitarbeitende (bzw. Feedback-Nehmer und Feedback-Geber). Führungsbeziehungen können dann erfolgreich gestaltet werden, wenn alle Beteiligten dazu beitragen.

4 Würdigung des 360-Grad-Feedbacks: Chancen und Gefahren

Das 360-Grad-Feedback wird in der Literatur und in der Praxis kontrovers diskutiert. Zum einen wird es als ‚Wundermittel' zur Unterstützung der Personalentwicklung gesehen, zum anderen als ‚Alibiübung', hinter deren Resultaten sich die Betroffenen verstecken können. Vertreter solcher Extrempositionen machen sich oft nicht die Mühe, die bestehenden wissenschaftlichen Erkenntnisse differenziert auszuwerten und die Voraussetzungen des Instrumentes in ihre Überlegungen einzubeziehen (vgl. Gerpott 2000: 215). Die im vorliegenden Artikel diskutierten empirischen Erkenntnisse sowie die mehrjährige Erfahrung der Verfasser als Evaluatoren im Human Resources Bereich erlauben die folgende qualifizierte Darstellung der Chancen und Risiken des 360-Grad-Feedbacks. Im Folgenden gehen die Verfasser auf einige wichtige **Chancen** ein:

- Feedback ist eine **knappe Ressource**, welche insbesondere Führungskräften im Top-Kader nicht ausreichend genug zur Verfügung steht. Das 360-Grad-Feedback ist eine Möglichkeit, wie entwicklungsbereite Personen zu einem fundierten und facettenreichen Feedback aus Sicht unterschiedlicher Stakeholder gelangen können.

▨ Das Konzept des 360-Grad-Feedbacks ist so aufgebaut, dass **die zentralen Führungsanforderungen des Unternehmens** im Messinstrument direkt berücksichtigt und Verhaltensveränderungen gezielt danach ausgerichtet werden. Die beabsichtigten Veränderungsprozesse werden von Macht- und Prozesspromotoren unterstützt und auf deren Realisierung hin überprüft.

▨ Das 360-Grad-Feedback trainiert den **Perspektivenwechsel der Feedback-Nehmer** und kann helfen, **Entscheidungsprozesse** breiter abzustützen. Beurteilte Personen werden angeregt, den eigenen Standpunkt zu relativieren und Situationen aus unterschiedlichen Perspektiven (Fremdbildern) zu betrachten. Das Feedback stimuliert die **Selbstreflexion** und einen konstruktiven Umgang mit Kritik.

▨ Das 360-Grad-Feedback unterstützt unterschiedliche Human-Resource-basierte Evaluationsprozesse mit **spezifischen Daten über Führungskompetenzen und -verhalten** (z. B. Verhaltensindikatoren im Rahmen der Balanced Scorecard).

▨ Eine regelmässige Wiederholung der Feedbacks ermöglicht die sachliche Erkennung und Würdigung des **Entwicklungsfortschritts** und des **Lerntransfers**.

▨ Das 360-Grad-Feedback (oder Teilformen) stellt die Basis für eine direkte, offene und sachliche Diskussion über Führungsthemen dar. Sie fördert damit die Vision einer auf **Vertrauen** basierenden Unternehmungskultur.

Das 360-Grad-Feedback weist einige bedeutende **Risiken** auf, falls bestimmte Voraussetzungen nicht beachtet werden oder den Grenzen des Instruments zu wenig Aufmerksamkeit beigemessen wird:

▨ Steht das 360-Grad-Feedback-Konzept nicht **in unmittelbarem Zusammenhang mit dem Führungskonzept** (z. B. Unternehmenswerten und Führungsleitbild), so können sich die beurteilten Personen nicht im Sinne der übergeordneten Unternehmensziele entwickeln und ihren Beitrag zur Verbesserung des Unternehmenserfolg nicht optimal einbringen.

▨ Wird das Feedback nicht in einen zweckmässigen **Einführungsprozess** eingebettet (z. B. kein Test in einem Pilotprojekt) oder für ein unpassendes **Zielpublikum** verwendet (z. B. Einbezug von Feedback-Gebern, die mit den Feedback-Nehmern nicht in direkter Interaktion stehen), so sind die erhaltenen Informationen nicht aussagekräftig genug, um gezielte und wirkungsvolle Entwicklungsmassnahmen zu definieren.

▨ Wenn ein zu hohes Gewicht auf die **statistischen Auswertungen** gelegt (Scheingenauigkeiten) und zu wenig Aufmerksamkeit dem gesamten **Feedback-Prozess** (z. B. Kommunikation der Ergebnisse und Definition von Entwicklungsmassnahmen) gewidmet wird, verkommt das Instrument zu einer Datenerfassungsmethode und nicht zu einer Standortbestimmung mit Einleitung von Entwicklungsmassnahmen.

■ Enthalten die geplanten Entwicklungsmassnahmen **keine Verbindlichkeiten** bzw. wird deren Erfolg nicht gezielt ausgewertet, so lässt sich die erwartete Kompetenzerweiterung bzw. Verhaltensänderung nur beschränkt realisieren.

■ Oft werden im Feedback-Prozess vor allem **Schwächen** (Verbesserungspotenziale) weiterverfolgt und der Pflege der **Stärken** nicht genügend Gewicht beigemessen. Dies kann dazu führen, dass die Stärken von Feedback-Nehmern im Zeitablauf zu Schwächen verkommen.

■ Der Feedback-Prozess setzt **Emotionen** frei (Angst, Ärger, Neid, Scham, Freude usw.). Der konstruktive Umgang damit benötigt sorgfältig vorbereitete Auswertungsgespräche, deren Wichtigkeit oft unterschätzt wird.

■ Die vielfältigen technischen Möglichkeiten der modernen Feedback-Systeme lassen **Vergleiche** (z. B. Benchmarks) zu, welche zur Entstehung eines (destruktiven) **Wettbewerbs** zwischen den beurteilten Personen führen kann. Das Instrument kann dadurch sein Ziel als Standortbestimmung verfehlen und zu einer Quelle von Vergleichsdaten verkommen.

5 Fazit

Der wirtschaftliche Erfolg einer Organisation und damit der Unternehmenswert gehen auf interdependente Einflussgrössen zurück, die hinter den finanziellen Zielgrössen stehen bzw. mit diesen verknüpft sind. Die Führungsqualität weist einen zentralen Einfluss auf den Unternehmungswert auf. Das 360-Grad-Feedback misst mit nachvollziehbaren Kriterien die vielfältigen Facetten der Führungsqualität aus der Perspektive unterschiedlicher Stakeholder und kann dadurch einen Beitrag zur Erhöhung des Unternehmungswertes leisten, sofern die Ergebnisse des Feedbacks in Form von Entwicklungszielen umgesetzt werden. Der vorliegende Beitrag hat versucht, die entsprechenden inhaltlichen und prozessualen Voraussetzungen des 360-Grad-Feedbacks aufzuzeigen und in ausgewählten Fällen empirisch zu verdeutlichen. Die zu erwartenden Chancen und Risiken wurden daraus abgeleitet und diskutiert.

Diskussionswürdig sind die Erwartungen der Praxis an die zukünftige Entwicklung von Feedback-Systemen: Freimuth und Asbahr (2002: 80) sehen die Entwicklung als Ausdruck eines kollektiven Lernprozesses. Dieser soll dazu dienen, auf die herausfordernden Fragen der Führung und Entwicklung von komplexen Organisationen, neue Antworten und Konzepte zu finden. Führungsrollen werden vermehrt aus der Perspektive unterschiedlicher Stakeholders betrachtet und weiterentwickelt. Auf Dauer können Unternehmen nach Meinung von Freimuth und Asbahr nur dann erfolgreich sein, wenn ihre Führungsrollen aus der Perspektive aller Stakeholder weiterentwickelt werden, die am Erfolg dieser Rollen ein nachhaltiges Interesse haben, weil es ihre eigenen Interessen berührt. Führungs- und Ausführungsrollen im Unternehmen lassen sich zukünftig nicht mehr eindeutig unterscheiden, sie verändern sich immer häufiger, werden vielfältiger, widersprüchlicher, so dass die Betroffenen oft ihre Beziehungen zuerst klären und aushandeln müssen.

Feedback-Systeme gehen mit der Veränderung der betrieblichen Austauschbeziehungen einher und werden zukünftig deutlich situationsbezogener, dynamischer und vielfältiger sein. Die unterschiedlichen Feedback-Systeme wie 360-Grad-Feedback, Feedback an Vorgesetzte, Mitarbeiterbeurteilung, Mitarbeiterbefragungen, Assessment Center usw. müssen vermehrt aufeinander abgestimmt werden und sich mit spezifischen Informationen gegenseitig ergänzen, damit eine rasch und einfach interpretierbare Gesamtsicht entsteht. Die Vernetzung der unterschiedlichen Datenquellen (z. B. reale Arbeitssituation im 360-Grad-Feedback und künstliche Situation im Assessment Center) unterstreicht die Bedeutung von sorgfältig vorbereiteten, moderierten Auswertungsgesprächen, um die Chancen dieser Systeme entsprechend wahrnehmen zu können und in konkrete Entwicklungsmassnahmen umzusetzen.

Literaturverzeichnis

ANTONIONI, DAVID (1994): The effects of feedback accountability on 360-degree appraisal ratings. In: Personnel Psychology, 47. Jg. 1994, o. Nr., S. 375-390.

BRUTUS, STÉPHANE/FLEENOR, JOHN W./MCCAULEY, CYNTHIA D. (1999): Demographic and personality predictors of congruence in multi-source ratings. In: The Journal of Management Development, o. Jg. 1999, Band 18, Nr. 5, S. 417-435.

FREIMUTH, JOACHIM/ASBAHR, TOMKE (2002): Eine kurze Geschichte des Feedback. In: OrganisationsEntwicklung, 21. Jg. 2002, Nr. 1, S. 79-84.

GERPOTT, TORSTEN J. (2000): 360-Grad-Feedback-Verfahren als spezielle Variante der Mitarbeiterbefragung. In: Handbuch Mitarbeiterbefragung, hrsg. v. Michel E. Domsch und Désirée H. Ladwig, Berlin et al. 2000, S. 195-220.

HAZUCHA, JOY FISHER/HEZLETT, SARAH A./SCHNEIDER, ROBERT J. (1993): The impact of 360-degree feedback on management skills development. In: Human Resource Management, 32. Jg. 1993, Nr. 2/3, S. 325-351.

KAUL, CHRISTINE/GESSNER, ANDREAS (1998): 360-Grad-Feedback und Coaching für das Top Management. In: Personalführung, 31. Jg. 1998, Nr. 2, S. 42-45.

NEUBERGER, OSWALD (2000): Das 360°-Feedback. Alles fragen? Alles sehen? Alles sagen? München/Mering 2000.

QUISKAMP, DIETER (2001): Das 360°-Feedback bei der Deutschen Post als Ausgangspunkt weitreichender Veränderungsprozesse. In: OrganisationsEntwicklung, 20. Jg. 2001, Nr. 3, S. 61-67.

RASTETTER, DANIELA/NEUBERGER, OSWALD (2000): Hilfe zur Einsicht oder nur Mittel zur Disziplinierung? Das 360°-Feedback – und was dahinter steckt. In: OrganisationsEntwicklung, 19. Jg. 2000, Nr. 4, S. 22-29.

SCHERM, MARTIN/SARGES, WERNER (2002): 360°-Feedback, Göttingen 2002.

Nicolas Gonin, Daniel Fahrni und Rahel Knecht

Management-Development-Systeme
Assessmentverfahren zur Auswahl und Entwicklung von Führungskräften

1   Management-Development-System

In der Literatur besteht eine grosse Definitionsvielfalt zum Begriff „Management Development" (MD). All diesen Begriffen sind die folgenden Elemente gemeinsam: die gestalterisch steuernde Einflussnahme, das konstruktive Element der Dynamik, die Veränderung und der bewusste Bezug auf übergeordnete Ziele (vgl. Kammel 2000: 55 ff.).

Etwas konkreter ausgedrückt versteht man darunter die laufende Bereitstellung und Weiterentwicklung der oberen Führungskräfte, der entsprechenden Nachfolgekandidaten und Nachwuchskräfte aus den eigenen Reihen auf Grundlage einer langfristigen Planung und unter Berücksichtigung der Ziele der Organisation. Mit einem professionellen MD sollen bisher übliche Prozesse der Gewinnung und Erhaltung von Führungskräften wesentlich verändert werden.

Zentrale Punkte eines Management-Development-Systems (MDS) sind:

- Unterstützung der strategischen Ausrichtung einer Organisation
- Unterstützung der Zielerreichung einer Organisation bzw. eines Betriebes durch Formulieren von Schwerpunkten
- Identifikation und Evaluation von Human-Potenzial
- Sicherung und Weiterentwicklung der Kernkompetenzen in der Förderung von Führungskräften
- Mittelfristige Planung der Besetzung von Führungspositionen, Nachfolgeplanung für Führungspositionen
- Laufbahnplanung: Transparente Karrieren; Anreiz für High Potentials, ihre Zukunft im Unternehmen zu planen.

Die oben genannten zentralen Punkte eines MDS bedürfen einer klaren Strategie und der fortwährenden Überprüfung und Anpassung. Im Anhang an dieses Kapitel ist ein „Check-up"-Fragebogen für ein MDS aufgeführt.

Es konnte im Rahmen der praktischen MD-Tätigkeit in den verschiedensten Organisationen gezeigt werden, dass erfolgreiche Management-Development-Systeme immer in der einen oder anderen Form über die folgenden fünf Module verfügen. Diese haben einen massgeblichen Einfluss auf die Qualität des MDS.

1. **Konzept (K):** Das MDS sollte auf einem Konzept basieren, das von der Geschäftsleitung genehmigt und unterstützt wird.

2. **Umsetzung/Ressourcen (UR):** Es sollten genügend Zeit und Ressourcen für die Umsetzung des Konzepts bereitstehen, damit das System auch wirklich tragfähig wird. Zusätzlich sollten Verantwortungen und Etappenziele definiert werden.

3. **Rekrutierung (RE):** Für die Rekrutierung und Entwicklung sollten verschiedene anforderungsbasierte und gut etablierte Instrumente zur Auswahl stehen.

4. **Datenbank (DB):** Um die vorhandenen Daten zu registrieren, sollte eine aktuelle Datenbank mit Anforderungs-, Persönlichkeits-, Potenzial-, Leistungs- und CV-Profilen existieren.

5. **Überprüfung/Optimierung (ÜO):** Damit das MDS nicht zu einem starren und unflexiblen System verkommt, sondern sich den ständig verändernden Gegebenheiten anpassen kann, muss eine fortlaufende Entwicklung und Optimierung stattfinden.

Gelangt man mit diesen fünf Modulen zu einem befriedigenden Urteil (> 15 Punkte; vgl. den Fragebogen im Anschluss an diesen Beitrag), so kann man davon ausgehen, dass das MDS der Organisation einen Nutzen bringt.

2   Assessmentverfahren

Es gibt zahlreiche Verfahren, derer man sich für die Personalauswahl und -entwicklung bedienen kann. Eines davon sind Assessmentverfahren. Sie gehören zur Gruppe der simulationsorientierten Verfahren. Bezeichnend für diese Art von Verfahren ist die möglichst realitätsbezogene Simulation wichtiger beruflicher Aufgaben („sample"-Ansatz). Damit möchte man die Eignung und Leistungsfähigkeit einer Person in Bezug auf die konkrete berufliche Tätigkeit erfassen.

In Assessmentverfahren findet eine simultane Beobachtung *mehrerer* Teilnehmer/innen durch *mehrere* Beobachter/innen in *mehreren* Verfahren statt. Dabei werden die Leistungen nach festgelegten Regeln, in Bezug auf *mehrere*, vorab definierte Anforderungsdimensionen beobachtet. Unschwer zu erkennen ist der „Multi"-Gedanke dieses Verfahrens. Das heisst, es werden verschiedene, vorher definierte Anforderungen durch verschiedene Methoden von verschiedenen Beobachtern gemessen (vgl. Höft/Funke 2001: 150 ff.).

Der „Multi"-Gedanke verdeutlicht, dass das Assessmentverfahren als Prozess angesehen werden muss, der sich aus verschiedenen Bausteinen zusammensetzt. Diese modulartige Zusammenstellung eines Assessmentverfahrens ermöglicht eine grosse Anpassung an die Bedürfnisse und Ziele der Organisation. Deshalb sollte bei der Konzeptualisierung und Implementierung, der Durchführung und der Nachbereitung dieser Modularität Rechnung getragen werden.

Einen wichtigen Baustein des Assessmentverfahrens bildet das Anforderungsprofil. Es dient zur Festlegung der Kompetenzen, die Kandidaten besitzen müssen, damit sie im vorgesehenen Berufsfeld reüssieren können. In der Regel werden diese Kompetenzen vorgängig an das Assessmentverfahren innerhalb der Organisation und auf Grund von Tätigkeitsanalysen definiert. Darauf aufbauend findet dann die Auswahl der einzelnen Verfahren statt, welche im Gesamtverfahren Anwendung finden. Zudem kann das Anforderungsprofil auch bestimmend für die Art des Assessments sein. Man kann zwischen halb- oder mehrtägigen, Einzel- oder Gruppen-Assessmentworkshops unterscheiden.

Halbtägige Assessments: Bei halbtägigen Assessments werden v. a. standardisierte Tests eingesetzt und ein strukturiertes Interview durchgeführt. Die Informationen aus den verschiedenen Verfahren werden anschliessend an das Assessment zu einem Bericht verdichtet.

Ganz- und mehrtägige Assessments: Häufig reicht ein halber Tag nicht aus, um verschiedene Anforderungsdimensionen in verschiedenen Verfahren zu überprüfen. Deshalb dauern die meisten Assessments einen oder mehrere Tage.

Einzelassessment: In Einzelassessments wird nur ein Kandidat evaluiert. Die betriebliche Praxis hat immer mehr gezeigt, dass Einzelassessments v. a. für die Auswahl und Entwicklung von Führungskräften durchgeführt werden. Der Vorteil besteht darin, dass das Assessment genau auf den diagnostischen Bedarf einer Person oder einer Organisation ausgerichtet werden kann.

Gruppenassessment: Im Vergleich zu Einzelassessments werden in Gruppenassessments mehrere Teilnehmer gleichzeitig assessiert. Ein Vorteil besteht darin, dass Gruppensituationen sehr realitätsnahe nachgespielt werden können.

Diese Auswahl an Durchführungsmöglichkeiten zeigt auf, dass Assessmentverfahren sehr stark an ihren Zweck gebunden sind und je nach Bedürfnissen der Organisation zusammengestellt werden können. Deshalb ist eine vorgängige Bedürfnisanalyse von immenser Wichtigkeit, damit die Zielerreichung positiv vorangetrieben werden kann. Die nachfolgend beschriebenen Verfahren können Bestandteile eines Assessments sein.

2.1   Tests und Fragebogen

In Assessmentverfahren werden häufig standardisierte psychologische Tests oder Fragebogen eingesetzt. Diese können nach Intelligenz-, Leistungs-, Persönlichkeits-, Berufseignungstests oder Biographischen Fragebogen unterschieden werden.

Diese Tests werden eingesetzt, um neben den Beobachtungen und Unterlagen aus dem Assessment noch weitere Informationen über die Teilnehmer zu gewinnen. Der Vorteil dieser Informationen ist, dass sie in standardisierter Art und Weise durchgeführt und ausgewertet werden und somit als „beobachterneutral" bzw. objektiv bezeichnet werden können. Ihre Ergebnisse sind mit denen von Referenzpopulationen vergleichbar und oft ist ihr Vorhersagewert für Kriterien des Berufserfolgs bekannt.

2.1.1 Intelligenztests

Die Intelligenztests nehmen für sich in Anspruch, den Intelligenzquotienten (IQ) eines Menschen ermitteln zu können. Der durchschnittliche IQ eines Menschen liegt bei 100. Bei einer Standardabweichung von +/-15 werden Werte über 115 als überdurchschnittlich, Werte unter 85 als unterdurchschnittlich bezeichnet. Intelligenztests bestehen aus unterschiedlichen Bereichen wie Allgemeinbildung, Sprachkenntnisse, sprachliche und mathematische Analogien, räumliches Vorstellungsvermögen etc. Sie bauen meistens auf einem Intelligenzkonzept auf, von denen es zwar verschiedene gibt, die jedoch als Kern alle die Qualität und Geschwindigkeit der Lösung von Aufgaben aufweisen. Allgemein ist belegt, dass Intelligenztests zu den validesten Tests gehören und besonders geeignet sind zur Vorhersage von Ausbildungsleistungen (vgl. Schuler/Höft 2001: 104 ff.).

2.1.2 Leistungstests

Leistungstests sind Tests für spezifische Fähigkeiten. Auch die Intelligenztests sind den Leistungstests zuzurechnen. Der Fokus liegt auf Fähigkeiten wie Ausdauer, Konzentration, Reaktionsvermögen, sensomotorische Leistungsfähigkeit, komplexe Problemlösung, Zeitmanagement, Führungsfähigkeit, Organisation und Planung, Management von Konflikt- und sozialen Situationen. Ihr Einsatz ist v. a. bei Positionen mit hohen, speziellen Anforderungen geeignet.

2.1.3 Persönlichkeitstests

Hinter Persönlichkeitstests steckt die Auffassung, dass für die Beurteilung von beruflichem Potenzial nicht nur kognitive und nicht-kognitive Leistungsfaktoren ausschlaggebend sind, sondern auch gewisse Persönlichkeitseigenschaften den Berufserfolg moderieren können. Als Beispiele können hier Skalen wie die Soziabilität oder die Teamorientierung genannt werden, welche die Softfaktoren (z. B. Sozialkompetenz) beeinflussen. Das Ziel von Persönlichkeitstests ist es, diese individuellen Besonderheiten herauszufinden und mit einer Referenzpopulation zu vergleichen. Es handelt sich dabei um die Erhebung relativ stabiler Persönlichkeitseigenschaften, von denen man annimmt, dass sie einen Einfluss auf Aspekte der Arbeit ausüben. Oft bestehen solche Tests aus einer Ansammlung von Aussagen, bei denen angekreuzt werden soll, inwiefern diese auf die eigene Person zutreffen. Danach werden die Resultate eines Individuums mit denjenigen einer Referenzgruppe verglichen; diese Referenzwerte können sich z. B. auf das Geschlecht, die aktuelle Position oder die berufliche Laufbahn beziehen.

2.1.4 Berufseignungstests und Biographische Fragebogen

Berufseignungstests messen mit verschiedenen Methoden alle erfolgsrelevanten Merkmale einer Person für einen bestimmten Job. Die Auswertung erfolgt durch einen Vergleich mit den durchschnittlichen Ergebnissen anderer Referenzpopulationen, die z. B. einer ähnlichen Berufs- oder Alterskategorie angehören.

Bei den Biographischen Fragebogen mag es vielleicht eher nach letzten Formalitäten aussehen, bevor das Assessmentverfahren abgeschlossen werden kann. In vielen Fällen handelt es sich hier jedoch um einen weiteren Test, bei dem systematisch und standardisiert Daten zur Biographie des Kandidaten gesammelt werden. Neben den „herkömmlichen" biographischen Angaben werden Fragen zu erfolgsrelevanten Erfahrungen inner- und ausserhalb der bisherigen beruflichen Tätigkeit, zu Wunschberufen und Hobbys oder zur Selbsteinschätzung der eigenen Stärken und Schwächen gestellt. Die Auswertung erfolgt im Vergleich zu den geforderten Kompetenzen und Schlüsselqualifikationen einer Person.

Wie zuverlässig und ausschlaggebend die einzelnen Tests letztlich sind, ist abhängig von der Handhabung, der Durchführung und Interpretation der Tests durch die verantwortlichen Assessoren, die Linienvorgesetzten und die Vertreter der Human Resources.

3 Mitarbeitergespräch

Ein Mitarbeitergespräch ist ein institutionalisiertes Gespräch mit einer bestimmten Zielsetzung zwischen dem Vorgesetzten und dem Mitarbeitenden. Oft findet es in einem festgelegten zeitlichen Abstand statt und dient den folgenden Funktionen:

- Austausch von Sachinformationen
- Beziehungsklärung und -entwicklung
- Feedback über die Zielerreichung sowie Festsetzung neuer Ziele
- Leistungs- bzw. Potenzialbeurteilung
- Förderung

Diese Auflistung macht deutlich, dass im Zentrum von Mitarbeitergesprächen oft Aspekte der Leistung, der Entwicklung oder der Motivation stehen. Damit tragen Mitarbeitergespräche nicht nur Wesentliches zur direkten Interaktion zwischen den Vorgesetzten und ihren Untergebenen bei, sondern auch zur gesamten Organisationskultur und -entwicklung (vgl. Fiege/Muck/Schuler 2001: 434 ff.).

4 Multimodales Interview

Das multimodale Interview ist ein teilstrukturiertes Interview und besteht in der Regel aus acht verschiedenen Gesprächsteilen (vgl. Schuler 1992: 281 ff. und Schuler 2002: 188 ff.):

1. **Gesprächsbeginn:** Kurzes, informelles Gespräch, das zum Interview überleitet. Die Hauptfunktion besteht darin, eine angenehme Gesprächsatmosphäre zu erzeugen.

2. **Selbstvorstellung des Bewerbers:** Der Bewerber spricht frei über seinen Werdegang. Das Schwergewicht liegt je nach Alter des Bewerbers auf der vorangegangenen beruflichen Erfahrung oder auf der Ausbildung.

3. **Freier Gesprächsteil:** Dieser Gesprächsteil dient zur Klärung von Fragen, die sich aus den Bewerbungsunterlagen oder aus der vorangegangenen Selbstvorstellung ergeben haben.

4. **Berufsinteressen, Berufs- und Organisationswahl:** In diesem Abschnitt des Interviews wird berufsbezogenen Interessen und Motiven nachgegangen. Ein weiterer Schwerpunkt sind die Beweggründe für die Bewerbung und den Arbeitsplatzwechsel.

5. **Biographiebezogene Fragen:** Fragen in diesem Gesprächsteil beziehen sich entweder auf Eigenschaftskonstrukte oder auf Verhalten in eng umrissenen beruflichen Situationen (vgl. Anhang).

6. **Realistische Tätigkeitsinformation:** Dieser Teil dient der realistischen Information über die Tätigkeit, die Anforderungen und die Organisation. Realistisch sollte sie in dem Sinne sein, dass sie nicht nur positive, sondern auch kritische Punkte der Organisation und des Arbeitsalltags beleuchtet.

7. **Situative Fragen:** Diese Fragen bestehen aus einer kurzen Schilderung einer erfolgskritischen Situation im Berufsalltag und einer anschliessenden Frage zum Verhalten des Kandidaten in dieser Situation.

8. **Gesprächsabschluss:** Dieser Teil dient der allfälligen Klärung noch offener Fragen und von Unklarheiten sowie zur Erörterung des weiteren Vorgehens.

Wie am Ablauf zu erkennen ist, wechseln sich beim Multimodalen Interview standardisierte und offene Interviewteile ab – daher auch der Name „teilstrukturiert". Die Antworten in den meisten Gesprächsteilen werden auf einer verhaltensverankerten Skala systematisch eingestuft und bewertet. Dies ermöglicht einen objektiveren Vergleich zwischen den verschiedenen Kandidaten. Aufgrund der hohen Praktikabilität dauert das Multimodale Interview nur zwischen 30 und 90 Minuten (vgl. Schuler 2002: 188 ff.).

5 Management Development – Kombination von Rekrutierungs- und Entwicklungsverfahren

Abbildung 5-1 verdeutlicht eine mögliche Kombination von Rekrutierungs- und Entwicklungsverfahren. Dieser Prozess sollte auf einem Kompetenzmodell aufgebaut sein, welches Eigenschaften und Verhaltensweisen definiert, die eine Führungskraft idealerweise besitzen soll. Die spezifischen Anforderungen sollten je nach Organisationseinheit, Stelle, Funktion, Strategie, Zielsetzung und Zeitpunkt ausgewählt und gewichtet werden.

Abbildung 5-1: Systeme im MD zur Potenzialidentifikation, -evaluation und -entwicklung

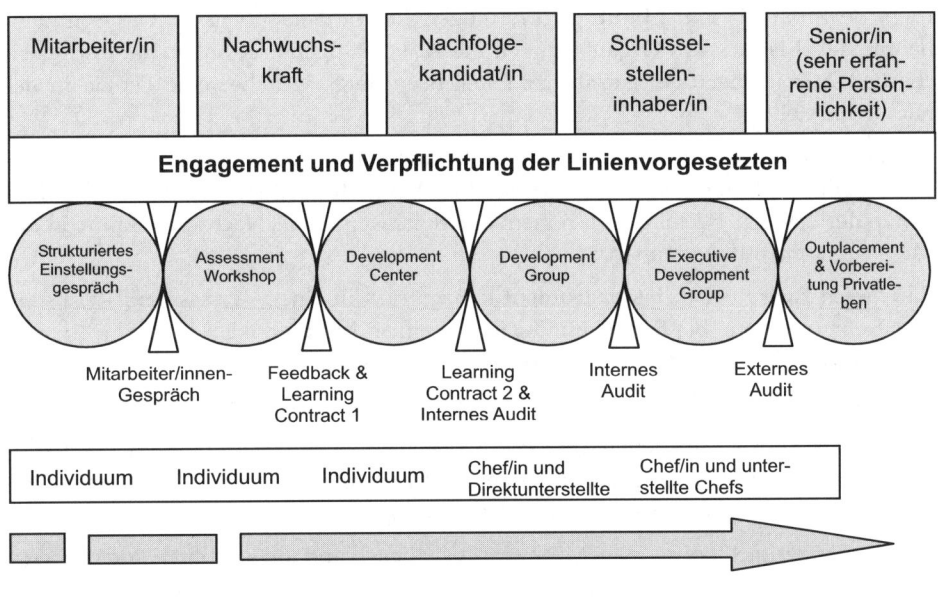

Im Folgenden werden die einzelnen Teilbereiche des Beispiels von Abbildung 5-1 genauer erläutert.

Strukturiertes Einstellungsgespräch: In Zusammenarbeit mit den verantwortlichen Linienvorgesetzten wird eine einheitliche Interviewstruktur entwickelt, die als Interviewresultate vergleichbare erste Informationen hinsichtlich der MD-Kriterien liefert. Die Praxiserfahrung wird dabei systematisch erfasst und eine sinnvolle Ergänzung zu den restlichen Bewerbungsdaten erstellt. Ergänzend werden auch PC-gestützte Verfahren (Intelligenztests, Ermittlung von Berufsmotivation) eingesetzt.

Eines der wichtigsten Ziele, das mit dem strukturierten Interview erreicht werden soll, ist die Überprüfung der Kulturkompatibilität. Es geht dabei um die Beantwortung der doppelten Fragestellung: Wird die Person mit der Organisation und die Organisation mit dem Bewerber glücklich?

Assessment Workshop (Einzelassessment): Der Assessment Workshop wird mit einer Methode zur Potenzialbestimmung von Nachwuchs- und Führungskräften durchgeführt. Die Methode beruht auf einer analytischen Interviewtechnik. Eine analytische Interviewtechnik ist ein strukturiertes Interview mit gleichzeitiger Evaluation bestimmter Anforderungen.

Das Instrument hat zum Ziel, systematisches Vorgehen (hohe Zuverlässigkeit) mit geprüften Kriterien (hohe Gültigkeit) effektiv und einfach zu vereinen. Die Kriterien sind Analysevermögen, Kreativität und Urteilsvermögen für den Intellekt sowie Antrieb, Belastbarkeit und Einfühlungsvermögen für die Persönlichkeit. Die Grundannahme dabei ist, dass in Organisationen die zu bewältigende Komplexität und Unsicherheit in zeitlicher und räumlicher Hinsicht ansteigt, je höher eine Person in der Hierarchie steht.

Mit der Methode testet man, wie viel intellektuelles und persönliches Potenzial eine Person mitbringt, d. h. welche Komplexität und Unsicherheit sie maximal zu bewältigen in der Lage ist. Personen mit hohem Potenzial werden als Nachwuchskräfte in das MD-Programm aufgenommen.

Für diesen Zweck wird das Instrument konzentriert in einem Assessment Workshop eingesetzt und kann bei Bedarf mit Tests und einem Multimodalen Interview ergänzt werden. Wir erarbeiten dabei drei Ebenen an Informationen:

1. Feedback an die Beurteilten mit dem Aufzeigen ihrer Aufbaupotenziale.

2. Berichte an die Linienchefs und die Personalentwicklungs-Organe mit dem Aufzeigen der Bereiche, in denen die Beurteilten, wenn sie wollen, Kompetenzen vergrössern respektive neue Kompetenzen entwickeln können.

3. Ein Kurzgutachten an den MD-Verantwortlichen mit dem frühen und sicheren Aufzeigen des Potenzials der beurteilten Person.

Im Feedbackgespräch wird zwischen den Linienvorgesetzten, den Teilnehmenden und den MD-Verantwortlichen der Learning Contract 1 vereinbart. Wenn sich aufgrund der Entwicklungsmöglichkeiten (Ernennung zum Nachfolgekandidaten) die Möglichkeit für ein Entwicklungsassessment ergibt, wird von den Linienvorgesetzten und den MD-Verantwortlichen der Auftrag zum Entwicklungsassessment ausgefüllt und damit die Anmeldung zum Development Center gemacht.

Development Center (Gruppenassessment): Das Development Center besteht aufbauend auf dem Assessment Workshop aus zwei Schritten: Dem Development Workshop und dem Negotiation Workshop.

a) Development Workshop

Der Development Workshop, mit einer Dauer von zwei Tagen, wird aufbauend auf einer rechnergestützten Simulation „Business plus" respektive „Admin plus" (Informationen unter: www.complus.ch) betrieben. Im Learning Contract 1 haben die Nachfolgekandidaten unter anderem ihre Ziele beschrieben, die sie in der Simulation erreichen wollen. Das MD hat hier das Ziel, die Nachfolgekandidaten mit der Simulation für die Übernahme künftiger Schlüsselstellen persönlich fit zu machen.

In der Simulation ist der Nachfolgekandidat Mitglied des Leitungsteams und führt eine Organisation. Ziel ist, die Organisation erfolgreich zu führen. Der Erfolg wird unter anderem auch an der Kundenzufriedenheit bezüglich Einhaltung von Terminen, Budget und Ausführungsstandards gemessen.

Die Nachfolgekandidaten sind selber dafür verantwortlich, dass sie eine Rolle gemäss ihren Zielsetzungen übernehmen können. Online bereiten sie sich zu Hause respektive am Arbeitsplatz auf die Simulation vor und qualifizieren sich mit einem Schlusstest für die Teilnahme. Während des zweitägigen Einsatzes wird ihr Verhalten beobachtet, danach werden sie fachlich beurteilt.

b) Negotiation Workshop

Der Negotiation Workshop ist die logische Folge des Assessment Workshops und des Development Workshops. In einem umfassenden Feedback wird mit dem Nachfolgekandidaten das Ergebnis aufgearbeitet. Ausgehend von den Resultaten des Assessment Workshops wird aufgezeigt, welche Resultate den Zielsetzungen des Development Workshops gegenüberstehen. Gemeinsam wird die Lernkurve analysiert und daraus werden die Schlüsse für die gemeinsame Zukunft gezogen. Moderiert durch den MD-Verantwortlichen werden zwischen Vorgesetzten und Nachwuchskräften die Karriereplanung und die persönliche Entwicklung vereinbart. Der daraus entstehende Learning Contract 2 beinhaltet hauptsächlich die konkreten Schritte, die es zu machen gilt. Er garantiert damit den Transfer des Gelernten am Arbeitsplatz. Die Laufzeit eines Learning Contracts 2 beträgt idealerweise 12 Monate. Abschluss dieser Phase bildet ein Audit durch die Personalentwicklung, in dem beurteilt wird, wie erfolgreich die Umsetzung war. Das Resultat wird anschliessend in das Mitarbeitergespräch überführt. Im Rahmen der folgenden periodischen Mitarbeitergespräche wird der Fortschritt laufend überprüft. Damit ist gewährleistet, dass in der Folge vorbereitete Mitarbeitende als Nachfolgekandidaten für Schlüsselpositionen zur Verfügung stehen.

Development Group (Projektworkshop): In der Development Group (DG) wird Vorgesetzten die Gelegenheit gegeben, gemeinsam mit ihren Mitarbeitenden an ihrer Aufgabe zu wachsen. Zu diesem Zweck wird eine Herausforderung (z. B. ein Projekt), die sich dem Team aus seiner Linienfunktion ohnehin stellt, als Fall aufgearbeitet und in einem dreitägigen Projektworkshop bearbeitet. Neben der Bearbeitung der teamspezifischen Herausforderung findet eine Beobachtung wie im Development Workshop statt. Das Team steht im Vordergrund. Mit Interventionen und Coaching durch Moderator und Beobachter wird angestrebt, sowohl den Individuen gerecht zu werden als auch dem Team zum Durchbruch zu verhelfen. Vom Team und von den Individuen werden die Lernkurven abgeleitet und darauf aufbauend in individuums- und teambezogenen Feedbackrunden die weitere Entwicklung vereinbart. Das MD und die verantwortlichen Linienvorgesetzten zeigen dabei die Optionen auf. Es liegt anschliessend am Team und an seinen Mitgliedern, diese erreichen zu wollen und zu können.

Gemäss Vereinbarung, jedoch frühestens nach einem Jahr, wird in einem Audit durch die Organisationsentwicklung beurteilt, wie erfolgreich die Umsetzung war. Das Resultat wird anschliessend in die Mitarbeitergespräche überführt.

Executive Development Group (Führungsworkshop): Die Executive Development Group (EDG) als nächstes Instrument ist analog zur DG aufgebaut. Inhaltlich geht es bei den zu bearbeitenden Projekten um strategische Aufgaben, die nur in Zusammenarbeit im Team gelöst werden können. Personell setzt sich die EDG aus höchsten Führungskräften und ihren unterstellten Chefs zusammen. Anstelle von drei Tagen dauert die EDG dementsprechend fünf Tage und kann als sehr intensiver und überaus herausforderungsreicher Teamentwicklungsprozess bezeichnet werden.

Gleich wie für die DG werden auch hier wieder vom Team und von den Individuen die Lernkurven abgeleitet und es wird in Feedbackrunden die Entwicklung vereinbart. Das MD und die verantwortlichen Linienvorgesetzten zeigen dabei die Optionen auf. Es liegt anschliessend am Team und an seinen Mitgliedern, diese erreichen zu wollen und zu können.

Gemäss Vereinbarung, jedoch frühestens nach einem Jahr, wird in einem Audit durch eine externe wissenschaftliche Arbeitsgruppe (Think Tank) beurteilt, wie erfolgreich die Umsetzung war. Das Resultat wird anschliessend in die Mitarbeitergespräche überführt.

Outplacement und Vorbereitung auf die Privatisierung (Coaching): Das Ausscheiden aus der Organisation in Richtung Outplacement, Pensionierung oder Privatisierung ist ein weiteres Instrument, welches das Angebot abrundet.

Der Bedarf nach dieser Dienstleistung kann zum ersten Mal bereits im Feedbackgespräch nach dem Assessment Workshop (Entwicklungsassessment, Standort- und Laufbahnassessment) entstehen. Das Bedürfnis nach Outplacement oder nach einer Vorbereitung auf die Privatisierung kann sich praktisch zu jedem Zeitpunkt einer beruflichen Laufbahn manifestieren. Hier wird auch die unmittelbare Verknüpfung zwischen beruflicher Laufbahnplanung und Lebensplanung offensichtlich.

6 Feedbackgespräch

Ein Verfahren ist so gut wie das, was man daraus macht. Deshalb ist das Feedbackgespräch von immenser Bedeutung. Es beinhaltet die Vermittlung der gewonnenen Daten sowie Vereinbarungen, die man in Bezug auf die Zukunft des Kandidaten trifft. Es ist sinnvoll, dass bei einem Feedbackgespräch die Linienvorgesetzten, die Teilnehmenden und die MD-Verantwortlichen anwesend sind, denn nur so ist eine Einbettung der Ergebnisse und des eventuell daraus resultierenden „Learning Contract" in die Strukturen der Organisationseinheit zu gewährleisten. Im „Learning Contract" werden Entwicklungsschritte für die Zukunft vereinbart, die fortlaufend evaluiert und überprüft werden. Deshalb empfiehlt sich die enge Einbettung der Linie in den ganzen Prozess.

7 Erfahrungen

Erfahrungen haben deutlich gemacht, dass MDS und Assessmentverfahren den Wandel, die Personal- und Organisationsentwicklung, die Corporate Identity und die Unternehmenskultur beschleunigen und nachhaltig verändern.

Dafür gibt es mehrere Gründe:

- Ansprechpartner sind Nachwuchskräfte, Nachfolgekandidaten und Führungskräfte.
- Organisations- und Personalentwicklung gehen Hand in Hand. Dadurch wird die Kultur der Organisation stabilisiert.
- Neue Werte, Normen und Verhaltensweisen können rascher weitergegeben werden.
- MDS schafft bei den betroffenen Akteuren ein Gefühl von Sicherheit durch Transparenz, Verbindlichkeit und Qualität.

Zusätzlich kann man anfügen, dass es sich bei einem MDS um einen ganzheitlichen Ansatz zur Erkennung, Beurteilung und Entwicklung von Führungskräften handelt. Dabei werden Verbindlichkeiten auf einer hohen Stufe vereinbart, die nicht nur die Führungskräfte an sich, sondern die gesamte Organisation betreffen. Nicht zu unterschätzen ist der Beitrag zur Corporate Identity, welcher die Veränderungsprozesse (Kostenbewusstsein, Team- und Kundenverhalten) unterstützt. Zudem konnte PriceWaterhouseCoopers in einer weltweit angelegten Studie belegen, dass Organisationen mit implementierten Human-Resources-Strategien – und das ist ein funktionierendes MDS – wirtschaftlich erfolgreicher und rentabler sind und damit eine höhere Wertschöpfung haben (vgl. Catrina 2003: 73).

Anhang

Fragebogen „Management-Development-System Check-up"

Auf den nächsten Seiten finden Sie 22 Aussagen, die sich auf Ihr MDS beziehen.

Bitte kreuzen Sie auf der jeweiligen Skala an, wie stark die betreffende Aussage auf Ihr MDS zutrifft. Ihre Angaben helfen Ihnen direkt abzuschätzen, wo Sie heute mit Ihrem MD-System stehen.

Zudem unterstützt Sie der Fragebogen dabei, Ihr MDS kontinuierlich weiterzuentwickeln und zu verbessern.

6 Punkte entsprechen „trifft voll zu", 1 Punkt entspricht „trifft überhaupt nicht zu".

Viel Spass!

K	Das Management-Development-System basiert auf einem umfassenden **Konzept**.	6	5	4	3	2	1
K	Das Konzept ist durch die Geschäftsleitung genehmigt und im Rahmen der Unternehmensstrategie in Kraft gesetzt worden.	6	5	4	3	2	1
K	Das Konzept wird durch die Geschäftsleitung persönlich unterstützt und erhält öffentlich Promotion und Support.	6	5	4	3	2	1
K	Das Konzept enthält eine aufschlussreiche Entscheidmatrix und die Konzeptinhalte werden durch die Verantwortungsträger getragen.	6	5	4	3	2	1
K	Das Konzept wurde mit den Besten verglichen (Benchmark) und schneidet im Best-Practice-Vergleich gut ab.	6	5	4	3	2	1
UR	Für die **Umsetzung** sind die Verantwortlichen bestimmt worden, welche über die notwendigen **Ressourcen** verfügen (People, Money, Power).	6	5	4	3	2	1
UR	Für die Umsetzung stehen genügend Ressourcen zur Verfügung (je komplexer und unsicherer das Geschäft, desto mehr).	6	5	4	3	2	1
UR	Es besteht ein Umsetzungsplan mit Meilensteinen, Etappenzielen und Übergabeanforderungen vom Projekt an den Betrieb.	6	5	4	3	2	1
UR	Die Projektleitung orientiert periodisch mit persönlichen und schriftlichen Berichten die Geschäftsleitung.	6	5	4	3	2	1
UR	Der Projektleitung und dem Umsetzungsteam ist es bereits mehrfach gelungen, Erfolge zu erzielen und Nutzen zu generieren.	6	5	4	3	2	1
RE	Für die **Rekrutierung** und **Entwicklung** bestehen gut etablierte Prozesse mit mehrjähriger Erfahrung.	6	5	4	3	2	1
RE	In der Rekrutierung bestehen klare Standards, wie beispielsweise bei Stellenbesetzungen 1/3 externe und 2/3 interne Bewerber zu nehmen.	6	5	4	3	2	1
RE	Die Rekrutierung und Entwicklung der Mitarbeitenden gehört zu den bewerteten und leistungsentlöhnten Jahreszielen der Führungskräfte.	6	5	4	3	2	1

RE	Anforderungsbasierte Instrumente in Rekrutierung und Entwicklung gehören zum Standard und werden eingesetzt.	6	5	4	3	2	1
DB	Es besteht eine zentrale **Ressourcendatenbank** für alle Mitarbeitenden.	6	5	4	3	2	1
DB	Anforderungs-, Persönlichkeits-, Potenzial-, Leistungs- und CV-Profile werden erhoben und auf der Ressourcendatenbank abgelegt.	6	5	4	3	2	1
DB	Die Datenbank ist professionell im Datenhandling (Schutz, Sicherheit und Performance).	6	5	4	3	2	1
DB	Die Datenbank ist tagesaktuell.	6	5	4	3	2	1
ÜO	Das Konzept wird **überprüft** und **optimiert**.	6	5	4	3	2	1
ÜO	Die Umsetzung wird überprüft und optimiert.	6	5	4	3	2	1
ÜO	Die Rekrutierungs- und Entwicklungsprozesse werden überprüft und optimiert.	6	5	4	3	2	1
ÜO	Die Datenbank wird überprüft und optimiert.	6	5	4	3	2	1

Auswertung:

K = .../30   UR = .../30   RE = .../24   DB = .../24   ÜO = .../24

Die Erfahrung zeigt, dass die kritische Grenze bei 15 Punkten pro Bereich liegt. Weniger als 15 Punkte bedeuten, dass dieser Bereich des MDS überarbeitet und gefördert werden sollte. Mehr als 15 Punkte bedeuten, dass die Bilanz in diesem Bereich positiv ausfällt und dieser Bereich keinen primären Mangelfaktor im Betrieb darstellt.

Beispiele von biographiebezogenen Fragen aus dem Multimodalen Interview

Beantworten Sie anhand konkreter Beispiele aus Ihrem Alltag die folgenden Fragen:

1. Wie sind Sie vorgegangen, wenn Sie im Verlaufe des Jahres feststellen mussten, dass Sie die Ihnen und Ihrer Organisationseinheit gesteckten Jahresziele nicht vollumfänglich einhalten konnten? (Frage zur Führungskompetenz, die sich auf die Zielorientierung bezieht.)

2. Welche Verbesserungen und Veränderungen haben Sie in Ihrer gegenwärtigen Funktion oder in Ihrem Verantwortungsbereich eingeführt? (Frage zur Selbstkompetenz, die sich auf die Eigeninitiative bezieht.)

3. Geben Sie uns ein konkretes Beispiel, wo Sie Verantwortung übernehmen mussten bzw. konnten. Was empfanden Sie dabei? Wofür sind Sie nicht bereit, die Verant-

wortung zu übernehmen und warum? (Frage zur Selbstkompetenz, die sich auf die Verantwortungsbereitschaft bezieht.)

4. Schildern Sie, welche Probleme oder Schwierigkeiten Sie bei der Teamarbeit erlebt haben und wie Sie diese gemeistert haben. (Frage zur Sozialkompetenz, die sich auf die Teamfähigkeit bezieht.)

5. …

Literaturverzeichnis

CATRINA, WERNER (2003): Höhere Wertschöpfung mit implementierter HR-Strategie: Weltweit grösste Untersuchung im Personalwesen. In: Neue Zürcher Zeitung 19.03.2003, S. 73.

FIEGE, REGINA/MUCK, PETER M./SCHULER, HEINZ (2001): Mitarbeitergespräche. In: Lehrbuch der Personalpsychologie, hrsg. v. Heinz Schuler, Göttingen 2001, S. 434-477.

HÖFT, STEFAN/FUNKE, UWE (2001): Simulationsorientierte Verfahren in der Personalauswahl. In: Lehrbuch der Personalpsychologie, hrsg. v. Heinz Schuler, Göttingen 2001, S. 135-173.

KAMMEL, ANDREAS (2000): Strategischer Wandel und Management Development. In: Forum Personalmanagement, Bd. 3, hrsg. v. Michel E. Domsch und Désirée H. Ladwig, Frankfurt am Main 2000, S. 55-64.

SCHULER, HEINZ (1992): Das Multimodale Einstellungsinterview. In: Diagnostica, Bd. 38, 1992, S. 281-300.

SCHULER, HEINZ (2002): Das Einstellungsinterview, Göttingen 2002.

SCHULER, HEINZ/HÖFT, STEFAN (2001): Konstruktorientierte Verfahren der Personalauswahl. In: Lehrbuch der Personalpsychologie, hrsg. v. Heinz Schuler, Göttingen 2001, S. 93-133.

Urs Klingler

Performance Management
Ein internationaler Vergleich

1 Vorwort

Eine schriftlich festgehaltene und transparent kommunizierte Personalpolitik beeinflusst das Unternehmensergebnis nachhaltig und erzielt eindeutig Mehrwert. Dies geht aus dem neuen Report „Sustaining value through people" hervor, den PricewaterhouseCoopers (PWC) Human Resource Services in Zusammenhang mit New Europe Programme und Sustainable Business Solutions veröffentlicht hat. Er basiert auf einer grossen Anzahl Befragungen und Interviews mit Stakeholdern sowie Nichtregierungsorganisationen (NGO), Verbrauchergruppen und der Europäischen Kommission. Der Bericht identifiziert sechs Schwerpunkte, die einen klaren Zusammenhang zwischen der Personalstrategie und der Effizienz-Steigerung aufzeigen. Unternehmen können gewünschte Umsatz- oder Gewinnsteigerungen bei geringeren Risiken in ihrem Portfolio erzielen und das Vertrauen aller Stakeholder durch überschaubare und nachvollziehbare Strategien fördern.

2 Global Human Capital Survey

1'047 Unternehmen, davon 500 in Europa, aus 47 Ländern sind in dieser Studie mitberücksichtigt und haben ihre Informationen beigetragen.

Abbildung 2-1: *Die teilnehmenden Firmen nach Branchen*

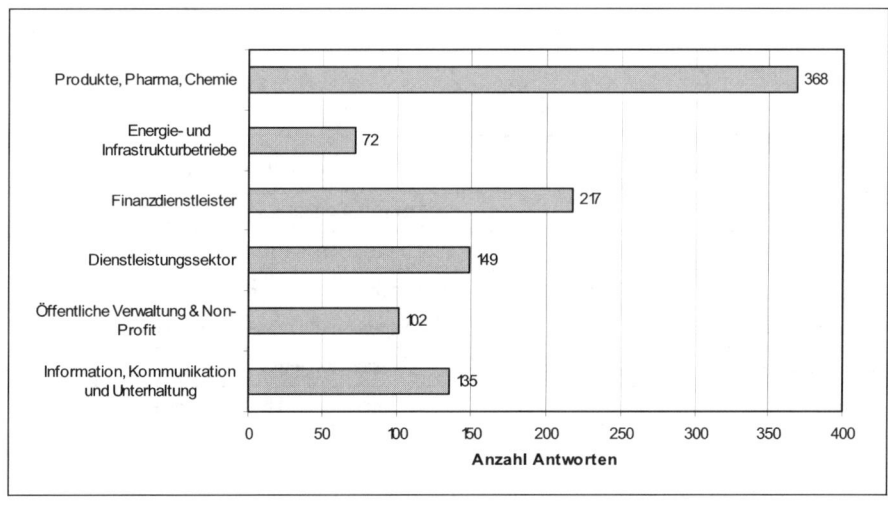

Die Studie liefert wichtige Erkenntnisse. So hat sich etwa ergeben, dass 42 Prozent der befragten Unternehmen nicht über eine formulierte, dokumentierte HR-Strategie verfügen. Bei den untersuchten Unternehmen mit über 50'000 Mitarbeitenden haben sogar mehr als 50 Prozent keine dokumentierte HR-Strategie, obwohl aus den Resultaten klar ersichtlich ist, dass ein eindeutiger Zusammenhang zwischen einer dokumentierten HR-Strategie und höherer Mitarbeiterproduktivität besteht. Allerdings muss auch festgehalten werden, dass es keine allgemein gültige, „richtige" HR-Strategie gibt.

Eine dokumentierte HR-Strategie bringt dem jeweiligen Unternehmen einige Vorteile. Beispielsweise sind die Umsätze pro Mitarbeitenden um bis zu 35 Prozent höher, die Arbeitsabsenzen dagegen verringern sich um bis zu zwölf Prozent. Ferner sind weniger Kündigungen seitens der Arbeitgeber zu verzeichnen. Die Leistungsbeurteilungs- und Personalentwicklungs-Systeme sind effektiver und die Gehaltssysteme sind besser auf die Unternehmensziele ausgerichtet.

Es lassen sich die folgenden zwei Erfolgsparameter ableiten: Erstens muss die HR-Strategie ausformuliert und laufend aktualisiert werden, und zweitens ist sie auf die Geschäftsstrategie abzustimmen. Ein besonderes Augenmerk ist dabei auf die Personalressourcen-, Rekrutierungs- und Nachfolgeplanung, das Performance Management und die Gehaltssysteme sowie auf die Personal- und Führungskräfte-Entwicklung zu richten.

Vier Punkte können als kleine Überraschungen bezeichnet werden. Zum Ersten weisen befragte Unternehmen, in welchen das HR Einfluss auf die Unternehmens-Strategie nehmen konnte, bis zu 12 Prozent höhere Profitmargen als die Vergleichsfirmen aus. Zum Zweiten ist der Umsatz pro Mitarbeitenden in Unternehmen, welche gezielt in die Optimierung der HR-Arbeit investieren, vergleichsweise höher. Zum Dritten sind mehr als 25 Prozent der Mitarbeitenden in den befragten Unternehmen nicht in einen Zielsetzungs- und Performance Management-Prozess eingebunden, und schliesslich führen über 33 Prozent der befragten Unternehmen keine Abwesenheits-Statistik.

Tabelle 2-1 liefert eine Übersicht der Prioritäten der Unternehmen und – auszugsweise – der Personalabteilungen:

Tabelle 2-1: *Prioritäten der Unternehmen und der Personalabteilung*

Unternehmen	Personalabteilung
Kostenreduktion	Führungskräfteentwicklung
Steigerung der Kundenzufriedenheit	Organisations- und Kulturwandel
Umsatzsteigerung	Steigerung der Arbeitsproduktivität
Qualitätssteigerung	Gehaltsmanagement
Führungskräfteentwicklung	Optimierung der HR-Technologie
	Reduktion der Personalkosten

Die HR-Abteilung wendet am meisten Zeit für Administration und am wenigsten für HR-IT-Systeme und Leistungsbemessungssysteme auf.

Bezüglich Outsorcing ist erwähnenswert, dass 72 Prozent der Teilnehmenden mindestens einen HR-Prozess (gegenüber 48 Prozent im Jahr 2000) outsourcen. Zudem wird es selektiver eingesetzt und führt nicht direkt zu tieferen Kosten. Es betrifft primär die Vorsorge- und Gehaltsadministration, die Rekrutierung, die Ausbildungsadministration sowie die Wartung von HR-IT-Systemen. Allerdings outsourcen nur gerade 16 Prozent der befragten Unternehmen die Gehaltsadministration.

3 Nachhaltige Wertsteigerung durch Einbezug aller Stakeholder

Historisch betrachtet wurden die Interessen der Besitzer oder Geldgeber (Shareholder) im unlösbaren Widerspruch zu den Ansprüchen der Mitarbeitenden und dem sozialen Umfeld gesehen. In Zeiten, in denen das nachhaltige Wachstum von Unternehmen zunehmend Beachtung findet, setzt sich auch die Erkenntnis durch, dass eine ausgewogene Balance der Interessen aller beteiligten Stakeholder wie z. B. der Mitarbeitenden, der Kunden, der Lieferanten, der Behörden sowie das Wahrnehmen der gesellschaftlichen Verantwortung zu einem nachhaltigen Wachstum und zu Mehrwert für alle Beteiligten führt.

Als Folge dieser Erkenntnis sind CEOs, Geschäftsleitungen und Manager gefordert, neue Wege und Vorgehen zu entwickeln, um:

▪ mit der Personalstrategie und den weiteren ausführenden Bestimmungen und Instrumenten die Interessen aller Stakeholder in die künftige Unternehmensentwicklung einzuplanen und zu integrieren.

▪ den Effekt und den Erfolg zu messen und zu steuern.

Die PWC-Umfrage zeigt, dass bis jetzt kein Unternehmen den absolut richtigen Weg gefunden hat. Um aber dieses Denken und die Realisierung der Erkenntnisse zu fördern, wurden verschiedene Interessensgruppen quer durch Europa befragt, um ihre Art der Geschäftsführung sowie Probleme und Anliegen besser zu verstehen. Die identifizierten Herausforderungen sind:

Abbildung 3-1:   *Identifizierte Herausforderungen*

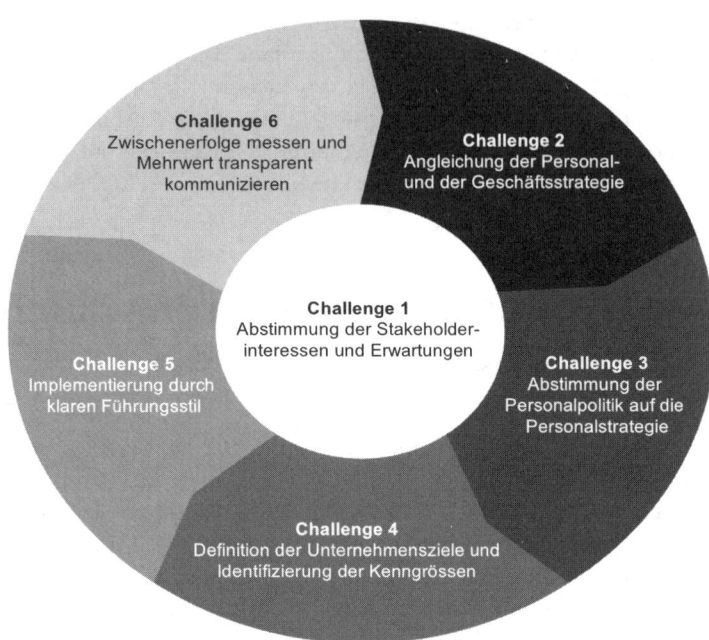

3.1   Abstimmung der Stakeholderinteressen und -erwartungen

Um die Erwartungen und Interessen der Stakeholder zu verstehen, muss sich das Unternehmen intensiv und regelmässig mit den Bedürfnissen und Erwartungen auseinandersetzen. Die Integration und Abstimmung der Stakeholderinteressen kann nur durch eine enge Zusammenarbeit mit den als „wichtigste" identifizierten Stakeholder erreicht werden. Stakeholder sind an unterschiedlichen Aspekten der Geschäfts- und Personalpolitik interessiert. Diese sind von den Unternehmen oft nicht eindeutig erkannt, verstanden oder unerwartet. Zum Beispiel:

▪ Kunden haben oft ein indirektes Interesse am Mitarbeiter-Trainingsprogramm, da dies die Qualität der Produkte sowie die Effizienz und Effektivität der Dienstleistungen beeinflussen kann.

▨ Lokale Behörden interessieren sich für die Personalrekrutierung und das -training der Unternehmung, da dies die Anzahl und Qualität der Arbeitsstellen, das Ansehen der Unternehmung sowie die Fähigkeiten der lokalen Arbeitskräfte beeinflusst.

3.2 Angleichung der Personal- und der Geschäftsstrategie

Es ist wichtig, eine klare Vision in Anlehnung an festgelegte Werte und strategische Ziele zu entwickeln. Die Geschäftsbedürfnisse müssen erkannt und die Zusammenhänge verstanden werden, um den „Typ" Arbeitgeber, als den man sich auf dem Markt präsentieren will, zu bestimmen. Unternehmen benötigen eine zukunftsorientierte strategische Planung, welche auch das Unerwartete berücksichtigt und von allen Stakeholdern getragen wird. Bei der Wahrnehmung von Abweichungen der Interessen wird das Ansehen als Arbeitgeber sowie das Vertrauen der Anleger in Mitleidenschaft gezogen.

3.3 Abstimmung der Personalpolitik auf die Personalstrategie

Der Schlüssel ist die Einführung einer Personalpolitik, welche den besten, langfristigen und nachhaltigen Mehrwert für die Unternehmung unter Berücksichtigung der Unternehmensstrategie generiert. Wichtig ist der Abgleich der Personalpolitik mit der gesamten Personalstrategie und die Konkretisierung. Wichtige Voraussetzung dafür ist, dass die Unternehmen den direkten Einfluss der Personalpolitik auf das Ansehen als Arbeitgeber und den Unternehmenserfolg verstehen. Besondere Beachtung soll denjenigen Bereichen geschenkt werden, die den grössten Nutzen für das Unternehmen erbringen.

3.4 Definition der Unternehmensziele und Identifizierung der Kenngrössen

Die vierte Herausforderung ist die Definition der Unternehmensziele. Diese sollen durch relevante Kenngrössen ergänzt werden. Das Unternehmen muss die Fähigkeit entwickeln, Informationen über das Unternehmen zu identifizieren und zu erfassen, mit welchen der Einfluss und der Mehrwert der Personalpolitik auf das Unternehmen messbar und nachvollziehbar gemacht werden können.

3.5 Implementierung durch klaren Führungsstil

Die Erwartungen der Stakeholder erfordern ein Umdenken des Managements in einigen Aspekten der Führung. Unter anderem umfassen diese:

- Visionen, Strategien und Richtungen aufzeigen können.
- Verhaltensmuster in den Erwartungen und Interessen aller Stakeholder erkennen und in der Entwicklung mitberücksichtigen.
- Durch Transparenz und Nachvollziehbarkeit die eigene Glaubwürdigkeit bei allen Stakeholdern festigen und ausbauen.

3.6 Zwischenerfolge messen und Mehrwert transparent kommunizieren

Die sechste Herausforderung besteht darin, den Mehrwert für das Unternehmen zu messen, zu steuern und zu kommunizieren.

Die Schwierigkeit besteht darin, angemessene Systeme und Instrumente zu etablieren, um den Mehrwert und die Entwicklung messen zu können.

Drei übergreifende Gruppen von Indikatoren sind dabei von Bedeutung:

1. **Gesetzliche Verpflichtungen**

   Für das Risk Management muss ein Unternehmen die Einhaltung der gesetzlichen Auflagen kontrollieren, z. B. Betriebssicherheit, Gesundheitsrisiken etc.

2. **Performance**

   Die Stakeholder, besonders die Aktionäre, wollen den Zusammenhang zwischen der Personalpolitik und deren Einfluss auf die Unternehmensperformance nachvollziehen können. Informationen zu Indikatoren wie Fluktuation und Absenzen sind relativ einfach zu beschaffen, während Mitarbeiterbefragungen, Investitionen ins Management-Training etc. deutlich aufwändiger sind. Doch gerade hier können die Resultate wichtige Erkenntnisse vermitteln.

3. **Übrige Interessen**

   Die Annäherung der Stakeholder- und Shareholder-Interessen bedeutet aber auch, dass Faktoren, die über die finanzielle Performance hinausgehen, stärker beachtet werden müssen.

4 Performance Management und Human Capital

Der Erfolg eines Unternehmens bei der Umsetzung und Realisierung seiner Strategien und Ziele beruht auf kompetenten, leistungsorientierten und ständig lernenden Mitarbeitenden. Eine schriftlich festgehaltene und transparent kommunizierte Personalpolitik beeinflusst das Unternehmensergebnis nachhaltig. Ein objektives Vorgehen sowie der Einsatz von Performance-Management-Systemen bestimmen die Leistungsbereitschaft und Leistungsfähigkeit der Mitarbeitenden und stellen den entscheidenden Wettbewerbsfaktor dar. Der Einsatz von Performance-Management-Systemen wird häufig ohne Bezug zur Unternehmensstrategie betrachtet und erfüllt die Praxisanforderungen somit nur teilweise. Dieser Beitrag illustriert die Chancen und Potenziale der Verwendung des Instruments für das Unternehmen und gibt Anstösse aus der Praxis.

Um schnell auf Marktveränderungen zu reagieren, werden Performance-Management-Systeme wiederholt überprüft, erweitert oder durch neue Systeme ersetzt. Dabei werden häufig innerbetriebliche Erfahrungen und vorhandene Potenziale zu wenig beachtet und bleiben ungenutzt. Im Hinblick auf die Neuausrichtung bzw. Entwicklung des Performance-Management-Systems sind in einem ersten Schritt Zielvorgaben und Bedarf eingehend zu analysieren und zu klären.

Daraus lassen sich folgende Kernfragen für die Konkretisierung der Zielsetzung von Performance-Management-Systemen ableiten:

- Fördern einer Feedback- und Lernkultur?
- Steigern der Motivation der Mitarbeitenden?
- Verbessern der Leistungsfähigkeit und Leistungserreichung?
- Verbessern der Unternehmensleistung?
- Einschätzen der Qualität der Stakeholderbeziehungen?
- Anbinden der Leistungserreichung an die Lohnentwicklung?
- Einschätzung der firmenintern vorhandenen Fähigkeiten und Skills?
- Fördern der Mitarbeiterentwicklung?
- Definition von Ausbildungsbedürfnissen?
- Informationen und Argumente zur Beförderung?
- Höhereinstufung und Funktionswechsel?
- Erkennen von Potenzial für andere Funktionen und Aufgaben?
- Hinweise für die interne Nachfolgeplanung auf allen Stufen?

Die untenstehende Grafik zeigt die Einbettung im Überblick:

Abbildung 4-1: *Anbindung des Performance-Management-Systems an die Unternehmensstrategie*

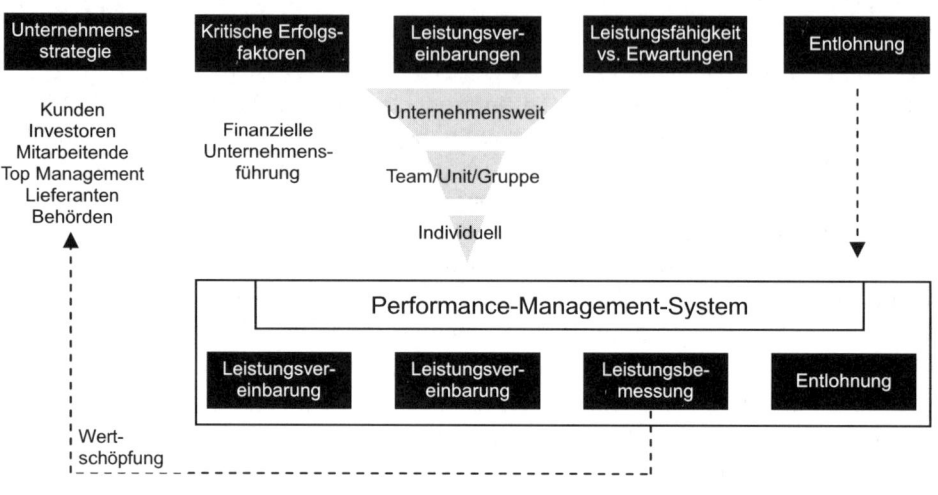

Theorie und Praxis unterscheiden zwischen *Output-* und *Input*-orientierten Performance-Management-Systemen, welche in der Anwendung oft gemeinsam oder in Verbindung abgedeckt werden. Dies ist nicht unproblematisch, weil die ursprünglich angestrebte Zielsetzung verwässert wird, bzw. gegenläufige Zielsetzungen in einem System gelöst und entsprechende Antworten gefunden werden müssen. Es lohnt sich, den Fokus etwas enger zu fassen, damit das Gesamtsystem in seiner Wirkung fokussiert und in seiner Handhabung weniger komplex ist. Abbildung 4-2 zeigt die beiden Hauptzielrichtungen bei einer getrennten Fokussierung auf Zielvereinbarung und -bemessung oder die Ausrichtung auf Entwicklung und Ausbildung.

Abbildung 4-2: *Trennung von Zielvereinbarung und Entwicklung*

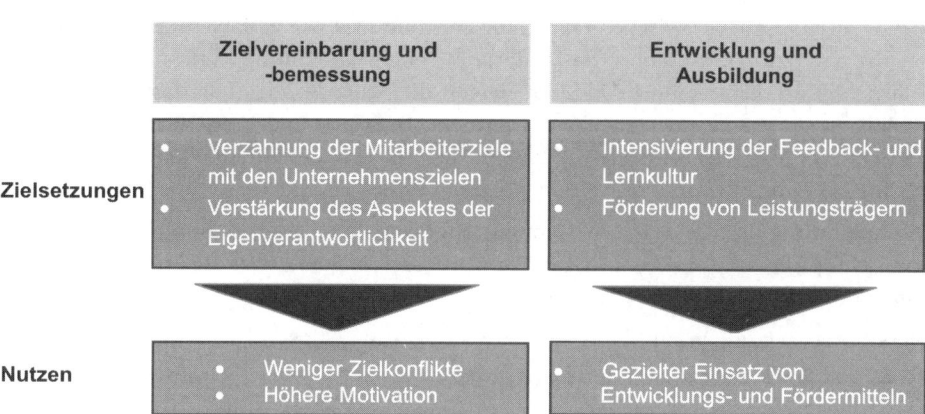

4.1 Feedbacksysteme

Häufig entscheiden sich Unternehmen zur Identifizierung notwendiger Veränderungsprozesse für eine subjektive Leistungsbeurteilung im Rahmen eines Feedbacksystems. Dieses Messinstrument kann jedoch aufgrund der bestehenden Feedbackkultur eine grosse Herausforderung für die Unternehmung darstellen und heikle Rollenkonflikte entstehen lassen. Vorgesetzte und Mitarbeitende sind bei der Beurteilung gleichermassen gefordert. Wenn im gleichen Zusammenhang Leistung, Verhalten und Entwicklungsmöglichkeiten festgelegt und bestimmt werden, führt dies unweigerlich zu Konflikten, welche entweder vorgängig vermieden werden oder zu Abwertungsverhalten führen. Damit wird der eigentliche Zweck des Feedbacksystems – die Kommunikation zwischen den Beteiligten zu fördern – torpediert und blockiert. Erfahrungen zeigen, dass:

- die meisten Menschen Hemmungen haben, anderen ihre Beobachtungen und Empfindungen offen und ehrlich mitzuteilen.

- Vorgesetzte von ihren Mitarbeitenden in der Regel kein offenes Feedback erhalten.

- das Verhalten des Vorgesetzten aufgrund der hierarchischen Abhängigkeit als Gesprächsthema tabuisiert wird.

- die Angst vor Sanktionen von vornherein jede kritische Auseinandersetzung verhindert.

Das bedeutet konkret, dass die Chancen zur Entwicklung von sozialer Kompetenz weitgehend ungenutzt bleiben!

4.2 Anbindung an die Entlöhnung

Richtigerweise gibt es zwischen erbrachter Leistung und der variablen Lohnkomponente, aber auch zum Grundlohn (Basissalär) eine enge Verbindung, welche innerhalb der Salärpolitik zu definieren ist. Dadurch steigen die Anforderungen an das Performance-Management-System erneut, weil nun Firmen-, Bereichs- und individuelle Leistungen geldwert vergütet werden sollen. Viele Studien zeigen, dass Mitarbeitende für ihre erbrachte Leistung fair entlöhnt werden wollen.

Die Anbindung des Performance-Management-Systems an die Entlohnung ist zwingend und richtig. Dies erfordert jedoch gewisse Voraussetzungen, damit die Erreichung quantitativer und qualitativer Ziele möglich wird.

Diese Voraussetzungen sind:

- Standards und Kenngrössen sind vorhanden.

- Interne und externe Vergleichswerte stehen zur Verfügung.

- Die Ziele (quantitativ und qualitativ) sind ausgewogen gewichtet. Dabei ist der Grundsatz zu beachten, dass Funktionen in höheren Führungsebenen auch am Geschäftsergebnis partizipieren sollen, da deren Einfluss auf das Ergebnis im positiven als auch negativen Fall höher ist als bei tieferen Funktionen, welche jedoch auch einen wichtigen, aber eben einen weniger finanziell messbaren Beitrag an das Unternehmen leisten.

4.3 HR-Prozesse

Die Einführung bzw. Erweiterung von Performance-Management-Systemen hat einen direkten Einfluss auf den administrativen Aufbau und Ablauf verschiedener HR-Prozesse. Dabei sind vielfältige und anspruchsvolle Prozesse betroffen. Dies sind u. a.:

Leistungs- bzw. Zielvereinbarungsprozess, Leistungs- bzw. Zielbemessungsprozess, Entwicklungsplanung, Teilnahme an Ausbildungs- bzw. Weiterbildungskursen (intern/extern), Nachfolgeplanung, Identifikation von Schlüsselpersonen, Management Development/Talent Management, Beförderungen, Höhereinreihungen, Funktionseinstufungen, Umfragen, variable Entlöhnung, unterjährige Lohnerhöhung und jährliche Salärrunde.

4.4   Lösungsansätze

Auf Grund der identifizierten Problemfaktoren bei der Umsetzung von Performance-Management-Systemen besteht der wichtigste Lösungsansatz in der klaren Trennung von Zielvereinbarung und -bemessung sowie Entwicklungsplanung.

Zielvereinbarung und Zielerreichung fokussieren auf die Gegenwart und Zukunft. Es geht darum, erbrachte Leistungen in einem Zeitraum zu beurteilen und allenfalls auch monetär zu belohnen. Die Leistungserbringung ist verbunden mit der vereinbarten Rolle, Funktion oder Aufgabe. Eine faire, korrekte Beurteilung im Gespräch hilft, Verbesserungsvorschläge zu erarbeiten und erbrachte Leistungen zu würdigen. Dabei können durchaus auch Entwicklungsmassnahmen, welche in einem unmittelbaren Zusammenhang stehen, vereinbart werden.

Mit der Entwicklungsplanung, der Nachfolgeplanung, und auch mittels Beförderungen sucht das Unternehmen nach Antworten in einem übergeordneten Zeitraum. Selbstverständlich werden Leistungsträger auf Grund der Zielerreichung auch in dieser Betrachtung eingehend beurteilt und auf die Übernahme von weiteren Tätigkeiten oder neuen Aufgaben geprüft. Die Verfahren und Möglichkeiten unterscheiden sich jedoch klar von der Leistungserbringung. Oftmals ist die Organisation nicht bereit, für alle Potenzialträger sofort adäquate Herausforderungen zur Verfügung zu stellen. Zudem nimmt der Druck bei nicht eingelösten Versprechen der Unternehmen zu und kann zu Demotivation oder im schlimmsten Fall zu einem Austritt von Schlüsselpersonen führen.

Die folgenden Grundsätze gilt es bei der Ausgestaltung von Leistungsbeurteilungssystemen zu beachten:

4.4.1   Einfachheit

Performance-Management-Systeme müssen oder sollen so einfach wie möglich gestaltet werden um eine effiziente und standardisierte Handhabung sicherzustellen.

4.4.2   Integration

Integration des Performance-Management-Systems in bereits intern vorhandene Systeme. Klärende Leitfragen helfen bei der Antwortfindung:

- Bestehen intern bereits Ziele, zum Beispiel aus der Balanced Scorecard?
- Bestehen Zielkaskadierungen aus der Unternehmensstrategie?
- Inwiefern hat das Unternehmen Vorgaben zu Standards und internen Messgrössen entwickelt?
- Ist die Gewichtung von quantitativen und qualitativen Zielen geklärt?

- Wer ist Teil des Systems (alle, spezifische Zielgruppen, Geschäftsleitung etc.)?

- Sind die internen Systeme in der Lage, rechtzeitig Ergebnisse zu rapportieren (Kontrollsysteme)?

- Hat die Firma Erfahrung mit Messen und Beurteilen?

- Wie sieht es mit dem Einbezug, bzw. der Erfahrung der Führungskräfte aus?

- Kann die Zielerreichung durch den Einzelnen, das Team bzw. das Unternehmen beeinflusst werden?

- Ist eine Anbindung an die Entlöhnung geplant?

4.4.3 Kontinuität und Konstanz

Um die Akzeptanz des Performance-Management-Systems unter den Mitarbeitenden zu fördern, muss ein einheitliches Verständnis der Bedeutung des Systems entwickelt werden. Es ist daher wichtig, das System mit all seinen Grenzen und möglichen Schwächen über längere Zeit konstant anzuwenden, um ein vertieftes Verständnis aufzubauen.

4.4.4 Konsequenz

Mitarbeitende, HR und Management müssen sich der Konsequenzen aus dem System bewusst sein. Sind diese unklar, so wird der Umsetzung nicht die geforderte Aufmerksamkeit (Management Attention) zukommen und die Wichtigkeit und Akzeptanz des Instruments wird in kürzester Zeit stark abnehmen.

4.4.5 Kommunikation

Beurteilungssysteme sind sensitive, höchst anspruchsvolle Instrumente, welche Führungskräfte und Mitarbeitende in der Umsetzung gleichermassen fordern. Das Ziel sowie die Auswirkungen und die Zusammenhänge des Systems müssen aktiv kommuniziert werden.

4.4.6 Controlling

Das Ergebnis aus dem Gesamtprozess muss sorgfältig analysiert, ausgewertet und daraus Folgemassnahmen abgeleitet werden. Die Auswertungen müssen thematisiert werden und sollen zur Identifizierung allfälliger Verbesserungspotenziale dienen. Die Ergebnisse geben auch wichtige Hinweise in Bezug auf die Qualität und Akzeptanz des Instruments.

Welches Leistungsbemessungsinstrument liefert welche Hinweise? Welches Instrument könnte die spezifischen Firmenbedürfnisse abdecken? Vgl. Tabelle 4-1:

Tabelle 4-1:   *Zielsetzungen und Instrumente*

Zielsetzung	Instrument
Fördern einer Feedback- und Lernkultur	▪ Führungsgespräche ▪ Mitarbeitergespräche ▪ Kurse und Seminare ▪ Feedback-Umfrage ▪ 360-Grad-Feedback
Steigern der Motivation der Mitarbeitenden	▪ Commitment-Umfrage ▪ Mitarbeiterumfrage
Verbessern der Leistungsfähigkeit und Leistungserreichung	▪ MbO
Verbessern der Unternehmensleistung	▪ MbO in Kombination mit Balanced Scorecard ▪ Unternehmens-Cockpit ▪ Definition der Wertetreiber und Bestimmung der KPI (Key Performance Indicators)
Einschätzen der Qualität der Stakeholder-beziehungen	▪ Stakeholderinterviews ▪ Regelmässige Umfragen bei Stakeholdern ▪ Abfrage der Kundenzufriedenheit ▪ Abfrage der Kundenloyalität ▪ Abfrage der Investor Relation Qualität ▪ Abfrage der Mitarbeiter Loyalität
Anbinden der Leistungserreichung an die Lohnentwicklung	▪ MbO in Kombination mit konkreten Messgrössen und Standards (quantitativ und qualitativ) ▪ Benchmarking mit Mitbewerbern
Einschätzung der firmenintern vorhande-nen Fähigkeiten und Skills	▪ Regelmässige Aufnahme und Assessment der Fähigkeiten mittels Fähigkeiten-Datenbank
Fördern der Mitarbeiterentwicklung	▪ Management Development ▪ Talent Management ▪ Interne Stellendatenbank ▪ Expatriates Management (inkl. Reintegra-tionsplanung)
Definition von Ausbildungsbedürfnissen	▪ MbO (kurzfristige Massnahmen) in Abhängigkeit zu den zu erreichenden Zielen oder zur Leistungsförde-rung aus der Leistungsbeurteilung ▪ Skills-Management
Beförderung	▪ Beförderungsprozess in Anlehnung an Stellenplan und Unternehmensentwicklung
Höhereinreihungen und Funktionswechsel	▪ Funktionseinstufungssystem und Entlöhnungspolitik
Erkennen von Potenzial für andere Funkti-onen und Aufgaben	▪ Nachfolgeplanung und Assessment
Hinweise für die interne Nachfolgeplanung auf allen Stufen	▪ Nachfolgeplanung

5 Unternehmerische Chancen und Risiken anhand von HR-Kennzahlen erkennen und nutzbringend einsetzen

5.1 HR-Kennzahlen

Zwar werden Unternehmensstrategien kommuniziert, es fehlen jedoch oft zuverlässige Messinstrumente, so dass häufig nur finanzwirtschaftliche Kenngrössen gemessen oder kontinuierlich verfolgt werden. Der kurzfristige Fokus dominiert und längerfristige Fehlentwicklungen werden vielfach nicht erkannt, bzw. deren Entwicklung ist nicht sichtbar.

Oft ist es die Aufgabe des Personalverantwortlichen, der Unternehmensleitung eine Übersicht über die Risiken, die im Humankapital bestehen, in der Sprache der „Finanzwelt" zu erklären. Es gilt dann, die oft ungreifbaren „soft factors" der Personalarbeit mittels Kennzahlen „greifbar" zu machen. Insbesondere besteht die Herausforderung darin, das Humankapital als Wertschöpfungsfaktor messbar darzustellen. Für diese Wertschöpfungsberechnungen müssen normalerweise weitere Datengrundlagen geschaffen werden.

Tabelle 5-1: *Bewährte Kenngrössen (Auszug) in der Praxis*

HR-Kernprozess	Kennzahl
Strategie- und Prozessplanung	HR-Outsourcing in Prozenten
	Gewinn pro Mitarbeitenden
	Human Economic Value Added
	Messung des „Commitment" der Belegschaft
Personal- und Ressourcenplanung	Gesamtkosten pro Anstellung
	Externe Kosten pro Anstellung
	Anzahl ordentliche und ausserordentliche Kündigungen im Verhältnis zur Gesamtbelegschaft
	Anzahl Vakanzen im Verhältnis zur Gesamtbelegschaft
	Durchschnittliche Dauer der Vakanzen pro Position
Vergütung und Lohnnebenleistungen	Durchschnittliche Lohnkosten
	Höhe der durchschnittlichen variablen Entlöhnung
	Lohnsummenentwicklung
Versicherungen und betriebliche Vorsorge	Durchschnittliche Kosten für die betriebliche Altersvorsorge
	Qualität der Vorsorge und Versicherungsleistungen
	Kostenentwicklung der Vorsorge
Ausbildung, Training und Entwicklung	Vergleich der internen und externen Trainingskosten pro Trainingstag
	Anzahl Trainingstage pro Mitarbeitergruppe

HR-Kernprozess	Kennzahl
	Prozentverteilung der Ausbildung nach Gebieten (Fachausbildung und Führungsausbildung etc.)
Betreuung und Administration	Kosten für die Lohnabrechnung pro Mitarbeitenden
	Demografie des Alters der Belegschaft
	Demografie des Dienstalters der Belegschaft
Stellenplanung und Entwicklung	Verhältnis der geplanten Stellen zu den zu besetzenden Stellen
	Nachfolgeplanungs-Erreichungsquote
	Verfügbarkeit der benötigten Fähigkeiten und Ressourcen

5.2   HR-Cockpit

In der Praxis werden Personalstatistiken und HR-Budgets vielerorts als quantitativ-operative Diagnoseinstrumente eingesetzt und bei der Jahresplanung mitberücksichtigt. Eine systematische Verwendung von qualitativen sowie strategischen Diagnoseinstrumenten ist seltener anzutreffen.

Je nach Firmengrösse variiert die Anzahl Messinstrumente, welche im HR-Cockpit benötigt werden. Während für KMU normalerweise 10 bis 15 Kennzahlen als Navigationsinstrumente genügen, sind bei grösseren, multinationalen Firmen in der Regel 30 bis 50 Kenngrössen notwendig. Dabei ist es wesentlich, dass deren Messbarkeit, Stabilität und Vergleichbarkeit über mehrere Jahresperioden sichergestellt wird. Schliesslich sollen diese Kennzahlen im Sinne einer Balanced Scorecard ins Geschäftsumfeld integriert und laufend verfolgt werden. Ein gut ausgerüstetes, auf die Firmenbedürfnisse zugeschnittenes HR-Cockpit, welches über verlässliche HR-Wertschöpfungs- und Kennzahlen als Navigationsinstrumente verfügt, erlaubt es der Unternehmung, Trends frühzeitig zu erkennen, mögliche Fehlentscheide rechtzeitig zu korrigieren und unnötige Kosten zu vermeiden.

Abbildung 5-1:   *Auszug einiger Kennzahlen aus einem HR-Cockpit*

Kennzahlen	Ist	Soll	Differenz %	Trend	Benchmark %	Status
Commitment der Belegschaft	60	80	- 20	◆	70 – 80	●
Nachfolgeplanungsquote	75	80	- 5	▲	75	◯
Lohnsummenentwicklung	1.2	1.1	- 0.1	▲	1.05	●

Die systematische Messung und Kommunikation der Wertschöpfung des Humankapitals und der firmenspezifischen HR-Kennzahlen leisten zudem einen wichtigen Beitrag zur Risikoeinschätzung des Unternehmens.

6 Fazit

Die „richtigen" Kennzahlen für Ihr Unternehmen geben wichtige Hinweise für die Entwicklung und den Reifegrad des Unternehmens. Zudem lassen sich Trends frühzeitig erkennen, Fehlentscheide rechtzeitig korrigieren und frühzeitig Steuerungsmassnahmen einleiten. In der Regel sind die Kosten so tiefer und insbesondere auch die Zeit, die vom Management zur Lösung der Fragestellungen gebunden wird, sinkt erheblich. Das Management kann sich auf die weitere Entwicklung des Unternehmens konzentrieren, die Märkte bearbeiten und hat die Gewissheit, dass die Risiken im Humankapital einschätzbar sind.

Unsere Analysen zeigen klar, dass eine intelligente Personalpolitik eine nachhaltige Wertsteigerung für das Unternehmen bedeutet. Sie zeigen aber auch, dass es keine Zauberformel für die richtigen Erfolgsfaktoren gibt. Es ist jedoch eindeutig, dass Unternehmen mit einer auf die Unternehmensstrategie abgestimmten Personalstrategie eine bessere Performance aufweisen.

In der heutigen Zeit können verschiedenste Interessengruppen einen grossen Einfluss auf die Unternehmensleistung haben oder nehmen. Es ist daher notwendig, dass ein Unternehmen auf seine diversen Stakeholder eingeht, deren Anliegen ernst nimmt und in die Zukunftsstrategien integriert. Nur wenn es Unternehmen gelingt, mit ihrer spezifischen Personalstrategie die verschiedenen Bedürfnisse zu berücksichtigen und ihnen Rechnung zu tragen, sind sie erfolgreich.

Performance Management ist ein zentrales Instrument für die Entwicklung des Unternehmens und der beteiligten Individuen. Es geht darum, eine ausgewogene Balance zwischen Aufwand und Ertrag zu finden. Zu komplexe Systeme blockieren und neutralisieren sich gegenseitig. Fokussierung auf das Wesentliche tut Not. Die Anbindung an die Unternehmensstrategie und die Ableitung der Bedürfnisse aus der HR-Strategie helfen bei der Einbettung der wichtigen Performance-Prozesse in den Planungs- und Realisierungskreislauf des Unternehmens. „Scannen" (bewerten) Sie die intern vorhandenen Systeme auf ihre Wirkung und Qualität und vereinfachen Sie wo immer möglich die vorhandenen Instrumente.

René A. Lichtsteiner

Praxis im Performance Management
Manser Robotics AG

1   Manser Robotics AG

Die Manser Robotics AG ist ein auf dem Weltmarkt führendes Unternehmen für Robotersysteme in der Nahrungsmittelindustrie. Das Unternehmen beschäftigt weltweit 1'300 Mitarbeitende, die sich wie folgt auf die verschiedenen Standorte und betrieblichen Funktionen aufteilen:

- 580 Beschäftigte in den Bereichen Produkt- und Systementwicklung, Produktion und Montage, Vertrieb und Marketing sowie in unterstützenden Funktionen in Zofingen, einer Kleinstadt im schweizerischen Mittelland auf halber Strecke zwischen Bern, Basel und Zürich.

- 40 Beschäftigte in den Bereichen Produktentwicklung und Vertrieb in Yverdon, einer Kleinstadt in der Westschweiz.

- Je rund 40 Beschäftigte in den Bereichen Service und Unterhalt in den Produktionsanlagen von drei grossen Kunden in der Schweiz.

- 400 Beschäftigte in Produktion und Montage, Vertrieb und Marketing und in unterstützenden Funktionen in der deutschen Tochtergesellschaft in Lüdenscheid (zwischen Köln und Dortmund).

- 160 Mitarbeitende in Montage und Service, im Vertrieb und Marketing und in unterstützenden Funktionen in der holländischen Tochtergesellschaft in Nijmegen (an der Grenze zwischen Duisburg und Rotterdam).

Die Kunden der Manser Robotics AG sind Produktionsunternehmen in der Nahrungsmittelindustrie, die die arbeitsintensive Verpackung der von ihnen hergestellten Nahrungsmittel so weit als möglich automatisieren. Das Unternehmen erzielt 20 Prozent seines Umsatzes in der Schweiz, 25 Prozent in Deutschland, je 10 Prozent in Frankreich, Italien und den Niederlanden, 5 Prozent in Grossbritannien und 20 Prozent auf verschiedenen asiatischen Märkten. Das Unternehmen wurde 1975 vom heutigen CEO Erich Manser zusammen mit einem später ausgeschiedenen Studienfreund gegründet und hat sich seither kontinuierlich weiter entwickelt. Seit 1999 ist das Unternehmen an der Schweizer Börse SWX kotiert. In den 90er Jahren hat die Manser Robotics AG eine Expansionsstrategie verfolgt und ab 1999, u. a. als Folge der Börsenkotierung, den Fokus vermehrt auf die operative Exzellenz und das Ergebnis gerichtet. Damals wurde auch die hier beschriebene Performance-Management-Initiative gestartet und das Humanresourcen-Management professionalisiert. Im Jahr 2003 erzielte die Manser Robotics AG einen Umsatz von CHF 290 Mio., ein Ergebnis vor Zinsen, Steuern und Abschreibungen von CHF 32,7 Mio. und einen Cashflow von CHF 18,7 Mio.

Der grosse Konkurrenzvorteil der Manser Robotics AG liegt im Zusammenspiel von Sensortechnik (um die genaue Lage der produzierten Nahrungsmittel auf den Transportbändern zu erkennen), Informationstechnologie (um die Datenfülle rasch verarbeiten zu können) und Robotertechnik mit sehr feingliedrigen Robotern mit vielen Freiheitsgraden, die auch in einer schwierigen Umgebung (Sterilität, Kälte oder Wärme) äusserst zuverlässig arbeiten. Das Unternehmen differenziert sich von der Konkurrenz durch die Fokussierung auf die Nahrungsmittelindustrie, durch die sehr engen Verbindungen mit den Produktionsbetrieben ihrer Kunden und durch das hohe Engagement der Führungsspitze bestehend aus meist sehr langjährigen Mitarbeitenden. Die Manser Robotics AG ist trotz ihrer Börsenkotierung vor fünf Jahren eigentlich ein traditionelles Familienunternehmen geblieben.

2 Performance Management

Die Manser Robotics AG versteht unter dem Begriff Performance Management die umfassende Steuerung des Handelns und Verhaltens ihrer Mitarbeitenden, um die Geschäftsstrategie erfolgreich umsetzen zu können. Das Unternehmen geht davon aus, dass die für ihr Umfeld *richtige* Strategie *richtig* umgesetzt automatisch zum Erfolg führt. Die richtige Strategieumsetzung erfordert allerdings das *richtige* Handeln und Verhalten der Mitarbeitenden, was wiederum das *richtige* Handeln und Verhalten der Führungskräfte voraussetzt.

Das Unternehmen unterscheidet die drei Leistungsphasen Planung der Leistung, Umsetzung der Leistung und Konsequenzen der Leistung sowie die drei Ebenen Unternehmen, Organisationseinheit oder Prozess und ausführende Mitarbeitende. Daraus ergeben sich insgesamt neun Aktionsfelder, die mit einer unterschiedlichen Intensität bearbeitet werden (vgl. Jetter 2000: 41 f.).

1999 hat die Manser Robotics AG die seither laufende Performance-Management-Initiative gestartet und Erich Manser, der CEO, schrieb dazu im Geschäftsbericht 2000: „Wenn wir langfristig in einem globalen Umfeld für unsere Kunden, unsere Mitarbeitenden und unsere Aktionäre erfolgreich sein wollen, so müssen wir unsere Anstrengungen fokussieren auf die zentralen Herausforderungen. […] Wir müssen unseren Kunden überlegene Lösungen anbieten, unseren Mitarbeitenden herausfordernde Aufgaben und interessante Perspektiven und unseren Aktionären eine langfristig überdurchschnittliche Rendite für ihr finanzielles Engagement bieten. Dazu müssen wir auf allen Ebenen (Strategie, Strukturen und Abläufe sowie individuelle Leistung) markant besser werden."

3 Performance Management auf Unternehmensebene

Früher wurden bei der Entwicklung der Unternehmensstrategie die Umfeldanalyse und die SWOT-Analyse von Wunschdenken geprägt. Die in der Strategie enthaltenen Aktionen zur Strategieumsetzung waren wenig konkret. Der Inhalt der Strategie wurde aus Vertraulichkeitsüberlegungen nur in einem kleinen Kreis kommuniziert und es erfolgte kein Controlling der Strategieumsetzung und von Veränderungen in den strategischen Prämissen. Heute ist das Management auf allen drei Hierarchieebenen faktenbasierter und realitätsnäher. Eine Balanced Scorecard generiert die strategischen Ziele auf den verschiedenen Ebenen (Gesamtunternehmen, Bereich, Abteilung sowie Mitarbeiter), trägt durch die breite Kommunikation zum unternehmensweiten Verständnis der Strategie bei und vor allem verbindet sie die strategische Ebene mit dem operativen Geschäft. Nach einigen Jahren kontinuierlicher Verfeinerungen lassen sich heute die Anforderungen an die HRM-Prozesse auch unmittelbar aus der Geschäftsstrategie ableiten.

Seit 2002 verzichtet die Manser Robotics AG auf das traditionelle Budget. Früher wurde zur Erstellung und Bereinigung der Budgets ein hoher Aufwand betrieben. Dazu wurden pro Kostenstelle ca. 15 Arbeitstage aufgewendet. Zusammen mit der hierarchischen Verdichtung dieser Kostenstellen-Budgets in einem disziplinierten Gegenstromverfahren von Top-down-Vorgaben und Bottom-up-Input wurden im gesamten Unternehmen etwa drei bis vier Personenjahre und etwa 10 Prozent der Managementzeit für die Budgeterstellung und -bereinigung aufgewendet. Heute wird die Steuerung des Ressourcenbedarfs weitgehend den Organisationseinheiten überlassen und das Unternehmen gibt z. B. keinen Personalbestand mehr von oben vor. Der Investitionsbedarf wird in einer beibehaltenen und qualitativ verbesserten Planung mittelfristig abgestimmt. Monatlich wird eine rollende Vorschau über die nächsten 15 Monate erstellt, die Zahlen zum Umsatz, zu den Personalkosten, den übrigen Kosten, dem Ergebnis, dem Cashflow und den Investitionen enthält. Die Vergleichsgrössen für die Planung werden primär aus dem Markt (von vergleichbaren Unternehmen) entnommen und nicht mehr wie früher aus der Vergangenheit abgeleitet. Die monatliche Besprechung der rollenden Vorschau fokussiert sich auf die zu schaffenden Voraussetzungen, damit die Vorschauwerte verbessert werden können. Dabei liegt der Fokus auf der Umsetzung und nicht auf der Analyse. Die quantitativen Ziele für den variablen Lohn werden wiederum ohne Vorgaben von oben frei zwischen den Vorgesetzten und den Mitarbeitenden vereinbart.

Unternehmensintern besteht eine hohe Transparenz über Ziele und erreichte Ergebnisse wie auch über die Ursachen für die Nichterreichung von Planungszielen und ergriffenen Korrekturmassnahmen. Jedes Quartal findet an jedem der sieben Standorte eine Versammlung aller Mitarbeitenden statt, an der das Management die Ergebnisse aus der rollenden Vorschau und aus der Balanced Scorecard kommuniziert und ein konkretes, abgeschlossenes Verbesserungsprojekt mit den dabei gewonnenen Lernerfahrungen präsentiert. Gleichzeitig wird die Kommunikation gegenüber der Öffentlichkeit und gegenüber der Konkurrenz streng kontrolliert.

Die Scorecard für das Humanressourcen-Management geht von den zu erzielenden Geschäftsresultaten (z. B. Marktanteile, Produktentwicklung oder Kostenreduktion) aus und identifiziert die dazugehörigen Treiber im Personalmanagement (z. B. Anreizsysteme im Vertrieb, Mitarbeitende mit bestimmten Kompetenzen oder Qualität der Personalrekrutierung und Personalerhaltung). Dazu werden einerseits spezifische HRM-Resultate (z. B. Mitarbeitendenengagement, Kompetenzniveaus oder Prozessqualität in HRM-Prozessen) und andererseits ständige Effizienzverbesserungen in den HRM-Prozessen definiert. Als Voraussetzung dazu wurden sämtliche HRM-Prozesse teilweise grundlegend umgestaltet und die professionelle Kompetenz der HRM-Mitarbeitenden markant durch Entwicklungsmassnahmen und Auswechslungen verbessert.

4 Performance Management auf der Bereichs- und Prozessebene

Alle Ziele enthalten gleichzeitig

- qualitative Aussagen, die sich aus der Geschäftsstrategie oder aus übergeordneten Zielen herleiten lassen,

- quantitativ messbare Leistungsindikatoren, die teilweise noch mit Ungenauigkeiten behaftet sind und

- konkrete Zielwerte mit unterschiedlichen Zeithorizonten (Monate oder Jahre).

Die Ziele der oberen Ebene werden nach unten kommuniziert und die untere Ebene schlägt dann die Ziele vor, die zur Umsetzung der übergeordneten Ziele erreicht werden müssen. Dazu findet ein intensiver Abstimmungsprozess statt. Dabei werden insbesondere die Fragen diskutiert, ob die quantitativen Leistungsindikatoren effektiv kausal mit den qualitativen Zielen zusammenhängen und ob die Voraussetzungen zu ihrer Erreichung geschaffen werden können. Der Zielkatalog wird auf allen Ebenen als Balanced Scorecard ausgestaltet bis hin zur individuellen *My Balanced Scorecard*. Dadurch wird die gegenseitige Abhängigkeit der verschiedenen Ziele transparenter und das Verständnis über den eigenen Beitrag zur Strategieumsetzung besser.

Nachdem Stellenbeschreibungen in den 90er Jahren mit dem Argument „überholt" vernachlässigt wurden, hat die Performance-Management-Initiative zu einer Renaissance der Stellenbeschreibungen geführt. Im Jahr 2001 wurden für alle Stellen neue Stellenbeschreibungen erarbeitet mit den folgenden hauptsächlichen Inhalten:

▦ Welchen Input und welche Ressourcen hat der Stelleninhaber zur Verfügung?

▦ Welcher Output wird von der Stelle erwartet und mit welchen Leistungsindikatoren wird dieser Output gemessen?

▦ Was sind die Anforderungen der Stelle an das Wissen, die Fähigkeiten und Fertigkeiten, die Erfahrungen und die persönlichen Verhaltensweisen der Stelleninhaber? Dabei werden die Begriffe und die Darstellung aus einem vorher erarbeiteten Manser-Kompetenzmodell verwendet;

▦ In welchen Bereichen und mit welchen anderen Stellen wird ein Wissens- und Erfahrungsaustausch erwartet?

Der Managementfokus liegt heute eindeutig auf der Strategieumsetzung. Früher waren die Geschäftsstrategie, deren operative Umsetzung und die HRM-Aktivitäten und -Prozesse nicht oder nur lose miteinander verbunden. Die monatliche Erfolgskontrolle konzentrierte sich auf Erklärungen für Zielabweichungen, die häufig in Rechtfertigungen ausmündeten sowie auf die finanziellen Messgrössen. Heute werden die Geschäftsstrategie und die HRM-Aktivitäten und -Prozesse durch die operative Umsetzung zusammengeführt. Die monatlichen Besprechungen fokussieren auf die operativen Ursachen für Zielabweichungen, auf vorlaufende Leistungsindikatoren, auf Verbesserungsmassnahmen zur Zielerreichung und auf die sich immer wieder bietenden neuen Marktchancen. Neue Aktionen und Projekte werden erst beschlossen, wenn die bereits laufenden Aktionen und Projekte neu priorisiert worden sind. Aktionen und Projekte, die nicht mehr prioritär sind, werden konsequent und sauber eingestellt. Alle beschlossenen und beibehaltenen Aktionen und Projekte werden kontinuierlich bezüglich Zielerreichung, Ressourcenverbrauch und Auswirkungen auf andere Aktionen und Projekte verfolgt.

Das 2001 neu eingeführte Leistungsbeurteilungssystem wird bei allen Mitarbeitenden vom CEO bis zu den Produktionsmitarbeitenden grundsätzlich gleich eingesetzt. Die Leistungsbeurteilung erfolgt getrennt nach Ziel- und Verhaltensebene. Die Verhaltenskriterien wurden aus dem unternehmensweit (also auch in Deutschland und in den Niederlanden) eingesetzten Manser-Kompetenzmodell entnommen. Dabei wird auf sieben einheitliche Begriffe abgestellt, die je nach Funktion und Führungsebene unterschiedlich operationalisiert sind. So werden z. B. alle Mitarbeitenden bezüglich ihrer Ergebnisorientierung beurteilt, doch zeigt sich dieses Verhalten beim CEO und bei Produktionsmitarbeitenden unterschiedlich. Alle Operationalisierungen haben schliesslich eine gute Ausprägung, eine ungenügende Ausprägung und eine übertriebene Ausprägung (also drei Mal sieben Begriffe pro Stelle bzw. Stellengruppe). Die Gesamtbeurteilung erfolgt in fünf Stufen, nicht aber die Einzelbeurteilungen bei den sieben Verhaltenskriterien. Dadurch soll ein nicht erfüllbarer Genauigkeitsanspruch der Einzelbeurteilungen vermieden werden.

Für die Gesamtbeurteilung haben die Vorgesetzten eine prozentuale Vorgabe erhalten. Danach müssen in der obersten Stufe AAA 5-10 Prozent, in der zweitobersten Stufe AA 10-20 Prozent, in der mittleren Stufe A 40-60 Prozent, in der zweituntersten Stufe B 10-20

Prozent und in der untersten Stufe C 5-10 Prozent der Mitarbeitenden eingestuft werden. Diese Vorgabe gilt für alle Organisationseinheiten mit mehr als 30 Mitarbeitenden. Kleinere Organisationseinheiten werden zusammengefasst, um die Vorgaben für die statistische Relevanz der Ergebnisse zu erreichen. Die Gesamtbeurteilung hat Auswirkungen auf den Fixlohn und auf die zu ergreifenden Entwicklungsmassnahmen. Sie erfolgt alle sechs Monate: einmal als Zwischenbeurteilung und einmal als Jahresendbeurteilung. Auf Grund der an die Gesamtbeurteilung geknüpften Konsequenzen findet die Manser Robotics AG den Aufwand für die jährlich zweimalige Durchführung gerechtfertigt. Die Mitarbeitenden bereiten sich durch eine Selbstbeurteilung auf die Beurteilung durch die Vorgesetzten vor. Dabei erfolgen die Zielvereinbarung, die Leistungsbeurteilung bezüglich des Verhaltens und die Beurteilung der Zielerreichung in drei separaten Gesprächen.

Neben der Leistungsbeurteilung Top-Down verfügt die Manser Robotics AG seit 2002 über ein Intranet-gestütztes Beurteilungssystem, das die gleichen Verhaltenskriterien wie das Leistungsbeurteilungssystem enthält und zusätzlich die Möglichkeit für freien Kommentar bietet. Alle Führungskräfte können damit jederzeit von ihren Mitarbeitenden, ihren Kollegen auf der gleichen Führungsebene und von den internen Kunden ein Feedback verlangen. Die internen Kunden sind frei zugänglich, die Mitarbeitenden und die Kollegen sind fest zugeteilt. Für alle sieben Kriterien müssen bei diesem Feedbacksystem die fünf Stufen zugeteilt werden, doch fehlt hier eine Gesamtbeurteilung. Die Wahl der Stufen AAA, AA und C muss qualitativ mit einem Kommentar begründet werden. Säumige Feedbackgeber werden vom System automatisch gemahnt. Das System generiert nach dem Eintreffen aller Antworten automatisch einen Vergleich zwischen Eigenbild und Fremdbild pro Gruppe (also für die Mitarbeitenden, die Kollegen und ggf. die internen Kunden). Die Personalabteilung steht für die Interpretation, für die Moderation des Feedbackgesprächs und für das Coaching von Verbesserungsmassnahmen zur Verfügung. Vorgesetzte können ihre Bottom-up-Beurteilung ihren eigenen Vorgesetzten übergeben; die Vorgesetzten erhalten die Resultate aber nicht automatisch. Dieses Leistungsbeurteilungssystem hat keine direkten Auswirkungen auf die Leistungsbeurteilung, den Lohn oder die Entwicklungsmassnahmen. Vielmehr beschränken sich die Wirkungen auf die selbst initiierte Verhaltenssteuerung.

5 Performance Management auf der Mitarbeitendenebene

Im Performance Management von Manser Robotics AG besteht eine klare Hierarchie der Massnahmen zur Leistungssteuerung (vgl. Grote 2002: 169-192). Absolut prioritär ist dabei die Selektion. Das Manser-Kompetenzmodell, auf dem die Anforderungsprofile und damit die teilstrukturierten Selektionsgespräche beruhen, legt den Fokus auf Leistungsbereitschaft, Umsetzungsstärke, Übernahme von Verantwortung und Ergebnisorientierung. Nach der Selektion steht die Unternehmenskultur an zweiter Stelle. Durch verschiedene Massnahmen werden die Leistungsorientierung, die Fokussierung auf die Realität statt auf Hoffnungen, das gegenseitige Vertrauen und das lernorientierte Feedback gestärkt. In dritter Priorität folgt das oben beschriebene Leistungsbeurteilungssystem, das durch eindeutige Kriterien ein konstruktives Feedback, rasche Konsequenzen für C-Mitarbeitende und den Vergleich der quantitativen Zielerfüllung zwischen den hierarchischen Ebenen und den Bereichen die leistungsorientierte Unternehmenskultur verstärkt. Der leistungsorientierte Lohn und die leistungsorientierte Personalentwicklung folgen am Schluss der Prioritäten. So sind die Entwicklungsziele z. B. nicht Teil der Leistungsbeurteilung, sondern werden separat behandelt.

Als Gegengewicht zur forcierten Leitungsorientierung hat Manser Robotics im Jahr 2002 begonnen, den psychologischen Arbeitsvertrag neben dem ökonomisch-juristischen Arbeitsvertrag bewusst zum Thema zu machen. Die Erwartungen des Unternehmens an die Mitarbeitenden und die immateriellen Gegenleistungen des Unternehmens werden explizit kommuniziert. Veränderungen in den Erwartungen der Mitarbeitenden werden im jährlichen Entwicklungsgespräch zwischen Vorgesetzten und Mitarbeitenden behandelt. Die grundlegenden Erwartungen der Manser Robotics AG an ihre Mitarbeitenden sind für alle gleich, aber die individuellen zusätzlichen Erwartungen werden sehr differenziert aufgenommen und die Vorgesetzten versuchen diese Erwartungen entweder zu erfüllen oder dann begründet zu verändern.

Wegen der echten Gefahr von Selbstausbeutung bei stark leistungsorientierten Mitarbeitenden haben Wellness und die Work-Life-Balance seit 2003 einen markant höheren Stellenwert erhalten. Die subjektive Wahrnehmung der physischen und psychischen Belastung bildet eine der Standardfragen in der regelmässigen Mitarbeitendenumfrage. Nach jeder krankheitsbedingten Absenz findet ein systematisiertes Rückkehrergespräch statt, dessen Inhalt und Ablauf nach der Dauer der Abwesenheit unterschiedlich ist. Die Absenzgründe werden regelmässig ausgewertet, um auf Veränderungen rasch reagieren zu können. Dazu wurden die Vorgesetzten intensiv ausgebildet, da der Fokus auf dem Kümmern liegen soll und sich die Rückkehrer nicht bedroht fühlen sollten. Die Arbeitszeitautonomie und -flexibilität aller Mitarbeitenden ist sehr hoch und wird praktisch nur von den Kundenbedürfnissen (und den gesetzlichen Bestimmungen) eingeschränkt.

Die Leistungsbeurteilung bezüglich Verhalten hat erhebliche Auswirkungen auf den Fixlohn. AAA-Mitarbeitende erhalten einen Fixlohn aus dem übernächsten der 12 Lohnbänder. Der persönliche Entwicklungsplan wird im Hinblick auf eine rasche Karriere im Betrieb ausgerichtet und diese Mitarbeitenden übernehmen neben ihrer täglichen Arbeit zusätzliche Aufgaben wie die Mitwirkungen bei anspruchsvollen Managementprojekten.

AA-Mitarbeitende erhalten einen Fixlohn im nächsten Lohnband und der persönliche Entwicklungsplan wird auf eine betriebliche Karriere ausgerichtet. Zusatzaufgaben liegen bei der Beteiligung an Projekten oder beim Einsatz als Ausbildner.

A-Mitarbeitende erhalten eine Lohnanpassung innerhalb des Lohnbandes, wobei das Ausmass von der generellen Produktivitätssteigerung und allfälligen relevanten zusätzlichen Erfahrungen abhängt. Der Entwicklungsplan richtet sich auf die Befriedigung der betrieblichen Anforderungen aus, wobei individuelle Anliegen berücksichtigt werden.

B-Mitarbeitende erhalten keine Lohnanpassung und mit dem Vorgesetzten werden die Ursachen für die Nichterfüllung der Anforderungen identifiziert. Der detaillierte Verbesserungsplan sieht ein Coaching durch den Vorgesetzten vor, das durch externe Coaches unterstützt werden kann.

C-Mitarbeitende erhalten ebenfalls keine Lohnanpassung und mit dem Vorgesetzten und der verantwortlichen HRM-Person werden die Ursachen für die Leistungsschwäche identifiziert. Der Verbesserungsplan enthält klar messbare Zwischenziele mit einem Zeithorizont von durchschnittlich sechs Monaten. Je nach Zielerreichung wechseln die Mitarbeitenden in die Stufe B oder müssen das Unternehmen verlassen. In Einzelfällen werden sie an einer anderen, weniger anspruchsvollen Stelle im Unternehmen weiter beschäftigt.

Durch die strikte Trennung von Leistungsbeurteilung bezüglich Verhalten und Zielerreichung können bei einzelnen Mitarbeitenden eine gute Zielerfüllung und eine schlechte Leistungsbeurteilung bezüglich Verhalten zusammenfallen. Die oben geschilderten Konsequenzen bezüglich Lohn und Entwicklungsmassnahmen werden jedoch getrennt von der quantitativen Zielerfüllung wahrgenommen. Die quantitative Zielerfüllung wirkt sich hingegen auf die variable Honorierung aus, die von der Verhaltensbeurteilung wiederum nur indirekt beeinflusst wird.

6 Fazit

Eine SWOT-Analyse zum formellen Abschluss der Performance-Management-Initiative ergab Folgendes (vgl. Bossidy/Charan 2002: 13-34):

- Stärken sind die leistungsorientierte Unternehmenskultur sowie die durchgängige Verwendung der Balanced Scorecard.

- Schwächen sind die noch ungenügenden quantitativen Leistungsindikatoren auf der Ausführendenebene sowie die vorausgesetzten Fähigkeiten der Vorgesetzten, um die Leistungsbereitschaft und Leistungsfähigkeit ihrer Mitarbeitenden durch geeignete Massnahmen zu steuern.

- Chancen sind die positive Lernspirale, die die Initiative ausgelöst hat. Die Kenntnisse der Zusammenhänge zwischen finanziellem Unternehmenserfolg und den HRM-Leistungsindikatoren verbessern sich. Durch die kontinuierliche Elimination der leistungsschwächeren Mitarbeitenden (innerhalb des durch ethische Gebote akzeptablen

Ausmasses) ist das Unternehmen insbesondere für leistungsstarke Mitarbeitende attraktiver geworden.

■ Das höchste Risiko liegt in der starken Abhängigkeit der Initiative vom CEO-Vorbild. Ausserdem dürfte es schwierig werden, von externen Einflüssen bewirkte Veränderungen des psychologischen Arbeitsvertrages effektiv gut aufzufangen. Zudem könnte durch die im Frühjahr 2004 angekündigte Übernahme der Firma Zahnd Systemtechnik das Performance-Denken weiter verwässert werden, da dort die Performance-Orientierung nicht in diesem Ausmass gepflegt worden ist.

Im Geschäftsbericht der Manser Robotics AG für das Geschäftsjahr 2003 schreibt der CEO, Erich Manser, zur Zukunft der Performance-Management-Initiative: „Meine wichtigste Aufgabe als CEO ist die Beurteilung meiner Mitarbeitenden sowie die Identifikation und Förderung von Nachwuchsführungskräften, damit wir für alle Positionen immer genügende Nachfolger haben. Meine zweitwichtigste Aufgabe ist die Umsetzung. Die Weiterentwicklung unserer bisher erfolgreichen Strategie, die laufende Anpassung unserer Strukturen an die Veränderungen auf den Märkten und die kontinuierliche Weiterentwicklung unserer starken Unternehmenskultur sind sekundär gegenüber der Umsetzung dessen, was wir uns vorgenommen haben. […] Wenn ich als CEO meine Energie nicht auf die Umsetzung fokussiere, so nützen die beste Strategie und die besten strategischen Projekte nichts."

Wer nach der Lektüre dieses Praxisfalls die Manser Robotics AG in den Börsentabellen sucht, wird keinen Erfolg haben. Die Manser Robotics AG existiert nicht. Wohl aber existieren alle in diesem Praxisfall geschilderten Praktiken, Instrumente, Einstellungen und CEO-Zitate. Der Praxisfall setzt sich aus drei in der deutschsprachigen Schweiz beheimateten „Haupt-Informationsquellen" und vier weiteren, kleineren Praxisfällen zusammen. Somit gibt es die Manser Robotics AG mit ihrer Leistungs- und Ergebnisorientierung nicht, wohl aber eine Reihe von Unternehmen, die Teile davon erfolgreich umsetzen. Erich Manser existiert als Typ und er hat reale Vorbilder.

René A. Lichtsteiner

Literaturverzeichnis

BOSSIDY, LARRY/CHARAN, RAM (2002): Execution: the discipline of getting things done, New York 2002.

GROTE, RICHARD C. (2002): The performance appraisal question and answer book: survival guide for managers, New York et al. 2002.

JETTER, WOLFGANG (2000): Performance Management: Zielvereinbarungen, Mitarbeitergespräche, leistungsabhängige Lohnsysteme, Stuttgart 2000.

Teil 3:

Fördern

Jean-Paul Thommen

Coaching als Instrument der Personalentwicklung

1 Warum Coaching?

Coaching ist ein schillernder Begriff, der auf dem besten Wege ist, zu einem jener Modeworte zu werden, unter denen jeder etwas anderes versteht oder noch schlimmer, sie nur deshalb verwendet, weil sie im Trend sind. Nicht selten wird sogar versucht, alles Bisherige in diesen neuen Terminus zu verpacken. Damit würde die Metapher vom „alten Wein in neuen Schläuchen" wieder einmal voll zutreffen!

Schaut man auf die Entstehungsgeschichte des Coachings zurück – und diese prägt oft das allgemeine Verständnis einer Bezeichnung – so wurde der Begriff ursprünglich im Spitzensport verwendet. Darunter verstand man eine umfassende fachliche und psychologische Betreuung von einzelnen Leistungssportlern oder von Teams durch einen Coach. Ziel war das Erreichen von Höchstleistungen. Der Coach war meist ein Experte in seiner Disziplin – nicht zuletzt deshalb, weil er selbst die Erfahrung eines Spitzensportlers aufwies (wie dies zum Beispiel auch heute noch in vielen Sportbereichen der Fall ist). Die psychologischen Fähigkeiten waren ihm meist gegeben, erst mit der zunehmenden Professionalisierung wurde diesen Kompetenzen immer mehr Gewicht beigemessen und in Ausbildungslehrgänge integriert. Mit diesem Begriff haben die heutigen Coaching-Konzepte im Management zwar noch einige Gemeinsamkeiten, jedoch gibt es auch einige deutliche Unterschiede.

Der Hauptgrund für die zunehmende Bedeutung des Coachings in der Wirtschaft ist darin zu sehen, dass es der Personalentwicklung nicht gelungen ist, mit ihren traditionellen Instrumenten auf die Anforderungen einzugehen, die sich an Führungskräfte aufgrund des schnellen und tiefgreifenden Wandels in Bezug auf Leadership ergeben haben. Die Personalentwicklung hat sich zu stark auf die individuellen Bedürfnisse der Mitarbeiter ausgerichtet, oft keine Bedarfsabklärungen durchgeführt und die Wirksamkeit der eingesetzten (traditionellen) Methoden und Instrumente überschätzt.

Vor diesem Hintergrund kann Coaching ein innovatives Instrument darstellen, das Unterstützung bei der Bewältigung des Wandels anzubieten hat. Als *professionelle Form individueller Beratung im beruflichen Kontext* kann es dazu dienen,

- die *Problemlösungs-* und *Lernfähigkeit* der Mitarbeiter und Mitarbeiterinnen zu verbessern,

- gleichzeitig die individuelle *Veränderungsfähigkeit* zu erhöhen und schliesslich

- das *Spannungsfeld zwischen den persönlichen Bedürfnissen, den wahrzunehmenden Aufgaben (Rolle) und den übergeordneten Unternehmenszielen* auszuhalten oder auszubalancieren. Abbildung 1-1 zeigt einen Überblick dieser nicht einfachen Herausforderung.

Abbildung 1-1: *Spannungsfelder im Coaching (Backhausen/Thommen 2006: 20)*

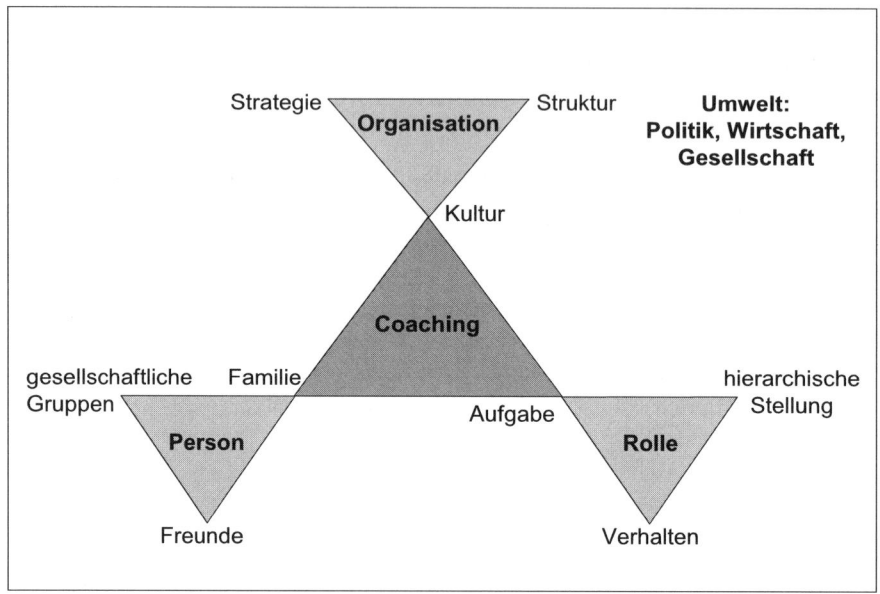

In den folgenden Ausführungen soll gezeigt werden, wodurch sich die einzelnen Coaching-Konzepte unterscheiden, an welche Voraussetzungen sie gebunden sind und ob sie tatsächlich die Erwartungen in Bezug auf ihre Wirksamkeit in bestimmten Situationen, wie sie geschildert worden sind, zu erfüllen vermögen. Insbesondere sollen folgende Fragen beantwortet werden:

- Welche verschiedenen Aspekte gilt es beim Coaching zu beachten bzw. welche Formen von Coaching können unterschieden werden? (Kapitel 2)

- Wie kann Coaching im Unternehmen verankert werden, welche institutionellen Rahmenbedingungen sind zu beachten? (Kapitel 3)

- Welchen Erfolg zeigt das Coaching? Welche Bedeutung hat das Coaching heute und wie wird die Zukunft des Coachings gesehen? (Kapitel 4)

2 Der Coaching-Dschungel

2.1 Die sechs W-Fragen des Coachings

Wie in der Einleitung angedeutet, verbinden sich mit dem Begriff Coaching die unterschiedlichsten Inhalte und Konzepte. Deshalb ist es auch nicht weiter erstaunlich, dass sich in der konkreten Umsetzung des Coachings die unterschiedlichsten Ansätze und Programme finden. Abbildung 2-1 zeigt dabei nicht nur die Vielfalt des Begriffes Coaching, sondern auch die Wandlung dieses Begriffes während der letzten 30 Jahre.

Um die einzelnen Konzepte voneinander abgrenzen zu können und damit eine vernünftige Entscheidungsgrundlage für den geeigneten Einsatz eines Coaching-Konzeptes zu haben, ist deshalb eine differenzierte Betrachtung der verschiedenen Ansätze notwendig. Eine solche kann mit Hilfe von sechs zentralen W-Fragen des Coachings vorgenommen werden:

1. Was ist das Ziel eines Coachings?

2. Welches ist das Grundverständnis, die grundsätzliche Methode, die dem Coaching zugrunde liegt?

3. Woher kommt der Coach bzw. welche Anforderungen werden an ihn gestellt?

4. Wie viele Personen werden gleichzeitig gecoacht?

5. Welche Personen werden gecoacht?

6. Welches sind die Anlässe für ein Coaching?

Auf diese Fragen wird in den folgenden Abschnitten eingegangen.

Abbildung 2-1: *Entwicklung des Coaching-Begriffes (Böning 2002: 25)*

1. Phase	2. Phase	3. Phase	4. Phase	5. Phase	6. Phase
Der Ursprung	Erweiterung	Der „Kick"	Systemische Personalentwicklung	Differenzierung	Populismus

Inhalte der Spalten (Phasen):

5. Phase – Differenzierung:
- **Gruppen-Coaching:** Betreuung in Seminarien durch die anderen Teilnehmer
- **Coaching im Führungskräfte-Training:** Transferunterstützung durch den Trainer nach dem Seminar
- **Coaching als intensives Selbsterfahrungstraining**
- **Team-Coaching:** (gemeint ist die Teamentwicklung einer Gruppe zum besseren gemeinsamen Verständnis, Konfliktverhalten und damit zu einer verbesserten Zusammenarbeit)
- **Projekt-Coaching:** Begleitung eines Projektes, inhalts- und/oder prozessbezogen
- **EDV-Coaching:** Beratung bezüglich verschiedener IT-Fragestellungen

6. Phase – Populismus:
- **Vorstands-Coach:** im Vorstand vertritt ein Vorstand ein laufendes Unternehmensprojekt politisch bzw. verantwortlich
- **Jeder Berater ist ein Coach:** Jeder Unternehmensberater „coacht" einen Gesprächspartner (nach Selbsteinschätzung) schon dann, wenn er mit ihm redet
- **TV-Coaching:** Training des Verhaltens vor der Kamera
- **Konflikt-Coaching:** Beratung, wie man sich in Konflikten richtig verhält

Fast jede beliebige Tätigkeit kann zum Coaching gemacht werden, wenn sie eine anspruchsvollere Form des Gesprächs oder der Beratung umfasst.

Pfeile (Entwicklungsstränge):
- Entwicklungsorientiertes Führen durch Vorgesetzten
- Karrierebezogene Beratung
- Einzelbetreuung von Top-Managern durch externe Berater
- Entwicklungsorientiertes Führen durch Vorgesetzten
- Interne Beratung von mittleren und unteren Führungskräften

1. Phase	70er bis Mitte der 80er Jahre in den USA
2. Phase	Mitte der 80er Jahre in den USA
3. Phase	Mitte der 80er Jahre in Deutschland
4. Phase	Ende der 80er Jahre in Deutschland
5. Phase	Anfang der 90er Jahre
6. Phase	Mitte/Ende der 90er Jahre

2.2 Was ist das Ziel eines Coachings?

Die erste Frage richtet sich auf die eigentliche Zielsetzung, die mit einem Coaching erreicht werden soll. Dabei lassen sich drei grundsätzliche Ausrichtungen unterscheiden:

■ **Defizitansatz:** Mit Hilfe des Coachings soll eine bestimmte aktuelle Problemsituation des Coachees behoben werden. Die Probleme können vielfältiger Natur sein, wie sie weiter unten aufgeführt werden. Durch Unterstützung mit Coaching sollen die vom Unternehmen erwarteten und gesetzten Leistungsstandards erreicht werden können.

■ **Präventivansatz:** Mit diesem Ansatz sollen bestimmte, als störend empfundene Verhaltensweisen oder Situationen in Zukunft verhindert werden.

■ **Potenzialansatz:** In diesem Fall geht es nicht nur um die effektive Nutzung vorhandener, aber noch nicht ausgeschöpfter Potenziale, sondern auch um deren Entdeckung. Es sollen neue Wege und Möglichkeiten aufgezeigt werden, solche Potenziale zu erschliessen. Dieses Coaching wird häufig angewandt, wenn es um die Vorbereitung auf neue Aufgaben geht.

In der Praxis sind die Grenzen zwischen diesen verschiedenen Ansätzen fliessend. Oft wird mit einem Defizitansatz begonnen. Wenn sich aber einzelne Problemsituationen immerzu wiederholen, gleitet man in einen Präventivansatz über. Und nicht selten werden durch ein Coaching auch latente Potenziale sicht- und erschliessbar. Abbildung 2-2 zeigt die Ergebnisse einer empirischen Erhebung über die wichtigsten Ziele beim Coaching, wobei die gleiche Erhebung 1989 und 1998 durchgeführt worden ist.

Abbildung 2-2:   *Coaching-Ziele (Böning 2002: 34)*

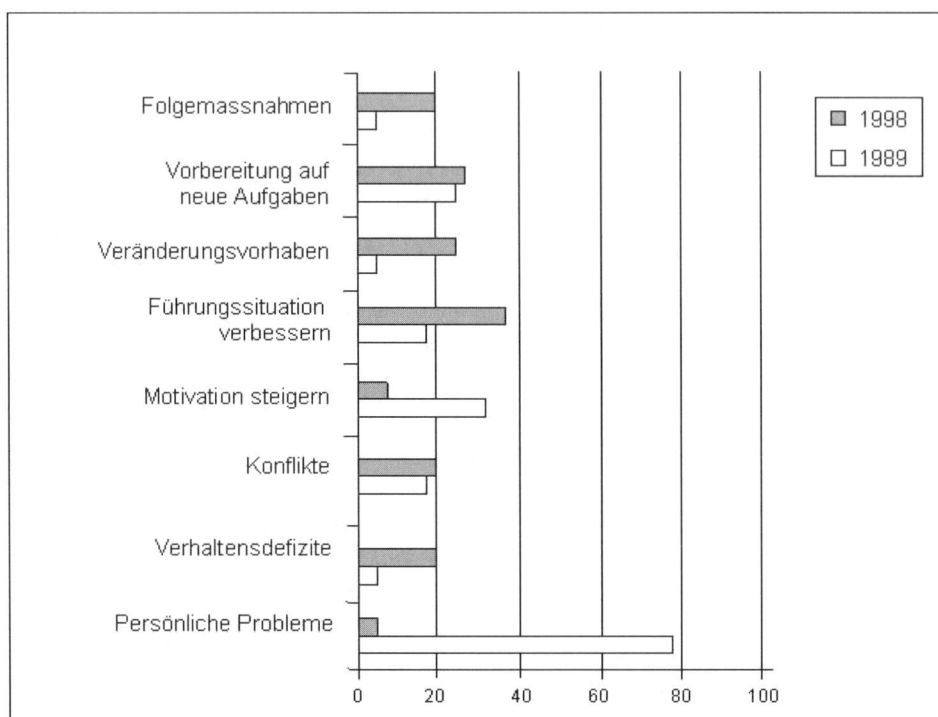

2.3   Welches sind die Coaching-Methoden?

Mit der Coaching-Methode wird das prägende Grundverständnis und somit die grundsätzliche Arbeitsweise in einem Coaching-Prozess festgelegt. Dabei kann zwischen einem Experten- und einem Prozesscoaching unterschieden werden:

Beim *Expertencoaching* – auch Fachcoaching genannt – steht die inhaltliche Beratung im Vordergrund. Mit anderen Worten, Coach und Coachee erarbeiten gemeinsam eine Problemlösung, wobei der Coach aufgrund seiner grossen Facherfahrung bzw. Fachexpertise Lösungsvorschläge macht oder Ratschläge erteilt. Diese Form des Coachings setzt voraus, dass auf dem jeweiligen Beratungsfeld inhaltliches Expertenwissen überhaupt möglich ist und zur Verfügung steht. Diese Form des Coachings wird auch als Mentoring bezeichnet.

Im Gegensatz dazu steht das *Prozesscoaching*, bei dem der Coach den Coachee darin unterstützt, in dem sich sehr komplex präsentierenden Beratungsfeld zieldienliche Orientierungen und Strukturierungen zu entwickeln. Dabei kann man wegen der komplexen Vielfältigkeit des zu betrachtenden Bereichs (z. B.: Wie führt man richtig?) in der Regel nicht auf eine sichere und eindeutige Fachexpertise zurückgreifen. In dieser Form von Beratung müssen folglich gemeinsam von Coachee und Coach eine zielorientierte Strategie konstruiert und die Folgen dieser Eigenbeteiligung in dem resultierenden komplexen Handlungsfeld abgeschätzt werden. Als besonders zweckdienlich für das Prozesscoaching hat sich dabei die systemisch-konstruktivistische Sichtweise erwiesen. Für einen guten Überblick über den systemisch-konstruktivistischen Ansatz und dessen Anwendung auf das Coaching vgl. Backhausen/Thommen 2004.

Beim Experten- und Prozesscoaching handelt es sich um zwei völlig verschiedene Ansätze, die entsprechend auch sehr unterschiedliche Arbeitsweisen und Techniken im Coaching bedingen. In der Praxis steht zurzeit noch stark die Expertenberatung (individuelle Beratung und Betreuung von Führungskräften) im Vordergrund (vgl. Abbildung 2-3).

Abbildung 2-3:   *Grundverständnis von Coaching (Böning 2002: 32)*

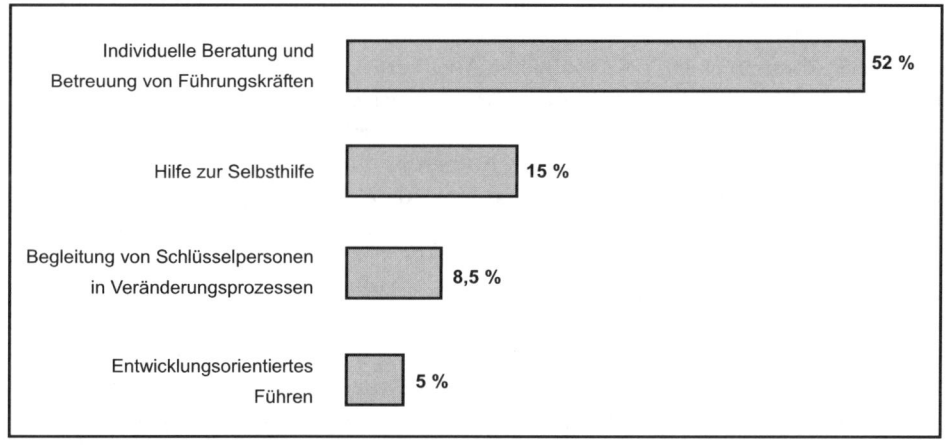

2.4 Woher kommt der Coach, welche Anforderungen muss er erfüllen?

Bei der Durchführung des Coachings kann auf interne oder auf externe Coaches zurückgegriffen werden:

■ Beim *internen Coaching* übernimmt dies meistens die Personalentwicklung (man spricht auch von einem Stabscoaching) oder der Vorgesetzte (in diesem Fall spricht man von einem Liniencoaching).

■ Bei einem *organisationsexternen Coaching* werden meistens freiberuflich tätige Coaches oder Unternehmensberatungen, die sich darauf spezialisiert haben, herangezogen.

Eine Studie von Böning (2002: 36) zeigt, dass 74 Prozent der befragten Unternehmen, die ein Coaching nutzten, externe Berater einsetzten, 56 Prozent hingegen interne Beauftragte. Das zeigt, dass ein grosser Teil der Firmen sowohl interne als auch externe Berater einsetzt. Vorgesetzten-Coaching wurde praktisch nicht ausgeübt. Es wird aber deutlich, dass externe Coaches tendenziell häufiger eingesetzt werden, je stärker man sich an einem Prozesscoaching orientiert.

Neben der institutionellen Frage ist auch die berufliche Herkunft von Interesse. Gemäss einer Studie von Stahl/Marlinghaus (2000: 204) nannten 42 Prozent der Coaches ein wirtschaftsbezogenes Studium, 7 Prozent eine kaufmännische Lehre und 53 Prozent ein Studium in einem psychosozialen Ausbildungsbereich, wobei 22 Prozent über eine Mehrfachqualifikation verfügten. Zudem wiesen 72 Prozent der Coaches eine therapeutische Zusatzausbildung auf. Neben der Ausbildung ist auch die Berufserfahrung von grosser Bedeutung. Vor der Aufnahme ihrer Tätigkeit als Coach hatten 61 Prozent der Befragten im Management bzw. in einer Führungsfunktion gearbeitet, 65 Prozent in der Personalentwicklung, 76 Prozent in der Unternehmensberatung und 80 Prozent als Psychologe oder Psychotherapeut. Die durchschnittliche Berufserfahrung der Befragten als Coach betrug 7,3 Jahre.

Schliesslich ist von grosser Bedeutung, welches die wichtigsten Anforderungen sind, die an die eingesetzten Coaches gestellt werden. Abbildung 2-4 zeigt die Ergebnisse einer Befragung sowohl von Personalentwicklern als auch von Coaches in Bezug auf die Kriterien, die bei der Auswahl eines externen Coaches wichtig sind.

Abbildung 2-4: Anforderungen an externe Coaches (Böning-Consult 2004: 30)

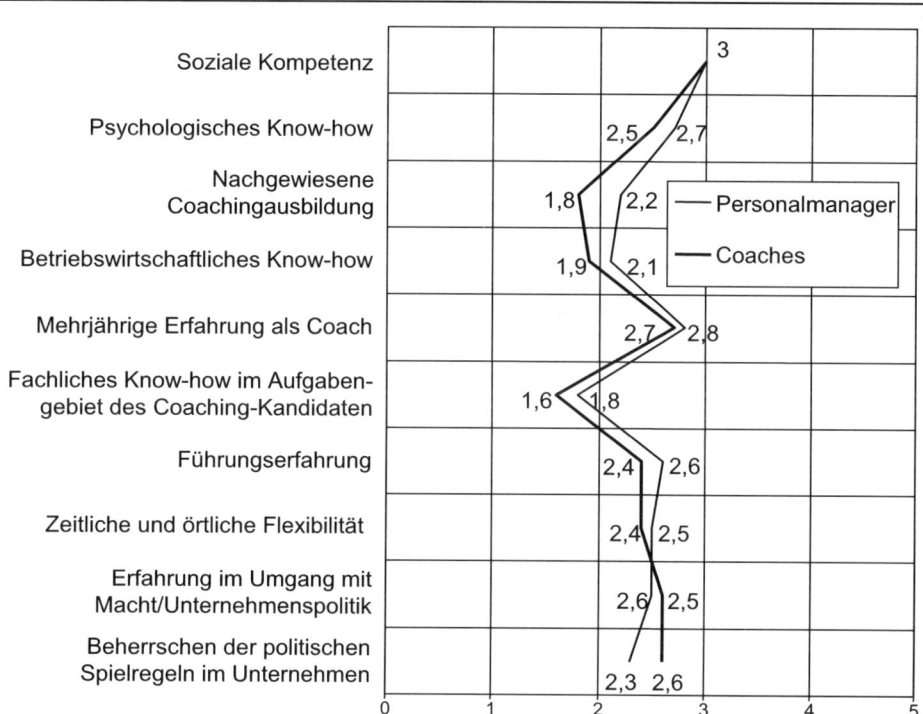

2.5 Wie viele Personen werden gleichzeitig gecoacht?

In der Mehrzahl handelt es sich bei den in der Praxis anzutreffenden Settings um Einzelcoaching, doch findet man auch das Gruppencoaching. Dabei kann es sich um ein Arbeitsteam oder ein Projektteam handeln, seltener um eine zufällig zusammengestellte Gruppe. Letzterer Fall kommt zum Beispiel in Ausbildungen vor, wo es darum geht, diese Methode kennen zu lernen. Wie Abbildung 2-5 zeigt, sind die beiden Kriterien „mögliche Settings" und „Herkunft des Coaches" nicht unabhängig voneinander. Ebenso wird ersichtlich, dass bestimmte Instrumente nicht sinnvoll sind und dass in der Tendenz ranghöhere Zielgruppen eher von externen bzw. unabhängigen Coaches beraten werden.

Abbildung 2-5: *Herkunft des Coaches und mögliche Settings (Rauen 2002: 71)*

Setting Art des Coaches	Einzel-Coaching	Gruppen-Coaching
Externer Coach	Verbreitete und etablierte Variante, z. B. als Coaching für (Top-)Führungskräfte oder Freiberufler	Verbreitete und etablierte Variante für die Zusammenarbeit von Gruppen, z. B. als begleitende Massnahme bei Teamentwicklungsprozessen
Interner Stabs-Coach	Beliebter werdende Variante der internen Personalentwicklung für Führungskräfte der mittleren bis unteren Ebene	Sich weiterentwickelnde Variante, da hier z. B. interne und externe Coaches zusammenarbeiten, insbesondere bei grösseren oder vielen Gruppen
Vorgesetzter als Coach (Linien-Coach)	Ursprüngliche Variante, als Teil der entwicklungsorientierten Führungsaufgabe kommen nur rangniedrige Mitarbeiter als Zielgruppe in Frage	Gehört i. d. R. nicht zu den Aufgaben einer Führungskraft, da es die Kompetenz und den Zeitrahmen übersteigt

2.6 Welche Personen werden gecoacht?

Interessant ist auch die Frage, wer überhaupt gecoacht werden kann oder soll. Grundsätzlich, d. h. von der Methode her, sind dem Coaching in Bezug auf die beiden Zielgruppen „gegenwärtige" oder „potenzielle Führungskräfte" keine Grenzen gesetzt. Wie Abbildung 2-6 zeigt, wird denn auch das Coaching auf den verschiedensten hierarchischen Ebenen oder organisatorischen Einheiten eingesetzt.

Abbildung 2-6: *Zielgruppen des Coachings (Böning-Consult 2004: 14)*

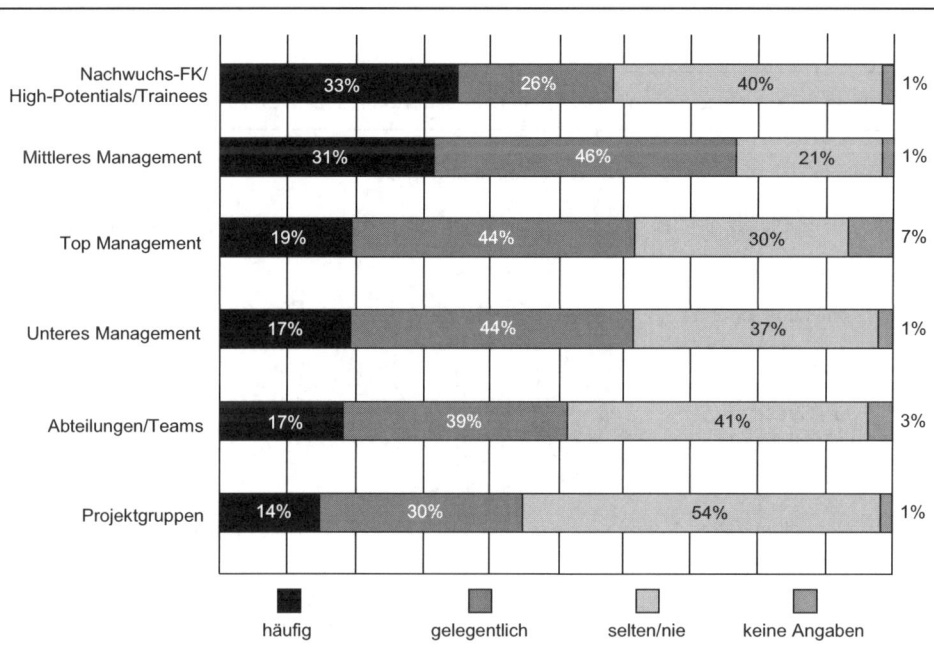

2.7 Welches sind die Coaching-Anlässe?

Vereinfacht ausgedrückt ist die Zahl der Anlässe so gross wie die Zahl der Probleme, die zu einer Verhaltensstörung, zu einer Leistungsminderung oder zu einem Leidensdruck führen. Abbildung 2-7 fasst die wichtigsten Coaching-Anlässe in der Praxis zusammen. Interessant ist die Beurteilung der fachlichen Beratung – und somit auch indirekt des Expertencoachings –, die als weniger bedeutsam eingestuft wird. Dies kontrastiert mit der Bewertung des Coachings als Führungstraining, wo das Coaching als eine wertvolle Methode zur Verbesserung der Führungsfähigkeiten eingestuft wird, insbesondere des Umgangs mit weichen Wirklichkeiten*. Man spricht in diesem

---

* In der Systemtheorie wird zwischen weicher und harter Wirklichkeit unterschieden. Unter harter Wirklichkeit versteht man einen Wirklichkeitsbereich, der durch die Art und Weise, wie ein Beobachter ihn beschreibt, wenig oder gar nicht beeinflusst wird (z. B. naturwissenschaftlich-technischer Bereich). Entsprechend reagiert bei einer weichen Wirklichkeit der betrachtete Wirklichkeitsbereich sehr sensibel auf die Art und Weise, wie ein Beobachter ihn beschreibt (z. B. sozial-interaktiver Bereich) (vgl. Thommen 2004: 276 und 661).

Zusammenhang auch von Coaching als Beratung für ein Management 2. Ordnung (vgl. dazu Backhausen/Thommen 2007 a/b).

Abbildung 2-7:   *Coaching-Anlässe (Jüster/Hildenbrand/Petzold 2002: 52)*

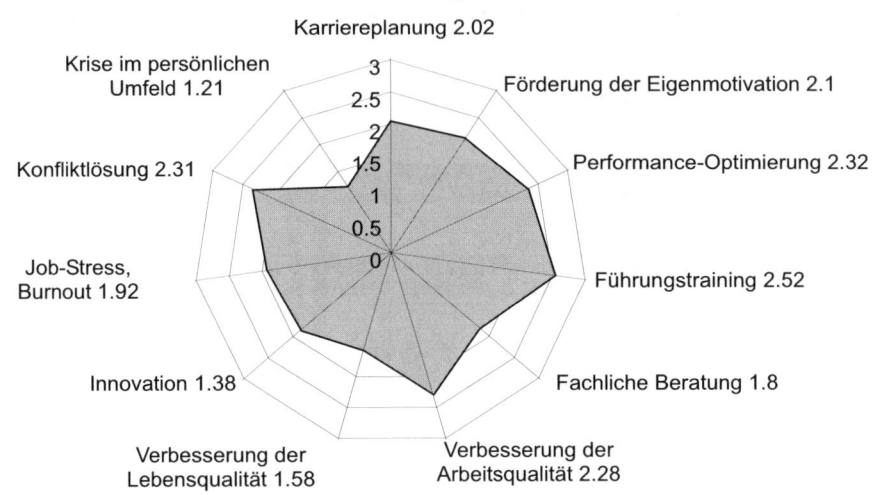

Die Skalierung basiert auf den Punktwerten voll (3), weniger (2), kaum (1) und nicht zutreffend (0).

Grundsätzlich können die Anlässe, die zu einem Coaching führen können, in drei Kategorien eingeteilt werden:

- **Individuelle Ebene:** Hier handelt es sich meistens um Probleme, die sich aus Überforderung, Stress oder Konflikten ergeben, oder es geht um die Vorbereitung auf neue Aufgaben und Herausforderungen.

- **Gruppenebene:** Im Mittelpunkt stehen Teamfindungsprozesse und -entwicklungen oder Teamkonflikte.

- **Organisationsebene:** Auf dieser Ebene geht es um Probleme, die in organisatorischen Strukturen und Prozessen und deren Veränderungen auftreten. Typische Beispiele sind Mergers&Acquisitions-Prozesse.

2.8   Weitere Fragen

Oft stellen sich im Rahmen des Coachings noch weitere Fragen, die vor allem für die operative Umsetzung von Bedeutung sind. Eine Frage, die daher immer wieder auftaucht, ist die Frage nach der *Dauer* von Coaching-Prozessen. Grundsätzlich kann keine Norm angegeben werden, hängt doch sowohl die Anzahl der Sitzungen als auch der Zeitraum, über den sich ein Coaching erstreckt, vom Ziel, Problem bzw. Anliegen sowie von den allgemeinen Rahmenbedingungen ab. Trotzdem hat sich in der Praxis gezeigt, dass es sich in der Regel um zwei bis sechs einstündige Sitzungen handelt, die über einen definierten Zeitraum in mehr oder weniger regelmässigen Abständen stattfinden. Ausserdem hängt die Dauer stark von der eingesetzten Methode ab.

Interessant ist schliesslich noch die Frage, mit welchen *Techniken* die Coaches arbeiten. Einen guten Überblick über die grosse Vielfalt von Coaching-Techniken bietet Rauen (2004). Die Beantwortung dieser Frage lässt nämlich auch darauf schliessen, welche Art von Coaching ausgeübt wird. Zudem gibt es wichtige Hinweise über die Ausbildung der Coaches. In einer Umfrage von Stahl/Marlinghaus (2000) wurden die Coaches nach den von ihnen eingesetzten Verfahren befragt. Dabei gaben 83 Prozent der Antwortenden an, dass sie in ihren Coaching-Sitzungen Techniken einsetzten, die eine spezielle Ausbildung voraussetzen. Zudem wurde auch deutlich, dass die Mehrzahl der Befragten mehrere Techniken gleichzeitig verwendeten. Tabelle 2-1 gibt einen Überblick über die eingesetzten Techniken, wobei Mehrfachnennungen möglich waren. Daraus wird ersichtlich, dass der Grossteil der eingesetzten Techniken aus dem Methodenrepertoire der Psychotherapie oder anderer therapeutischer Methoden stammt. Dies überrascht um so mehr, als bei Coaching immer wieder betont wird, dass es sich nicht um ein therapeutisches Verfahren handelt und Coaches nicht in Versuchung geraten sollten, unter dem Setting von Coaching therapeutisch zu arbeiten. Die Autoren der Studie machen zudem darauf aufmerksam, dass nur ein geringer Teil der Befragten Supervisionstechniken einsetzt. Auch diese Tatsache überrascht, da Supervision und Coaching oft als einander sehr ähnlich betrachtet werden. Schliesslich erstaunt auch die grosse Zahl der Nennungen unter "Sonstiges", wo sich einige Verfahren finden, die zumindest im Zusammenhang mit Coaching als äusserst fragwürdig eingestuft werden müssen.

Tabelle 2-1:   *Eingesetzte Coaching-Techniken (Stahl/Marlinghaus 2000: 203)*

Coaching-Techniken	Nennung
Systemische Therapie bzw. Kommunikationstherapie	38%
Neurolinguistisches Programmieren (NLP)	36%
Gestalttherapie	29%
Transaktionsanalyse	24%
Psychoanalyse	20%
Verhaltenstherapie bzw. -modifikation	16%
Verfahren der Partner- und Familientherapie	9%
Zeit- und Selbstmanagementtechniken	9%
Psychologische Testverfahren und andere diagnostische Verfahren	9%
Gesprächstherapie	7%
Supervisionstechniken	7%
Sonstiges (Hypnose, Logotherapie, Bioenergetik, Psychodrama etc.)	56%
Anmerkung: Mehrfachnennungen möglich	

3   Umsetzung von Coaching im Unternehmen

3.1   Coaching im Managementsystem eines Unternehmens

Entscheidet sich ein Unternehmen, seinen Mitarbeitenden Coaching anzubieten, so stellt sich eine Reihe von Fragen, die beantwortet werden müssen, um Coaching möglichst effizient und effektiv werden zu lassen. Der erste Bereich umfasst alle Fragen, die im Wesentlichen mit der Zielsetzung und Methodik, d. h. der Art des Coachings zusammenhängen. Hat sich das Unternehmen dann auf eine bestimmte Ausrichtung festgelegt, so hat es dafür zu sorgen, optimale Rahmenbedingungen für den Einsatz von Coaching zu schaffen. Diese Institutionalisierung des Coachings im Unternehmen muss sich auf die wesentlichen Elemente eines Managementsystems beziehen, das in der Regel die Strategie, Struktur und Kultur umfasst (vgl. Abbildung 3-1). Entsprechend diesen drei Elementen stehen für das Coaching folgende Rahmenbedingungen im Vordergrund:

- **Strategische Voraussetzungen:** Es muss geklärt werden, welche personalstrategischen Ziele mit einem Coaching verfolgt werden sollen (vgl. dazu auch Abschnitt 2.2: Was ist das Ziel eines Coachings?)

- **Strukturelle Voraussetzungen:** Es stellt sich die Frage, welche organisatorischen Einheiten des Unternehmens für die einzelnen Aufgaben bzw. Phasen bei der Implementierung eines Coaching-Programms verantwortlich sind.

- **Kulturelle Voraussetzungen:** Schliesslich muss überprüft werden, ob die vorhandene Unternehmenskultur für ein Coaching-Programm überhaupt geeignet ist oder allgemein, ob Coaching einer bestimmten Unternehmenskultur bedarf, damit es überhaupt sinnvoll eingesetzt werden kann.

Abbildung 3-1: *Managementsystem und Coaching (Backhausen/Thommen 2006: 232)*

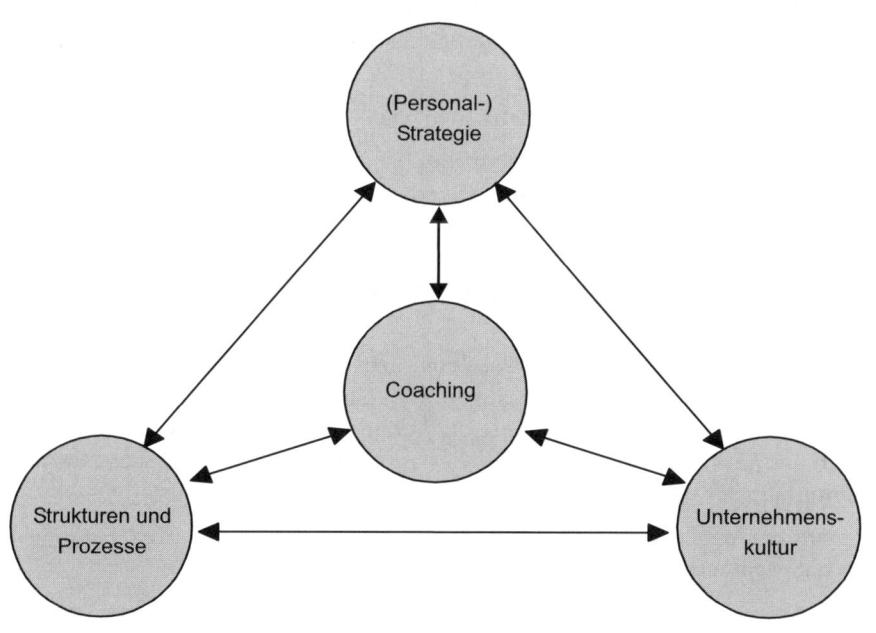

Wie Abbildung 3-1 zeigt, hängen diese drei Bereiche eng miteinander zusammen und beeinflussen sich gegenseitig. Sie sollen im Folgenden noch etwas genauer betrachtet werden.

3.2 Strategische Voraussetzungen

Bei den strategischen Voraussetzungen für ein Coaching geht es um die Klärung der grundlegenden Ausrichtung der Personalstrategie, ja sogar um die (unternehmens-) philosophische Frage, welches Menschen- bzw. Mitarbeiterbild man seinem unternehmerischen Denken und Handeln zugrunde legen will. Wie bereits dargelegt, kann diese übergeordnete Frage nicht aus dem Coaching selbst abgeleitet werden, sondern muss aus der allgemeinen Personalstrategie – die ihrerseits wiederum auf der Unternehmensstrategie basiert – hergeleitet werden. Von Bedeutung sind vor allem die folgenden Fragen:

- Welche Ziele werden mit den Personalentwicklungsmassnahmen im Allgemeinen und mit Coaching im Speziellen verfolgt? Geht es beispielsweise um die persönlichen Bedürfnisse der Mitarbeitenden, um die Employability (Arbeitsmarktfähigkeit) oder um die Interessen des Unternehmens (Leistungssteigerung)?

- Soll individuelles Lernen mit organisationalem Lernen verbunden werden bzw. werden von einer persönlichen (Verhaltens-)Veränderung auch organisationale Veränderungen erwartet?

- Welche Management-Kompetenzen sollen beim Mitarbeiter gefördert werden?

- Wie kann zur Entwicklung der Mitarbeiter beigetragen werden, welche Instrumente und Massnahmen werden als sinnvoll erachtet?

3.3 Strukturelle Voraussetzungen

Bei der strukturellen Gestaltung des Coachings geht es um zwei grundlegende Fragen, entsprechend der klassischen Unterscheidung in eine Aufbau- und Ablauforganisation: Einerseits geht es um die Festlegung der Verantwortlichkeiten einzelner Stellen im Unternehmen und andererseits um die Gestaltung des Gesamtprozesses eines Coaching-Programms.

Der Gesamtprozess bei der Umsetzung eines Coachings kann in der Regel in folgende Phasen unterteilt werden:

1. **Initiierung eines Coachings:** In einer ersten Phase müssen die ersten Vorüberlegungen für die Einführung eines Coaching-Programms angestellt werden. Insbesondere sind dabei folgende Fragen zu klären (vgl. Wrede 2002: 254):

- Welches sind die Gründe oder Anlässe, die dazu geführt haben, sich für ein Coaching-Angebot zu entscheiden?
- Welchen Personengruppen im Unternehmen soll Coaching angeboten werden?
- Welche Resultate verspricht man sich durch die Einführung von Coaching?
- Was sind die Interessen und Erwartungen im Unternehmen an das Coaching?
- Welche Ressourcen werden notwendig sein? Werden sie überhaupt zur Verfügung stehen?
- Welche Gefahren könnten mit der Einführung von Coaching verbunden sein?

2. **Erstellen eines Coaching-Konzepts:** Anknüpfend an die erste Phase werden die bereits aufgeworfenen Fragen vertieft und zu einem konkreten Coaching-Konzept ausgearbeitet. Dabei geht es im Wesentlichen um die Bearbeitung der sechs W-Fragen des Coachings, wie sie bereits in Abschnitt 2 „Der Coaching-Dschungel" dargestellt worden sind. Dazu gehört aber auch, dass ein definitives Budget aufgestellt wird und die Aufgaben zugewiesen werden.

3. **Umsetzung des Coaching-Konzepts:** In einer nächsten Phase erfolgt die eigentliche Implementierung des Coaching-Programms. Dieses umfasst vorerst einmal die Auswahl und Betreuung der Coaches als auch der Coachees, aber auch die administrative Umsetzung des Programms in personeller, räumlicher und zeitlicher Hinsicht.

4. **Evaluation des Coachings:** Am Schluss steht die Beurteilung des Coaching-Programms. Es geht es dabei nicht nur um die Evaluation der Ergebnisse als solche, sondern auch um die Betrachtung des Gesamtprozesses, also letztlich um die Frage, wie die Resultate zustande gekommen sind. Die Evaluation kann von verschiedenen Personen vorgenommen werden, häufig steht im Mittelpunkt die Beurteilung durch den Coachee.

Bei der zweiten strukturellen Frage ist zu klären, wer für das Coaching-Programm verantwortlich ist und wer die verschiedenen Ansprechpartner sind. Dabei kommen in erster Linie die folgenden Stellen in Frage:

- Von der Sache her ist das Coaching am besten in der **Personalabteilung** angesiedelt, doch stellen sich oft Probleme im Zusammenhang mit der Unabhängigkeit dieser organisatorischen Einheit, da diese auch für die Personalbeurteilung, -beförderung und -entlohnung (mit-)verantwortlich ist. Diese Problematik wird etwas abgefedert, wenn
- eine unabhängige Stelle **Personalentwicklung** für das Coaching zuständig ist, doch können sich aufgrund der fachlichen – und meist auch organisatorischen – Nähe zur Personalabteilung ähnliche Probleme ergeben. Deshalb wird oft die Lösung

- einer organisatorisch **ausgegliederten, unabhängigen Stelle** gewählt, welcher ausschliesslich das Coaching-Programm übertragen wird.

3.4 Unternehmenskulturelle Voraussetzungen

Eine überragende Bedeutung bei der Gestaltung eines Coaching-Programms kommt der Unternehmenskultur zu, da sie mit ihren grundlegenden Werten und Einstellungen eines Unternehmens auch die Strategie und Struktur massgeblich beeinflusst, insbesondere aber die Akzeptanz im Unternehmen und die grundsätzliche Ausrichtung des Coachings. Dabei können unter Berücksichtigung der beiden Aspekte „Art des Coachings" und „Akzeptanzgrad des Coachings" vier verschiedene Coaching-Kulturen unterschieden werden (vgl. Tabelle 3-1):

Tabelle 3-1: *Kulturtypen des Coachings*

Integrationsgrad_____Coachingmethode	tiefe Akzeptanz	hohe Akzeptanz
Prozesscoaching	Therapie-Kultur	Lern- und Veränderungskultur
Expertencoaching	Nachsitz-Kultur	(kurzfristige) Performance-Kultur

- **Nachsitz-Kultur:** In dieser Kultur kommt Coaching zum Einsatz, wenn fachliche Defizite festgestellt werden. Mit Hilfe des Coachings soll es dem Mitarbeitenden möglich gemacht werden, die gesetzten Leistungsstandards zu erreichen. Die Akzeptanz dieses Coachings ist jedoch tendenziell gering, weil es demjenigen verordnet wird, der die geforderte Leistung nicht (selber) erbringen kann, sondern als Folge davon auf fremde Hilfe angewiesen ist.

- **Therapie-Kultur:** Coaching wird oft als neuer Begriff für Therapie verwendet, um eine unangenehme Situation (für den Betroffenen) so angenehm wie möglich zu machen und somit eine Stigmatisierung zu verhindern – was letztlich aber doch nicht gelingt. Ein Coaching nimmt in Anspruch, wer persönliche Probleme hat, die er nicht selber lösen kann. Oft gehen die Mitarbeiterkollegen davon aus, es handle sich um psychische Probleme, die von einer Fachperson, einem psychologisch geschulten Therapeuten, „behandelt" werden müssen.

- **Kurzfristige Performance-Kultur:** Der Coachee soll zu Höchstleistungen motiviert und geführt werden. Das Leistungspotenzial soll mit Hilfe eines Coaches (auch als Vorgesetzter) voll ausgeschöpft und Fähigkeiten sollen gefördert werden. Dies geschieht vor allem durch Weitergabe von Wissen und Erfahrungen des Coaches an den Coachee, damit dieser von den – meist positiven – Erfahrungen und Erfolgen des Coaches profitieren kann. Die Leistung des Individuums wird dadurch gesteigert, weil es seine bisherigen Aufgaben noch besser bewältigen kann. Dies führt dann auch zu einer unmittelbaren Erhöhung des Unternehmenserfolgs. Dieses Coaching weist eine hohe Akzeptanz auf, weil es schliesslich der Verbesserung des Unternehmenserfolges dient und ältere Führungskräfte als Vorbilder in das Programm als Coaches oder Mentoren integriert.

- **Lern- und Veränderungskultur:** Diese Kultur stellt bewusst das Nachdenken, das Infragestellen, die Selbstreflexion in den Vordergrund. Dies ermöglicht sowohl dem Individuum als auch der Organisation als Ganzes zu lernen – im Sinne eines Double-loop-Lernens[**] – und sich zu verändern und weiterzuentwickeln. Diese Kultur nimmt aber bewusst in Kauf, dass Irritationen auftreten und das Resultat dieses Veränderungsprozesses offen, nicht bekannt ist. Die Akzeptanz von Coaching ist hoch, weil Selbstbewusstsein und Selbstverantwortung der Mitarbeitenden gefördert und hoch eingeschätzt werden. Zudem ist diese Kultur durch eine offene und transparente Kommunikation gekennzeichnet.

Damit dürfte deutlich geworden sein, dass der Einsatz eines bestimmten Coaching-Ansatzes nicht unabhängig von der jeweiligen Kultur gemacht werden kann. So bedarf beispielsweise ein Prozesscoaching – vor allem im Sinne der *systemisch-konstruktivistischen Methode* – einer Lern- bzw. Veränderungskultur. Diese fördert die (Selbst-)Reflexion und das Ausprobieren neuer Verhaltensweisen. Man spricht in diesem Zusammenhang auch von einem Management 2. Ordnung (vgl. dazu Backhausen/Thommen 2007 a/b). Irritationen werden nicht nur in Kauf genommen, sondern sind sogar erwünscht, um organisationale Entwicklungsprozesse zumindest zu initiieren und damit auch organisationales Lernen zu unterstützen. Dies bedeutet aber auch, dass eine bestimmte Unternehmenskultur nicht nur eine wichtige Voraussetzung für ein Prozess-Coaching ist, sondern dass – gerade aus systemisch-konstruktivistischer Sicht – durch das Coaching selbst auch wieder ein Einfluss (Rückkopplung) auf die Unternehmenskultur ausgeübt wird (vgl. Looss/Rauen 2002: 138). Da damit dem einzelnen Mitarbeiter viel Vertrauen geschenkt wird – aber selbstverständlich das Unternehmen bzw. das Top-Management auch Vertrauen in die Organisation als Ganzes hat – handelt es sich um eine ausgesprochene Vertrauenskultur.

Abschliessend muss in diesem Zusammenhang die Bedeutung einer offenen Informations- und Kommunikationspolitik hervorgehoben werden. Es gilt, den Mitarbeitenden rechtzeitig das Ziel von Coaching klar zu machen, damit keine falschen Vorstellungen entstehen bzw. bestehende Vorurteile abgebaut werden können. Dazu gehört auch, dass in Informationsveranstaltungen Gelegenheit gegeben wird, noch offene

---

[**] Beim Double-Loop-Lernen werden bei auftretenden Problemen die Ziele und Werte eines Unternehmens hinterfragt, im Gegensatz zum Single-Loop-Lernen, bei dem man versucht, das Problem mit entsprechenden Massnahmen und Aktionen zu lösen und damit die gesetzten Ziele zu erreichen (vgl. Thommen 2002: 456).

Fragen zu klären und möglicherweise vorhandene Bedenken auszuräumen. Wichtig ist aber ebenso, dass das Top-Management das Coaching-Programm unterstützt und dies den Mitarbeitenden auch immer wieder kommuniziert – eine zentrale Voraussetzung für die Bildung einer offenen Kommunikationskultur.

4 Erfolg und Zukunft des Coachings

Bringt Coaching tatsächlich den Erfolg, den man sich von diesem Instrument verspricht? Vermag es tatsächlich jene Anforderungen zu erfüllen, die von den traditionellen Instrumenten der Personalentwicklung nicht geleistet werden? Bei der Beantwortung dieser Fragen ist zu unterscheiden, ob es sich um die Erfüllung der persönlichen Ziele des Coaching-Nehmers (Coachee) oder der Unternehmensziele handelt. Betrachtet man die Ergebnisse einer Umfrage bei Personalmanagern und Coaches (vgl. Abbildung 4-1), so wird deutlich, dass der Erfolg des Coachings für den Coaching-Kandidaten höher eingeschätzt wird als für das jeweilige Unternehmen. Am grössten wird dabei der Nutzen für die Entwicklung des Führungsverhaltens, der Unterstützung bei veränderten beruflichen Anforderungen, die Beratung bei organisationalen Veränderungsprozessen sowie als Feedback-Instrument gesehen.

Abbildung 4-1: *Erfolg von Coaching (Böning-Consult 2004: 23)*

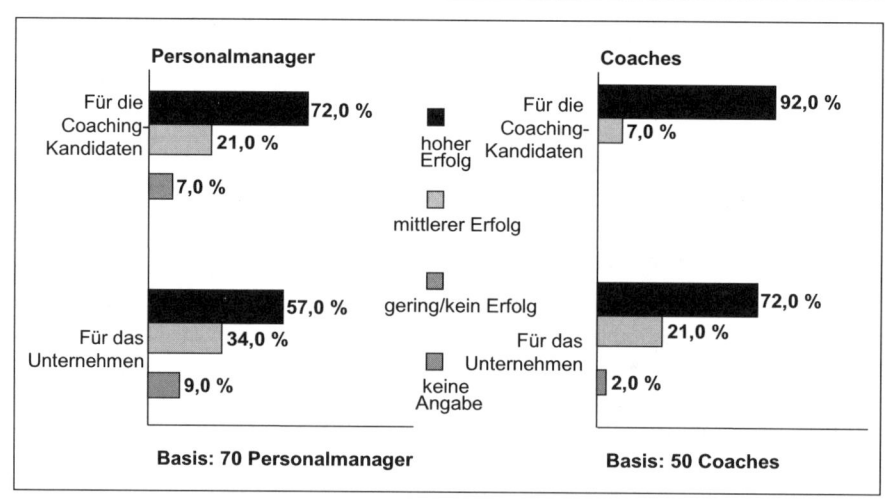

Bei einem solchen Erfolg des Coachings kann es nicht überraschen, dass auch die Zukunft des Coachings sehr positiv eingeschätzt wird. Fast 90 Prozent der befragten Personalmanager glauben, dass das Coaching in den nächsten fünf Jahren weiter an Bedeutung gewinnen wird. Dieses Ergebnis beruht nicht zuletzt auf der Erwartung, dass die Akzeptanz von Coaching weiter wachsen wird und die Anforderungen an die Mitarbeiter und Mitarbeiterinnen weiter steigen werden (vgl. Böning-Consult 2004: 37).

Literaturverzeichnis

BACKHAUSEN, WILHELM/THOMMEN, JEAN-PAUL (2007 a): Irrgarten des Managements. Ein systemischer Reisebegleiter zu einem Management 2. Ordnung. Zürich 2007.

BACKHAUSEN, WILHELM/THOMMEN, JEAN-PAUL (2007 b): Management 2. Ordnung – Ein notwendiger Paradigmenwechsel. In: io new management, Nr. 6, S. 96 – 102, Nr. 7/8, S. 59 – 63, 2007.

BACKHAUSEN, WILHELM/THOMMEN, JEAN-PAUL (2006): Coaching. Durch systemisches Denken zu innovativer Personalentwicklung. 3., aktualisierte und erweiterte Auflage, Wiesbaden 2006.

BÖNING, UWE (2002): Der Siegeszug eines Personalentwicklungs-Instruments. Eine 10-Jahres-Bilanz. In: Handbuch Coaching, 2. Aufl., hrsg. v. Christopher Rauen, Göttingen et al. 2002, S. 21 – 44.

BÖNING-CONSULT (2004): Coaching-Studie 2004: Bestandsaufnahme und Trends, Frankfurt am Main 2004.

JÜSTER, MARKUS/HILDENBRAND, CLAUS-DIETER/PETZOLD, HILARION G. (2002): Coaching in der Sicht von Führungskräften – eine empirische Untersuchung. In: Handbuch Coaching, 2. Aufl., hrsg. v. Christopher Rauen, Göttingen et al. 2002, S. 45 – 66.

LOOSS, WOLFGANG/RAUEN, CHRISTOPHER (2002): Einzelcoaching – Das Konzept einer komplexen Beraterbeziehung. In: Handbuch Coaching, 2., überarbeitete und erweiterte Auflage, hrsg. v. Christopher Rauen, Göttingen et al. 2002, S. 115 – 142.

RAUEN, CHRISTOPHER (HRSG.) (2002): Handbuch Coaching, 2. Aufl., Göttingen et al. 2002.

RAUEN, CHRISTOPHER (HRSG.) (2004): Coaching-Tools, Bonn 2004.

STAHL, GÜNTER K./MARLINGHAUS, ROBERT (2000): Coaching von Führungskräften: Anlässe, Methoden, Erfolg, Ergebnisse einer Befragung von Coaches und Personalverantwortlichen. In: Zeitschrift Führung + Organisation, 69. Jg. 2000, Heft 4, S. 199 – 207.

THOMMEN, JEAN-PAUL (2002): Management und Organisation. Konzepte – Instrumente – Umsetzung, Zürich 2002.

THOMMEN, JEAN-PAUL (2004): Lexikon der Betriebswirtschaft: Management-Kompetenz von A – Z, 3. Aufl., Zürich 2004.

WREDE, BRITT A. (2002): So finden Sie den richtigen Coach. In: Handbuch Coaching, 2. Aufl., hrsg. v. Christopher Rauen, Göttingen et al. 2002, S. 253 – 292.

Hans Gurtner, Jürg Habermayr und Barbara Saskia Schmid

Mentoring bei der Schweizerischen Post
Erfahrene Führungskräfte als Türöffner für den Kadernachwuchs

1   Einleitung

Die Schweizerische Post ist in den Märkten Mail, Güter und Logistik, Finanzdienstleistungen sowie Personenverkehr sowohl in der Schweiz wie im Ausland tätig. Mit ihren 52'000 Mitarbeitenden setzte sie 2004 über 7,3 Milliarden Franken um. In allen Märkten hat ihr der Gesetzgeber klar definierte Leistungsaufträge übertragen, was die Post zu einem Service-Public-Unternehmen par excellence macht. Dabei erbringt sie diese Leistungen grösstenteils in Konkurrenz. Aber auch im bisher noch monopolisierten Mailmarkt schreitet die Marktöffnung voran, was das Unternehmen vor grosse Herausforderungen stellen wird. Darüber hinaus hat die Post die Möglichkeit, viele Dienstleistungen im freien Wettbewerb anzubieten.

Die Schweizerische Post bietet im Rahmen der Personalentwicklung ein Mentoringprogramm an. Dessen Zielgruppe sind Mitarbeitende mit dem Potenzial, Kaderfunktionen zu übernehmen. Im Jahr 2000 wurde ein Pilotprojekt lanciert. Mittlerweile ist das Programm zu einem anerkannten und festen Bestandteil des bedarfsorientierten Angebots der Personalentwicklung geworden.

In diesem Beitrag wird auf die Konzeption und die Durchführung des Mentoringprogramms der Schweizerischen Post und auf dessen Einbettung in das Unternehmen eingegangen. Basierend auf den Erfahrungen der Projektleitung und auf Interviews mit allen Beteiligten werden Erfolgsfaktoren für die Durchführung eines Mentoringprogramms in einem Unternehmen aufgezeigt.

2   Grundlagen

2.1   Begriffe und Rollen

Eine Voraussetzung für die konstruktive Gestaltung einer Mentoringbeziehung ist eine klare Rollenverteilung zwischen den Beteiligten, insbesondere zwischen der Mentorin[1] und der Mentee. In diesem Abschnitt wird auf Charakteristika der Mentoringbeziehung und auf Eigenschaften der Rollenträgerinnen eingegangen.

---

[1] Auf Grund der besseren Lesbarkeit wird im Text in der Regel ausschliesslich die weibliche Form verwendet. Selbstverständlich sind Männer stets mitgemeint.

2.1.1 Mentoring

Mentoring verfolgt im weitesten Sinne das Ziel, das Fähigkeitsprofil der Mentee dem Anforderungsprofil anzunähern.

Im Vordergrund des Mentorings steht die Persönlichkeitsentwicklung der Mentee, meist bezogen auf einen längeren Lebens- oder Karriereabschnitt. Mentoring basiert auf dem Beziehungsgefüge und dem Erfahrungsaustausch zwischen der erfahrenen Mentorin und der weniger erfahrenen Mentee (vgl. Sonntag/Stegmaier 2001: 270).

Für die Mentee ist die Mentorin im Idealfall Vorbild, Vertraute, Lehrerin und Beraterin. Die Beziehung zwischen Mentee und Mentorin ist geprägt von gegenseitiger Achtung, Vertrauen und Zuneigung (vgl. Stegmüller 1995: 1511). Durch die Beziehung zur Mentorin erhält die Mentee dank ihrer Sonderstellung Zugang zu Informationen und zum Beziehungsnetz der Mentorin.

Mentoring ist nicht mit Coaching gleichzusetzen. Mentoring findet innerhalb der Beziehung zwischen der erfahrenen, in der Organisation erfolgreichen Mentorin und der weniger erfahrenen Mentee statt. Die Mentorin nimmt eine höhere hierarchische Position ein als die Mentee. Die Idee des Mentoring ist, dass die Mentee von der Mentorin Erfolg versprechende Verhaltensweisen und Kompetenzen lernt.

Im Gegensatz dazu ist ein Coach eine gleichgestellte Sparringpartnerin, welche die Coachee dabei unterstützt, die für sie richtige Lösung für eine bestimmte berufliche oder private Situation selbst zu finden. Dazu wendet der Coach geeignete Coachingmethoden an. Anders als beim Mentoring spielt beim Coaching die Vernetzung innerhalb der Organisation keine Rolle.

2.1.2 Mentee

Eine Mentee zeigt Entwicklungspotenzial über die derzeitige Stellenanforderung hinaus und verfügt gleichzeitig über eine stark ausgeprägte Fähigkeit zur Wahrnehmung komplexer Aufgaben (vgl. Thom/Habegger 2004: 50). Sie ist eine „High Potential", eine Mitarbeiterin, der in Zukunft ein erweiterter Aufgaben-, Handlungs- und Verantwortungsspielraum anvertraut werden kann.

2.1.3 Mentorin

Auf Grund ihrer Vorbildfunktion muss die Mentorin ein überdurchschnittlich hohes Mass an Sozial-, Führungs- und Fachkompetenzen mitbringen. Wichtig sind Offenheit, die Bereitschaft, sich über die Schulter blicken zu lassen, sowie gute Beobachtungs- und Kommunikationsfähigkeiten. In der Regel nimmt eine Mentorin eine hohe hierarchische Position ein (vgl. Bell 1996: XVII).

2.1.4   Vorgesetzte

Die Vorgesetzte hat die Linienverantwortung über die Mentee und fördert ihre Mitarbeiterin, indem sie die Teilnahme am Mentoringprogramm befürwortet. Die Vorgesetzte unterstützt die Mentee bei der bedarfsgerechten Formulierung ihrer Ziele und kontrolliert zusammen mit der Mentee regelmässig den Erfolg bei der Zielerreichung.

Ansonsten nimmt sie eine zurückhaltende Position ein, damit sich die Beziehung zwischen Mentorin und Mentee möglichst gut entfalten kann. Je nach Ausgestaltung des Mentorings wird die Vorgesetzte unterschiedlich stark in den Mentoringprozess einbezogen.

2.2   Herkunft und Varianten des Mentoring

2.2.1   Geschichte des Mentoring

Mentoring hat seinen Ursprung in der griechischen Mythologie. Mentor übernahm die umsorgende Betreuung von Telemach, während dessen Vater Odysseus in den Krieg zog. Die Beziehung zwischen Mentor und Telemach zeichnete sich sowohl durch ihre Vielschichtigkeit als auch durch ihre Intensität aus.

Seit Anfang der 1970er Jahre existiert Mentoring im deutschsprachigen Raum in der Praxis. Auch als spezielle Form der Frauenförderung an Hochschulen hat sich Mentoring seit Ende der 1990er Jahre etabliert (vgl. Löther 2003: 648 f.).

2.2.2   Varianten von Mentoring

Die Gestaltungsmöglichkeiten und Anwendungsgebiete von Mentoring sind vielfältig. Generell meint Mentoring die Förderung von weniger erfahrenen Personen durch erfahrenere Personen, sei es in der Politik, in der Wissenschaft, in der Wirtschaft oder in anderen Bereichen. Eine neuere Form ist das Cross-Mentoring als unternehmensübergreifende Variante des Mentorings.

2.3   Nutzen des Mentoring

2.3.1   Erweiterung von Kompetenz und Handlungsspielraum

Der Transfer von Wissen von der Mentorin zur Mentee (und umgekehrt) ist der zentrale Nutzen des Mentorings. Unter dem Begriff „Wissen" wird Folgendes verstanden: "Knowledge is a fluid mix of framed experience, values, contextual information, and expert insight that provides a framework for evaluating and incorporating new experiences and information. It originates and is applied in the mind of knowers. In organizations, it often becomes embedded not only in documents or repositories but also in organizational routines, processes, practices, and norms." (Davenport/Prusak 1998: 5).

Im Rahmen des Mentorings sind die Rollen innerhalb der Dreierbeziehung Mentee, Mentorin und Vorgesetzte so zu gestalten, dass zwischen Mentee und Mentorin gegenseitiges Wohlwollen, Wertschätzung und Vertrauen entstehen können (vgl. Adler/Kwon 2002; Nahapiet/Ghoshal 1998).

Dieser Aufbau von Wohlwollen, Wertschätzung und Vertrauen ist die Voraussetzung für den erfolgreichen Austausch von Wissen zwischen Mentee und Mentorin. Durch diesen Austausch können sowohl Mentee, Mentorin und gegebenenfalls auch die Vorgesetzte der Mentee ihre Fähigkeiten und Kompetenzen weiterentwickeln. Dies ermöglicht den Beteiligten, im unternehmerischen Alltag auf neue Art und Weise handeln zu können. Der Mentee wird im Idealfall nach Abschluss des Mentorings ein grösserer Handlungsspielraum zugestanden.

2.3.2 Vernetzung

Dank der hierarchie- und abteilungsübergreifenden Zusammenarbeit leistet Mentoring einen wichtigen Beitrag zur Vernetzung von Menschen im Unternehmen. Die Einblicke und Erkenntnisse, die ein Mentoringprozess bei den Beteiligten hervorruft, können durch keine Kommunikationsmassnahme ersetzt werden. Das im Mentoring aufgebaute gegenseitige Verständnis führt dank des persönlichen Einflusses der Beteiligten zu deutlich verbesserter Zusammenarbeit ganzer Organisationseinheiten.

2.3.3 Mentoring als Motivator

Mentoring ist ein Element der Personalentwicklung und kann als solches in ein umfassendes Anreizsystem eingebettet werden. Anreize sind motivierende Faktoren. Es wird zwischen intrinsischen (die Arbeit selbst ist der Anreiz) und extrinsischen (äussere Faktoren stellen den Anreiz dar) Motivatoren unterschieden. Die extrinsischen Motivatoren werden weiter in materielle und immaterielle Anreize aufgeteilt (vgl. Abbildung 2-1).

Abbildung 2-1: *Ein umfassendes Anreizsystem (in Anlehnung an Thom/Ritz 2000: 36)*

extrinsische Motivation kann erfolgen durch:				intrinsische Motivation kann erfolgen durch:
materielle Anreize		immaterielle Anreize		
finanzielle Anreize		soziale Anreize	organisatorische Anreize	
direkte fin. Anreize	indirekte fin. Anreize	z. B. Gruppen-mitgliedschaft	z. B. Führung Arbeitszeit	die Arbeit selbst
Entlöhnung i.e.S.	Fringe Benfits	Kommunikation	**Personal-entwicklung**	

Es darf angenommen werden, dass Mentoring nicht nur die Fähigkeiten der Mentees fördert, sondern im Sinne eines extrinsischen Motivators auch zu höherer Arbeitsmotivation und damit zu erhöhter Leistung im angestammten Arbeitsbereich der Mentees führt.

3 Praxisbeispiel Schweizerische Post

Bei der Schweizerischen Post wurde das Mentoringprogramm eingeführt, um den Anteil von Frauen und von sprachlichen Minderheiten in qualifizierten Funktionen zu erhöhen. Nach der Evaluation dieses Pilotprojektes wurde als neue Zielsetzung generell die Förderung von Potenzialträgerinnen für die zweite Kaderebene definiert und das Mentoringprogramm auch Männern zugänglich gemacht.

Das Konzept wird laufend überprüft und den Bedürfnissen der Unternehmung und der Beteiligten angepasst. Mittlerweile startet jedes Jahr ein einjähriges Mentoringprogramm, in das sieben bis zwölf Teilnehmerinnen und Teilnehmer aufgenommen werden.

Mit ehemaligen Mentorinnen, Mentees und Vorgesetzten sowie mit der Projektleiterin sind Einzelinterviews durchgeführt worden. Die Erkenntnisse aus diesen Befragungen fliessen nachfolgend direkt in den Beitrag ein.

3.1 Einordnung und Stellenwert

Die Schweizerische Post verfügt über ein bedarfsorientiertes, vielfältiges Angebot an Personalentwicklungsmassnahmen für Kaderpersonen im mittleren Management. Die wichtigsten Personalentwicklungsinstrumente für diese Zielgruppe sind:

- Führungsseminare
- kollegiale Fallberatung (Führungszirkel)
- Coaching
- Mentoringprogramm

Für die Teilnahme an einer dieser Massnahmen wird vorgängig der Bedarf abgeklärt sowie die Zielkonformität geprüft. Das Mentoringprogramm richtet sich an Mitarbeitende, die noch nicht der zweiten Kaderebene angehören. Der Stellenwert des Mentoringprogramms ist unbestritten hoch. Das Programm wird als ein sehr geeignetes Instrument zur Nachwuchsförderung mit personalbindender Wirkung wahrgenommen.

3.2 Ziele des Mentoringprogramms

3.2.1 Unternehmung

Auf Unternehmensebene steht ein Beitrag an die Zukunftssicherung der Unternehmung durch gut ausgebildete und richtig eingesetzte Leistungsträgerinnen im Vordergrund. Weiter erfüllt das Mentoringprogramm die folgenden Ziele:

- Erkennen und Fördern von Personal mit Potenzial für Kaderfunktionen,
- Optimierung des Wissenstransfers,
- Förderung der Motivation der Beteiligten,
- Erhöhung des Anteils von Frauen und von sprachlichen Minderheiten auf höheren Kaderebenen sowie
- Verbesserung der Zusammenarbeit über Geschäftsbereiche und Hierarchiestufen hinweg.

3.2.2 Mentees

Auf der Ebene der Mentees werden folgende Ziele verfolgt:

- Entwicklung von Sozial-, Führungs- und Fachkompetenzen,
- Auf- und Ausbau des Beziehungsnetzes und
- Gelegenheit zur internen Profilierung.

3.2.3   Mentorinnen

Den Mentorinnen ermöglicht das Mentoringprogramm den Ausbau der Beratungserfahrung, und es fördert die Reflexion des eigenen Führungsverhaltens. Zudem vermittelt es einen Einblick in andere Geschäftsbereiche.

3.2.4   Vorgesetzte

Die Vorgesetzten erhalten dank dem Mentoringprogramm Inputs zu ihrem Führungsverhalten. Es ermöglicht den Ausbau und die Vertiefung des persönlichen Beziehungsnetzes zu anderen Vorgesetzten, zu Mentees und zu Mentorinnen.

3.3   Das Programm

Der Ablauf des Programms ist klar strukturiert. Wert wird insbesondere auf die Selektion der Mentees und auf regelmässige Workshops gelegt. Nach der Selektion der Mentees wird das Mentoring durch den Matching-Prozess gestartet und endet nach einem Jahr mit dem Abschlussworkshop. Nachfolgend wird der Programmverlauf dargestellt:

1. Konzernweite Ausschreibung
   Das Mentoringprogramm wird im Intranet der Schweizerischen Post ausgeschrieben. Es wird erklärt, was Mentoring ist, die Zielgruppe wird definiert und der Bewerbungsprozess für das Mentoringprogramm wird erläutert.

2. Anmeldung im Geschäftsbereich
   Potenzielle Mentees melden sich mit einem Motivationsschreiben, einem Lebenslauf und der Empfehlung ihrer Vorgesetzten via Bereichsleitung an. Die Initiative zur Teilnahme muss bei den zukünftigen Mentees selbst liegen, da der Eigeninitiative im gesamten Mentoringprogramm sehr grosse Bedeutung beigemessen wird.

3. Gruppen-Assessment
   In einem extern durchgeführten und von Spezialistinnen geleiteten Gruppen-Assessment-Center (GAC) werden rund 20 Bewerberinnen auf ihre Eignung hin geprüft. Die Resultate des GAC werden mit den Assessorinnen und den Vorgesetzten ausgewertet.

4. Selektion durch den Steuerungsausschuss
   Der Steuerungsausschuss nimmt die definitive Selektion vor. Teilnehmerinnen mit negativem Bescheid werden in einem persönlichen Gespräch orientiert. Für diese Personen wird nach alternativen Entwicklungsmöglichkeiten gesucht. Teilnehmerinnen mit positivem Bescheid erhalten eine Einladung zur Kick-off-Veranstaltung.

5. Matching-Prozess

Den zukünftigen Mentees werden die Mentorinnen mit Steckbriefen kurz vorgestellt. Danach können die Mentees ihre Präferenzen angeben und zwei bis drei Mentorinnen mit Priorisierungsangabe wählen. Die gewünschte Mentorin soll nicht aus dem gleichen Bereich wie die Mentee stammen und nicht bereits mit ihr gearbeitet haben. In einem zweiten Schritt entscheiden Mentee und Mentorin gemeinsam, ob sie ein Jahr lang zusammenarbeiten wollen. Wird eine Mentorin von mehreren Mentees gewählt, liegt der Entscheid über die bevorzugte Mentee nach gemeinsamen Gesprächen bei der Mentorin.

6. Kick-off-Meeting

Die Kick-off-Veranstaltung stellt den ersten von drei gemeinsamen Workshops aller Beteiligten und den eigentlichen Start des Mentoringprozesses dar. Basierend auf den im Gruppenassessment gewonnenen Erkenntnissen werden zwischen Mentee, Mentorin und der Vorgesetzten Ziele vereinbart, welche die Mentee im Verlauf des Programms erreichen soll. Zur Unterstützung der Zielvereinbarung werden den Beteiligten Lernfelder für die Mentees vorgestellt (vgl. Abschnitt 3.4). Die am Kick-off vereinbarten Ziele werden in einem schriftlichen Vertrag festgehalten und gelten als verbindlich. Die Rollen und Aufgaben der beteiligten Personen werden eingehend besprochen und jede Mentoringgruppe legt ihre individuellen Spielregeln für die Zusammenarbeit fest.

7. Mentoring

Der konkrete Aufbau und Ablauf des Mentoring ist alleine durch die Direktbeteiligten individuell und je spezifisch abzustimmen. Seitens des Konzerns gibt es keine Vorgaben, in welcher Form das Mentoring ablaufen muss. Die Mentees investierten rund drei bis fünf Stunden pro Woche in das Mentoringprogramm; die Mentorinnen investierten durchschnittlich rund eineinhalb Stunden pro Woche in den Austausch mit der Mentee.

8. Zweiter Workshop

Im zweiten Workshop wird allen Beteiligten eine Plattform zum Erfahrungsaustausch geboten. Ebenso wird der Fortschritt der Zielerreichung kontrolliert und es erfolgt eine Rückmeldung an die Vorgesetzten und an die Projektleitung.

9. Abschluss-Workshop

Der Abschluss-Workshop dient dem formellen Abschluss des Programms. Die Zielerreichung wird präsentiert und mit einem Bankett zelebriert. Im Anschluss an den Abschlussworkshop wird für jede Teilnehmerin ein Abschlussbericht verfasst, der weiterführende Entwicklungsmassnahmen vorsieht.

3.4 Erfolgsfaktoren

Basierend auf den bisherigen Erfahrungen mit dem Mentoringprogramm und auf den Befragungen der Beteiligten wurden folgende Erfolgsfaktoren ermittelt, die für eine zielführende Durchführung des Mentoringprogramms entscheidend sind:

- **Einbettung des Konzeptes in Vision und Strategie**
  Das Mentoringprogramm ist zielkonform in die übergeordneten Ziele der Kaderentwicklung der Schweizerischen Post eingebettet. Zur Dokumentation des Mentoringprogramms existiert ein konzernweit gültiges Konzept, das den verbindlichen Rahmen darstellt.

- **Projektpate**
  Für die Etablierung des Mentoringprogramms und die Gewinnung der Mentorinnen war der Projektpate, ein Mitglied der Konzernleitung, sehr wichtig. Er sorgte dafür, dass das Projekt die nötige Akzeptanz erhielt, und verstand es, potenzielle Mentorinnen für das Programm zu gewinnen. Seiner Unterstützung als Promotor ist es zu verdanken, dass das Mentoringprogramm erfolgreich angegangen werden konnte.

- **Steuerungsausschuss und Projektleitung**
  Ein Steuerungsausschuss, dem der Leiter Personal- und Kaderentwicklung vorsteht und der sich aus erfahrenen und hochrangigen Mitgliedern verschiedener Geschäftsbereiche zusammensetzt, bildet das strategische Führungsgremium des Mentoringprogramms. Mit der operativen Führung ist eine Projektleiterin betraut. Eine klare, aber zurückhaltende Führung des Mentoringprogramms gewährleistet das einwandfreie Funktionieren des Programms. Dank konsequenter Betreuung und laufender Verbesserung hat das Mentoringprogramm konzernweit einen sehr guten, exklusiven Ruf.

- **Eigeninitiative, Leistungsbereitschaft und Entwicklungspotenzial der Mentees**
  Entscheidende Eigenschaften, die potenzielle Mentees mitbringen müssen, sind Eigeninitiative, Entwicklungspotenzial und Leistungsbereitschaft. Mentees müssen sich ausserdem durch Lernwillen, kommunikative Fähigkeiten, Offenheit, Sozial- und Fachkompetenz auszeichnen.

- **Selektionsprozess**
  Der Selektionsprozess der Mentees erntet durchwegs Respekt. Gerade das Gruppen-Assessment-Center wird von vielen Mentees als sehr positives Schlüsselerlebnis und wertvolle Erfahrung gewertet. Die aus dem GAC abgeleitete Potenzialbeurteilung zeigt den Mentees Entwicklungschancen auf und wirkt motivierend.

- **Mentorinnenpool**
  Die Mitglieder des Mentorinnenpools bringen neben der Fach-, Führungs- und Sozialkompetenz Offenheit, Geduld sowie Freude an der Nachwuchsförderung mit. Mentorinnen können nur Personen werden, die der ersten Kaderebene angehören und von einem Konzernleitungsmitglied für diese Funktion empfohlen werden.

Zur Sicherung der richtigen Betreuungsbeziehungen werden bis zum Matching-Prozess mehr Mentorinnen einbezogen als nötig wären, damit die Auswahl an Mentorinnen genügend gross ist.

Matching-Prozess

Die gelungene Paarbildung von Mentorin und Mentee ist entscheidend für den Erfolg des Mentoringprogramms. Zwischen beiden muss ein Klima der Offenheit, des Vertrauens und der Wertschätzung entstehen, damit das Mentoring seine Wirkung entfalten kann. Dem Matching-Prozess sollte grosse Bedeutung und genügend Zeit beigemessen werden.

Lernfelder

Im Rahmen des Kick-off-Meetings werden mögliche Lernfelder für die Mentees vorgestellt, um die Zielvereinbarung zwischen Mentee, Mentorin und der Vorgesetzten zu unterstützen. Es sind dies: Projektleitung oder Projektmitarbeit als Assistenz, Sitzungsleitung, Präsentation eines Traktandums in einem Leitungsgremium, Begleitung eines internen oder externen Kundenbesuchs, Führen eines anspruchsvollen Personalgesprächs und Einsitz in eine Geschäftsleitungssitzung.

Zielformulierung

Eine seriöse und fordernde Zielformulierung ist Voraussetzung für den Erfolg des Mentoringprogramms. Vage und zu tiefe Ziele führen zu unbefriedigenden Ergebnissen.

Planung

Eine klare Planung der Treffen zwischen Mentor und Mentee ist hilfreich, um den Austausch institutionalisieren zu können.

Gestaltungsfreiheiten

Die Gestaltungsfreiheiten beeinflussen den Erfolg des Mentoringprogramms positiv. Der Spielraum, den Mentee, Mentorin und Vorgesetzte bei der Ausgestaltung des Mentoringprozesses haben, wirkt motivierend und berücksichtigt die Bedürfnisse der Beteiligten optimal.

Workshops

Die Workshops sind für die Vernetzung aller Beteiligten sehr wertvoll und wichtig. Mentorinnen suchen an den Workshops den Kontakt zu Mentees, um sich und ihren Geschäftsbereich bekannt zu machen und um potenzielle Mitarbeitende kennen zu lernen. Für die Mentees bietet sich ebenso die Möglichkeit, Kontakte zu anderen Vorgesetzten, Mentorinnen und Mentees auf- und auszubauen. Dank Präsentationen und Gesprächen haben die Mentees die Gelegenheit, sich im Kreise von Führungspersönlichkeiten bekannt zu machen.

Vorgesetzte

Indem die Vorgesetzten die Teilnahme am Mentoringprogramm befürworten und sich der dadurch entstehenden zusätzlichen zeitlichen Belastung ihrer Mitarbeitenden bewusst sind, unterstützen sie den Erfolg des Mentoringprogramms massgeblich.

3.5 Erkenntnisse

3.5.1 Unternehmung

Die Schweizerische Post besitzt eine produktorientierte Organisationsstruktur. Dies hat zur Folge, dass die Geschäftsbereiche zunehmend an Autonomie gewinnen. Mit dieser Entwicklung ist die Gefahr verbunden, dass die Zusammenarbeit der Geschäftsbereiche und deren gegenseitiges Verständnis abnehmen. Mit dem Mentoringprogramm kann dieser Tendenz entgegengewirkt werden. Da alle Beteiligten ihre Führungs- und Sozialkompetenzen ausbauen können, sind sie besser für die Bewältigung bevorstehender Herausforderungen gewappnet. Die Auseinandersetzung mit Aufgabe und Situation der anderen schafft ein Verständnis für Belange, die sowohl für die Mentorin als auch für die Mentee vorher fremd waren. Vorurteile, die gegenüber Geschäftsbereichen oder Abteilungen bestehen, können in eine aktive Zusammenarbeit umgewandelt werden. Das Mentoringprogramm leistet eindeutig einen Beitrag an die Vernetzung unter den Geschäftsbereichen und hilft, unternehmerische Gesamtzusammenhänge zu erkennen.

3.5.2 Mentees

Während des Mentorings geben die Mentorinnen ihren Mentees auch harte Fakten weiter, doch die wertvollsten Fertigkeiten erarbeiten sich die Mentees in Form von „Soft Skills", gebunden an praktische Erfahrungen. Darunter fallen zum Beispiel Führungskenntnisse, Selbstvertrauen oder Vernetzung. Mentees haben die Möglichkeit, von ihren Mentorinnen erfolgreiche Verhaltensweisen zu lernen und zu übernehmen. Darüber hinaus werden Präsentationsfähigkeiten, analytisches Denken, bereichsspezifisches Wissen und Zeitmanagement verbessert.

Den Mentees liegen das persönliche Weiterkommen, die Erweiterung des eigenen Netzwerkes und die Positionierungsmöglichkeit am Herzen. Das Mentoringprogramm kann all diese Aspekte abdecken und führt zur Motivation der Beteiligten. Die Mentees empfinden die Aufnahme ins Mentoringprogramm als Wertschätzung durch ihre Arbeitgeberin. Das Mentoringprogramm ist für die Mentees ein Türöffner sondergleichen. Ihr Sonderstatus ermöglicht es ihnen, in Geschäftsleitungssitzungen, heiklen Mitarbeitergesprächen oder in Strategieprozessen anderer Bereiche Einsitz nehmen zu können oder mit Mitgliedern der höchsten Kaderebene „per Du" zu verkehren.

Die Teilnahme am Mentoringprogramm empfinden alle Mentees als eine grosse Bereicherung; sie würden wieder an einem Mentoringprogramm teilnehmen. Einige Mentees konnten nach dem Mentoringprogramm neue Aufgaben von ihren Vorgesetzten übernehmen. Da die meisten Mentees schon vor der Teilnahme am Mentoringprogramm in anspruchsvollen Positionen tätig waren, erübrigte sich eine Veränderung der Arbeitsinhalte.

3.5.3   Mentorinnen

Die Aufnahme in den Mentorinnenpool empfinden Mentorinnen als Anerkennung und Wertschätzung durch die Schweizerische Post. Sie sehen ihre Teilnahme am Mentoringprogramm als Teil ihrer Führungsverantwortung und profitieren in erster Linie von der Reflexion über ihren eigenen Führungsstil.

3.5.4   Vorgesetzte

Die Vorgesetzten profitieren vor allem indirekt vom Mentoringprogramm, da ihre Mitarbeitenden im Mentoringprogramm neue Fähigkeiten und Kompetenzen erwerben. Durch die mittelfristige Personalbindung kann dank dem Mentoringprogramm eine potenziell „absprunggefährdete" Mitarbeiterin in der Abteilung gehalten werden.

Direkt profitieren die Vorgesetzten durch neue Beziehungen, die ihnen wichtige Hilfestellungen oder Informationszugänge verschaffen.

4   Fazit

Das Mentoringprogramm ist innerhalb der Schweizerischen Post ein wichtiges Instrument zur Förderung von potenziellem Kadernachwuchs und wirkt für die Beteiligten sehr motivierend.

Statements von ehemaligen Mentees:

"Dank dem Mentoringprogramm habe ich die Schweizerische Post von einer mir noch unbekannten Seite her kennen gelernt. Der Mentor hat mich in Personenkreise eingeführt, zu denen ich sonst keinen Zugang gehabt hätte. Das Programm bestärkte mich in meinem Entschluss, mich innerhalb der Unternehmung neu zu orientieren."

„Im Rahmen des Mentoringprogramms habe ich den Gedankenaustausch und die Gespräche mit meinem Mentor besonders geschätzt. Einerseits konnte ich von seiner reichen fachlichen und persönlichen Erfahrung profitieren. Andererseits lernte ich in den regelmässigen Gesprächen, eine eigenständige Meinung zu vertreten. Ich konnte meine eigenen Stärken und Fähigkeiten weiterentwickeln, gewann Sicherheit im Auftreten vor grösseren Gremien und konnte mein Selbstvertrauen stärken. Die wichtigsten Erfolgsfaktoren für das Mentoringprogramm waren mein hohes Engagement, mein Lernwille und meine Eigeninitiative sowie das grosse Engagement des Mentors und das Verständnis und die Unterstützung der Vorgesetzten. Das Zeitmanagement war nicht immer einfach – die zeitliche Belastung (die eigene und die des Mentors) hat einen Einfluss auf die Ausgestaltung des Mentoringprogramms. Nicht zuletzt dank dem Mentoringprogramm wurde ich in die zweite Kaderebene des Konzerns aufgenommen."

„Entscheidend beim Programm ist aus meiner Sicht die Eigeninitiative. Je mehr man sich einbringt, desto mehr kann man profitieren. Die Offenheit meines Mentors hat mich sehr beeindruckt. Von Anfang an wurde ich als Mentee ernst genommen, in heikle Geschäfte eingeweiht und nach meiner Meinung gefragt. Ich konnte viele wertvolle Eindrücke und Erfahrungen sammeln, die ich aktiv in meine aktuelle Tätigkeit einflechten kann. Mein Blick für das Gesamtunternehmen wurde geschärft und gefördert. Die Möglichkeit einer Selbstreflexion ausserhalb meines ursprünglichen Geschäftsbereichs werte ich als eine Bereicherung für meine persönliche Entwicklung."

Statements von Mentorinnen:

„Mentoring on the job macht für Mentorin und Mentee gleichermassen Spass, führt zu gemeinsamen Erfolgen, Offenheit und Vertrauen."

„Der Einsatz an der operativen Basis war für mich ein beeindruckendes Erlebnis! Dank dieser Erfahrung verstehe ich Probleme und Ängste unserer Mitarbeitenden nun besser."

„Meine Mentee kritisierte mich immer wieder unvoreingenommen und konstruktiv. In meinem Führungsalltag vermisse ich diese Offenheit."

Statements von Vorgesetzten:

„Mentoring gehört zum Tätigkeitsfeld jeder Führungskraft. Wer seine Mitarbeitenden nicht fördert, nimmt seine Aufgabe nicht umfassend wahr."

„Förderungswillige Mitarbeitende gibt es in jedem Unternehmen zuhauf! Leider fehlt es oft an ebenso förderungswilligen Vorgesetzten."

„Angst ist nicht angesagt. Wer seine Leute fördert, wird kaum durch sie überholt. Wer es sein lässt wohl eher schon."

Das Mentoringprogramm dient als umfassendes Personalentwicklungsinstrument. Es wird von den Führungskräften, Vorgesetzten und Mentees auf Grund seiner Wirksamkeit gleichermassen positiv wahrgenommen und uneingeschränkt unterstützt.

Die Verantwortung zur erfolgreichen Umsetzung der Erkenntnisse aus dem Mentoringprogramm in markante Erweiterungen von Aufgaben und Kompetenzen – in die Breite wie nach oben – liegt bei den betroffenen Mentees selbst. Dies soll nicht Aufgabe der Unternehmung sein, die zwar Eigeninitiative und Eigenverantwortung fordert und fördert, nicht aber Karrieren auf dem Silbertablett präsentiert.

Literaturverzeichnis

ADLER, PAUL S./KWON, SEOK-WOO (2002): Social Capital: Prospects for a New Concept. In: Academy of Management Review, 27. Jg. 2002, Nr.1, S. 17-40.

BELL, CHIP R. (1996): Managers as Mentors: Building Partnerships for Learning, San Francisco 1996.

DAVENPORT, THOMAS H./PRUSAK, LAURENCE (1998): Working Knowledge: How Organizations Manage What They Know, Boston 1998.

LÖTHER, ANDREA (2003): Erfolgsversprechendes Instrument: Mentoring-Programme für Frauen in der Wissenschaft. In: Forschung & Lehre, 10. Jg. 2003, Nr. 12, S. 648-649.

NAHAPIET, JANINE/GHOSHAL, SUMANTRA (1998): Social Capital, Intellectual Capital and the Organizational Advantage. In: Academy of Management Review, 23. Jg. 1998, Nr. 2, S. 242-266.

SONNTAG, KARLHEINZ/STEGMAIER, RALF (2001): Verhaltensorientierte Verfahren der Personalentwicklung. In: Lehrbuch der Personalpsychologie, hrsg. v. Heinz Schuler, Göttingen 2001, S. 266-284.

STEGMÜLLER, RUDI (1995): Mentoring. In: Handwörterbuch der Führung, hrsg. v. Alfred Kieser, Gerhard Reber und Rolf Wunderer, Stuttgart 1995, S. 1510-1518.

THOM, NORBERT/HABEGGER, ANJA (2004): Mentoring als Instrument der Personalführung. In: Akademische Seilschaften. Mentoring für Frauen im Spannungsfeld von individueller Förderung und Strukturveränderung, hrsg. v. Doris Nienhaus, Gaël Pannatier und Claudia Töngi, Wettingen 2004.

THOM, NORBERT/RITZ, ADRIAN (2000): Public Management: Innovative Konzepte zur Führung im öffentlichen Sektor, Wiesbaden 2000.

Bernadette Kadishi

Schlüsselkompetenzen erfassen und entwickeln
Theoretische Aspekte und ein praktisches Instrument

1 Merkmale von Schlüsselkompetenzen

Bereits seit einigen Jahren faszinieren und verlocken die Schlüsselkompetenzen. Es herrscht die theoretische Vorstellung, dass es *die* Schlüsselkompetenzen geben müsse, ein allgemeingültiges, klar definiertes Set von Kompetenzen. Damit sollten alle „Türen geöffnet" werden können, d. h. es sollte unabhängig von der Tätigkeit immer gleich anwendbar sein. Immer wieder anzutreffen sind beispielsweise Kompetenzen wie Kommunikations-, Kontakt-, Konflikt-, Teamfähigkeit, Verantwortungsbereitschaft und Durchsetzungsvermögen.

In der Praxis hingegen zeigt sich, dass es unterschiedliche Sets von Schlüsselkompetenzen gibt und die Schlüssel in den Sets unterschiedlich geformt sind. Je nach Organisation und teilweise auch nach Funktion existieren verschieden lange Listen von unterschiedlich definierten Schlüsselkompetenzen.

Neben dieser Verschiedenheit gibt es eine Reihe von gemeinsamen Merkmalen, die den Schlüsselkompetenzen eigen sind (vgl. Goetze 1998: 6 ff.):

■ *Schlüsselkompetenzen sind Lösungsmuster.* Sie sind in vielen Situationen und unterschiedlichen Zusammenhängen einsetzbar, d. h. in hohem Masse transferierbar.

Beispiel „Konfliktfähigkeit": Frau Meyer will für ihre Eltern und ihre zwei Brüder einen zweiwöchigen Urlaub organisieren. Ihr gemeinsames Ziel ist es, in der zur Verfügung stehenden Zeit möglichst viel vom Gastland zu sehen und gleichzeitig Momente der Erholung einzubauen. Immer wieder kommt es aufgrund der unterschiedlichen Bedürfnisse zu Reibereien und Auseinandersetzungen. Es braucht einiges an Konfliktfähigkeit seitens von Frau Meyer, damit die Ferien letztlich doch noch zu Stande kommen. Diese Kompetenz braucht sie in ihrer Funktion als Projektleiterin in der Firma ebenfalls. Häufig gelingt es ihr, bestehende Uneinigkeiten in konstruktiver Weise für alle Beteiligten zu bereinigen.

■ *Schlüsselkompetenzen sind kompetenzgenerierend.* Sie befähigen dazu, sich in konkreten Problemsituationen ein noch nicht vorhandenes Wissen zu verschaffen oder noch nicht bekannte Vorgehensweisen zu entwickeln.

Beispiel „Kontaktfähigkeit": Herr Müller befindet sich zum ersten Mal in Japan und möchte in einem Restaurant eine Mahlzeit bestellen. Er sitzt etwas hilflos vor der Menukarte, denn er spricht kein Japanisch. Zwei Tische weiter sieht er einen Mann, der offensichtlich auch westlicher Herkunft ist. Er geht auf ihn zu und fragt ihn, ob er Englisch spreche und ihm beim Lesen der Menukarte helfen könnte. Auch im Geschäft ist ihm diese Kontaktfähigkeit schon häufig zugute gekommen. Wusste er bei gewissen Aufträgen nicht wie weiter, kontaktierte er andere Kollegen, von denen er wusste, dass diese über mehr Erfahrung verfügten.

▪ *Schlüsselkompetenzen sind ergänzend.* Um eine Tätigkeit erfolgreich zu bewältigen sind sie oft zusätzlich zu Sachkompetenzen notwendig, ersetzen diese aber meist nicht.

Beispiel „Kommunikationsfähigkeit": Frau Hauser will von Zürich nach Genf umziehen und sucht eine günstige Wohngelegenheit. Nach langem Suchen findet sie eine Wohnung, die ihren Vorstellungen entspricht. Nur der Preis scheint ihr völlig überrissen zu sein. Sie kann den Vermieter für eine Verhandlung gewinnen. Beim ersten Treffen hört sie ihm aufmerksam zu und versucht ihre Vorstellungen klar zu kommunizieren. Dabei muss sie feststellen, dass ihre Französischkenntnisse nicht ausreichend sind und holt sich Unterstützung von einem französischsprachigen Bekannten. Dasselbe Problem trifft sie im Rahmen ihrer neuen Stelle an. Zwar kann sie denjenigen Kollegen, die etwas deutsch sprechen, ihre Anliegen gut verständlich machen. Bei den Französischsprachigen jedoch kommt sie aufgrund ihrer beschränkten Sprachkenntnisse an Grenzen.

Aufgrund dieser gemeinsamen Merkmale lassen sich Schlüsselkompetenzen von den sogenannten Sach-/Fachkompetenzen unterscheiden. Eine einheitliche Definition von Schlüsselkompetenzen hingegen erweist sich nach wie vor als schwierig, denn sie können aus verschiedenen Blickwinkeln betrachtet werden (vgl. Goetze 1998: 6 ff.).

Abbildung 1-1: *Unterschiedliche Betrachtungsweisen von Schlüsselkompetenzen (Kadishi 2001)*

Psychologisch	Biographisch	Kommunikativ
	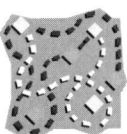	
Situationen werden mit einem individuellen Kompetenzenmix angegangen.	Schlüsselkompetenzen werden erst durch ihre Anwendung in mehreren Kontexten sichtbar.	Verwendete Begriffe zeigen auf, worauf es im Unternehmen, auf dem Arbeitsmarkt ankommt.

▪ Psychologisch betrachtet, sind Schlüsselkompetenzen persönlichkeitsnahe Kompetenzen, d. h. sie werden in verschiedenen Situationen auf eine persönliche Art umgesetzt.

- Aus biographischer Sicht wird eine Kompetenz erst dann zu einer Schlüsselkompetenz, wenn sie in verschiedenen Kontexten erfolgreich eingesetzt und als bedeutsame Kompetenz wahrgenommen wird.

- Als Begriff kommunizieren Schlüsselkompetenzen das, worauf es in den Unternehmen – neben dem fachlichen Wissen – ankommt. Sie vermitteln Informationen über konkrete Anforderungen, die gestellt werden.

Angesichts dieser unterschiedlichen Zugänge wird klar, dass eine allgemeingültige Liste mit einheitlich definierten Schlüsselkompetenzen nicht realistisch ist. Hingegen zeigt sich, dass Schlüsselkompetenzen aus dem Zusammenhang zwischen der Person (Persönlichkeit, Biographie) und dem Kontext, in dem sie zur Anwendung kommen, zu verstehen sind.

2 Erfassung und Entwicklung von Schlüsselkompetenzen

In der modernen Arbeitswelt haben die Schlüsselkompetenzen deutlich an Bedeutung gewonnen. Fachwissen allein reicht für die erfolgreiche Aufgabenbewältigung nicht mehr aus. Dies hat zur Folge, dass für die optimale Stellenbesetzung in der Personalauswahl die Schlüsselkompetenzen der Bewerber explizit erfasst werden müssen. In der Praxis braucht man Instrumente, um diese Schlüsselkompetenzen – für die es weder Diplome noch Zeugnisse gibt – zu evaluieren.

Damit Schlüsselkompetenzen wirksam erfasst werden können, sind im Voraus mehrere Aspekte zu klären:

- Differenzierung: Welches sind neben dem fachlichen Know-how die *relevanten* Schlüsselkompetenzen, um die Aufgabe/Funktion erfolgreich zu erfüllen?

- Spezifizierung: In welchen konkreten Tätigkeiten der Funktion kommen diese Schlüsselkompetenzen zum Tragen?

- Definition: Was bedeuten diese Schlüsselkompetenzen genau in diesem Kontext? („Kommunikationsfähigkeit" bedeutet beispielsweise im Kontext einer Sekretariatsstelle etwas anderes als in demjenigen einer Marketingstelle)

Aufgrund der unterschiedlichen Betrachtungsweisen von Schlüsselkompetenzen (s. o.) lassen sich für deren Erfassung drei Grundprinzipien ableiten:

1. Aus der psychologischen Betrachtungsweise: Spezifische, konkret erlebte Situationen schildern lassen, statt hypothetische Situation vorgeben und fragen, wie die Person damit umgehen würde.

2. Aus der biographischen Sichtweise: Situationen aus verschiedenen Kontexten erfragen, in denen die Schlüsselkompetenz umgesetzt worden ist. Dazu gehören neben dem beruflichen Bereich auch ausserberufliche Tätigkeitsbereiche wie Familien- und Hausarbeit, Freizeit und Freiwilligenarbeit.

3. Aus der kommunikativen Sichtweise: Die geforderten Schlüsselkompetenzen jeweils im Hinblick auf die zu erfüllende Tätigkeit definieren und formulieren. In grösseren Unternehmen besteht zudem auch ein auf die Vision ausgerichtetes Kompetenzprofil, dessen allgemein umschriebene Kompetenzen jeweils funktionsspezifisch ausformuliert werden.

Werden Schlüsselkompetenzen situationsspezifisch erfragt (Beispiel: „Schildern Sie mir bitte eine konkrete Situation, in der Sie ihre Organisationsfähigkeit einsetzen mussten."), erfolgt zudem eine persönliche Auseinandersetzung mit dieser Kompetenz und eine Bewusstwerdung ihrer Bedeutsamkeit. Die dadurch ausgelöste Reflexion kann zu deren Weiterentwicklung und Transfer in weitere Tätigkeitsbereiche beitragen – auch vom ausserberuflichen in den beruflichen Kontext.

3 Instrument zur Erfassung von Schlüsselkompetenzen

Ausgehend von diesen Anforderungen stellt IESKO (Instrument zur Erfassung von Schlüsselkompetenzen) spezifische Hilfsmittel für das strukturierte Vorbereiten, Durchführen und Auswerten solcher Einstellungs- und Entwicklungsgespräche zur Verfügung. Es besteht aus drei Haupttools, die alle mit Hilfe des benutzerfreundlichen EDV-Programmes auf die jeweilige Stelle zugeschnitten und spezifisch formuliert werden können:

■ *Schlüsselkompetenzen-Profil*
Tabellarische Übersicht über die *geforderten* Schlüsselkompetenzen (mit entsprechenden Definitionsvorschlägen) der Stelle und die effektiv *vorhandenen* Schlüsselkompetenzen bei der befragten Person. Es dient als Ausgangslage für die strukturierte Vorbereitung des Einstellungs- oder Entwicklungsgespräches und gleichzeitig als Grundlage für die Einstellungsentscheidung oder Festlegung von Entwicklungsmassnahmen.

■ *Gesprächsleitfaden*
Strukturierungs- und Befragungshilfe bei der Ermittlung der Kompetenzen im Gespräch. Für jede der ausgewählten Schlüsselkompetenzen bietet der Leitfaden drei konkrete Hilfestellungen im Gespräch:

- Definitionen zu den ausgewählten Schlüsselkompetenzen.
- Je zwei bis drei Beispielfragen, wie diese Schlüsselkompetenzen im Gespräch abgefragt werden können (keine hypothetischen sondern verhaltensbezogene Fragen, d. h. Fragen nach konkret erlebten Situationen).
- Beispiele aus dem ausserberuflichen Bereich (Familien- und Hausarbeit, Freiwilligenarbeit und Freizeit), in denen diese Schlüsselkompetenzen ebenfalls erworben/eingesetzt werden können.

▨ *Auswertungskriterien*
Strukturierte Auswertung des Interviews aufgrund von Checklisten mit Auswertungskriterien für jede Schlüsselkompetenz. Diese basieren auf den im Schlüsselkompetenzen-Profil aufgeführten Definitionen und können je nach Bedarf noch ergänzt werden. Das Ergebnis der Auswertung ergibt das Schlüsselkompetenzen-Profil der befragten Person.

3.1   Wissenschaftlicher Hintergrund

Das Instrument zur Erfassung der Schlüsselkompetenzen basiert auf den Erkenntnissen der 1997 durchgeführten arbeitswissenschaftlichen Untersuchung des Projektes Sonnhalde Worb, aufgrund deren Ergebnisse das Qualifikationspotenzial der Familien- und Hausarbeit nachgewiesen werden konnte. Für die Festlegung der Form des Instrumentes wurden Ergebnisse aus Studien zur Aussagekraft unterschiedlicher Personalauswahlinstrumente beigezogen.

Ziel war es, ein praxisorientiertes, aussagekräftiges Instrument zum wirksamen Erfassen von Schlüsselkompetenzen zu erarbeiten, das für jede Stellenbesetzung verwendet werden kann, unabhängig von der zu besetzenden Stelle und vom Geschlecht der sich bewerbenden Person – unter explizitem Miteinbezug der ausserberuflichen Erfahrungsbereiche. Auf diese Weise sollen Personal- und Linienverantwortliche vermehrt für ausserberuflich erworbene (Schlüssel-) Kompetenzen von Bewerbern und deren Anerkennung bei der Lohnfestlegung sensibilisiert werden.

Im Gegensatz zu anderen, vergleichbaren Tools bezieht das entwickelte Instrument die ganze Lebens- und Arbeitssituation der Bewerber mit ein. Dies betrifft alle Erfahrungen, die sie nebst dem beruflichen Bereich auch in der Familien-, Haus- und Freiwilligenarbeit oder in der Freizeit erworben haben. Denn Lernen ist überall möglich.

3.2 Einsatz des Instrumentes

Nach den allgemeinen personellen Angaben wird das stellenspezifische Schlüssel-kompetenzen-Profil festgelegt – die vorgeschlagenen Schlüsselkompetenzen und die entsprechenden Definitionen können übernommen, umformuliert und/oder ergänzt werden – und jeweils der geforderte Ausprägungsgrad pro Kompetenz eingestuft (vgl. Abbildung 3-1). Ausgehend von diesem Anforderungsprofil erfolgt als Nächstes die Zusammenstellung des Gesprächsleitfadens für das Interview (vgl. Abbildung 3-2). Als Hilfestellung für den expliziten Miteinbezug ausserberuflicher Bereiche beim Erfassen der Kompetenzen werden entsprechende Beispiele für jede Kompetenz zur Auswahl vorgegeben.

Abbildung 3-1:   *Vorschläge von Schlüsselkompetenzen und möglichen Definitionen*

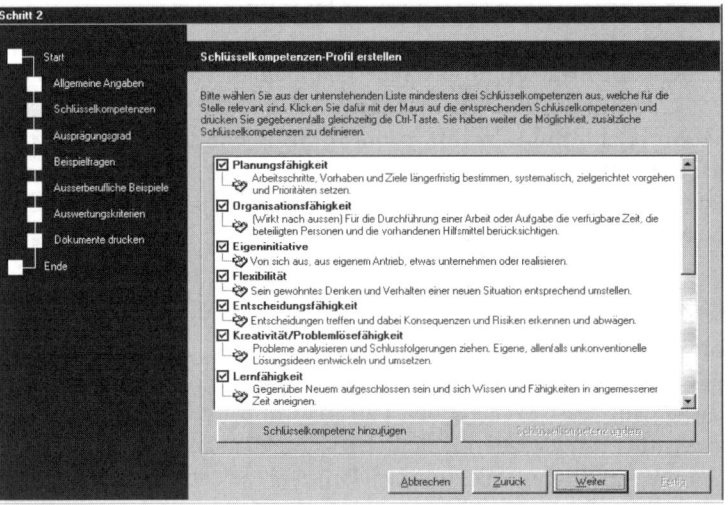

182

Abbildung 3-2:   Beispielfragen für den Gesprächsleitfaden

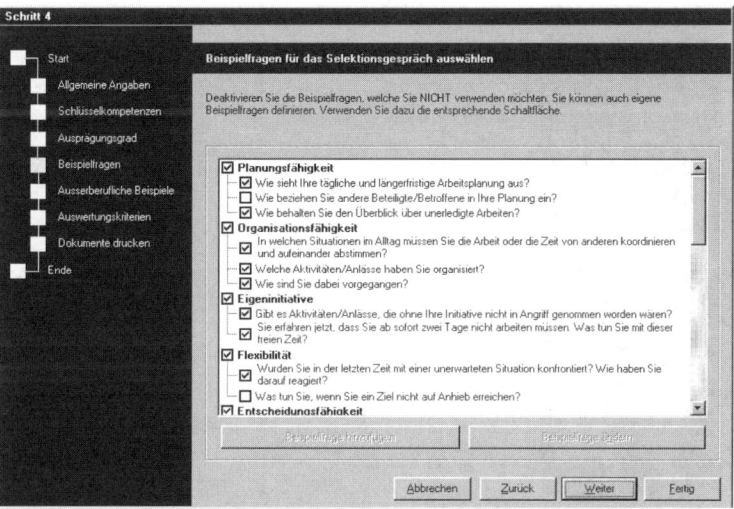

Die während des Gesprächs notierten Informationen werden schliesslich mit Hilfe der kompetenzspezifischen Auswertungskriterien evaluiert (vgl. Abbildung 3-3) und auf das Schlüsselkompetenzen-Profil übertragen. Der Vergleich zwischen dem Soll–Profil der Stelle und dem Ist-Profil des Bewerbers zeigt auf, inwieweit die Person für die zu besetzende Stelle geeignet ist.

183

Abbildung 3-3: *Checkliste mit den Auswertungskriterien*

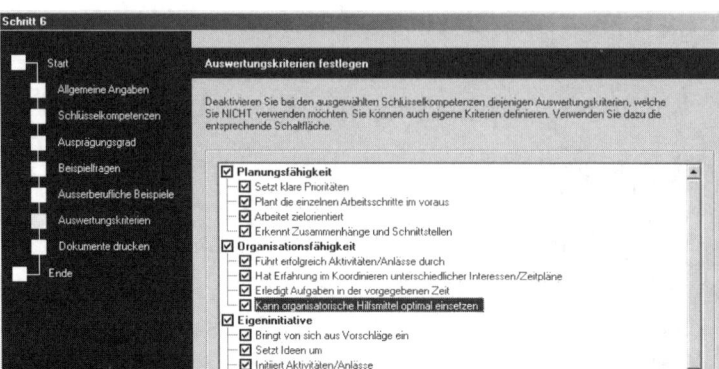

Die EDV-Version des Instrumentes ermöglicht somit eine rasche Zusammenstellung des Anforderungsprofils sowie des entsprechenden Gesprächsleitfadens mit Fragen und ausserberuflichen Beispielen für jede im Profil festgelegte Schlüsselkompetenz.

3.3   Hilfestellung zur Anerkennung und Anrechnung ausserberuflicher Erfahrung

Werden die Grundsätze "Lernen ist überall möglich" und "Anerkennung ausserberuflicher Erfahrungen" konsequent durchgezogen, hat dies auch Auswirkungen auf die Festlegung des Anfangslohnes. Immer mehr Betriebe und Verwaltungen haben entsprechende Weisungen, wie z. B. die schweizerische Bundesverwaltung.

Die Anrechnung könnte sich rein quantitativ auf der Anzahl der Erfahrungsjahre abstützen. Das entwickelte Instrument schlägt indes einen anderen Weg vor: Die Bewerberinnen und Bewerber sollen im Rahmen des Einstellungsgespräches nachweisen, was sie – hinsichtlich der zu besetzenden Stelle – aus ihren beruflichen und ausserberuflichen Erfahrungen an Schlüsselkompetenzen mitbringen. Dieses IST/SOLL-Verhältnis (vgl. Schlüsselkompetenzen-Profil) bildet die Basis für die Zahl der anrechenbaren Erfahrungsjahre bei der Lohnfestlegung. Das heisst, sofern die erforderlichen Kompetenzen vorhanden sind, wird bei der Anrechnung nicht zwischen beruflichen und ausserberuflichen Erfahrungsjahren unterschieden.

Ausgehend von der *Gleichwertigkeit der beruflichen und ausserberuflichen Erfahrungsjahre* lassen sich folgende Grundprinzipien zu deren Anrechnung formulieren:

- Als berufliche und ausserberufliche Erfahrungsjahre gelten die Jahre ab Abschluss einer Erstausbildung (ab dem 20. Lebensjahr, wenn keine Erstausbildung absolviert wurde) bis zum Moment der aktuellen Stellenbewerbung.

- Zur Festlegung der anrechenbaren Erfahrungsjahre werden die effektiven beruflichen und ausserberuflichen Erfahrungsjahre (aktuelles Alter minus Alter bei Abschluss der Erstausbildung) gewichtet. Massgebend für die Gewichtung ist die Abweichung zwischen den erforderlichen und den vorhandenen Schlüsselkompetenzen im Kompetenzenprofil.

- Im Fall einer positiven Abweichung auf dem Kompetenzprofil werden nicht mehr als 100 Prozent der effektiven beruflichen und ausserberuflichen Erfahrungsjahre angerechnet.

- Weitere ausschlaggebende Kriterien für den Anfangslohn sind neben den Erfahrungsjahren das Lohngefüge, die Arbeitsmarktsituation sowie der Vergleich mit einer ähnlichen Funktion etc.

Diese Grundprinzipien sind als Eckpfeiler bei der Anrechnung von Erfahrungsjahren gedacht und müssen jeweils den betriebs- oder verwaltungsspezifischen Gegebenheiten angepasst werden. Sie sind für alle Arbeitgeber hilfreich, die sich aktiv mit der Gleichbehandlung von Frauen und Männern (im Sinne des Bundesgesetzes über die Gleichstellung von Frau und Mann) befassen.

3.4 Erfahrungen in der Praxis

Im Rahmen einer ersten Pilotphase wurden eine Papierversion des Schlüsselkompetenzen-Instrumentes durch Personalverantwortliche in verschiedenen Verwaltungen und Unternehmen erprobt und die Rückmeldungen verarbeitet. Die Evaluation zeigte, dass der Einsatz des Tools Personalfachleute für den Miteinbezug ausserberuflicher Erfahrungsbereiche sensibilisiert. Von den Personalverantwortlichen wurden Äusserungen gemacht wie „Ich habe die Bewerber dazu eingeladen, auch Beispiele aus dem ausserberuflichen Bereich zu schildern" oder „Es ist hilfreich, dass Beispiele aus dem ausserberuflichen Bereich aufgeführt sind. So kann ich den Bewerbenden auch einen Hinweis auf mögliche Beispiele geben." Zudem führt das bewusste und strukturierte Erfassen der Schlüsselkompetenzen zur klareren Einschätzung und ganzheitlicheren Beurteilung der Bewerber. Eine Aussage dazu war beispielsweise: „Ich kann mich im Gespräch stärker auf das Sammeln von umfassenden Informationen konzentrieren.

Die Notizen helfen mir – anschliessend an das Gespräch – die Einschätzung etwas objektiver vorzunehmen. Ich bin weniger beeinflusst durch die Persönlichkeit des Bewerbers."

Über die Erfassung der Schlüsselkompetenzen hinaus bewirkte der Einsatz des neuen Instrumentes insgesamt eine stärkere Strukturierung des Auswahlprozesses, was Transparenz und Einheitlichkeit des Vorgehens positiv beeinflusste. Dieser strukturierende Aspekt ist aus Sicht der Personalfachleute wünschenswert, bedeutet aber auch, dass zum Teil vorherrschende Gewohnheiten in Frage gestellt werden. Wichtig ist daher, das moderne Hilfsmittel an der optimalen Stelle in den gesamten Selektionsprozess einzufügen, es mit den bereits vorhandenen Selektionsinstrumenten zu verknüpfen und seine Einführung mit einer entsprechenden Schulung zu begleiten.

3.5 Nutzen standardisierter Verfahren

■ *Standardisierte Verfahren unterstützen das wirksame Erfassen von Schlüsselkompetenzen*

Obwohl der Begriff Schlüsselkompetenzen überall verwendet und deren Wichtigkeit betont wird, zum Beispiel in Stelleninseraten, fehlt es im Personalbereich an spezifischen, praktischen und allgemein zugänglichen Instrumenten für standardisierte Erfassungen im Rahmen des Auswahlverfahrens. Das entwickelte Instrument dient explizit dem Erfassen von Schlüsselkompetenzen. Dabei stellt es nicht den Anspruch, ein wissenschaftliches Instrument zu sein. Vielmehr geht es darum, Schlüsselkompetenzen in jedem Auswahlverfahren auf praktische Art, ohne grossen zeitlichen oder finanziellen Mehraufwand, erfassen zu können. Dies ist für Unternehmen jeder Grösse von Interesse.

Die vorformulierten Definitionen, Beispielfragen und Auswertungskriterien zu den Schlüsselkompetenzen bieten kleineren und mittleren Unternehmen den Vorteil, diese nicht selber von Null an formulieren zu müssen. Sie können diese übernehmen oder an ihre Bedürfnisse anpassen. Schon die Auseinandersetzung mit den Begriffen, Fragen und Auswertungskriterien führt zu einer verstärkten Sensibilisierung bezüglich der Schlüsselkompetenzen, was entsprechend in den Einstellungsgesprächen zum Tragen kommt. Personalabteilungen, die eigene betriebsinterne Schlüsselkompetenzen formuliert haben, können die vom Hilfsmittel zur Verfügung gestellten Formulierungen zur Überprüfung und/oder Ergänzung beiziehen.

Die EDV-gestützte Version des Instrumentes zur Erfassung der Schlüsselkompetenzen erlaubt es zudem, auf unkomplizierte, jedoch klar strukturierte Weise im Kompetenzenprofil die Anforderungen der Stelle festzuhalten, den Leitfaden für das Gespräch zu erstellen und die Kriterien für die Auswertung der gesammelten Informationen auszuwählen.

■ *Optimierung des Einstellungsgespräches*

Das Einstellungsgespräch ist diejenige Methode, die bei der Personalauswahl am häufigsten angewendet wird. Wird es in strukturierter Form durchgeführt, hat es eine bedeutend höhere Aussagekraft bezüglich des Stellenerfolges, als wenn das Gespräch unstrukturiert erfolgt.

Das anwendungsorientierte Instrument enthält eine Vielzahl von Strukturierungselementen und bietet somit eine solide Basis zur Optimierung des Einstellungsgesprächs:

— Strukturierung und (Teil-)Standardisierung der Interviews: Es stehen Beispielfragen zur Verfügung, die für jede zu besetzende Stelle in einem spezifischen Gesprächsleitfaden zusammengestellt und durch ausserberufliche Beispiele illustriert werden können.

— Das Interview basiert auf einem Anforderungsprofil: Das Schlüsselkompetenzen-Profil liefert ein Raster zum Erstellen des Anforderungsprofils der zu besetzenden Stelle.

— Einbezug verhaltensbezogener, berufsbiographischer Fragen: Dies wird erreicht, indem das Instrument die Interviewenden dabei unterstützt, den Bewerber nach konkreten Beispielen aus dessen bisheriger Erfahrung zu fragen.

— Durchführung der Interviews durch mehrere Personen: Das Instrument zur Erfassung der Schlüsselkompetenzen fordert dazu auf, das ganze Auswahlprozedere in enger Zusammenarbeit zwischen den Fach- und Personalverantwortlichen erfolgen zu lassen.

— Trennung von Informationssammlung und Entscheidungsbildung: Angebot von Auswertungskriterien für jede aufgeführte Schlüsselkompetenz. Die Gesprächsnotizen werden aufgrund dieser Kriterien analysiert und die enthaltenen Informationen bewertet.

— Training der Interviewer: Die Einführung des Tools ist begleitet von einer Schulung, in der sowohl das strukturierte Vorgehen als auch das Anwenden der verhaltensbezogenen Fragetechnik trainiert wird.

■ *Förderung eines diskriminierungsfreien Erfassens von Kompetenzen*

Das vorgestellte Instrument basiert auf dem Grundprinzip, dass Lernen grundsätzlich überall möglich ist, sowohl im beruflichen als auch im ausserberuflichen Bereich (Freiwilligenarbeit, Familien-/Hausarbeit, Freizeit). Der Bewerber muss aber im Rahmen des Einstellungsinterviews nachweisen, was er hinsichtlich der zu besetzenden Stelle aus seinen beruflichen *und* ausserberuflichen Erfahrungen tatsächlich an (Schlüssel-) Kompetenzen mitbringt.

Dieses Vorgehen fördert die Gleichbehandlung von so genannt geradlinigen und Patchwork-Lebensläufen. Aufgrund der traditionellen Rollenteilung zwischen den Geschlechtern waren geradlinige Lebensläufe bis anhin eher typisch für Männer, Patchwork-Lebensläufe – meist mit einer familienbedingten Unterbrechung – hingegen eher typisch für Frauen.

4 Förderung von Schlüsselkompetenzen

In seiner Konzeption setzt das Instrument die Forderung um, Schlüsselkompetenzen aus dem Zusammenhang zwischen Person und Kontext zu verstehen. In seiner Anwendung, durch das „was" und „wie" gefragt wird, wird gleichzeitig die Weiterentwicklung der Schlüsselkompetenzen gefördert.

Das gezielte Fragen nach konkreten persönlichen Verhaltensbeispielen (psychologische Perspektive) aus verschiedenen beruflichen und ausserberuflichen Kontexten (biographische Perspektive) lädt zur Reflexion der eingesetzten Schlüsselkompetenzen ein:

■ In welchen konkreten Situationen (beruflich und ausserberuflich) hat die Person die Schlüsselkompetenz eingesetzt?

■ Wie hat die Person dabei die Schlüsselkompetenz jeweils konkret realisiert?

■ Was hat die Person damit erreicht?

Durch diese Fragen steigt das persönliche Bewusstsein für diese Kompetenzen und für deren Transferierbarkeit – womit bereits eine erste Förderung stattfindet.

Durch den Vergleich der stellenspezifisch geforderten mit den effektiv vorhandenen Schlüsselkompetenzen einer Person (kommunikative Perspektive) lässt sich zudem ein allfälliger Entwicklungsbedarf identifizieren, der mit entsprechenden Massnahmen on-, near- oder off-the-job aufgenommen werden kann.

Literaturverzeichnis

GOETZE, WALTER (1998): Kompekation oder Qualifitenz? In: Education permanente: Schweizerische Zeitschrift für Erwachsenenbildung, 32. Jg. 1998, Nr. 4, S. 6-8.

KADISHI, BERNADETTE (2001): Schlüsselkompetenzen wirksam erfassen: Personalselektion ohne Diskriminierung, Altstätten 2001.

Thomas Myrach und Corinne Montandon

Blended Learning
Kombinationen von Präsenzlehre und E-Learning

1   Einleitung

Im Zusammenhang mit Informations- und Kommunikationstechnologien (IKT) werden vielfach einprägsame Modebegriffe lanciert, hinter denen sich zumindest teilweise nur vage beschriebene, unscharfe Konzepte verbergen, von denen grossartige Auswirkungen auf Unternehmen und ihre Geschäftsprozesse verheissen werden. Diese Verheissungen sind oftmals nicht nur grossspurig, sondern geradezu überrissen (vgl. z. B. Michel 2004: 8). Insofern wundert es nicht, wenn so manches „IT-Buzzword" eine relativ kurze Lebensdauer hat und auf die Euphorie der Möglichkeiten einer neuen Technologie relativ rasch die Desillusionierung bezüglich ihrer praktischen Nutzung folgt.

Diese Entwicklung lässt sich auch im Zusammenhang mit dem Begriff E-Learning (Electronic Learning) feststellen. Dieser lehnt sich an andere modische „E-" Termini wie E-Commerce an (vgl. Haas/Hoppe 2002: 88). E-Learning verspricht eine fundamentale Veränderung der Vermittlung von Wissen, welche den gewachsenen Ansprüchen einer Wissensgesellschaft nach fortwährendem, lebenslangem Lernen besser entsprechen soll, als dies traditionelle Lernformen zu leisten vermögen. Das Thema E-Learning ist in traditionellen Wissensinstitutionen wie Schulen und Universitäten ebenso begierig aufgegriffen worden wie in Unternehmen im Zuge der betrieblichen Weiterbildung (Corporate E-Learning) (vgl. z. B. Barron 2002). Neben einer qualitativen Verbesserung von Aus- und Weiterbildung ist dabei insbesondere der Reduktion von Ausbildungskosten starke Beachtung geschenkt worden.

Nach einer Hype-Phase bezüglich der Möglichkeiten des E-Learning ist mittlerweile eine merkliche Ernüchterung eingekehrt (vgl. Rieckhof/Schüle 2002: 134). Zunehmend wird nicht mehr eine vollständige Abkehr von traditionellen Lehrformen in den Vordergrund gerückt, sondern eine sinnvolle Kombination traditioneller und neuer Formen der Wissensvermittlung propagiert (Kerres/Jechle 1999: 4). Dieser Ansatz wird mit dem Schlagwort Blended Learning charakterisiert (vgl. z. B. Hamburg/Cernian/Ten Thij 2003: 198).

In diesem Beitrag werden der Ansatz des Blended Learning und einige idealtypische Umsetzungen skizziert. Dazu ist zuerst das Konzept des E-Learning genauer zu spezifizieren und von traditionellen Lernformen abzugrenzen. Dabei wird gezeigt, dass sich hinter dem Begriff E-Learning unterschiedliche, in der Literatur nicht einheitlich definierte Konzepte verbergen.

2 Lernprozesse in Raum und Zeit

Lernen wird hier als ein kognitiver Prozess verstanden, der bei einem Subjekt zum Aufbau bzw. zur Erweiterung von Wissen führt. Die Wissensaneignung ist letztlich subjektbezogen und findet im Kopf des Lernenden statt. Damit steht der Lernende selbstverständlich im Zentrum jedes Lernprozesses. Ein Lernprozess kann vollständig autonom und ohne Mitwirkung weiterer Personen stattfinden. In vielen Lernsituationen treten neben dem Lernenden jedoch weitere Personen auf, die auf den Lernprozess einwirken. Eine typische Rolle ist dabei die eines Lehrenden. Dieser wirkt als Vermittler von Wissen und unterstützt den Lernenden in der Wissensakquisition. In einer Lernsituation können auch mehrere Lernende zugleich auftreten. Die Wissenserarbeitung in Gruppen ist eine sehr typische Lernform. Dabei sind Konstellationen mit oder ohne Lehrpersonen möglich.

Im Zusammenhang mit Gruppenarbeit ist bedeutsam, wie die Interaktion zwischen den involvierten Personen zeitlich und örtlich organisiert ist. Die beiden Dimensionen Zeit und Ort können jeweils die Ausprägungen „gleich" und „anders" annehmen. Somit ergeben sich vier denkbare Ausprägungen der Zusammenarbeit (vgl. Abbildung 2-1).

Abbildung 2-1:   *Formen der Zusammenarbeit*

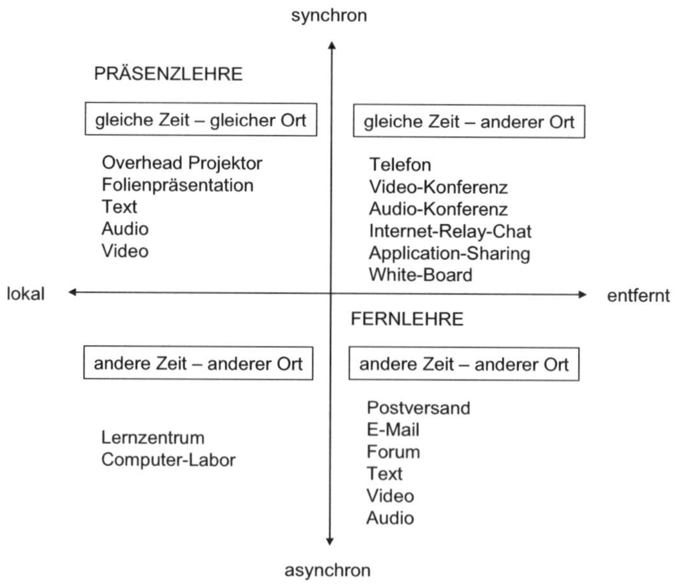

Ein wichtiger Aspekt bei der Gruppenarbeit ist die Kommunikation zwischen den Beteiligten. Grundsätzlich lassen sich Instrumente für asynchrone und synchrone Kommunikation unterscheiden. Synchrone Kommunikationsinstrumente wie das Telefon können nur eingesetzt werden, wenn die Teilnehmer eines Lernprozesses zur selben Zeit miteinander interagieren. Asynchrone Kommunikationsinstrumente wie der Postversand sind erforderlich, wenn sowohl der Ort als auch die Zeit des Lernens verschieden sind.

Die grundlegenden Konzepte der Präsenzlehre und der Fernlehre lassen sich in das vorgestellte Schema einordnen. Bei der Präsenzlehre treffen Lehrer und Lernende zur gleichen Zeit am gleichen Ort zusammen. Die Interaktion erfolgt von Angesicht zu Angesicht (face-to-face). Die Kommunikation ist prinzipiell problemlos, da die natürlichen verbalen und nonverbalen Kommunikationsformen wie Sprache und Gestik eingesetzt werden können. Bei der Fernlehre (Distance Learning) befinden sich Lehrer und Lernende nicht am selben Ort und die Lernenden sind möglicherweise zu einer anderen Zeit im Lernprozess aktiv als der Lehrer. Eine unmittelbare Interaktion ist nicht möglich; die Kommunikation muss indirekt erfolgen.

Ein Vorteil der Fernlehre im Vergleich zur Präsenzlehre ist die relative Orts- und Zeitunabhängigkeit und somit die grössere Flexibilität im Lernprozess. Fernlehre ist besonders für Personen attraktiv, die sich nicht ohne weiteres an die örtlichen und zeitlichen Vorgaben anpassen können, welche durch die Präsenzlehre entstehen. Dies sind z. B. Lernende in abgeschiedenen Gebieten, ortsgebundene oder behinderte Menschen (vgl. Montandon 2004: 8). Als Nachteil der Fernlehre gegenüber der Präsenzlehre können die indirekte Vermittlung von Lerninhalten und der durch das mehrheitlich eigenständige Lernen fehlende soziale Aspekt genannt werden.

3   Formen des E-Learning

Der Begriff E-Learning umfasst in seiner breitesten Auslegung alle Formen des Lernens mittels Informations- und Kommunikationstechnologien (vgl. Schröder/Wankelmann 2002: 5). Dazu gehört prinzipiell auch das face-to-face-Lernen mit computerbasierter Unterstützung. Allerdings werden mit E-Learning vor allem Lernsituationen bezeichnet, bei denen die Lernenden zumindest örtlich und oft auch zeitlich voneinander entkoppelt sind. E-Learning kann damit als ein auf IKT basierendes Konzept der Fernlehre bezeichnet werden. Dementsprechend sind grundsätzlich dieselben Vor- und Nachteile auszumachen, die auch bei der traditionellen Fernlehre auftreten. Allerdings eröffnet die Technologieunterstützung neue Möglichkeiten der Wissensvermittlung und der Interaktion.

Die verschiedenen unter dem Begriff E-Learning subsumierten Lernformen differieren u. a. hinsichtlich der an einem Kurs involvierten Orte, deren Anbindung an ein Computer-Netzwerk – insbesondere das Internet – und auch hinsichtlich der menschlichen Interaktion. Abbildung 3-1 zeigt fünf typische Ausprägungen von E-Learning, welche im Folgenden näher dargestellt werden.

Abbildung 3-1: *Formen des E-Learning*
(in Anlehnung an Hilt/Schremmer/Kuhmünch et al. 2001: 24)

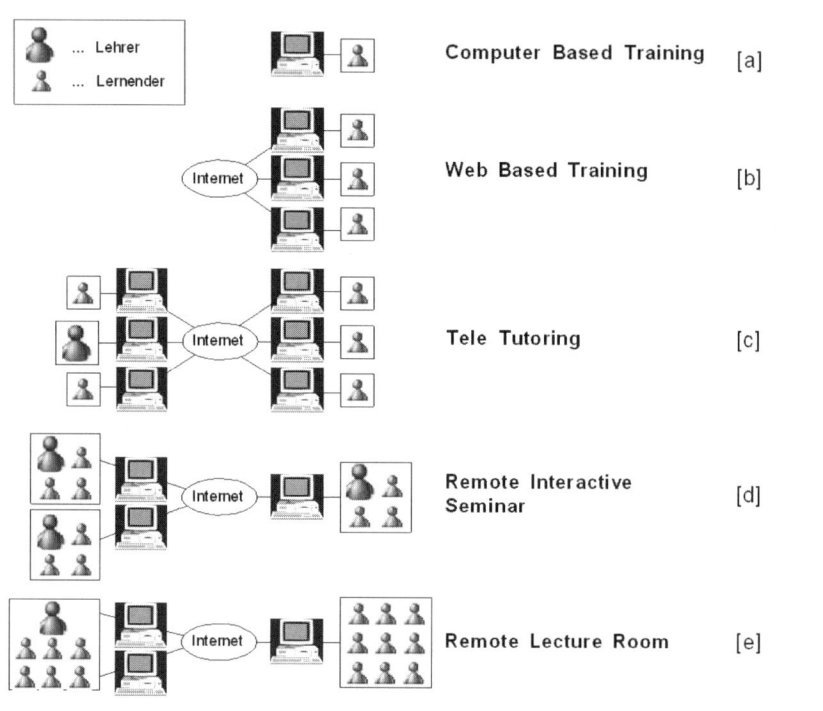

3.1 E-Learning ohne menschliche Interaktion

Eine bereits seit den 1980er Jahren praktizierte Form des E-Learning ist das **Computer Based Training (CBT)** (vgl. Abbildung 3-1 [a]). Damit werden Computerprogramme bezeichnet, welche die Benutzer bei einer eigenständigen und selbstbestimmten (d. h. orts- und zeitunabhängigen) Bearbeitung von Lerninhalten unterstützen (Dittler 2002: 163). Bei einem CBT-Kurs steht die Interaktion zwischen dem Lernenden und dem technischen Medium im Mittelpunkt (Kerres/Jechle 2000: 2). Als Voraussetzung für Ansätze des selbstgesteuerten Lernens gilt ein modularer Aufbau der Inhalte, um zu gewährleisten, dass einzelne Teile ohne spezielle Wissensvoraussetzungen absolviert werden können (Schröder/Wankelmann 2002: 10). Häufig ist ein CBT-Kurs auf einem Speichermedium wie CD-Rom oder DVD verfügbar.

Ein CBT-Kurs kann mit einem herkömmlichen Lehrbuch verglichen werden, welches zum Selbststudium benutzt wird. Die digitale Form der Inhalte bietet jedoch nebst der Darstellung von Text und Bild die Möglichkeit der Einbindung von multimedialen Elementen; ein multimediales Element besteht aus Text-, Bild-, Audio- und Video-Elementen, ist interaktiv manipulierbar und reagiert auf bestimmte Ereignisse (vgl. Knolmayer/Montandon 2003: 819, Schulmeister 2002: 28). Die potenziellen Vorteile von CBT gegenüber dem Medium Buch sind u. a. (vgl. dazu z. B. Marquardt/Kearsley 1999: 120 ff., Nichols 2001: 130, Schulmeister 2002: 32/194, Schulmeister 2004: 14):

- Plastische Problemvermittlung und interaktive Wissenserarbeitung durch Multimedialität.

- Aktivierung mehrerer Sinne durch die Medienvielfalt.

- Anregung der Denkprozesse durch das Handeln mit multimedialen Lernobjekten.

- Automatisierte Formen der Interaktion und damit die Möglichkeit zu (eingeschränktem) Feedback.

- Bessere individuelle Abstimmung auf Vorkenntnisse, bevorzugte Lernwege und -medien durch Personalisierung.

- Dynamisches Lernen durch (eventuell beeinflussbare) Abfolge von Lerninhalten.

Dem stehen aber auch Nachteile gegenüber, die vor allem in der Produktion und der Durchführung von CBT-Kursen auftreten (vgl. dazu z. B. Kerres 1998: 86, Schulmeister 2001: 253 f.):

- Hohe Investitionskosten insbesondere bei stark multimedialen und interaktiven Kursen.

- Geringere Flexibilität bezüglich Formulierung und Anpassung von Lernzielen und -inhalten.

- Abneigung der Lernenden gegen technische Medien.

- Didaktische Defizite.

- Hoher Wartungsaufwand.

E-Learning wird vielfach im Kontext des Internets genutzt. Dieses virtuelle Netzwerk weist eine hohe Flexibilität auf und erlaubt daher einen verhältnismässig einfachen Zugang der einzelnen Teilnehmer zu einem Web-Kurs. Wird Lernsoftware über ein Netzwerk wie das Internet bereitgestellt (vgl. Abbildung 3-1 [b]), so spricht man auch von **Web Based Training** (vgl. Dittler 2002: 163). Für die Durchführung webbasierter

Lehre werden spezifische Lernplattformen eingesetzt. Diese bieten eine Reihe von Funktionen an, welche für die Durchführung von Online-Kursen relevant sind. Dazu gehören:

- Die Verwaltung von Kursteilnehmern.

- Die Bereitstellung und Organisation von Online-Materialien.

- Synchrone und asynchrone Kommunikationswerkzeuge.

- Lernzielkontrollwerkzeuge.

Im Unterschied zu CBT entsteht durch die Netzanbindung die Möglichkeit der Interaktion zwischen mehreren menschlichen Akteuren im Rahmen des Kurses. Das Konzept des CBT als ein autonomes Lernmittel, welches lediglich eine Interaktion zwischen Mensch und Maschine vorsieht, wird dann fundamental erweitert und das WBT mutiert zu einem Instrument der verteilten Gruppenarbeit.

3.2   E-Learning mit menschlicher Interaktion

E-Learning-Konzepte, bei denen zwischen den Teilnehmenden an einem Lernprozess eine räumliche Trennung vorliegt, werden auch mit dem Begriff Tele-Teaching oder Tele-Tutoring bezeichnet. „Die Abgrenzung zum klassischen Fernlernen kann dabei damit begründet werden, dass dieses idealtypisch nicht auf Informations- und Kommunikationstechnik basiert, sondern vielmehr über nicht-technisierte Träger, wie z. B. den Brief [...], vollzogen wird." (Haas/Hoppe 2002: 90). Beim Tele-Teaching ist es das Ziel, Ortsunabhängigkeit zwischen Lehrer und Lernenden zu erreichen, wobei die Möglichkeit einer synchronen Interaktion, z. B. über Konferenzschaltungen, besteht (vgl. Bruns/Gajewski 2002: 42 f., Hilt/Schremmer/Kuhmünch et al. 2001, Kerres 1998: 291); dies entspricht dem Szenario „gleiche Zeit – verschiedener Ort" (vgl. Abbildung 2-1).

Das **Tele-Tutoring** (vgl. Abbildung 3-1 [c]) ist eine Konstellation mit mindestens einem Lehrenden bzw. Tutor und mehreren Lernenden, wobei die einzelnen Beteiligten isoliert voneinander sind (vgl. Hilt/Schremmer/Kuhmünch et al. 2001: 24). Die Teilnehmer arbeiten am eigenen PC und haben die Möglichkeit, über das Internet miteinander zu kommunizieren. Die Interaktion unter den Teilnehmern kann sowohl synchron als auch asynchron stattfinden. In Computer-Netzwerken wie dem Internet kommunizieren die Teilnehmer herkömmlicherweise durch Austausch von textbasierten Nachrichten, etwa in elektronischen Diskussionsforen (asynchrone Kommunikation) oder dem Internet-Relay-Chat (synchrone Kommunikation). Zunehmend wird auch die Übertragung der Stimme und von Bildern unterstützt, womit eine Interaktion im Stil von Tele-Konferenzen möglich wird.

Der grosse potenzielle Vorteil von Tele-Tutoring besteht in der Möglichkeit der (indirekten) sozialen Interaktion mit Tutoren und Peers, welche über technische Kanäle abgewickelt wird. Damit steht das Tele-Tutoring zwischen der Mensch-Maschine-Interaktion eines CBT und der unmittelbaren Mensch-Mensch-Interaktion der Präsenzlehre. Im Vergleich zur Präsenzlehre hat das Tele-Tutoring den Vorteil der räumlichen und teilweise auch zeitlichen Entkopplung. Als Nachteile bzw. Schwierigkeiten sind zu beachten, dass die ausschliessliche Kommunikation über technische Hilfsmittel sowohl bei Lehrenden wie auch Lernenden einige Probleme aufwerfen kann. Neben der Überwindung der technischen Schwierigkeiten und der mangelnden Vertrautheit mit den neuen Medien ist auch eine neue Kommunikationskultur erforderlich, die teilweise von den vertrauten Mustern bei direkter Kommunikation abweicht.

Die Zusammenarbeit von Gruppen im Stile von Tele-Konferenzen ist ein wesentliches Merkmal der beiden Tele-Teaching-Szenarien (vgl. Abbildung 3-1 [d], [e]). Diese lassen sich vom Tele-Tutoring dadurch abgrenzen, dass mehrere Personen unmittelbar zusammenkommen und dass die Interaktion auf jeden Fall synchron ist.

Beim **Remote Interactive Seminar** (vgl. Abbildung 3-1 [d]) verbindet das Web verschiedene Gruppen miteinander; jede Gruppe besteht aus einer Kombination von Lehrer und Lernenden. Bei einer derartigen Konstellation stehen vor allem stark interaktive, kollaborative Lernprozesse im Vordergrund (vgl. Hilt/Schremmer/Kuhmünch et al. 2001: 24).

Im **Remote Lecture Room** (vgl. Abbildung 3-1 [e]) treten mindestens zwei Gruppen von Lernenden auf. Bei der einen Gruppe findet eine klassische lehrerzentrierte Präsenzlehre statt; der Lehrer interagiert mit der Gruppe der Lernenden in einem Raum. Die zweite Gruppe der Lernenden sammelt sich in einem anderen Raum und ist über das Netzwerk mit dem eigentlichen Veranstaltungsraum verbunden. Über diesen Kommunikationskanal erfolgt eine Übertragung des Unterrichts. Im einfachen Fall kann die am Unterricht telepartizipierende Gruppe nur passiv dem Unterricht folgen; im erweiterten Fall sind Rückkopplungskanäle vorhanden, so dass die Teilnehmer dieser Gruppe auch aktiv am Unterricht teilnehmen können (vgl. Hilt/Schremmer/Kuhmünch et al. 2001: 24).

4 Blended-Learning-Szenarien

Blended Learning ist die Kombination traditioneller, direkter Lernformen und E-Learning. Die obigen Erörterungen haben gezeigt, dass sich sowohl bei der konventionellen Präsenzlehre als auch beim Lernen mittels Informations- und Kommunikationstechnologien verschiedene Gestaltungsmöglichkeiten anbieten. Durch die Kombination dieser beiden grundsätzlichen Formen des Lernens kann der Gestaltungsspielraum noch erweitert werden. Theoretisch sind sehr viele Kombinationen von

Präsenzlehre und E-Learning möglich, die sich kaum abschliessend aufführen lassen. Hier wird grundlegend zwischen der Parallelisierung und der Sequenzialisierung von konventionellen und virtuellen Lehreinheiten unterschieden. Bei der Untersuchung der verschiedenen Varianten von Blended Learning interessiert insbesondere die Art und Weise der Verknüpfung virtuellen Lernens mit Präsenzunterricht (vgl. Michel 2004: 12, Kerres/Jechle 2001: 13 f.).

4.1 Parallelisierung

Abbildung 4-1: *Paralleles Blended Learning*

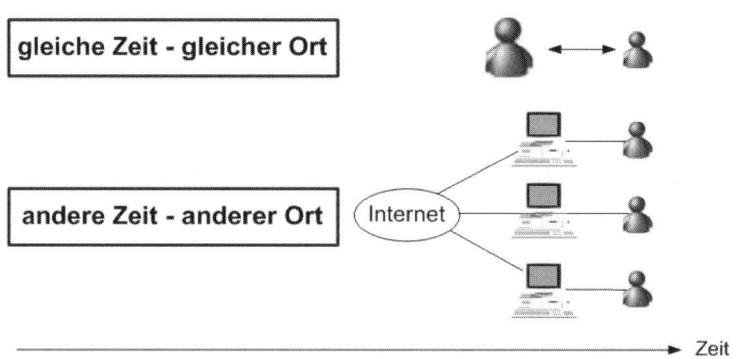

Bei dieser Form des Blended Learning werden Präsenzlehre und E-Learning parallel angeboten (vgl. Abbildung 4-1). Dies ist insbesondere dann relevant, wenn die Präsenzlehre in periodisch wiederkehrenden Einheiten abgehalten wird (z. B. wöchentliche Kurseinheiten) und sich die Lernenden dazwischen mit den virtuellen Lehreinheiten beschäftigen können.

Ein derartiger Ansatz kann insbesondere in Veranstaltungen mit vielen Teilnehmern sinnvoll sein, wie etwa Massenvorlesungen an den Universitäten. Nebst der Vorlesung, einer lehrerzentrierten Ausbildungsform mit eingeschränkten Interaktionsmöglichkeiten, wird über E-Learning ein zusätzlicher Interaktionskanal aufgebaut. In einem solchen Ansatz des Blended Learning werden typischerweise die folgenden Funktionen einer E-Learning-Plattform genutzt:

■ Distribution der Vorlesungsunterlagen über eine Lernplattform. Die Materialien können auf Papier ausgedruckt oder Online bearbeitet werden.

▨ Betreiben eines Diskussionsforums, welches die Kommunikation unter den Studierenden und mit den Dozenten erlaubt.

▨ Schalten von Lernzielkontrollen, z. B. in Form von Multiple-Choice-Fragen, mit denen der Lernfortschritt überprüft werden kann. Solche Quiz können unverbindlich, im Sinne einer Selbstkontrolle, oder verbindlich erfolgen. Letzteres kann nützlich sein, um die Studierenden zu beständiger Mitarbeit anzuhalten.

Ein derartiges Blended-Learning-Szenario eröffnet einen alternativen Informations- und Kommunikationskanal zur Ergänzung einer Präsenzveranstaltung.

4.2   Sequenzialisierung

Beim sequenziellen Blended Learning werden Präsenz-Lehreinheiten und E-Learning-Lehreinheiten hintereinander angeordnet. Dabei lassen sich grundsätzlich zwei Formen unterscheiden: Die Präsenzlehre kann vor dem E-Learning stattfinden oder das E-Learning erfolgt vor der Präsenzlehre. Darüber hinaus sind natürlich auch alternierende Sequenzen von konventionellen und virtuellen Lerneinheiten denkbar. Diese sind je nach Ausgestaltung unter Umständen nicht mehr eindeutig vom oben vorgestellten parallelen Blended-Learning-Szenario zu unterscheiden.

4.2.1   Von der Präsenzlehre zum E-Learning

Abbildung 4-2:   *Sequenzielles Blended Learning: Präsenzlehre vor E-Learning*

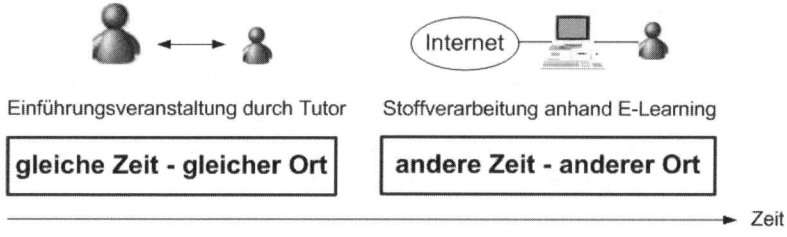

Einführungsveranstaltung durch Tutor   Stoffverarbeitung anhand E-Learning

| gleiche Zeit - gleicher Ort | andere Zeit - anderer Ort |

→ Zeit

Bei dieser Variante wird ein E-Learning-Kurs mit normalen Präsenzeinheiten eingeleitet (vgl. Abbildung 4-2). Diese Konstellation kann verschiedene Motive haben:

■ Wenn die Kursteilnehmer noch keine Erfahrungen mit dem E-Learning haben, kann die Präsenzeinheit dazu dienen, die Lernenden auf die Nutzung des CBT- bzw. des WBT-Kurses vorzubereiten.

■ Durch die Präsenzveranstaltungen können die Kursteilnehmer den Lehrer und andere Teilnehmer persönlich kennen lernen und so einen besseren Bezug aufbauen.

■ Durch die Präsenzveranstaltungen kann eine Einleitung bzw. ein Überblick über das Stoffgebiet gegeben werden, welches im E-Learning-Kurs konkret erarbeitet wird.

Ein derartiges Szenario wird beispielsweise an der Universität Bern im Studiengang Betriebswirtschaftslehre für die Schulung des Tabellenkalkulationsprogramms EXCEL eingesetzt. Nach den einführenden Vorlesungseinheiten erarbeiten sich die Studierenden im E-Learning-Kurs konkretes Handhabungswissen zu dieser Standardsoftware.

4.2.2 Vom E-Learning zur Präsenzlehre

Abbildung 4-3:   *Sequenzielles Blended Learning: E-Learning vor Präsenzlehre*

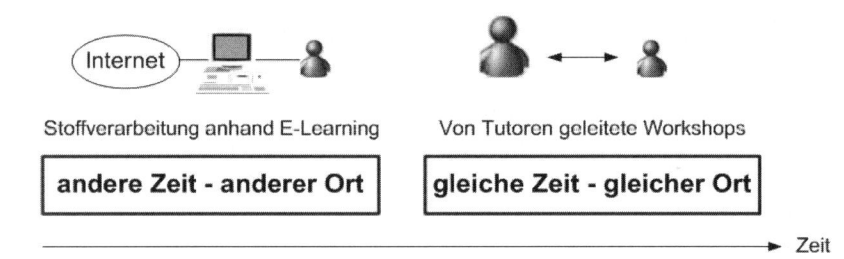

Stoffverarbeitung anhand E-Learning   Von Tutoren geleitete Workshops

andere Zeit - anderer Ort   **gleiche Zeit - gleicher Ort**

→ Zeit

Bei dieser Variante wird normale Präsenzlehre durch E-Learning eingeleitet (vgl. Abbildung 4-3). Auch dafür lassen sich gute Gründe anführen:

■ Vielfach wird unterstellt, dass E-Learning eher für die Aneignung von Faktenwissen geeignet ist, während weitergehende Wissenserarbeitung am besten in einer face-to-face-Situation mit Personen geschieht. Nach dieser Argumentation geschieht das Erarbeiten von Fakten durch einen computerbasierten Kurs, wohingegen die Präsenzlehre zum Ziel hat, das Faktenwissen durch dessen Anwendung zu festigen und zu ergänzen.

Ein anderes Argument ist das der Wissenshomogenisierung. Vielfach leiden Kurse unter dem ungleichen Wissensstand der Teilnehmer. Die Durchführung der Lehre muss dann auf den niedrigeren Wissensstand einiger Teilnehmer Rücksicht nehmen. Dadurch wird der angestrebte Wissensfortschritt unter Umständen nicht ausreichend realisiert. In diesem Fall kann E-Learning eingesetzt werden, damit die Teilnehmer zu Beginn des Kurses den gleichen Wissensstand aufweisen. Der einheitliche Wissensstand kann durch eine Lernzielkontrolle vor Eintritt in die Präsenzveranstaltung geprüft werden.

Abbildung 4-4:   *Dreistufiges sequenzielles Blended Learning*

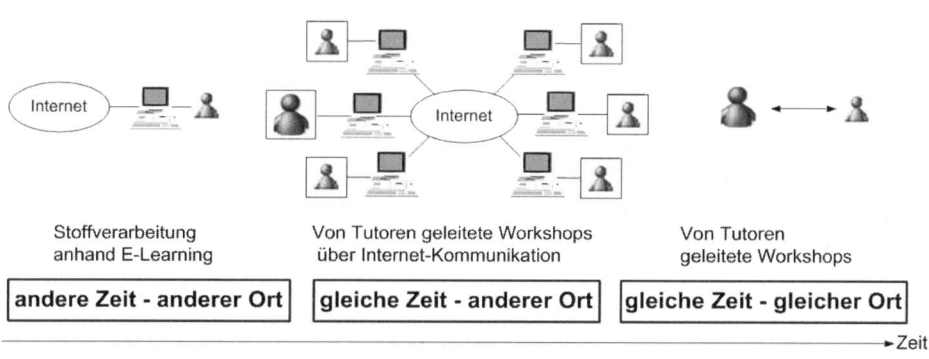

Stoffverarbeitung anhand E-Learning	Von Tutoren geleitete Workshops über Internet-Kommunikation	Von Tutoren geleitete Workshops
andere Zeit - anderer Ort	**gleiche Zeit - anderer Ort**	**gleiche Zeit - gleicher Ort**

→Zeit

Eine komplexere Variante dieses Blended-Learning-Ansatzes wird in Deutschland bei einer Versicherungsgesellschaft angewendet (vgl. Abbildung 4-4). Dabei handelt es sich um die Ausbildung von Versicherungsvertretern, welche eine anspruchsvolle Prüfung des Berufsverbandes absolvieren müssen. In Vorbereitung zu dieser Prüfung werden drei Stufen durchlaufen:

Im ersten Schritt bekommen die Versicherungsvertreter einen CBT-Kurs auf CD zur Verfügung gestellt. Sie können sich autonom mit diesem CBT in ihren lokalen Versicherungsagenturen den notwendigen Stoff für die Prüfung aneignen.

In einem zweiten Schritt treten die Versicherungsvertreter in einen Tele-Tutoring-Kurs ein. Dies ermöglicht den Absolventen synchrone Kommunikation mit dem Kursleiter und den anderen Kursteilnehmern. Dabei wird das in den CBT-Kursen erarbeitete Wissen diskutiert. Die Kursteilnehmer können vor Ort bleiben, müssen sich aber zu bestimmten Zeiten einloggen, um an diesem Tele-Tutoring-Kurs partizipieren zu können.

Im dritten Schritt nehmen die Versicherungsvertreter an Präsenzkursen teil, die in Form von Blockkursen abgehalten werden. Dazu werden sie alle in einem Schulungszentrum zusammengezogen. Durch die enge soziale Interaktion ist eine noch grössere Kontrolle möglich und der Lernstoff wird so weit eingeschliffen, dass eine hohe Erfolgswahrscheinlichkeit bei der Prüfung besteht.

Ökonomischen Sinn macht dieses Modell vor allem dadurch, dass die Vertreter räumlich über die ganze Republik verteilt sind und sie sich erst in der letzten Phase physisch treffen, was die Kosten für Reise und Logis verringert. Diese Kostenersparnis ist ein typisches Argument für den Einsatz von E-Learning in der betrieblichen Weiterbildung.

5 Fazit

Blended Learning ist nicht nur durch die Nutzung der Möglichkeiten der IKT, sondern auch durch die Verwendung verschiedener Lernkonzepte bestimmt. Durch die Kombination virtueller und nicht-virtueller Elemente ist eine Vielzahl unterschiedlicher Lernarrangements denkbar.

Blended Learning verheisst die „beste aller möglichen Welten" durch optimale Kombination von traditionellen und neuartigen Lehrformen. Allerdings sind auch die Probleme und Herausforderungen sorgsam zu beachten. So besteht die Gefahr der Aufwandfalle durch Bedienung verschiedener Kanäle für die Wissensvermittlung. Lernende wie Lehrer können unter Umständen durch die Medienvielfalt überfordert werden. Bei der Gestaltung von Blended-Learning-Lösungen sollten daher die Qualität der Lehre und der Aufwand für die Lehre genau beachtet werden.

Bei der Wahl der verschiedenen technischen Mittel zur Umsetzung unterschiedlichster Lernarrangements mit dem Konzept des Blended Learning tut sich eine schier unübersehbare Fülle von Möglichkeiten auf. Diese intelligent zu nutzen, im Sinne von kostengünstiger sowie qualitativ hoch stehender Lehre, stellt eine grosse Herausforderung an die Phantasie bei der Konzeption und Durchführung von Ausbildung in der Informations- und Wissensgesellschaft dar.

Literaturverzeichnis

BARRON, TOM (2002): Trends in Corporate E-Learning. In: E-Learning in der Praxis: Strategien, Konzepte, Fallstudien, hrsg. v. Hans-Christian Rieckhof und Hubert Schüle, Wiesbaden 2002, S. 55-69.

BRUNS, BEATE/GAJEWSKI, PETRA (2002): Multimediales Lernen im Netz: Leitfaden für Entscheider und Planer, 3. Aufl., Berlin et al. 2002.

DITTLER, ULLRICH (2002): E-Learning Erfolgsfaktoren und Einsatzkonzepte mit interaktiven Medien, München 2002.

HAAS, CORINNA/HOPPE, UWE (2002): E-Learning für die Zukunft: Begriffe, Erscheinungsformen und Aufgabenfelder. In: E-Learning in der Praxis: Strategien, Konzepte, Fallstudien, hrsg. v. Hans-Christian Rieckhof und Hubert Schüle, Wiesbaden 2002, S. 87-107.

HAMBURG, ILEANA/CERNIAN, OLEG/TEN THIJ, HERBERT (2003): Blended learning and distribution learning environments. In: Proceedings of the 5th International Conference on New Education Environments, The know-how hub for blended learning, hrsg. v. Christine Jutz, Federico Flückiger und Karin Wäfler, Bern 2003, S. 197-202.

HILT, VOLKER/SCHREMMER, CLAUDIA/KUHMÜNCH, CHRISTOPH ET AL. (2001): Erzeugung und Verwendung multimedialer Teachware im synchronen und asynchronen Teleteaching. In: Wirtschaftsinformatik, 43 Jg. 2001, Nr. 1, S. 23-33.

KERRES, MICHAEL (1998): Multimediale und telemediale Lernumgebungen: Konzeption und Entwicklung, München et al. 1998.

KERRES, MICHAEL/JECHLE, THOMAS (1999): Hybride Lernarrangements: Personale Dienstleistungen in multi- und telemedialen Lernumgebungen. In: Jahrbuch Arbeit - Bildung - Kultur, Band 17, hrsg. v. Forschungsinstitut für Arbeiterbildung an der Ruhr-Universität Bochum, Bochum 1999, S. 21-39.

KERRES, MICHAEL/JECHLE, THOMAS (2000): Betreuung des mediengestützten Lernens in telemedialen Lernumgebungen. In: Unterrichtswissenschaft. Zeitschrift für Lehr- Lernforschung, 28 Jg. 2000, Nr. 3, S. 257-277.

KERRES, MICHAEL/JECHLE, THOMAS (2001): Didaktische Konzeption des Tele-Lernens. In: Information und Lernen mit Multimedia, 2. Aufl., hrsg. v. Ludwig J. Issing und Paul Klimsa, Weinheim 2001, S. 267-282.

KNOLMAYER, GERHARD/MONTANDON, CORINNE (2003): Eignung multimedialer Lernobjekte zur Erreichung der in Blooms Taxonomie unterschiedenen Lernziele. In: Proceedings of the Wirtschaftsinformatik 2003, Bd. I, hrsg. v. Wolfgang Uhr, Werner Esswein und Eric Schoop, Heidelberg 2003, S. 819-838.

MARQUARDT, MICHAEL J./KEARSLEY, GREG (1999): Technology-based learning maximizing human performance and corporate success, Boca Raton 1999.

MICHEL, LUTZ P. (2004): Status quo und Zukunftsperspektiven von E-Learning in Deutschland. [Online] URL: http://www.mmb-michel.de/Bericht_NMB_Expertise_Endfassung_20040906.pdf, 21. Oktober 2004.

MONTANDON, CORINNE (2004): Customer Focused E-Learning. In: Handbuch E-Learning. Expertenwissen aus Wissenschaft und Praxis, 9. Erg.-Lief., hrsg. v. Andreas Hohenstein und Karl Wilbers, Neuwied et al. 2004, S. Beitrag 7.4, S. 1-21.

NICHOLS, MARK (2001): Teaching for Learning, Palmerston North 2001.

RIECKHOF, HANS-CHRISTIAN/SCHÜLE, HERBERT (2002): Die Nutzung von E-Learning-Content in den Top-350 Unternehmen der deutschen Wirtschaft. In: E-Learning für die Zukunft: Begriffe, Erscheinungsformen und Aufgabenfelder, hrsg. v. Hans-Christian Rieckhof und Hubert Schüle, Wiesbaden 2002, S. 133-159.

SCHRÖDER, RUDOLF/WANKELMANN, DIRK (2002): Theoretische Fundierung einer e-Learning-Didaktik und der Qualifizierung von e-Tutoren. [Online] URL: http://www.rudolf-schroeder.de/download/p-etutor-1d.pdf, 26. Oktober 2004.

SCHULMEISTER, ROLF (2001): Virtuelle Universität, Virtuelles Lernen, München et al. 2001.

SCHULMEISTER, ROLF (2002): Grundlagen hypermedialer Lernsysteme. Theorie - Didaktik - Design, 3. Aufl., München et al. 2002.

SCHULMEISTER, ROLF (2004): Didaktisches Design aus hochschuldidaktischer Sicht: Ein Plädoyer für offene Lernsituationen. In: Didaktik und Neue Medien. Konzepte und Anwendungen in der Hochschule, hrsg. v. Ulrike Rinn und Dorothee M. Meister, Münster 2004, S. 19-49.

Andrea Back

E-Learning strategisch verankern

1 Zum Stand von E-Learning in Unternehmen

E-Learning-Initiativen sind in den verschiedensten Bereichen von Unternehmen ange-siedelt, z. B. im Marketing, Sales, Kundendienst, IT-Training und Leadership Deve-lopment. Der Bereich Human Resources (HR) – speziell das Ressort Personalentwick-lung mit der betrieblichen Aus- und Weiterbildung – hat damit nicht allein Anteil an der Entwicklung geschäftsrelevanter Mitarbeiterkompetenzen. In aller Regel wird jedoch mindestens der HR-Bereich beteiligt sein, wenn es um eine unternehmensweite, systematische Strategie für interne Bildungsinvestitionen und um E-Learning im Un-ternehmen geht. Bevor über Wege zur strategischen Verankerung von E-Learning-Initiativen gesprochen wird, ist deshalb von einer Standortbestimmung dieser Unter-nehmensfunktion auszugehen.

1.1 Handlungsbedarf im Bereich Aus- und Weiterbildung

Der Weg der Querschnitts- und Dienstleistungsfunktion HR zum von den internen Kunden als Business Partner anerkannten Ressort scheint noch weit. Eine Studie von Capgemini hat mit einer schriftlichen Befragung, die sich an die obersten HR-Entscheidungsträger in den ca. 1'000 grössten deutschen Unternehmen richtete, die Ist-Situation der Personalbereiche erhoben. Zum Selbstverständnis der HR-Bereiche heisst es darin, lediglich jeder siebte HR-Bereich sähe sich „voll und ganz" als Business Partner (vgl. Capgemini 2002: 11). Die Studie stellt darüber hinaus fest: „Ge-rade in zwei von fünf Unternehmen besitzt der Personal-Bereich eine wirklich Strate-gie gestaltende Rolle; lediglich in drei von fünf Unternehmen erhält er eine tatsächlich Strategie umsetzende Funktion." (Capgemini 2002: 10). Zudem ist das Fremdbild der Personalbereiche von eher geringem Ansehen geprägt. Das Magazin von McKinsey, das von Hintergrundgesprächen über betriebliche Weiterbildung mit Vorständen und Topmanagern aus den 50 grössten Unternehmen Deutschlands berichtet, titelt: „Cor-porate Training ist traditionell geprägt von Wildwuchs, Intransparenz und Ver-schwendung." (Gillies 2004: 93).

Diese Lagebeurteilungen lassen auf erheblichen Handlungsbedarf schliessen. Die Strukturen und Prozesse in der betrieblichen Bildung sind grundsätzlich zu überden-ken, damit die Bildungsverantwortlichen als Wertschöpfungspartner bei der Lösung von geschäftlichen Problemen wirken können und schliesslich auch so wahrgenom-men werden. Kurz gesagt ist Bildungsmanagement, nicht Bildungsverwaltung gefragt. Es liegt nahe, „Lernen- und Wissensentwicklung" im Unternehmen – wie die primären Geschäftsprozesse – als *Gegenstand des Prozessmanagements* zu betrachten. Dies bedeutet, dass die Disziplin Business (Re)Engineering Fruchtbares für die Gestaltung der Lern- und Wissensprozesse im Unternehmen beitragen kann. Darauf geht Kapitel 2.4 näher ein. Zunächst sei jedoch ein Blick darauf geworfen, wie es um das Bildungsmanagement im Umfeld von E-Learning-Projekten steht.

1.2   Ad-hoc E-Learning-Projekte

In vielen Unternehmen wird E-Learning in Form von einzelnen Kursprojekten umgesetzt, die speziell für Ad-hoc-Lernbedarfe konzipiert wurden und nicht von einer übergeordneten Learning-Strategie getragen sind. Auch wenn E-Elemente, z. B. Ergänzung der klassischen Seminare mit Vorbereitungs-CBTs und -WBTs oder virtuelle Klassenzimmer, so Einzug in die Aus- und Weiterbildung halten, übt dies in der Regel keinen massgeblichen Einfluss auf die im Grossen und Ganzen bestehende Trainings- und Lernkultur aus, denn E-Learning hat hier lediglich Projektstatus (vgl. Back/Bursian 2003).

Bei diesen Insellösungen stehen die informations- und kommunikationstechnologische (IKT) Umsetzung und die mediendidaktischen Gestaltungs- und Erfolgskriterien im Mittelpunkt. Wie im Begriff „E-Business" sollte das „E" in E-Learning jedoch für das weitreichende Innovationspotenzial der neuen Medien stehen. Sie eröffnen Möglichkeiten, die formellen und informellen Lern- und Arbeitsprozesse innerhalb eines Unternehmens neu zu gestalten und über die Unternehmensgrenzen hinweg auszuweiten. Dies löst Veränderungsprozesse auf der Ebene sowohl der Lern- und Wissensprozesse wie auch auf der Ebene der Geschäftsprozesse aus. Beispielsweise werden E-Learning-Angebote im Kundenbeziehungsmanagement eingesetzt oder werden als eigener Geschäftsgegenstand zum Erlösträger. Bildungs- bzw. Learning Management, das dem Faktor „E" hinsichtlich seiner Innovations- und Veränderungspotenziale gerecht wird, geht deshalb über Gestaltungsfragen im Rahmen des Projektmanagements von E-Learning-Massnahmen hinaus. E-Learning soll mit der *innovativen Gestaltung von Lernen und Wissensentwicklung* im Unternehmen gleichgesetzt werden. Diese wird mit einem „Reengineering" von Aus- und Weiterbildungsprozessen einhergehen bzw. Überlegungen dazu mindestens anregen (vgl. Back 2004c: 98 ff.). Dieser Sicht auf E-Learning wird das *Referenzmodell des St. Galler Learning Center HSG* gerecht, das aus einer Business-Engineering-Perspektive (wie in Kapitel 2.4 beschrieben) heraus entwickelt wurde.

1.3 Mangelnde Kopplung mit Geschäftszielen

Bei der Formulierung einer (E-)Learning-Strategie denken Vertreter des Bildungsbereichs meist in Zieldimensionen für ihren Trainingsbereich, d. h. wie die Bildungsprozesse selbst effizienter und effektiver ablaufen können (vgl. Abbildung 1-1).

Abbildung 1-1: *Ziele in Trainings- und in Unternehmensstrategien*

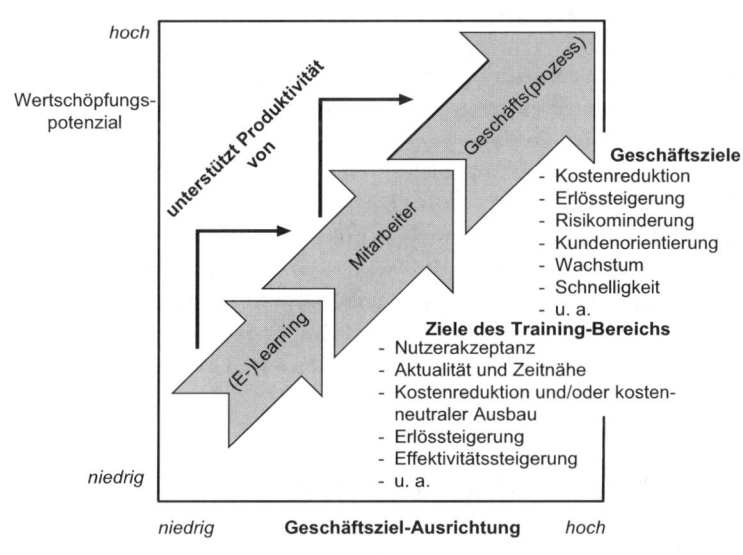

Die Herausforderung besteht jedoch darin, die Kopplung mit den Geschäftsstrategien herzustellen. In einer *geschäftsorientierten (E-)Learning-Strategie* muss deutlich werden, wie Verbesserungen in den Bildungsprozessen auf den Erfüllungsgrad von Geschäftszielen wirken. Hinzu kommt, dass es Mitarbeitern in Trainingsbereichen und der Personalentwicklung oft schwer fällt, die Brücke zum Management bzw. Geschäft zu schlagen, weil sie sich nicht in den Konzepten, in denen das Management denkt, ausdrücken. Sie sprechen nicht deren Sprache. Diese Problematik wird besonders bei schlechter Wirtschaftslage akut, wenn Kostensenkungsmassnahmen vor allem dort ansetzen, wo keine kurzfristigen und klar zu bemessenden Erfolge und Nutzen vorgewiesen werden können. Die Befürworter von Investitionen in Lernen und Wissensentwicklung im Unternehmen stehen unter hohem Rechtfertigungsdruck. Viele, insbesondere noch junge Initiativen wurden von Einsparungen und Streichungen getroffen. Die Entscheider geben sich nicht mehr mit einem Bildungscontrolling zufrieden, das über die Weiterbildungsmassnahmen lediglich Kennzahlen zu Kosten und Zufriedenheit der Lernenden liefert. Im Sinne des Effektivitätscontrollings soll belegt werden, wie Bildungsinvestitionen zu Geschäftsresultaten beitragen. Stehen Investitionen mit E-Learning in Verbindung, gilt es eine doppelte Hürde des Misstrauens zu nehmen. Nicht nur für Bildungsausgaben, sondern speziell auch für IKT-Projekte sind die Verantwortlichen aufgefordert zu zeigen, welchen Wertbeitrag diese zu leisten vermögen und wie dieser gemessen werden kann.

2 Ansätze zur strategischen Verankerung

Sowohl an Hochschulen als auch in der Unternehmenspraxis fasst E-Learning nur zögerlich Fuss. Es macht nur einen geringen Teil der gesamten Bildungsaktivitäten aus. An den Hochschulen wurden in einer ersten Innovationswelle etliche Projekte nach dem Auslaufen der Förderfinanzierung nicht weitergeführt. In den Unternehmen gingen Pilotprojekte nicht in den Regelbetrieb über und breiteten sich nicht wie erwartet auf weitere Einsatzbereiche aus. Die Aufmerksamkeit in Forschung, Beratung und Praxis richtet sich deshalb zunehmend auf die Frage, was die Voraussetzungen für eine echte Adaption von E-Learning sind. Die folgenden Abschnitte stellen einige Konzepte vor, die aus verschiedenen Betrachtungswinkeln die Bedingungen für die *erfolgreiche und selbstverständliche Verankerung* von E-Learning in der Lern- und Wissenskultur von Organisationen untersuchen und beschreiben.

2.1 Nachhaltigkeitsperspektive

Seufert/Euler (2004: 6 ff.) haben einen Bezugsrahmen zur Erzielung der Nachhaltigkeit von E-Learning-Innovationen an Hochschulen erarbeitet und weiterentwickelt, der über das Verständnis einer nur projektorientierten Nachhaltigkeit hinausgeht. Nach ihrer Arbeitsdefinition zielt die Nachhaltigkeit von E-Learning-Innovationen auf eine dauerhafte Implementierung und Nutzbarmachung der Potenziale von E-Learning in einer Organisation.

Die fünf Dimensionen dieses Bezugsrahmens:

- Didaktik: Nachhaltiger Lernerfolg (fachlich, überfachlich)
- Ökonomie: Effizienz und Effektivität des Ressourceneinsatzes
- Technik: Stabilität und problemgerechte Funktionalität
- Organisation: Flexibilität und Effizienz von Strukturen und Prozessen
- Kultur: Innovationsbereitschaft, Selbstorganisation

wurden im Verlauf der fortschreitenden Forschungsarbeiten als Dimensionen der Implementierung und strukturellen Perspektive eingeordnet. Sie haben eine Erweiterung (vgl. Seufert/Euler 2004: 6 und 14) um die der Implementierungsebene übergeordnete, Richtung weisende *strategische Ausrichtung* einer Hochschule erfahren. In einer weiteren Ausdifferenzierung des Nachhaltigkeitsbezugsrahmens wird der Implementierungsdimension noch die *zeitliche Perspektive* hinzugefügt. Hier finden die Begriffe „Innovation" im Kontext der Gestaltung von Veränderungen und „Qualität" im Kontext von kontinuierlicher Qualitätsentwicklung ihren Platz. Die Forschung zu diesem Bezugsrahmen ist Basis für die Akkreditierung von sogenannten „technology-enhanced Learning" Bildungsprogrammen nach dem CEL-Verfahren der European Foundation for Management Development (www.efmd.org).

2.2　Qualitätsperspektive

In jüngster Zeit wird die Übertragung von Methoden des industriellen Qualitätsmanagements auf das Bildungsmanagement intensiv diskutiert, wobei eine grosse Lücke zwischen der Vielfalt und Ausdifferenzierung der Konzepte in der Theorie und ihrer nur sporadischen Anwendung in der Praxis klafft. Ansätze, die dem Total Quality Management zugeordnet werden können, beziehen sich nicht nur auf die Qualitätsmerkmale eines Bildungsprodukts, etwa eines Web Based Training oder einer Blended-Learning-Ausbildungsmassnahme. Vielmehr zielen sie darauf ab, die Prozesse der Planung, Entwicklung und Durchführung von Bildungsaktivitäten sowie die organisationalen Rahmenbedingungen so zu gestalten, dass insbesondere den Kundenbedürfnissen, den Interessen weiterer Stakeholder und letztlich den Geschäftszielen entsprochen wird. Die Definition konkreter Qualitätsmerkmale und -massstäbe setzt idealerweise unternehmensindividuell eine Diskussion um begründete und auf einem gemeinsamem Verständnis beruhende Ziele voraus, und zwar Gespräche über die Ziele hinsichtlich relevanter Kompetenzen und Bildungsmassnahmen, die sich für die Personalentwicklung aus den Vorgaben der Unternehmensstrategie ableiten. Wird die Strategiekommunikation in dieser Art bis auf die Ebene des Qualitätsverständnisses herunter geführt, vergrössert sich die Chance, dass diese Ziele handlungsleitend wirken. Darin liegt ein Beitrag von Qualitätsmanagementansätzen zur strategischen Verankerung von (E-)Learning. Einen guten Einblick in den aktuellen Stand der Diskussion um Qualitätsmanagement-Konzepte im Bereich von betrieblicher Bildung und E-Learning geben Beiträge insbesondere von Kiedrowski, Pawlowski/Teschler, Seufert/Euler, Back, Meier und Ehlers im Herausgeberwerk „Weiterbildungscontrolling für E-Learning" (vgl. Ehlers/Schenkel 2004). Auftrieb erhält die Sicht des Qualitätsmanagements zudem dadurch, dass sich Bildungsanbieter durch Zertifizierung ihrer Angebote nach akzeptierten Qualitätssystemen und durch eine Akkreditierung als Institution einen Vertrauensbonus und damit Wettbewerbsvorteil verschaffen wollen, da auf Kunden- bzw. Lernerseite ein Bedürfnis nach transparenteren Märkten für

Bildungsangebote allgemein, insbesondere jedoch für den noch jungen E-Learning-Markt, besteht.

2.3 Innovationsperspektive

Wie in Kapitel 2.1 bereits angesprochen, gilt E-Learning als IT-basierte Innovation. Die Anwendung der Erkenntnisse aus der Forschung über die Diffusion von Innovationen, insbesondere IT-basierter Innovationen, auf E-Learning verspricht Aufschluss über die Faktoren, welche die Adaption von E-Learning in Organisationen fördern und hemmen. Diese Überlegung setzte Heesen (2004) mit einer empirischen Untersuchung zur Adaption von E-Learning an deutschen Fachhochschulen um. Gestützt auf Rogers Theorie zur Diffusion von Innovationen (Rogers 2003) und ein von Hebert und Benbasat validiertes Set von relevanten Faktoren speziell für die Adaption von IT-basierten Innovationen (vgl. Herbert/Benbasat 1994: 369 ff.) leitet Heesen (2004: 141 ff.) seine Untersuchungsgrössen ab. Die Forschungsfrage lautet: „To determine to what extent attitudes toward using the innovation E-Learning (image, relative advantage, compatibility, ease of use, result demonstrability, computer avoidance), subjective norms (peers, management, students), and perceived voluntariness are influencing the intent to adopt E-Learning" (vgl. Heesen 2004: 16).

Aus Forschungsergebnissen von empirischen Studien dieser Art lassen sich begründete Empfehlungen ableiten, auf welche Einflussfaktoren im Bildungsmanagement ein Augenmerk zu richten ist, um E-Learning den Weg zum erfolgreichen Einsatz zu bahnen. Auch wenn daraus keine Patentrezepte mit Erfolgsgarantie resultieren, können die als relevant identifizierten Einflussfaktoren herangezogen werden, um die Bereitschaft bzw. den Vorbereitungsgrad einer Organisation für die Adaption von E-Learning einzuschätzen und in die Planung der Aktivitäten des Veränderungsmanagements einzubeziehen.

2.4 Business-Engineering-Perspektive

Ein weiteres Denkmodell für die Sicht auf E-Learning im Unternehmen liefert das Business Engineering. Ziel der Disziplin Business Engineering ist die methodische Transformation von Unternehmen des Industriezeitalters in Unternehmen des Informationszeitalters (vgl. Österle/Winter 2003: 7). Das Business Engineering stellt die organisationale Veränderung mit ihren Auslösern und die Ebenen des Unternehmens, auf denen die Konsequenzen der Veränderung wirksam werden, in den Mittelpunkt seiner Betrachtung. Die Technologie als Auslöser und Unterstützungsfunktion wird im Besonderen aufgegriffen. Diese Sicht verspricht eine gute Grundlage für einen strategieorientierten Ansatz im Bildungsmanagement, der gleichzeitig auf die Integration von E-Learning-Potenzialen abstellt. Der folgende Abschnitt stellt zunächst die allgemeine Business-Engineering-Landkarte vor, um anschliessend das daraus abgeleitete E-Learning-Referenzmodell zu skizzieren.

2.4.1 Business-Engineering-Landkarte

Die Business-Engineering-Landkarte ist das Managementmodell der Disziplin Business Engineering (BE). Sie greift auf hohem Abstraktionsgrad explizit die Aspekte der organisationalen Veränderung sowie der Technologie als Auslöser und Unterstützungsfunktion auf. Die Gestaltungsebenen sind

- die Geschäftsstrategie,

- die Geschäftsprozesse,

- die Systeme der Informations- und Kommunikationstechnik (IKT) und

- die Aspekte der emotional-kulturellen Ebenen der Veränderung: Führung, Verhalten, Machtstrukturen und die Unternehmenskultur (vgl. Baumöl 2008: 35).

Auslöser der Veränderung sind von verschiedener Natur: Technische, betriebswirtschaftliche oder volkswirtschaftliche Beweggründe lösen Anpassungsprozesse im Unternehmen aus, idealerweise zunächst auf Strategieebene, dann auf Prozess- und schliesslich auf der IKT-Ebene, welche die Applikationen zur Unterstützung der Geschäftsprozesse bereitstellt. Zu den Grundannahmen des BE zählt, dass Innovationen erst wirksam werden, wenn sie auf Strategie-, Prozess- und Systemebene umgesetzt werden (vgl. Österle/Winter 2003: 12). Weiterhin ist im BE-Verständnis das Methoden-Engineering ein Grundprinzip. Für die Gestaltungsebenen der BE-Landkarte sollen Methoden konstruiert werden, d. h. diesem Managementmodell liegt die Annahme zugrunde, dass die durch die Methoden gelegten Strukturen das Verhalten des Systems, also auch der Menschen, bestimmen. Baumöl hat speziell für ihren Themenfokus, der Methodenkonstruktion für die organisationale Veränderung, auf der BE-Landkarte aufbauend einen integrierenden Bezugsrahmen entwickelt (vgl. Abbildung 2-1). Dieser berücksichtigt Kontextparameter und Aspekte der Steuerung explizit, um zu betonen, dass es nicht bloss direkt und deterministisch steuerbare Gestaltungsobjekte zu berücksichtigen gilt, sondern auch nur indirekt durch Strukturen und emotional-kulturelle Aspekte beeinflussbare. Kontextfaktoren sind solche, die auf Unternehmen und Projekte wirken, aber nicht direkt Projektgegenstand sind – also die Rahmenbedingungen. Die emotional-kulturellen Faktoren der organisationalen Veränderung stehen dabei mit jedem Aspekt der fachlichen Gestaltungsebenen in enger rekursiver Wechselwirkung.

Abbildung 2-1: *Integrierter Business-Engineering-Bezugsrahmen (Baumöl 2008: 48)*

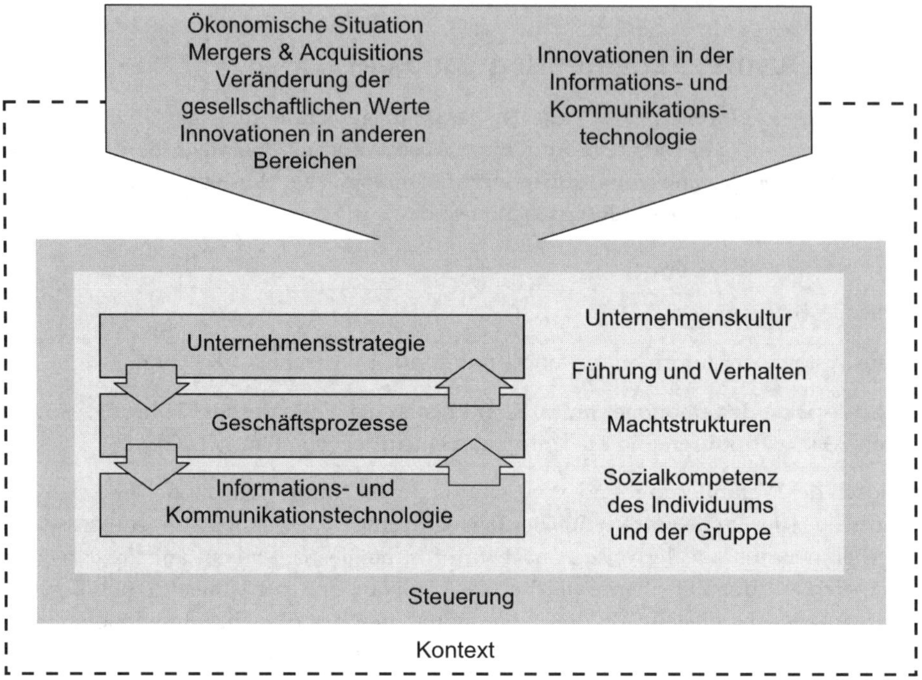

Während das originäre BE die strenge Ausrichtung auf Kundenprozesse zum Ausgangspunkt nimmt, ergänzt Baumöl (2008: 41 f.), dass auch interne Prozesse per se Ausgangspunkt und Gegenstand von BE sein können. Dem im Folgenden beschriebenen E-Learning-Referenzmodell liegt die Auffassung zugrunde, dass die Prozesse des Lernens und der Wissensentwicklung wie andere Geschäftsprozesse eine herausgehobene Betrachtung im Geiste des Business Engineering verdienen. (E-)Learning gilt dann zunehmend weniger als „randständiger" Unterstützungsprozess und kann sein Potenzial über marginale Kostensenkungen hinaus ausschöpfen. Diese Ansicht stützt sich auf die Tatsache, dass der Anteil der Wissensarbeit zunimmt und die einfachen Arbeiten immer mehr abnehmen, da sie durch IKT-Automatisierung ersetzt werden. Eine höhere Produktivität der die Geschäftsprozesse unterstützenden Informations- und Wissensarbeit verbessert die Wertschöpfung durch diese Prozesse. Vielfach hängt die wirkungsvolle Nutzung der IKT von entsprechend qualifizierten und die Veränderung aktiv mittragenden Mitarbeitenden ab. Grundlegende Neuerungen in Geschäftsabläufen und Applikationen zu ihrer IKT-Unterstützung werden erst durch Verhaltensänderungen wirksam und lösen deshalb kaum ohne bewusst gestaltete Lernprozesse ihren als „Potenzial" angelegten Wertschöpfungsbeitrag ein.

2.4.2   E-Learning-Referenzmodell

Das Business-Engineering-Denkmodell stand Pate, um einen Orientierungsrahmen für die ganzheitliche Unterstützung des Bildungsmanagements bei seinen Aufgaben zur Gestaltung der Lern- und Wissensentwicklungsprozesse im Unternehmen zu schaffen. Besonderes Augenmerk liegt auf den Lern-/Wissensprozessen, die durch E-Learning-Entwicklungen ausgelöst oder auch unterstützt werden. Dieses geschäfts- und managementorientierte – und eben nicht rein technische – Verständnis von E-Learning drückt das St. Galler E-Learning-Referenzmodell (vgl. Back/Bendel/Stoller-Schai 2001: 23 f.) aus. Es ist in Abb. 2-2 mit seinen Bausteinen skizziert und liegt den Arbeiten der Forschungsgruppe „Learning Center HSG" (vgl. www.learningcenter.unisg.ch) zugrunde.

Abbildung 2-2:   *E-Learning-Referenzmodell des St. Galler Learning Center HSG (in Anlehnung an Back/Bendel/Stoller-Schai 2001: 23)*

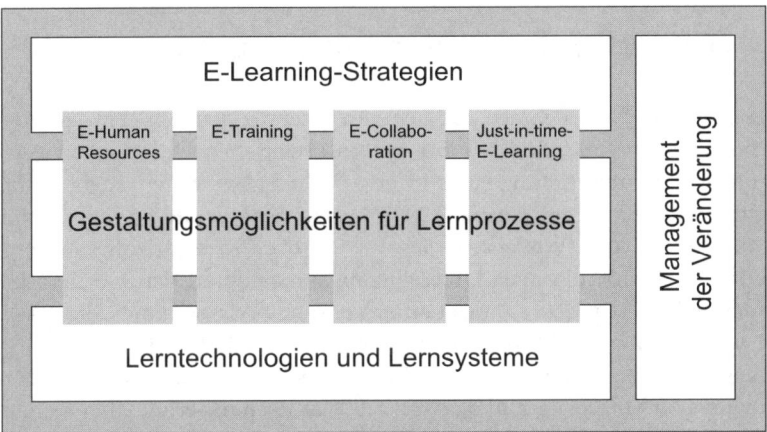

In dieser Abbildung ist die Ebene „Gestaltungsmöglichkeiten für Lern- und Wissensentwicklungsprozesse" detaillierter dargestellt, um zu veranschaulichen, wie die Ebene „Prozesse" verstanden wird. Die Säulen „E-Collaboration" mit kollaborativen Szenarien für Lern- und Arbeitssettings sowie „Just-in-time-E-Learning" deuten an, dass es sowohl um formelle wie informelle Lernprozesse geht und die Abgrenzung von E-Learning zu Knowledge Management fliessend ist. Für eine vertiefende Betrachtung dieser Ebene sei hier auf Back/Bendel/Stoller-Schai (2001: 153-203) verwiesen, da die Ebene „Strategie" – flankiert von der Säule Veränderungsmanagement – den Themenfokus dieses Beitrags bildet.

Die Business-Engineering-Sicht wurde – unter Weiterentwicklung des E-Learning-Referenzmodells – (vgl. Heidecke 2008) für die Gestaltung des Aussendiensttrainings in multinationalen Unternehmen an konkreten Fallstudien erfolgreich angewendet. Der so entwickelte detaillierte Architektur- und Methodenvorschlag liefert Trainings-, E-Learning- und Wissensmanagement-Verantwortlichen, welche in multinationalen Unternehmen auf globaler, regionaler oder lokaler Ebene tätig sind, einen Leitfaden zur systematischen Gestaltung der Trainingsprozesse sowie der potenziellen Unterstützbarkeit einzelner Aufgaben durch Informations- und Kommunikationstechnologie. Verbunden damit wird auch die strategische Ausrichtung und Steuerung des Trainings thematisiert.

3 Aspekte der strategischen Verankerung

3.1 Die Rolle des Bildungsmanagers

Die Organisation in Unternehmen hat sich von einer an den betrieblichen Funktionen orientierten Aufbauorganisation hin zur prozessorientierten Organisation verschoben. Die Abläufe sollen zur Erfüllung eines Kundenbedürfnisses durchgängig gestaltet sein und möglichst – wie z. B. von Gartner (2005) bezeichnet – „realtime" ablaufen. Der Anschluss von Lernen- und Wissensentwicklung an die Prozessorientierung ergibt sich zwangsläufig, weil sich diese als Unterstützungsprozesse an den Geschäftsprozessen auszurichten haben. Die Prozesse des Lernens und der Wissensentwicklung selbst werden zum Veränderungsobjekt. Nach dem Business Reengineering im Aussenverhältnis des Unternehmens zu Lieferanten und Kunden rücken nun der HR-Bereich und das Innenverhältnis zu Mitarbeitern in das Blickfeld des Reengineering. Man kann die Rolle eines Bildungsmanagers deshalb so verstehen, dass er oder sie Prozessmanager ist. Ein Bildungsmanager – oder auch Chief Learning Officer (CLO) – trägt deshalb die Verantwortung für die Umsetzung veränderter Architekturen in der Ablauf- und Aufbauorganisation. Da wir hier speziell von E-Learning-Innovationen – d. h. IKT-basierten Innovationen – ausgehen, fällt das Bildungsmanagement unter das Aufgabenverständnis eines Business Engineer, der den Übergang vom Istzustand in den Sollzustand gestaltet, lenkt und implementiert.

In manchen Firmen sind CLOs oder spezielle E-Learning-Verantwortliche eingesetzt worden. Sie kämpfen heute oft damit, dass bereits viele E-Learning-Initiativen und -Systeme bestehen und im Unternehmen ein Eigenleben führen. Dies erschwert es, eine einheitliche Strategie durchzusetzen.

Wie sich Back/Bendel/Stoller-Schai (2001: 71-152) den Strategieprozess idealtypisch vorstellen, skizziert der folgende Abschnitt.

3.2 Überlegungen zur Strategieebene und zum Strategieprozess

3.2.1 Herleitung und Anforderungen an eine E-Learning-Strategie

Gemäss dem oben eingeführten Business-Engineering-Verständnis enthält Abbildung 3-1 – ausgehend von den Treibern der Veränderung – die Herleitung der Anforderungen an eine E-Learning-Strategie. Für eine ausführlichere Beschreibung sei die interessierte Leserschaft auf die Originalquelle verwiesen (vgl. Back/Bendel/Stoller-Schai 2001: 85-99).

Abbildung 3-1:   *Herleitung der Anforderungen an eine E-Learning-Strategie (in Anlehnung an Back/Bendel/Scholler-Schai 2001: 99)*

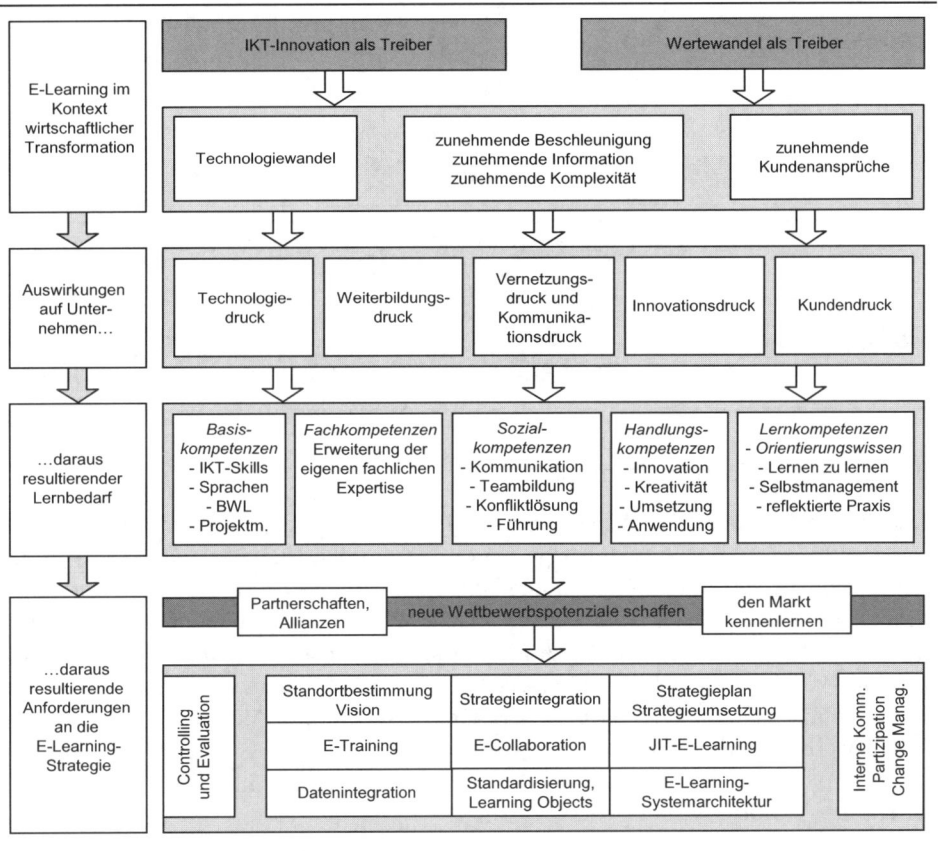

Um Bildungsmanagern eine Orientierung zu geben, mit welchen Mitteln sie zu Erfolg, Nachhaltigkeit und Wirtschaftlichkeit von E-Learning-Massnahmen kommen können, wird im Folgenden der Strategieprozess zur näheren Beschreibung herausgegriffen (unterste Ebene in Abbildung 3-1).

3.2.2 Schritte und Komponenten des Strategieprozesses

Den Strategieprozess im Detail zeigt Abb. 3-2 mit denjenigen Schritten, die iterativ durchlaufen werden, wenn eine umfassende E-Learning-Strategie entwickelt und umgesetzt werden soll.

Abbildung 3-2: *Überblick über den Strategieprozess (Back/Bendel/Scholler-Schai 2001: 113)*

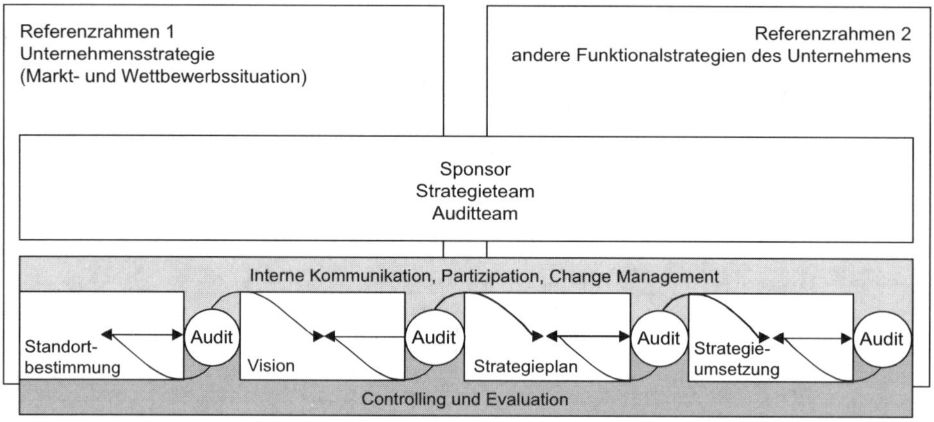

3.2.2.1 Standortbestimmung

Die Standortbestimmung umfasst die Analyse der Ausgangslage im Unternehmen und des Umfelds. Zur Ausgangslage werden Daten über die Situation innerhalb des Unternehmens bezüglich Technologie basierter Lern- und Arbeitsformen erhoben. Fragestellungen sind u. a.: Wie werden unsere Mitarbeitenden heute aus- und weitergebildet? Was geschieht in Bezug auf E-Learning? Welche Strukturen stehen zur Verfügung? Welche Massnahmen sind geplant? Die Umfeldanalyse richtet das Augenmerk mit folgenden Fragen nach aussen: Welche E-Learning-Aktivitäten betreiben die Wettbewerber? Warum machen sie es so und nicht anders?

3.2.2.2 Vision

Die E-Learning-Vision dient dazu, im Sinne eines „Big Picture" aufzuzeigen, in welcher Art und Weise E-Learning-Massnahmen dazu beitragen sollen, die individuellen und persönlichen Ziele bzw. Unternehmensziele zu erreichen. Die Vision bildet den Orientierungsrahmen für die Konkretisierung einzelner Projekte oder ganzer Programme. Sie setzt sich aus mehreren Komponenten zusammen:

1. Kontext: Eine E-Learning-Vision muss so formuliert sein, dass sie sich an den Unternehmenszielen orientiert, gleichzeitig die Anforderungen und Bedürfnisse der Personal-, der E-Business- und der Wissensmanagement-Strategie berücksichtigt und die erhobenen Daten aus der Standortbestimmung miteinbezieht. Dies umfasst auch die bereits bestehenden E-Learning-Initiativen in einem Unternehmen.

2. Potenzial von E-Learning: Als zweite Komponente muss eine E-Learning-Vision das Potenzial von E-Learning kennen und zu entfalten wissen.

3. Lernräume/Lernarchitektur: Als dritte Komponente werden die E-Learning-Potenziale dafür verwendet, „Lernräume" zu definieren, in denen eine bestimmte Anspruchsgruppe ihre spezifischen Lern- und Informationsbedürfnisse abdecken kann. „Lernraum" ist eine spezifische Begriffsbildung. Ein Lernraum umfasst alle Bildungs- und E-Learning-Massnahmen in Bezug auf eine klar spezifizierte Anspruchsgruppe oder bezüglich einer klar spezifizierten Thematik. Er ist das Gefäss, in dem Lernprozesse stattfinden, und kann ein oder mehrere E-Learning-Projekte umfassen. Lernräume lassen sich ihrerseits zu einer unternehmensweiten Lernarchitektur zusammenfassen.

4. Change-Aspekte: Um das Informations- und Orientierungsbedürfnis aller von der Einführung von E-Learning-Massnahmen Betroffenen zu befriedigen, sollte eine Vision die unter 3.2.3 näher erläuterten Fragestellungen mindestens zum Teil beantworten können.

5. Eigenschaften: Schliesslich muss eine E-Learning-Vision so formuliert und kommuniziert werden, dass sie akzeptiert und verstanden wird.

3.2.2.3 Strategieplan

Die Aufgabe des Strategieplans ist es festzusetzen, welche E-Learning-Massnahmen in welchen Zeiträumen umgesetzt werden sollen. Der Strategieplan umfasst u. a. einen zeitlichen und einen finanziellen Rahmenplan, die Spezifikation von Lernarchitektur und Lernräumen, Kriterien für den Aufbau von Partnerschaften sowie ein Produktionskonzept (Entwicklung bzw. Beschaffung sowie Verteilung und Aktualisierung von Inhalten).

3.2.2.4 Strategieumsetzung

Die Strategieumsetzung geschieht mit Hilfe eines Plans, der sich aus zwei Hauptkomponenten zusammensetzt, der Vorbereitung und der Begleitung der Einführung. Zur Vorbereitung der Einführung zählen das Implementierungs- und Konfigurationskonzept sowie das Testkonzept. Die Aufgabe des Implementierungs- und Konfigurationskonzeptes ist es, alle technischen Details zu regeln, die anschliessend den sicheren Betrieb der E-Learning-Systeme gewährleisten können. Das Testkonzept legt die Art und Weise sowie die Gruppen fest, mit denen die implementierten Systeme getestet werden. Auch das Strategieteam sollte – gemäss dem Prinzip der Selbstanwendung – persönlich und aktiv an dieser Testphase teilnehmen.

Zur Begleitung der Einführung gehören ein Schulungs- und ein Supportkonzept. Pro Anspruchsgruppe muss festgelegt werden, welcher Schulungsbedarf mit der Einführung neuer E-Learning-Systeme entsteht. Das Schulungskonzept hat den Mitarbeitenden vor allem aufzuzeigen, wie sie mit den neuen E-Learning-Systemen effizienter und effektiver werden und wie künftig Arbeiten und Lernen miteinander vernetzt werden.

Gerade in der ersten Phase der Einführung neuer E-Learning-Systeme müssen technische Schwierigkeiten, inhaltliche Mängel, Unklarheiten, Orientierungslosigkeit, Missstimmungen etc. schnell aufgefangen und behoben werden können. Dies erfordert die Erarbeitung eines differenzierten Supportkonzepts, welches entsprechende Anlaufstellen und Unterstützungsangebote aufbaut.

Die strategische Ausrichtung und Fundierung von E-Learning muss als explizite Aufgabe verstanden und einem Team in Verantwortung gegeben werden. Ein E-Learning-Strategieprozess ist als Change-Prozess zu verstehen und zu managen. Eine Vision und Strategie kann nicht bottom-up aus den Umsetzungsprojekten entwickelt und aufgepfropft werden. Dies bedeutet auch, dass die aus der entwickelten Vision abgeleiteten Umsetzungen durchaus sehr pragmatisch, bescheiden und einfach sein können, insbesondere um die Nutzungsakzeptanz beim Anwender sicherzustellen.

3.2.3 E-Learning als Change-Prozess

Eine neue Lernkultur durch E-Learning bringt auf verschiedenen Ebenen Veränderungen, die mit einer Transformation von „Selbstverständnissen" einhergehen. Über Jahrzehnte vertraute und in Fleisch und Blut übergegangene Praktiken und Ansichten werden in Frage gestellt bzw. müssen durch neue ersetzt werden. Es ergibt sich ein hoher Aufklärungsbedarf, z. B. was Lernen und Weiterbildung in Zukunft bedeuten sollen und welche Formen diese annehmen können (Lernverständnis). Entsprechendes gilt für das Kursverständnis, die Interpretation von Lernkultur, das Verhältnis zwischen Trainer und Lernenden, für die Lern- und Arbeitsformen, die Verteil- und Zugangsformen von E-Learning-Angeboten und die an das Lernen angelegten Effizienz- und Effektivitätskriterien. Diese Aufzählung verdeutlicht, dass die Einführung von E-Learning-Massnahmen nicht ein technisches Implementierungsprojekt ist, sondern in erster Linie ein sozialer und damit kommunikativer Prozess. Die Veränderungen durch eine E-Learning-Strategie lösen nicht nur Unsicherheiten und Befürchtungen aus, sondern können auch übertriebene Erwartungen und unrealistische Idealvorstellungen wecken.

Zusätzlich zu diesen kommunikativen Anforderungen im Change Prozess stellt Abbildung 3-3 weitere Aspekte zu vier Eckpunkten einer systematischen Einführung zusammen. Diese sind: Akzeptanz sicherstellen, Orientierung vermitteln, Erfolge ermöglichen und Selbstverantwortung.

Abbildung 3-3: *Gestaltungselemente des Change-Prozesses (Back/Bendel/Scholler-Schai 2001: 108)*

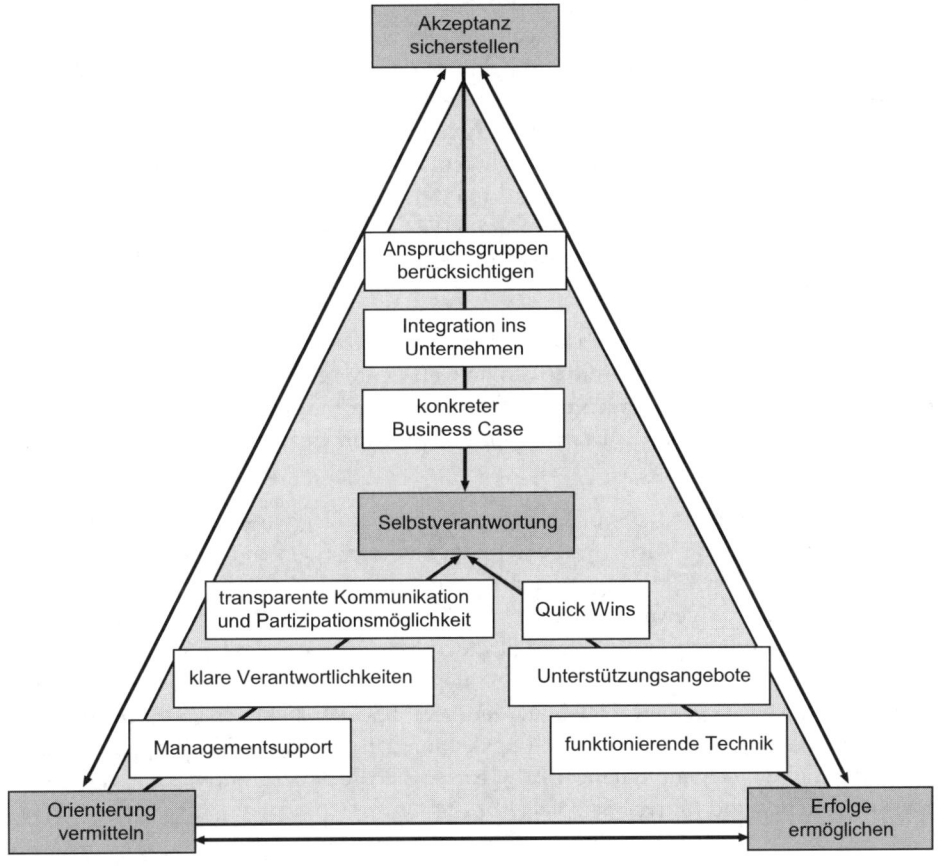

3.3 Learning Strategy Map im Strategieprozess für E-Learning

Auf der Suche nach in der Unternehmenspraxis anerkannten Methoden für die Strategiekommunikation und -umsetzung stösst man unweigerlich auf die Balanced Scorecard (BSC) nach Kaplan/Norton (2001). Sie deckt mit ihrer gewichteten Zielkarte und den zugeordneten Kennzahlen bei weitem nicht nur die Anforderung eines messenden Controllings ab. Im Vorwort des jüngsten Buches „Strategy Maps" von Kaplan/Norton (2004: XI) heisst es, dass die BSC es ermöglicht, alle organisatorischen Ressourcen (Führungskräfteteams, Geschäftseinheiten, Unterstützungseinheiten, IT, Mitarbeitereinstellung und -training) so auszurichten, dass sie intensiv auf die Implementierung der Strategie fokussieren. Die BSC hat sich in den letzten Jahren auch in den deutschsprachigen Ländern als Managementsystem durchgesetzt und ist Führungskräften geläufig. Grundsätzlich kann eine BSC für Unternehmen und/oder verschiedene Organisationseinheiten eines Unternehmens erstellt werden. In den letzten Jahren haben einige den Versuch unternommen, das Konzept der BSC auf den Personalbereich ihres Unternehmens zu übertragen. Das Sammelwerk von Ehlers/Schenkel (2004) enthält mehrere Beiträge, in denen der BSC-Ansatz auf (E-)Learning-Strategiefindung, -kommunikation und -controlling übertragen wird, u. a. Back 2004a. Die BSC baut darauf auf, dass ein Unternehmen bereits eine Vision und Strategien hat. Heute liegt in den Unternehmen selten eine ausformulierte (E-)Learning-Strategie vor. In diesem Fall kann das Vorhaben, eine Learning-BSC zu erstellen, durchaus der Auslöser für einen solchen Strategieentwicklungsprozess sein.

In Back (2004b: 89 ff.) ist für den BSC-Ansatz ein fiktives Fallbeispiel ausführlich beschrieben, das auf E-Learning-Initiativen im Call Center eines Unternehmens der Telekommunikationsbranche beruht. Es stellt dar, wie ein Bildungsmanager vorgeht, um den Beitrag der geplanten (E-)Learning-Initiativen zum Geschäftserfolg des Call Centers aufzuzeigen.

Für den Klärungsprozess zur (E-)Learning-Strategie und schliesslich ihrer Kommunikation sind die Ursache-Wirkungs-Beziehungen von grundlegender Bedeutung. Dafür haben Kaplan/Norton (2004) eigens den Begriff „Strategy Maps" geprägt und als Titel ihres jüngsten Buchs gewählt; es trägt den Untertitel: „Der Weg von immateriellen Werten zum materiellen Erfolg". Eine Strategy Map ist nach Kaplan/Norton das Diagramm, in dem die Führungskräfte ihre Strategie mittels expliziter Ursache-Wirkungs-Beziehungen zwischen den Zielen in den vier BSC-Perspektiven beschreiben. Zur Veranschaulichung der Ursache-Wirkungsketten zwischen den BSC-Perspektiven und als Anregung, eine eigene Balanced (E-)Learning Scorecard zu entwickeln, dient hier ein skizzenhaftes und fiktives Beispiel (Abb. 3-4).

Abbildung 3-4:   Strategische Ziele und Kennzahlen für ein fiktives E-Learning-Vorhaben

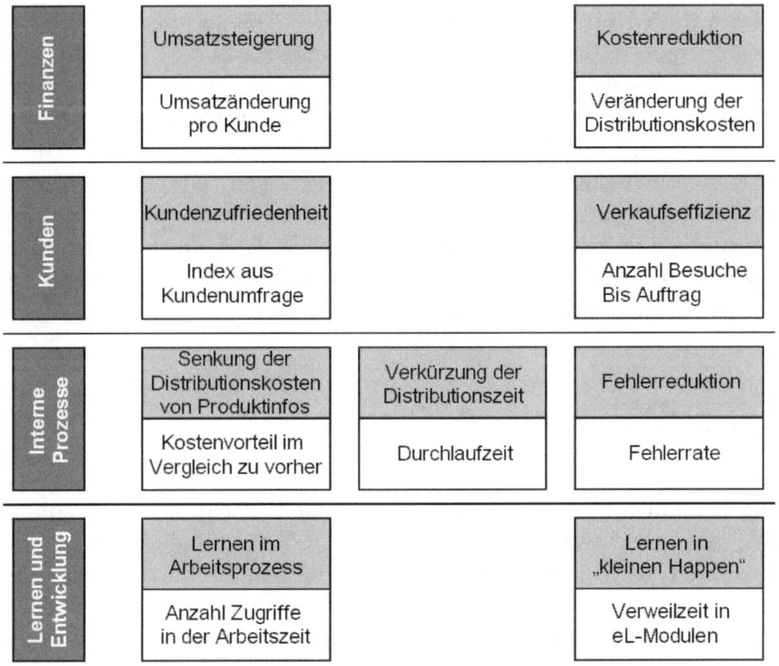

Es handelt sich um eine E-Learning-Initiative, die den Mitarbeitern im Vertriebsaussendienst kurze Web-Based-Trainings bereitstellt und ihnen dadurch ermöglicht, jederzeit, just-in-time und bedarfsgerecht in ihrem Arbeitsprozess Lernmodule zu Produkten und Dienstleistungen sowie zu Kommunikations- und Verkaufsmethodik zu absolvieren. Für das fiktive Unternehmen ist charakteristisch, dass – wie etwa in der IKT-Industrie – die Änderungsraten durch die kurzen Innovationszyklen sehr hoch sind und ein möglichst kurzer Zeitabstand zwischen Entwicklung und Vertrieb im Markt wettbewerbskritisch ist. Mit den E-Learning-Neuerungen kann man sich noch kurz vor dem Kundenbesuch das Produkt- und Methodenwissen aneignen bzw. auffrischen, und die Lernintervalle in den Web-Based-Trainings fallen im Vergleich zu Seminaren kurz aus. Um dies auf der Prozessperspektive in messbare Auswirkungen zu fassen, wird folgendermassen argumentiert: Die E-Trainings erübrigen einen Teil der bisherigen Seminarveranstaltungen und der CD-ROM-Logistik. Es kommt sowohl zu einer Senkung der Distributionskosten als auch zu einer Verkürzung der „Durchlaufzeit" der Produkttrainings von der Entwicklung bis in den Vertrieb bzw. zum Kunden. Die Just-in-time-Komponente beim Lernen führt auch zu einer Fehlerreduktion im Auftragsprozess, da die Vertriebsleute aktueller informiert sind und die Vergessensquote von Neuerungen geringer ist.

Im Hinblick auf die Kundenperspektive sollen sich Verbesserungen z. B. für die Verkaufseffizienz ergeben: Bei kompetenteren Vertriebsmitarbeitern sinkt die Anzahl der Rückfragen, so dass die Anzahl der Kundenbesuche bis zum Abschluss sinken sollte. Der Auftragsprozess kann deshalb auch durchgängiger abgewickelt werden, wodurch weniger Fehler anfallen und die Kundenzufriedenheit steigt. Auch die schnellere Informationsbereitschaft zu Produktneuerungen (geringere Durchlaufzeit) wirkt sich positiv auf die Kundenzufriedenheit aus. Auf der Ebene der Finanzen ergibt sich nicht nur eine Kostenreduktion aus verschiedenen Quellen (Fehlerkosten, Distributionskosten etc.), sondern auch ein Umsatzplus durch zufriedenere Kunden und die schnellere Verfügbarkeit der Neuerungen.

4 Fazit

E-Learning hat den „Hype" hinter sich gelassen und ist auf dem Weg zur selbstverständlichen und stillschweigenden Verankerung in der Lernkultur von Unternehmen. Es ist abzusehen, dass E-Learning über den Projektstatus hinauswächst und nicht mehr nur als elektronisch unterstütztes Training wie in WBTs gesehen wird. Rosenberg (2001: 311) meint dazu: „E-Learning, like e-business, will soon become commonplace. There will no longer be a need to differentiate "e" from "non-e". A new generation of computer-savvy workers will see to that. But although the "e" may be gone (and e-learning will be transparent), learning will still be as important as ever. Today, the convenience and availability of e-learning is what attracts people. Eventually they will be as discriminating about quality as well. Thus, the ultimate challenge is not taking our eyes off the ball. Learning and performance improvement is what's important as far into the future as anyone can see."

Literaturverzeichnis

BACK, ANDREA (2004A): Balanced Learning Scorecard: Den Wert von (E-)Learning-Innovationen für Geschäftsziele kommunizieren. In: Bildungscontrolling für E-Learning: Erfolgreiche Strategien und Erfahrungen jenseits des ROI, hrsg. von Ulf-Daniel Ehlers und Peter Schenkel, Berlin u. a. 2005, S. 119-128.

BACK, ANDREA (2004B): Beiträge des Balanced-Scorecard-Ansatzes zur strategischen Verankerung von E-Learning im Unternehmen. In: Tagungsband zum E-Learning Workshop Hannover, hrsg. v. Michael Breitner, Berlin u. a. 2004, S. 81-99.

BACK, ANDREA (2004C): Vom Kursprojekt zum Reengineering der Bildungsprozesse. In: E-Learning: Qualität und Nutzerakzeptanz sichern. Beiträge zur Planung, Umsetzung und Evaluation multimedialer und netzgestützter Anwendungen, hrsg. v. Gert Zinke und Michael Härtel, Bielefeld 2004, S. 95-104.

BACK, ANDREA/BENDEL, OLIVER/STOLLER-SCHAI, DANIEL (2001): E-Learning im Unternehmen: Grundlagen – Strategien – Methoden – Technologien, Zürich 2001.

BACK, ANDREA/BURSIAN, OLAF (2003): Managerial Aspects of Corporate e-Learning: Insights from a Study of four Cases. In: Studies in Communication Sciences, Special Issue "New Media in Education", hrsg. von Lorenzo Cantoni und Peter Schulz, Lugano 2003, S. 1-22.

BAUMÖL, ULRIKE (2008): Change Management in Organisationen - Situative Methodenkonstruktion für flexible Veränderungsprozesse, Wiesbaden 2008. Capgemini (Hrsg.) (2002): Human Resources Management 2002/05, Berlin 2002, [Online] URL: http://www.de.capgemini.com/servlet/PB/show/1005961/-R_Management.pdf, 6. September 2004.

EHLERS, ULF-DANIEL/SCHENKEL, PETER (HRSG.) (2004): Bildungscontrolling für E-Learning: Erfolgreiche Strategien und Erfahrungen jenseits des ROI, Berlin et al. 2005.

GARTNER INC. (2005): Glossary, [Online] URL: http://www.gartner.com/6_help/help_overview.html, 4. Oktober 2005.

GILLIES, JUDITH-MARIA (2004): Schwierige Geschäfte. In: McK Wissen 08 – Menschen, 3. Jg. 2004, Nr. 3, S. 92-97.

HEIDECKE, FLORIAN (2008): Organisation und Durchführung des Aussendiensttrainings in multinationalen Unternehmen: Architektur- und Methodenvorschlag. Dissertation, Universität St. Gallen, St. Gallen 2008.

HEBERT, MARILYNN/BENBASAT, IZAK (1994): Adopting information technology in hospitals: The relationship between attitudes/expectations and behavior. In: Hospital & Health Services Administration, 39. Jg. 1994, Nr. 3, S. 369-383.

HEESEN, BERND (2004): Diffusion of Innovations: Factors predicting the use of E-Learning at Institutions of Higher Education in Germany. Dissertation an der University of Phoenix, Arizona 2004.

KAPLAN, ROBERT S./NORTON, DAVID J. (2001): Die strategiefokussierte Organisation: Führen mit der Balanced Scorecard, Stuttgart 2001.

KAPLAN, ROBERT S./NORTON, DAVID J. (2004): Strategy Maps: Der Weg von immateriellen Werten zum materiellen Erfolg. Aus dem Amerikanischen von Peter Horvath und Bernd Gaiser, Stuttgart 2004.

ÖSTERLE, HUBERT/WINTER, ROBERT (2003): Business Engineering. In: Business Engineering: Auf dem Weg zum Unternehmen des Informationszeitalters, 2. Aufl., hrsg. v. Ulrike Baumöl, Hubert Österle und Robert Winter, Berlin 2003, S. 3-19.

ROGERS, EVERETT M. (2003): Diffusion of innovations, 5. Aufl., New York 2003.

ROSENBERG, MARC J. (2001): E-Learning: Strategies for Delivering Knowledge in the Digital Age, New York 2001.

SEUFERT, SABINE/EULER, DIETER (2004): Nachhaltigkeit von eLearning-Innovationen – Ergebnisse einer Delphi-Studie. SCIL-Arbeitsbericht 2, St. Gallen 2004.

Teil 4:

Entwickeln

Gabrielle Schlittler und Andreas Erb

Unternehmensentwicklung erfordert Personalentwicklung

1 Einleitung

Personalentwicklung ist ein zentraler Erfolgsfaktor der Unternehmensentwicklung. Eine qualitativ hoch stehende Unternehmensentwicklung setzt voraus, dass Manager und Mitarbeitende in der Lage sind, den unternehmerischen Handlungsbedarf rechtzeitig zu erkennen, daraus die richtigen Ziele abzuleiten, angemessene Lösungen zu entwickeln und umzusetzen. Weil der Innovationsgehalt dieser Tätigkeit neue Kenntnisse und Fähigkeiten verlangt, ist es für eine erfolgreiche Unternehmensentwicklung bedeutend, die Beteiligten rechtzeitig dafür zu qualifizieren. Unternehmensentwicklung erfordert Personalentwicklung.

In der Praxis werden Personalentwicklungsmassnahmen oft erst in der Umsetzungsphase von Veränderungsprojekten geplant, wenn es darum geht, die betroffenen Mitarbeiterinnen und Mitarbeiter für das Neue zu schulen. Die Qualität der Unternehmensentwicklung hängt aber nicht nur von der guten Implementierung der Lösungen ab, sondern von der Qualität der Lösung selbst. Deshalb sollte bereits während der Projektplanung darauf geachtet werden, welche Lernprozesse erforderlich sind, um in der Analyse- und Konzeptionsphase die anstehenden Probleme erst richtig zu erkennen und dann angemessen zu lösen.

Der vorliegende Beitrag zeigt auf, wie die Qualität der Unternehmensentwicklung dank einem gezielt eingesetzten Mix von Personalentwicklungsmassnahmen in allen Projektphasen verbessert werden kann. Es ist zu vermuten, dass aufgrund des schnellen Wandels der Umwelt und der damit verbundenen Zunahme von Projekten der Unternehmensentwicklung, diese Form der Gestaltung von Lernprozessen „on-the-project" in Zukunft an Bedeutung gewinnen wird.

Im ersten Kapitel wird verdeutlicht, weshalb Lernprozesse und damit die Personalentwicklung in Projekten der Unternehmensentwicklung eine zentrale, wenn nicht entscheidende Rolle einnehmen. Hierfür ist es notwenig, zunächst auf die Themen und Prozesse der Unternehmensentwicklung einzugehen und ihren innovativen Charakter hervorzuheben. Das zweite Kapitel weist darauf hin, welche Lernfelder sich in den verschiedenen Projektphasen für welche Akteure eröffnen. Schliesslich werden im dritten Kapitel Ansatzpunkte und Massnahmen aufgezeigt, um Lernprozesse effektiv zu gestalten.

2 Personalentwicklung als Erfolgsfaktor der Unternehmensentwicklung

2.1 Themen und Prozesse der Unternehmensentwicklung

Das Ziel der Unternehmensentwicklung besteht darin, Veränderungsprozesse so einzuleiten und zu steuern, dass die Organisation den Erwartungen der Märkte und Anspruchsgruppen erfolgreich begegnen und damit ihre Existenz legitimieren kann. Die Herausforderungen an diesen kontinuierlichen Abstimmungsprozess sind abhängig von externen und internen Variablen.

Als externe Determinanten gelten die Kräfte des Marktumfeldes (Marktentwicklung, Wettbewerbssituation, technologischer Fortschritt, Kundenbedürfnisse, gesetzliche Rahmenbedingungen) sowie die Interessen der Stakeholder (Shareholder, Kunden, Mitarbeitende, Gewerkschaften, Kapitalgeber, NGOs, Öffentlichkeit/Medien, Staat, politische Parteien, Verbände). So können beispielsweise internationale Konkurrenten den Heimmarkt mit gleichwertigen, aber billigeren Produkten bedienen, gesetzliche Auflagen die Reduktion von Emissionen erzwingen, neue Technologien die eigenen Produkte substituieren, Gewerkschaften neue Arbeitsbedingungen einfordern, Kapitalgeber höhere Renditen verlangen und NGOs auf sozialverträgliche Produktionsbedingungen im Ausland pochen.

Betriebsintern werden die zu lösenden Fragestellungen wesentlich von der Lebenszyklusphase bestimmt, in der sich das Unternehmen befindet (vgl. dazu Pümpin/Prange 1991). Während Start-ups beispielsweise primär mit Finanzierungs- und Marketingproblemen zu kämpfen haben, beschäftigen sich Wachstumsunternehmen u. a. mit dem Aufbau neuer Strukturen. Unternehmen in der Reifephase hingegen müssen eher Prozesse optimieren, Kosten senken und Machtkonflikte lösen.

Der Handlungsbedarf, der sich aufgrund von externen und internen Veränderungen ergibt, hängt davon ab, inwiefern das Unternehmenssystem die Voraussetzungen erfüllt, um die Herausforderungen gewinnorientiert zu beantworten. Beispielsweise bringen internationale Firmen, die Erfahrungen in ausländischen Märkten haben, bessere Bedingungen mit in diesen Märkten zu wachsen als nationale Unternehmen, die erstmals über die eigene Landesgrenze hinaus expandieren möchten. Betriebe, die bezüglich der Emissionen bisher nur das gesetzliche Minimum eingehalten haben, werden grössere Anstrengungen vornehmen müssen, um strengere Umweltgesetze einzuhalten als Firmen, die sich technisch immer auf dem neusten Stand halten.

Vom Handlungsbedarf können alle unternehmerischen Aspekte betroffen werden. Beispielsweise kann es aufgrund eines zunehmenden Wettbewerbsdrucks notwendig werden, Produkte zu differenzieren, neue Märkte zu erschliessen, Allianzen einzugehen und

Kosten zu reduzieren. Wächst eine Firma sehr schnell, so sind die internen Strukturen anzupassen und entsprechende Massnahmen der Organisations- und Teamentwicklung einzuleiten. In der betriebswirtschaftlichen Literatur ist die Vielzahl von unternehmerischen Aspekten in verschiedenen Modellen strukturiert worden.[*] Dementsprechend können auch die Themen geordnet werden, mit denen sich die Unternehmensentwicklung quer durch die ganze Organisation befassen muss. Tabelle 2-1 stellt in partieller Anlehnung an diese Modelle eine Auswahl solcher Themen dar.

Werden Organisationen als komplexe sozio-techno-ökonomische Systeme begriffen (vgl. Rieckmann/Weissengruber 1990), so ist es zweckmässig, die Probleme der Unternehmensentwicklung mit Hilfe eines interdisziplinären Ansatzes zu lösen. Dabei gilt es, bei allen Themen die betriebswirtschaftlichen Grundregeln, die soziale Dynamik sowie die technologischen Voraussetzungen gleichzeitig zu respektieren. Neu definierte Strukturen und Prozesse greifen nicht, wenn sie von den Mitarbeitenden nicht akzeptiert und die EDV-Systeme nicht auf sie abgestimmt sind. Auch „harte" Projekte wie Strategieentwicklung, Restrukturierungen und Reengineering müssen den „soften" Grundsätzen folgen, wenn sie nicht an der Härte der Sozialfaktoren scheitern sollen.

Die Unternehmensentwicklung ist somit das Ergebnis eines Prozesses, der sich aus den zahlreichen kleineren und grösseren, mehr oder weniger voneinander abhängigen und interdisziplinären (Teil-)Projekten quer durch die ganze Organisation ergibt.[**]

Inwiefern es Managern gelingt, die anstehenden Probleme der Unternehmensentwicklung erfolgreich zu lösen, hängt entscheidend von ihren Fähigkeiten ab, die notwendigen Veränderungsprozesse ganzheitlich zu initiieren, zu führen und umzusetzen. Nur ein auf die Situation abgestimmtes Vorgehen ermöglicht es, den echten Handlungsbedarf zu erkennen, die richtigen Ziele zu setzen, die angemessenen Lösungen zu finden und erfolgreich zu realisieren.

---

[*] Hierzu gehören z. B. das St. Galler Management-Konzept resp. -Modell (Bleicher 1992 und Rüegg-Stürm 2003), das Modell der Wertkette (Porter 1992), das OSTO-Modell (Rieckmann/Weissengruber 1990) und das 7-S-Modell (Peters/Waterman 1984).

[**] In der Fachliteratur wird diskutiert, welche Ansätze des Veränderungsmanagements am meisten Erfolg versprechen. Dabei wird grundsätzlich zwischen den geplanten „top-down" Ansätzen und den partizipativeren „bottom-up"-Ansätzen unterschieden. Auf der Basis von intensiven Debatten zwischen führenden Spezialisten und Spezialistinnen in diesem Feld kommen Beer/Nohria (2000) zum Schluss, dass die Integration beider Ansätze zu den effektivsten Resultaten in Changeprozessen führen.

Tabelle 2-1: *Auswahl von Themen der Unternehmensentwicklung*

	Geschäftsdefinition	Strukturen und Ressourcen	Führung und Personal
Normative Ebene	– Portfolio überprüfen und neu ausrichten. – Mission, Vision und längerfristige Ziele erarbeiten. – Grundsätze des Wettbewerbsverhaltens festlegen. – Gewinnherkunft und Gewinnverwendung spezifizieren.	– Corporate Governance prüfen und anpassen. – Grundsätze der Leistungstiefe definieren. – Eckwerte für die Zusammenarbeit mit Lieferanten entwickeln. – Finanzierungspolitik prüfen und anpassen.	– Unternehmenswerte definieren. – Politik gegenüber Stakeholder festlegen. – Führungsgrundsätze überarbeiten. – Personalpolitik entwickeln.
Strategische Ebene	– Neue Geschäftsziele entwickeln. – Marktpositionierung überprüfen und anpassen. – Strategie für ein neues Geschäftsfeld entwickeln. – Markenstrategie spezifizieren.	– Kernprozesse und Aufbauorganisation neu gestalten. – Technologiestrategie überarbeiten. – Anforderungen an Systeme neu spezifizieren. – Eigenfinanzierungsgrad verbessern.	– Ziele und Strategien im Personalwesen ausarbeiten. – Personalentwicklungskonzept definieren. – Salärsystem überprüfen und anpassen. – Konzept für die interne und externe Kommunikation entwickeln. – Führungsinstrumente spezifizieren.
Operative Ebene	– Leistungsangebot differenzieren und neue Produkte entwickeln. – Preispolitik und -struktur neu ausrichten. – Kundeninformation verbessern. – Neues Corporate Design entwickeln und einführen.	– Detailorganisation anpassen. – Vertrieb neu strukturieren. – Qualitätsmanagement einführen. – Prozess-Reengineering durchführen. – Neue Systeme einführen.	– Personalentwicklungsinstrumente erarbeiten. – Teamentwicklung durchführen. – Konfliktlösung unterstützen. – Führungskennzahlen entwickeln. – Interne Kommunikation verbessern.

2.2 Lernen und Personalentwicklung als integrale Bestandteile der Unternehmensentwicklung

Unternehmensentwicklung ist eine prospektive, umfassende und interdisziplinäre Aufgabe. Sie muss Neuerungen in ganz unterschiedlichen Bereichen hervorbringen (z. B. Produkte, Prozesse, Arbeitsbedingungen, technologische Systeme). Sie muss dafür sorgen, dass kreative Ideen entstehen, ihren Weg bis zur Umsetzung finden und die damit verbundenen Hürden überwunden werden (z. B. Finanzierungsengpässe, Interessenskonflikte, Akzeptanz bei den Mitarbeitenden).

Der Innovationsgehalt solcher Projekte impliziert, dass von den Projektmitgliedern und Betroffenen Lernschritte verlangt werden. Will ein Unternehmen beispielsweise ein neues Geschäftsfeld aufbauen, so müssen die Verantwortlichen den neuen Markt, die Kundenbedürfnisse und die Konkurrenten detailliert erforschen und kennen lernen. Werden die Marktbedingungen eines Unternehmens, das bisher eine Monopolstellung einnahm, liberalisiert, ist es überlebenswichtig, dass Kader wie Mitarbeitende lernen, sich auf dem Markt mit besseren Leistungen gegen Konkurrenten durchzusetzen. Wenn eine Spitzenfirma familienfreundliche Arbeitsbedingungen für Männer und Frauen bis ins Top-Management einführen möchte, ist es notwendig, neue Konzepte der Arbeitsteilung, des Personaleinsatzes und der Führung zu erproben.

Lernen stellt demnach einen zentralen Prozess der Unternehmensentwicklung dar. Ohne dass die Verantwortlichen und Betroffenen den Handlungsbedarf erkennen und die angemessenen Lösungen entwickeln können, ist das Unternehmen nicht in der Lage, seine Tätigkeiten im sich wandelnden Umfeld zufrieden stellend auf die Erfordernisse der Anspruchsgruppen auszurichten. Eine erfolgreiche Unternehmensentwicklung bedingt Lernen. In diesem Sinne kann Unternehmensentwicklung auch als ein unternehmensweiter Lernprozess verstanden werden.

Es ist die Aufgabe der Personalentwicklung, Unternehmensangehörige – Kader wie Mitarbeitende – für die Ausführung ihrer gegenwärtigen und zukünftigen Aufgaben zu qualifizieren. Deshalb trägt die Personalentwicklung wesentlich dazu bei, die für eine erfolgreiche Unternehmensentwicklung notwendigen Lernprozesse zu initiieren und zu fördern. Sie sorgt für den Aufbau und die Sicherung der benötigten Qualifikationen (vgl. Schlittler 1992).

3 Lernziele im Rahmen der Unternehmensentwicklung

Aus betriebswirtschaftlicher Sicht ergibt sich der Qualifikationsbedarf im Rahmen der Unternehmensentwicklung aus der Lücke zwischen den Anforderungen der jeweiligen Veränderungsprojekte und dem Stand der Kenntnisse und Fähigkeiten der involvierten Personen. Die Qualifikationsanforderungen lassen sich nach den beteiligten Gruppen und den einzelnen Projektphasen unterscheiden. Zur Strukturierung dienen folgende idealtypische Kategorien:

- Obwohl sich die Unternehmensentwicklung ganz unterschiedlichen Themen widmet und die Komplexität der Veränderungsprozesse variiert, durchlaufen die (Teil-)Projekte im Allgemeinen die folgenden vier Phasen: Auftragsklärung und Projektdefinition, Analyse und Diagnose, Entwicklung der Grob- und Detailkonzepte und Umsetzung.

■ Die beteiligten Personen können in drei Gruppen gegliedert werden: Entscheidungsträger und -trägerinnen, Projektteams und Betroffene.

Mit Hilfe dieser Gliederung können nun die Anforderungen an die Entscheidungsträgerinnen und -träger, an die Mitglieder der Projektteams sowie an die Betroffenen nach Projektphasen präzisiert und in Abhängigkeit der persönlichen Voraussetzungen ihre Lernziele formuliert werden. Abbildung 3-1 liefert einen aggregierten Überblick über die Qualifikationsanforderungen.

Bei der Definition der Lernziele sind u. a. folgende Aspekte besonders zu beachten:

■ Zu Beginn der Projekte stellt sich die Frage, ob die Entscheidungsträger überhaupt über das notwendige Wissen verfügen, um den Handlungsbedarf der Unternehmensentwicklung richtig zu erfassen und die angemessenen Aufträge zu erteilen. Auch in Situationen, in denen „bottom-up"-Initiativen Hinweise und Vorschläge liefern, muss das Management entsprechend kompetente Antworten geben und Ressourcen einsetzen. Bei Projekten mit hohem Innovationsgrad stellt sich das Problem, dass die Anforderungen nicht klar definiert werden können, weil sie aufgrund des hohen Neuigkeitsgehaltes noch unbekannt sind. So wurden in den 90er-Jahren zahlreiche Internet-Projekte in Auftrag gegeben, ohne über Kenntnisse der Wertschöpfungspotenziale der neuen Technologie und der Marktakzeptanz zu verfügen. Diese Problematik stellt sich aber nicht in allen Projekten. Viele Prozesse der Unternehmensentwicklung befassen sich mit Themen, zu denen ein breites Wissen verfügbar ist. Fusionieren zwei Firmen oder müssen Fragen der Corporate Governance gelöst werden, können die Anforderungen zweifellos auf Basis umfangreicher Erfahrungen spezifiziert werden.

Abbildung 3-1:   *Qualifikationsanforderungen im Rahmen der Unternehmensentwicklung*

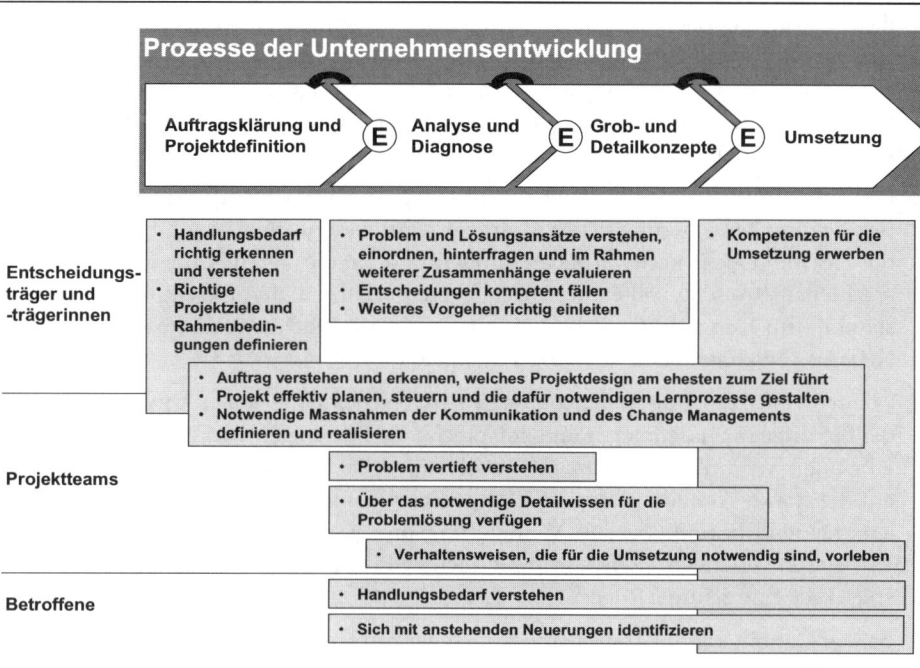

Sowohl die Auftraggebenden wie auch die Projektteams müssen über eine hohe Prozess- und Methodenkompetenz verfügen. Sie sollten wissen, welche Projektziele welcher Vorgehen und welcher Methoden bedürfen. Das schliesst Kenntnisse über die erforderlichen Massnahmen des Change Managements während der gesamten Projektdauer mit ein. Bei einem Restrukturierungsprogramm führten eine andere Projektorganisation und ein anderer Ablauf zum Erfolg als bei einem Projekt, das zu professionellerem Verhalten gegenüber der Kundschaft führen oder in einer Fusion zwischen zwei ehemaligen Konkurrenten münden soll. Zudem sollten sie in der Lage sein, die zukünftig verlangten Verhaltensweisen bereits in der Projektphase vorzuleben. Damit gewinnen Veränderungsprojekte an Glaubwürdigkeit. Beispielsweise sollten in einem internationalen Allianzprojekt die Projektmitglieder vorbildhaft mit interkulturellen Differenzen umgehen können.

Es spricht für sich, dass die Projektteams über das fundierteste Wissen verfügen müssen. Hierfür bedürfen sie oft eines hoch spezialisierten Detailwissens und betriebswirtschaftlicher Kenntnisse. Nebst den Fachkompetenzen sollten sie auch fähig sein, dieses Know-how derart aufzubereiten und stufengerecht zu kommunizieren, dass es von den Auftraggebenden sowie den Stakeholdern des Projekts verstanden und nachvollzogen werden kann. Besonders bei technologischen Innovationen stellt diese Erwartung die Spezialistinnen und Spezialisten vor grössere Herausforderungen. Die Entscheidungsträger und -trägerinnen ihrerseits müssen in der Lage sein, die präsentierten Ergebnisse zu verstehen, zu hinterfragen, in die grösseren Zusammenhänge einzuordnen, hinsichtlich vielfältiger Kriterien zu evaluieren und Entscheide begründet zu fällen.

▪ Für die Betroffenen sind Lernziele nicht erst in der Umsetzungsphase zu formulieren. Die Implementierung neuer Lösungen wird wesentlich erleichtert, wenn sie deren Notwendigkeit nachvollziehen können und sie die Veränderungen als sinnvoll erachten. Betroffene sollten demnach bereits während der Projektphase ein Verständnis für den Handlungsbedarf entwickeln und sich mit den bevorstehenden Neuerungen zunehmend identifizieren können.

▪ Während es in der Umsetzungsphase evident erscheint, die neuen Anforderungen an die Betroffenen zu definieren und entsprechende Personalentwicklungsmassnahmen zu planen, wird fürs Management dasselbe oft nicht hinreichend getan. Im Hinblick auf die starke Vorbildwirkung von Vorgesetzten kann dies den Erfolg von Projekten entscheidend beeinflussen. In Veränderungsprozessen, die von allen neue Verhaltensweisen verlangen – z. B. eine freundlichere Haltung gegenüber der Kundschaft – spielt dies eine zentrale Rolle.

▪ Bei der Definition der Lernziele muss auch geprüft werden, inwiefern Verlernziele zu formulieren sind. Alte Routinen können neuen Prozessen und Kooperationsformen im Wege stehen.

Entsprechend diesen Ausführungen sind die Qualifikationsanforderungen im Rahmen der Unternehmensentwicklung sehr vielfältig. Sie umfassen nicht nur die für die Entwicklung und Umsetzung notwendigen interdisziplinären Fachkenntnisse und Verhaltenskompetenzen, sondern auch die für die Führung solch komplexer Projekte erforderlichen Managementfähigkeiten (normative und strategische Führung, Projektmanagement, Change Management, Kommunikation, Motivation usw.).

4 Gestaltung der notwendigen Lernprozesse

Die notwendigen Lernprozesse können mit Hilfe der zahlreichen Personalentwicklungsmassnahmen gefördert werden, die in den letzten Jahrzehnten entwickelt worden sind. Tabelle 4-1 liefert hierzu einen Überblick. Aufgrund des spezifischen Charakters von Prozessen der Unternehmensentwicklung sind bei der Wahl des Massnahmen-Mix folgende Überlegungen relevant:

Der innovative Charakter der Unternehmensentwicklung hat zur Konsequenz, dass manche der erforderlichen Qualifikationen nicht vorgängig auf dem Weiterbildungsmarkt oder durch Erfahrungen erworben, sondern erst im Zusammenhang mit den Erkenntnissen in der Phase der Projektdefinition und den konkreten Projektarbeiten entwickelt werden können. Daher sind Personalentwicklungsmassnahmen zu wählen, die Lernprozesse während der Projekte ermöglichen. Längerfristig angelegte Instrumente wie Laufbahnplanung und Besuch von Lehrgängen sind hierfür wenig geeignet. Zweckvoller sind Massnahmen, die dem Unternehmen kurzfristig neue Impulse geben können und den schnellen Aufbau von Know-how ermöglichen. Hierzu gehören primär das „learning-by-doing", der Aufbau von Wissen in interdisziplinär besetzten Gruppen, Workshops zur Ideengenerierung und Meinungsbildung, Austausch an Konferenzen und Tagungen, Besuch von themenspezifischen Seminaren, Anstellung von Personen, die das notwendige Know-how mitbringen, Zusammenarbeit mit externen Spezialistinnen und Spezialisten (Einkauf von Know-how), Kooperationen etc. Indem Angestellte in den Arbeitsgruppen, Verbänden, Kommissionen u. ä. ihrer Branche und Disziplin mitarbeiten, können Führungskräfte sicherstellen, dass das Unternehmen frühzeitig Zugang zum neusten Know-how hat und von den neusten Entwicklungen stimuliert wird.

„Learning-by-doing" nimmt in der Unternehmensentwicklung eine zentrale Stellung ein. Lernen findet im Rahmen der Erfüllung neuer Aufgaben statt. Durch die vertiefte Auseinandersetzung mit einem konkreten Problem wird neues Know-how generiert. Derartige Arbeitsprozesse werden in der Praxis oft nicht als Lernprozesse begriffen und folglich auch nicht als solche gestaltet. Sie scheinen einfach zu passieren. Angesichts ihrer hohen Bedeutung für die Unternehmensentwicklung ist es besonders wichtig, die Personalentwicklung „on-the-job" gezielt und effektiv zu gestalten. Folgende Massnahmen können beispielsweise diesem Zweck dienen:

- Die interdisziplinäre Zusammensetzung von Projektteams (vom Steuerungsausschuss bis zu den Arbeitsgruppen) trägt wesentlich zum Wissensaustausch und -aufbau bei. In solchen Gruppen werden Probleme – sofern der Arbeitsprozess konstruktiv gesteuert wird – von verschiedenen Seiten beleuchtet, Kenntnisse und Erfahrungen von Schnittstellenpartnern, anderen Bereichen, externen Beratern und Beraterinnen eingebracht und ausgetauscht. Das sorgt nicht nur für eine gute Qualität der Lösung, sondern auch für einen intensiven Wissenstransfer innerhalb der Organisation.

- Durch die systematische Problembearbeitung sowie die Wahl der Arbeitsmethoden können Probleme vertieft verstanden und damit Erkenntnisse für die Problemlösung erworben werden. Beispielsweise dienen das Arbeiten in Szenarien und Optionen sowie die strukturierte Bewertung von Varianten dazu, die verschiedenen Aspekte der zu lösenden Fragestellungen detailliert kennen zu lernen. Damit wird fundierteres Wissen erworben, als wenn nur schnell eine Lösung entwickelt und diese unter Gleichgesinnten evaluiert wird. Die eingesetzten Analyseinstrumente wie z. B. Benchmarking, Kundenumfragen, Interviews mit Experten, Konkurrenzvergleiche und Trendstudien tragen ebenfalls wesentlich zur Erkenntnisgewinnung bei. Werden diese Analysen intern durchgeführt und nicht extern in Auftrag gegeben, sind die damit verbundenen Lernprozesse noch intensiver.

■ In den Prozessen der Ideengenerierung, Meinungsbildung und Entscheidungsfindung können auf allen Ebenen neue Einsichten und Erkenntnisse gewonnen sowie das organisationale Lernen gefördert werden, wenn damit ein intensiver Austausch einhergeht. Diesem Zweck dienen Arbeitsgruppen, Workshops, Sitzungen und Gespräche aller Art und quer durch die ganze Organisation. In der Projektorganisation muss diesem Aspekt Rechnung getragen werden. So können z. B. breit abgestützte Resonanzgruppen dazu beitragen, innert kurzer Zeit eine Vielfalt von Ideen und Feedbacks aus verschiedenen, auch weiter entfernten Bereichen der Organisation zu gewinnen und so zu lernen. Umgekehrt dienen diese Massnahmen auch dazu, das Verständnis für den Handlungsbedarf in der Organisation zu verbreiten und die Identifikation mit den Lösungsansätzen zu fördern.

■ Um das im Problemlösungsprozess implizit Gelernte bewusst zu machen und die „lessons learned" festzuhalten, ist es zweckmässig, in regelmässigen Abständen den Arbeits- und Lernprozess auf der Metaebene zu reflektieren und die Konsequenzen für die weitere Gestaltung der Lernprozesse abzuleiten.

Mit einer gezielten Sequenzierung der eingesetzten Arbeitsmethoden und der Austauschprozesse kann demnach das individuelle und organisationale Lernen „on-the-project" gefördert werden. Der Schlüssel liegt in der Gestaltung der Projektorganisation (Art und Zusammensetzung der Teams), des Projektablaufs (Abfolge von Arbeitsschritten), in den eingesetzten Arbeitsmethoden (Systematik, Analysen, Problemlösungstechniken, Workshopgestaltung), in der Führung der Austauschprozesse, in der regelmässigen Reflexion der Projektarbeit auf der Metaebene und in der Zeit, die den Projektteams für solche Lernprozesse zur Verfügung gestellt wird.

Tabelle 4-1: Massnahmen der Personalentwicklung

Kategorie	Beispiele von Massnahmen
into-the-job	− Praktika, Schnupperlehren − Anlehren, Berufslehren − Einarbeitung und Anleitung − Programme für Trainees

on-the-job	− „Learning-by-doing" (Lernen am Arbeitsplatz)
	  o Erfüllung von Aufgaben am Arbeitsplatz
	  o Förderung durch Übertragung neuer Aufgaben (Job Enrichment, Job Enlargement, Stellvertretung, Sonderaufgaben)
	  o Erfüllung von Projektaufgaben
	  o Wissenserwerb durch Zusammenarbeit mit anderen Personen
	− Begleitung und Vorbildwirkung
	  o Coaching und Mentoring
	  o Zusammenarbeit mit externen Experten/Expertinnen, Berater/Beraterinnen
	  o Lernen von Vorgesetzten und Vorbildern
	  o Lernpartnerschaften
	− Lernen in Gruppen (organisationales Lernen)
	  o Mitwirkung in Workshops zu neuen Themen, zur Ideengenerierung und Meinungsbildung
	  o Mitwirkung in bereichsübergreifenden Arbeitsgruppen aller Art (z. B. Qualitäts- und Innovationszirkel, Kooperationen)
	  o Organisations- und Teamentwicklung
	  o Wissensaustausch und -entwicklung in Gruppen, Reflexion in Gruppen
	  o Grossgruppen-Veranstaltungen
	− Lernen über interne Information und Kommunikation (z. B. Intranet)

off-the-job	− Mitwirkung in externen Arbeitsgruppen (Fach- und Branchengruppen) − Interne und externe Seminare, Kurse, Lehrgänge und Umschulungen − Interne Programme für High Potentials und Management-Nachwuchs − E-Learning, Blended Learning − Teilnahme an Lerngruppen, Selbsterfahrungsgruppen u. ä. − Konferenzen, Tagungen − Studium von Literatur und Fachzeitschriften, Videos − Erfahrungsaustausch über das Netzwerk von Sozialkontakten
along-the-job	− Karriere- und Laufbahnplanung, inkl. Auslandaufenthalte − Job Rotation

Die Anforderungen an die Entscheidungsträger haben gezeigt, dass auch auf dieser Ebene Lernprozesse erforderlich sind. Das notwendige Wissen kann über zahlreiche Wege erworben werden. Hierzu gehört der Austausch mit internen und externen Fachkräften sowie ausgewählten Personen ihres Netzwerkes, der Besuch von Fachtagungen, die Mitarbeit in spezialisierten externen Gremien, der Einkauf von Studien und Expertisen, die Zusammenarbeit mit externen Beratern und Beraterinnen, das Einholen von Erfahrungsberichten, Lesen von Fachartikeln usw. Damit bleiben sie am Ball und können rechtzeitig die Trends aufspüren, die für die Weiterentwicklung ihres Unternehmens relevant sind. Die Prozesse der Meinungsbildung und Entscheidungsfindung sollten auf dieser Ebene derart gestaltet werden, dass die Auftraggeber in die Lage kommen, den Handlungsbedarf richtig zu erkennen und die erfolgversprechendsten Entscheidungen zu treffen.

Um das Verständnis der Betroffenen für die anstehenden Veränderungen zu fördern, stehen die zahlreichen Massnahmen der internen Kommunikation (Informationsveranstaltungen, Intranet, Kommunikation über die Rapportwege usw.) sowie der Beteiligung (Grossgruppenveranstaltungen, Resonanzgruppen, Umfragen, Wettbewerbe, Ideenbox usw.) zur Verfügung. In der Umsetzungsphase können je nach Qualifikationsbedarf unterschiedliche Massnahmen eingesetzt werden, wie beispielsweise Schulungen, Organisations- und Teamentwicklung und Coaching. Aufgrund des Zeitdruckes gewinnen auch bei dieser Personengruppe Personalentwicklungsmassnahmen „on-the-job" an Bedeutung. Deshalb muss jeweils sorgfältig geprüft werden, in welcher Abfolge welche Methoden („learning-by-doing", Austausch in Gruppen, Zusammenarbeit mit anderen, Coaching, Vorbildwirkung) am Besten eingesetzt werden sollten, um die gewünschten Lerneffekte zu erzielen.

Finden die Lernprozesse trotz bewusst eingeplanter Entwicklungsmassnahmen nicht statt, so sind die Gründe für die Lernblockaden zu eruieren und es ist zu prüfen, wie sie überwunden werden können. Die Ursachen können vielfältig sein: z. B. Überforderung, Orientierungslosigkeit, Zukunftsangst, fehlendes Verständnis und mangelhaftes Einverständnis. Dementsprechend liegen die Lösungsansätze nicht nur bei der Personalentwicklung, sondern auch bei anderen Aufgaben des Personalwesens und der Führung.

Mit welchen Personalentwicklungsmassnahmen die einzelnen Projekte der Unternehmensentwicklung unterstützt werden können, ist abhängig von den konkreten Themenstellungen. Abbildung 4-1 zeigt beispielhaft auf, wie die Lösung im Rahmen eines Fusionsprojektes ausgesehen hat.

Abbildung 4-1: *Auswahl von realisierten Personalentwicklungsmassnahmen im Rahmen eines Fusionsprojektes*

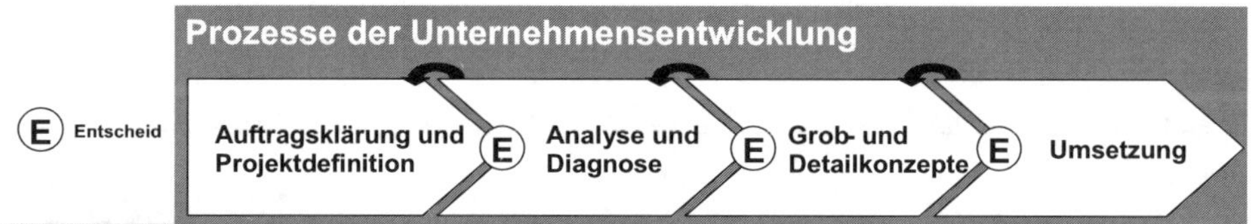

Prozesse der Unternehmensentwicklung

	Auftragsklärung und Projektdefinition	Analyse und Diagnose	Grob- und Detailkonzepte	Umsetzung
Entschei-dungsträger-innen und -träger	• Austausch zu Organisations-modellen, Projekt-management, recht-lichen Fragen etc. • Einholen von Erfahrungsberichten • Einsatz von Beratung	• Verarbeitung der Ergebnisse aus den Projektteams im Rahmen intensiver Aus-tausch- und Meinungsbildungsprozesse • Input und Unterstützung durch externe Beratung • Ausprobieren neuer Entscheidungsprozesse • Kritische Reflexion des Prozesses		• Learning-by-doing • Punktuelle Unterstützung durch externe Beratung
Projektteams	• Bereichs-übergreifende Zusammensetzung der Teams • Seminar in Projektmanagement • Unterstützung durch Beratung	• Interne Durchführung der Analysen • Transparenz der Datenlage und Ausein-andersetzung mit den Arbeitsformen und Sichtweisen der anderen • Arbeiten in Optionen • Austauschprozesse, Workshops aller Art • Learning-by-doing • Beizug externer Fachkräfte und Beratung • Erprobung der Zusammenarbeit		• Learning-by-doing • Punktuelle Unterstützung durch externe Beratung
Betroffene		• Einsatz von Resonanzgruppen • Informationsveranstaltungen • Interne Kommunikation über Intranet • Zukunftskonferenzen • Interne Umfragen • Events		• Interne Kommunikation • Vorbildwirkung • Learning-by-doing • Organisations-und Teamentwicklung • Coaching

(E) Entscheid

5   Fazit

An die Gestaltung der Lernprozesse ist bereits zu Beginn von Veränderungsprozessen zu denken, denn die Wahl der Projektstruktur, des Prozessablaufs und der eingesetzten Arbeitsmethoden bestimmt mit, inwiefern die notwendigen Lernschritte unterstützt oder behindert werden. Mit einer geschickten Abfolge der eingesetzten Arbeitsmethoden, der Austauschprozesse, der kurzfristigen Massnahmen „off-the-job" usw. können diejenigen Lernprozesse gefördert werden, die zu einer qualitativ hoch stehenden Unternehmensentwicklung beitragen.

Literaturverzeichnis

BEER, MICHAEL/NOHRIA, NITIN (2000): Breaking the Code of Change, Boston 2000.

BLEICHER, KNUT (1992): Das Konzept Integriertes Management, 2. Aufl., Frankfurt/New York 1992.

DOPPLER, KLAUS/LAUTERBURG, CHRISTOPH (2000): Change Management: Den Unternehmenswandel gestalten, 9. Aufl., Frankfurt/New York 2000.

MINTZBERG, HENRY/ AHLSTRAND, BRUCE/ LAMPEL, JOSEPH (1998): Strategy Safari: A Guided Tour Through the Wilds of Strategic Management, London/New York 1998.

NAGEL, REINHARDT/WIMMER, RUDOLF (2002): Systemische Strategieentwicklung: Modelle und Instrumente für Berater und Entscheider, Stuttgart 2002.

PETERS, THOMAS J./WATERMAN, ROBERT H. (1984): Auf der Suche nach Spitzenleistungen: Was man von den bestgeführten US-Unternehmen lernen kann, Landsberg am Lech 1984.

PORTER, MICHAEL E. (1992): Wettbewerbsvorteile: Spitzenleistungen erreichen und behaupten, 3. Aufl., Frankfurt 1992.

PÜMPIN, CUNO/PRANGE, JÜRGEN (1991): Management der Unternehmensentwicklung: Phasengerechte Führung und der Umgang mit Krisen, Frankfurt/New York 1991.

RIECKMANN, HEIJO/WEISSENGRUBER, PETER (1990): Managing the Unmanageable? Oder… lassen sich komplexe Systeme überhaupt noch steuern? Offenes Systemmanagement mit dem OSTO-System-Ansatz. In: Management Development im Wandel, hrsg. von Herbert Kraus, Norbert Kailer, Karl Sander, Wien 1990, S. 27-96.

RÜEGG-STÜRM, JOHANNES (2003):Das neue St. Galler Management-Modell, Bern 2003.

SCHLITTLER, GABRIELLE (1992): Innovationsbezogene Personalentwicklung: Konzeption im Rahmen handlungstheoretischer Wirtschaftssoziologie, Bern 1992.

SCHLICK, CHRISTIAN (2000): Personalmanagement, 5. Aufl., München 2000.

SCHLICK, GERHARD H. (2000): Unternehmensentwicklung, Stuttgart 1998.

THOM, NORBERT (2001): Innovationsförderliche Ausrichtung von Führungsinstrumenten: Grundbausteine und ihre Anpassung an die Unternehmensgrösse. In: Excellence durch Personal- und Organisationskompetenz, hrsg. v. Norbert Thom und Robert J. Zaugg, Bern 2001, S. 319-341.

THOM, NORBERT/RITZ ADRIAN (2000): Public Management: Innovative Konzepte zur Führung im öffentlichen Sektor, Wiesbaden 2000.

WUNDERER, ROLF (1997): Führung und Zusammenarbeit: Beitrag zu einer unternehmerischen Führungslehre, 2. Aufl., Stuttgart 1997.

Vera Friedli

Betriebliche Karriereplanung

1 Einleitung

Eine umfassende, in das Gesamtsystem der Personalwirtschaft eingebettete betriebliche Karriereplanung stellt hohe Anforderungen an das Personalmanagement. Der vorliegende Artikel bietet einen ersten Überblick zur Ausgangslage, zu den Modellen der betrieblichen Karriereplanung und zu deren Eingliederung in ein umfassendes Personalmanagement.

1.1 Ausgangslage

Während langer Zeit führte der Bindungswille der Unternehmen und ihrer Mitarbeiter zu der in beiderseitigem Interesse stehenden *traditionellen Karriere* in Form eines kontinuierlichen ranghierarchischen Aufstiegs bei entsprechenden Qualifikationen. Zunehmender Zeitwettbewerb und verstärkte Globalisierung führen auf Unternehmensseite zu Konzentrationen aufs Kerngeschäft und Zusammenschlüssen. Häufig geht dabei neben Umstrukturierungsmassnahmen mit einem Personalabbau auch ein Abbau von Führungsebenen einher. Die Abflachung führt zu einer deutlichen Reduktion der Positionen auf der zweiten und dritten Führungsebene (vgl. Brexel 1998: 34). Die Möglichkeiten der verbleibenden Mitarbeiter, eine traditionelle Karriere zu durchlaufen, werden eingeschränkt. Auf Seiten der Mitarbeiter wird beobachtet und z. T. empirisch belegt (vgl. von Rosenstiel 1997: 13 ff.), dass die Werte der Freizeit und der Familie gegenüber einem karrierebedingten Zuwachs an Macht, Ansehen und Ruhm an Priorität gewinnen. Diese Bewertung der Prioritäten ist jedoch sehr stark von individuellen Bedingungsgrössen des Mitarbeiters abhängig, so z. B. der Ausbildung, der Familiensituation[*] und bereits gemachten Arbeitserfahrungen.

„Karrieren entstehen durch das Zusammenspiel von entscheidungs- und situationsabhängigen betrieblichen Gelegenheiten einerseits und individuellen Verhaltensweisen andererseits." (Berthel 1995: 1285). Als Bestandteil eines umfassenden Anreizsystems in Unternehmen hat die betriebliche Karriereplanung eine grosse Motivationswirkung sowohl in materieller als auch in immaterieller Hinsicht, und so gilt es, neben der traditionellen Führungskarriere zusätzliche Modelle einzuführen, um die Motivation und somit die Leistungsbereitschaft sowie ein effektives Arbeiten der Mitarbeiter weiterhin zu gewährleisten. Bei der Initiierung und Gestaltung *zusätzlicher Karrieremodelle* geht es darum, die Mitarbeiterwünsche in genügendem Umfang zu berücksichtigen, damit sich die Motivationswirkung der Modelle entfalten kann. Von Eckardstein schreibt da-

---

[*] Hierbei gilt es insbesondere auch die Ambitionen und Möglichkeiten des Ehepartners zu berücksichtigen. So stellt das Dual-Career-Couple die Personalwirtschaft und insbesondere die Personalentwicklung und Karriereplanung vor ganz neue Herausforderungen (vgl. dazu Corpina 1996).

zu: „Von dem Ergebnis der Laufbahnplanung wird der Mitarbeiter höchst persönlich in starkem Ausmass berührt, so dass es unumgänglich erscheint, seine Vorstellungen über seine eigene berufliche Entwicklung bei den Versetzungsentscheidungen zu berücksichtigen." (von Eckardstein 1975: 1153).

1.2 Betriebliche Karriereplanung

Der Begriff der *Karriere* stammt vom französischen Wort *carrière* ab. Carrière kommt aus dem Pferdesport und bedeutet die Laufbahn resp. der Renngalopp im Sinne der schnellsten Gangart eines Pferdes. Von der Bedeutung her wird hierbei insbesondere die Schnelligkeit betont. Eine erfolgreiche Karriere macht ein Mitarbeiter also dann, wenn er eine bestimmte – im traditionellen Verständnis hierarchiebezogene – Positionsabfolge möglichst schnell durchläuft (vgl. Mazur 1998: 34; o. V. 1996: 522). Karriere ist die Folge objektiv wahrnehmbarer Positionen innerhalb betrieblicher Strukturen im Zeitablauf (vgl. Berthel 1997: 289; Weitbrecht 1992: 1114). Die Karriere ist damit ihrem einseitigem Aufstiegsbezug entkleidet. Positionswechsel bestehen nicht nur aus Beförderungen und enden nicht immer mit einer ranghierarchisch höheren Position als zuvor. „Mit der grösseren Dynamik und Komplexität der heutigen Arbeitswelt steigt gleichzeitig die Notwendigkeit, Mitarbeiter häufiger auf Stellen mit anderen (auch höheren) Anforderungen zu versetzen, ohne dass dies stets „Beförderung", d. h. ranghierarchischer Aufstieg im herkömmlichen Sinne sein kann. [...] Für den Betrieb ist ein flexibel einsetzbarer und leistungsfähiger Mitarbeiter besonders wertvoll." (Berthel 1997: 289). Die Erhaltung der Arbeitsmarktfähigkeit ist für den Mitarbeiter sehr wichtig, denn nur so kann er seine Arbeitskraft auch freiwillig anderen Unternehmen anbieten und ist nicht im Übermass an das jeweilige Unternehmen gebunden. Auch für das Unternehmen macht die Erhaltung der Arbeitsmarktfähigkeit seiner Mitarbeiter Sinn. Die Mitarbeiter sind flexibler und können bei Bedarf auch innerhalb des Unternehmens leichter versetzt werden. Für den Krisenfall und die Entlassung lassen sich so Härtefälle mindern und die freigestellten Mitarbeiter mit entsprechenden flankierenden Massnahmen besser an andere Unternehmen vermitteln.

Unter *Planung* im Unternehmen wird im Allgemeinen ein systematischer, von der Unternehmenspolitik geprägter Entscheidungsprozess, der unter Berücksichtigung externer Bedingungen Unternehmensziele sowie Mittel und Wege zu ihrer Erreichung zeitdauer- und terminbezogen festlegt (vgl. Koch 1993 und Gaugler 1989), verstanden. Informationen bilden sowohl den Input als auch den Output dieses Prozesses. Planen bedeutet, „[...] dass zum einen die eigenen Handlungen des Planungsträgers und zum anderen die Umweltereignisse und -bedingungen der Zukunft gedanklich vorweggenommen – prognostiziert – werden." (Koch 1981: 69).

Die betriebliche Karriereplanung „[...] bedeutet die gedankliche Vorwegnahme möglicher, zukünftig im Betrieb zu besetzender Stellen und der mit ihnen verknüpften Qualifikationen sowie Entwicklungsprozesse einzelner Mitarbeiter und deren individueller Karrieren." (Becker 1994: 205). Diese Definition umfasst hierbei sowohl die Karriereplanung als auch die Nachfolgeplanung. Dabei stellt die gedankliche Antizipation keine vorweggenommene Entscheidung über konkrete Versetzungen dar, vielmehr soll diese erst im tatsächlich vorliegenden Entscheidungsfall getroffen werden (vgl. Becker 1994: 205).

2 Ausgewählte Karrieremodelle

Wenn sich in einem Unternehmen über längere Zeit hinweg charakteristische Positionsfolgen herausbilden, entwickeln sich Bewegungsprofile. Diese können durch bewusste Gestaltungsentscheidungen entstehen und gefördert werden, bis sie sich zu Karrieremodellen verfestigen. Karrieremodelle unterscheiden sich voneinander durch ihre Tiefe (Anzahl der erreichbaren Positionen), die Aufeinanderfolge der Positionen und deren mögliche Steighöhen (die höchste erreichbare hierarchische Position) (vgl. Berthel 1997: 290). Hat sich ein Unternehmen für bestimmte Karrieremodelle entschieden, so legt es damit einen generalisierten Versetzungsmodus vor, wobei grundsätzlich auch Abweichungen von der allgemeinen Vorlage möglich sein sollten. Es gibt verschiedene in Unternehmen alternativ mögliche Karrierewege (vgl. dazu Abbildung 3-2 des Beitrages von Thom in diesem Buch).

Die gleichzeitige Ausprägung mehrerer Karrieremodelle scheint bei grösseren Unternehmen mit einer ausreichenden Anzahl an homogenen Stellen in stabilen Hierarchien realisierbar zu sein. Bei kleinen Betrieben oder Firmen, welche ein von den Anforderungen her stark heterogenes Stellengefüge aufweisen, heben sich selten eindeutige Karrieremuster hervor. Jede frei werdende (Führungs-)Position löst hier individuelle Nachfolgeüberlegungen aus.

2.1 Die Führungskarriere

Unter einer Führungskarriere wird eine Versetzung innerhalb der Linienorganisation bzw. der Hierarchie (Aufbauorganisation) verstanden, i. d. R. erfolgt diese ,vertikal nach oben'. Die Hierarchie dient als Strukturprinzip und schafft für eine Gesamtheit von Elementen systematische Beziehungen der Unter- und Überordnung. „In sozialen Systemen erzeugt Hierarchie über die bloße Funktionsteilung hinaus eine *Differenzierung* nach Rang, Status, Autorität, Befehlsgewalt, Entscheidungsbefugnissen u. a. m." (Breisig/Kubicek 1987: 1064). Karrieremöglichkeiten im Rahmen der traditionellen Führungskarriere werden mit der Verlangsamung des Wirtschaftswachstums und infolge des organisatorischen Wandels, oft verknüpft mit der Schaffung flacherer Hierarchien, geringer.

2.2 Die Fachkarriere

Die Fachkarriere enthält, nur insofern ähnlich der Führungskarriere, den Aufstiegsgedanken, doch sind für sie ein hoher Anteil an reinen Fachaufgaben und ein geringer Umfang an Personalführungs- und den damit zusammenhängenden Verwaltungsaufgaben typisch. Das Zielpublikum der Fachkarriere bilden Personen, bei welchen die Motivation zur Arbeit sich derart auf die Sachaufgabe bezieht, dass sie nicht bereit sind, eine Führungsaufgabe zu übernehmen, da deren Übernahme aufgrund der damit verbundenen zeitlichen Beanspruchung die Verringerung der fachlichen Aufgaben und der persönlichen Fachexpertise zur Folge hat. Primäres Ziel der Fachkarriere ist es, diese Mitarbeitergruppe zu motivieren und ihr ein über die Fachaufgabe definiertes alternatives Aufstiegssystem anzubieten. Die Fachkarriere dient somit insbesondere der Erhaltung hochqualifizierter Fachkräfte. Vor allem für solche Unternehmen kommen Fachkarrieren in Frage, welche in genügendem Umfang Fachspezialisten aufweisen (z. B. in der Entwicklung, der Forschung, der Informatik oder im Marketing).

Mit der Fachkarriere wird ein zweiter Hierarchieast, parallel zum Leitungsgefüge, eingerichtet. Bei der Beschreibung der Spezialisierung interessieren hierbei insbesondere der Aufgabeninhalt und die Positionsausstattung. Im Weiteren bedarf auch der neue Hierarchieast einer Gliederungstiefe und der Regelung von Unterstellungsverhältnissen. Das Design der Fachkarriere beinhaltet vor allem die Festlegung klar unterscheidbarer Rangstufen, die Definition der Gehaltsbandbreiten und weiterer spezifischer rangstufengerechter Anreize sowie die Bestimmung der Eingangsvoraussetzungen, der Auswahl- und Leistungsbeurteilungskriterien für die einzelnen Stufen. Tabelle 2-1 zeigt ein Beispiel einer Fachkarriere.

Tabelle 2-1: *Beispiel einer Fachkarriere (vgl. Friedli 2002: 34)*

Rangstufe	Leitungsebene	Fachkarrierenstufe
1	Direktor	
2	Bereichsleiter	Fachwissenschaftlicher Berater
3	Abteilungsleiter	Wissenschaftlicher Experte
4	Gruppenleiter	Fachwissenschaftler
5	Mitarbeiter	Wissenschaftlicher Assistent

Eine Wechselmöglichkeit von der Fach- zur Führungs- oder Projektkarriere ist aus Sicht der Mitarbeitenden grundsätzlich wünschenswert. Dies setzt aber voraus, dass die Durchlässigkeitsmassnahmen und -voraussetzungen klar definiert und frühzeitig den Aspiranten für die jeweiligen Karrieremodelle kommuniziert werden.

2.3   Die Projektkarriere

In vielen Unternehmensbereichen wird zunehmend in Projekten gearbeitet. Projekte stellen komplexe, umfangreiche und neuartige Aufgabenstellungen dar, deren meist interdisziplinäre Bewältigung zeitlich befristet ist. In Ergänzung zu den hierarchisch orientierten Karrieremodellen ergibt sich durch die vermehrte Arbeit in Projekten eine eher horizontal (traversal) orientierte dritte praxisrelevante Karrierestruktur. Dabei handelt es sich nicht nur um den üblichen Einsatz der Mitarbeitenden in der Projektarbeit, sondern um eine systematische Einbindung der Projektarbeit in das Personalentwicklungskonzept. Die oft in Ergänzung zur hierarchischen Organisationsstruktur von Unternehmen verwendete Projektorganisation bietet aufgrund ihrer zeitlichen Befristung die Möglichkeit der Potenzialerkennung i. S. eines realen Assessments. Je nach Stellung des Mitarbeitenden in der Projektorganisation und je nach Gewicht des Projektes innerhalb der Unternehmensaufgaben ergeben sich durch den Einsatz im Projekt alternative Karrierepfade. Ein möglicher Werdegang wäre z. B. Projektmitarbeiter in Projekten mit zunehmendem Wichtigkeitsgrad der Projektaufgabe; mehrere Einsätze als stellvertretender Projektleiter und dann als Projektleiter in Projekten mit aufsteigendem Komplexitäts- und Bedeutungsgrad.

In der Regel findet für den Mitarbeitenden keine Positionsbestimmung im Vergleich zur Fach- und/oder Führungskarriere statt. Dies entspricht nicht dem Wunsch vieler Mitarbeiter nach Anerkennung ihrer Tätigkeiten. Nicht selten wird aber das Durchlaufen einer Projektkarriere als Karriereschritt im Rahmen der Führungskarriere gesehen und dient somit als Sprungbrett zu höheren Stufen in der Linienkarriere. Gerade diese häufig anzutreffende Konstellation bewirkt, dass die Durchlässigkeit von der Projekt- zur Führungskarriere bei genügender Eignung des Kandidaten gegeben ist. Die faktische Einbindung der Projektkarriere in den Dienst der Führungsqualifikation verhindert aber in den meisten Fällen eine ernsthafte Auseinandersetzung mit der Schnittstelle zur Fachkarriere. Noch scheint der Bedarf an Lösungsansätzen zu umfassenden und durchlässigen Karrierekonzeptionen eher gering zu sein.

2.4   Weitere Ansätze zu Karrieremodellen

Zusätzlich zu den beschriebenen drei Karrieremodellen werden auch neuere Modelle in der Praxis eingesetzt und in der Literatur beschrieben. Der Abbau von Hierarchien folgt dem Trend ‚mehr Effizienz durch schlankere Strukturen'. Somit liegen Modelle nahe, welche die Karriere eher in die Fläche projizieren, d. h. Stellen- und Positionswechsel mittels Job-Rotation und Job-Enrichment anstreben. Inhaltlich eher dem Gedanken der Fachkarriere nahe stehend, fehlt in diesen neuen Ansätzen der Aufstiegsgedanke. Neben das Bild der Karriereleiter wird neu jenes der Kompetenzfläche gestellt (vgl. z. B. Fuchs 1998).

Ein weiterer Trend im Rahmen neuerer Modelle geht in Richtung *internationale Karriere*. Insbesondere in international tätigen Unternehmen besteht für die Mitarbeitenden möglicherweise die Option, auch im Ausland für das Unternehmen tätig zu sein und so wertvolle Erfahrungen zu sammeln. Während in einigen Unternehmen hierbei vor allem der Wunsch des Mitarbeiters nach einem Auslandsaufenthalt im Vordergrund steht, wurde bei anderen Betrieben der Auslandsaufenthalt bereits etabliert und ist für die weitere Karriere zur Bedingung geworden. „Wachsende internationale Verflechtungen der Unternehmen erfordern Auslandserfahrung der Mitarbeiter. International tätige Unternehmen entsenden ihre Beschäftigten kurz-, mittel- oder langfristig zu ihren Auslandsniederlassungen oder Tochtergesellschaften, damit diese beim Aufbau das notwendige technische oder managementbezogene Wissen einbringen können. Zielgruppen für Auslandsentsendungen sind Praktikanten, Trainees, Nachwuchsfachkräfte, Nachwuchsführungskräfte und Führungskräfte." (Becker 1999: 406).

Mit dem strukturellen Wandel in Wirtschaft und Gesellschaft verändern sich auch die Karrieremuster. Während ein Mitarbeiter früher oftmals sehr lange Zeit für dasselbe Unternehmen arbeitete, wechseln nun die meisten Mitarbeiter im Laufe ihrer Arbeitstätigkeit nicht nur das Aufgabenfeld, sondern auch das Unternehmen. Dieser Unternehmenswechsel kann innerhalb derselben oder zwischen verschiedenen Branchen stattfinden. Eine individuelle berufliche Karriere begrenzt sich nicht nur auf ein Unternehmen, sondern setzt sich aus Aufgabenfeldern in verschiedenen Unternehmen zusammen, welche unterschiedlichen Branchen angehören können.

3   Die betriebliche Karriereplanung im Kontext des Personalmanagements

Die betriebliche Karriereplanung hat Verknüpfungen und Schnittstellen zu allen personalwirtschaftlichen Funktionen, die offensichtlichsten sind aber jene zur Personalentwicklung und zur Personalerhaltung bzw. zum Anreizsystem eines Unternehmens.

In diesem Abschnitt wird zuerst kurz auf den Förderkreislauf eingegangen. In einem zweiten Abschnitt folgen empirische Ergebnisse aus einer Studie des IOP zu den Instrumenten der Karriereplanung.

3.1 Der Förderkreislauf

Als Prozess umfasst die Karriereplanung verschiedene Instrumente. Als eigentliche Weichenstellung in der Karriere eines Mitarbeiters gelten die Ergebnisse der Leistungsbeurteilung. Sie entscheiden i. d. R. darüber, ob einem Mitarbeiter die Fähigkeit bzw. das Potenzial für neue Aufgaben zugetraut wird bzw. ob weitere diesbezügliche Abklärungen erfolgen. In diesem Sinne sind die Instrumente der Mitarbeiterbeurteilung und deren Ausgestaltung wesentlich (vgl. Becker 1999: 266 ff. und Friedli 2002: 115 ff.). Sieht man die Entwicklung und Förderung eines Mitarbeiters als Kreislauf bzw. sich wiederholenden Prozess, so lösen sich im Laufe der Jahre verschiedene Instrumente ab. Abbildung 3-3 des Beitrages von Thom in diesem Buch zeigt einen möglichen Kreislauf der Förderung. Nach der Personalbeurteilung resp. Leistungsbeurteilung erfolgt die Eröffnung der Ergebnisse im Mitarbeitergespräch. Zusammen mit dem Mitarbeitenden werden hier Massnahmen zur Förderung besprochen und initiiert. Je nach Ergebnis der Leistungen ist es möglich, dass der Mitarbeitende für ein Förderungs-Assessment-Center (AC) empfohlen wird. Dieses AC soll Aufschluss über die Eignung des Kandidaten bezüglich bestimmter Stellen oder zuhanden der Förderkartei geben. Ebenso resultieren hieraus Entwicklungsvorschläge bezüglich ins Auge gefasster weiterführender Positionen. Die Angaben sowohl aus Mitarbeiterbeurteilung und -gespräch als auch aus einem allfälligen AC werden in der Regel in Förderkarteien gesammelt, damit bei entsprechenden Vakanzen im Unternehmen geeignete interne Kandidaten angesprochen werden können. Hier besteht die Schnittstelle zur Stellenplanung. Der Kreislauf schliesst sich mit der Leistungsbeurteilung im folgenden Jahr, in der auch eine erste Kontrolle bereits erkennbarer Fortschritte der eingeleiteten Massnahmen bzw. der Versetzungsentscheidungen erfolgen kann.

3.2 Empirische Ergebnisse

Die folgenden Darstellungen stammen aus der IOP-Studie zur betrieblichen Karriereplanung, durchgeführt 1999. 178 Unternehmen (Rücklaufquote 26,6 Prozent) der Dienstleistungsbranche beantworteten einen Fragebogen zur Karriereplanung (vgl. Friedli 2002).

3.2.1 Bezugsgruppen und Ziele der betrieblichen Karriereplanung

Die Anwendung der betrieblichen Karriereplanung und ihre begleitenden personalwirtschaftlichen Massnahmen finden in den befragten Unternehmen auf allen als Antwortmöglichkeit vorgegebenen hierarchischen Stufen statt. Am häufigsten werden jedoch die Stufen des mittleren Kaders (68,0 Prozent) und der Nachwuchsführungskräfte (61,8 Prozent) genannt. Vergleichsweise selten erwähnt wurde die Ebene des Top-Kaders (19,7 Prozent). Es scheint, dass dieses Thema auf der obersten Stufe der Führungskarriere seine Vordringlichkeit erheblich einbüsst. Tabelle 3-1 gibt einen Überblick über die Resultate.

Tabelle 3-1: Bezugsgruppen der betrieblichen Karriereplanung[**]

Bezugsgruppen	Anzahl Nennungen	
	Absolut	prozentual zu N=178
Nachwuchsführungskräfte	110	61,8 Prozent
Unteres Kader	99	55,6 Prozent
Mittleres Kader	121	68,0 Prozent
Oberes Kader	82	46,1 Prozent
Top-Kader	35	19,7 Prozent
Andere	13	7,3 Prozent

3.2.2 Karrieremodelle und -pfade

Standardkarrieremodelle können grundsätzlich sowohl für das Gesamtunternehmen als auch innerhalb von einzelnen Funktions- bzw. Fachbereichen bestehen. Fast die Hälfte der antwortenden Unternehmen (47,2 Prozent) verfügte zum Befragungszeitpunkt über Karrieremodelle, welche individuell angepasst und gestaltet werden können. Nur bei einem Viertel der Unternehmen (25,8 Pozent) sind Standardkarrieremodelle vorhanden. In vielen Unternehmen bestanden individuelle und standardisierte Modelle *nebeneinander*. Laut Angaben aus den Fragebogen stehen diese in einem durchschnittlichen *Verhältnis von 70:30* zueinander.

[**] Mehrfachnennungen möglich, prozentual zu N=178 berechnet.

Bei traditionellen Modellen stehen grundsätzlich Aufwärtsbewegungen im Vordergrund. Neue Modelle – auch bedingt durch Veränderungen in Organisation und Umwelt – verlangen von den Unternehmen bzw. von den Mitarbeitern, sich vermehrt mit Abwärtsbewegungen auseinander zu setzen. In einer weiteren Frage wurden die Unternehmen auch nach möglichen Abwärtsbewegungen innerhalb ihrer Karrieremodelle befragt. Nur etwas mehr als 60 Prozent der Unternehmen beantworteten diese Frage. Dies lässt aber dennoch eine Tendenzaussage zu: *25,8 Prozent* dieser Unternehmen berücksichtigen diese Bewegungsrichtung in ihren Karrieremodellen, während sie in *36,0 Prozent* der Firmen *keine Beachtung* findet. Der Einschluss einer Abwärtsbewegung scheint auch heute noch weitgehend unbeliebt zu sein; Karriere bedeutet für die Mehrheit im Wesentlichen eine Bewegung aufwärts oder zur Seite.

Dass zusätzlich zur Führungskarriere die *Projektkarriere* alleine eingeführt wurde, ist sehr selten *(0,6 Prozent)*, der Schwerpunkt wird eindeutig auf die *Fachkarriere (21,3 Prozent)* gelegt. *15,7 Prozent* aller Befragten bieten neben der traditionellen Karriere sowohl die *Fach- als auch die Projektkarriere* an. Ein relativ hoher Prozentsatz *(28,7 Prozent)* gibt an, weder das eine noch das andere Modell zusätzlich eingeführt zu haben. Von diesen 51 Unternehmen gedenken immerhin *45 Prozent*, dies in den nächsten zwei bis drei Jahren zu tun. Der Rücklauf umfasst viele kleinere und mittlere Unternehmen, welche oft aufgrund ihrer Organisationsgrösse keine solchen Karrieresysteme anwenden.

3.2.3   Personalwirtschaftliche Begleitmassnahmen

Aus Sicht der befragten Personalleiter werden im Unternehmen die Karrieremodelle nur teilweise transparent dargestellt. So ordneten auf der Skala 1-5 (1=völlig transparent bis 5=gar nicht transparent) immerhin 11,4 Prozent eine *vier* und 6,3 Prozent gar eine *fünf* zu. Nur gerade 12,6 Prozent betrachteten in ihrem Unternehmen die abgegebenen Informationen zur Karriereplanung als ausreichend. Zur Informationsübertragung werden verschiedene Kanäle benutzt, allen voran das Mitarbeitergespräch (93,8 Prozent). Abbildung 3-1 zeigt die genannten Instrumente in der Übersicht.

Abbildung 3-1: *Instrumente für die Information über Karrieremöglichkeiten (in Prozent)*

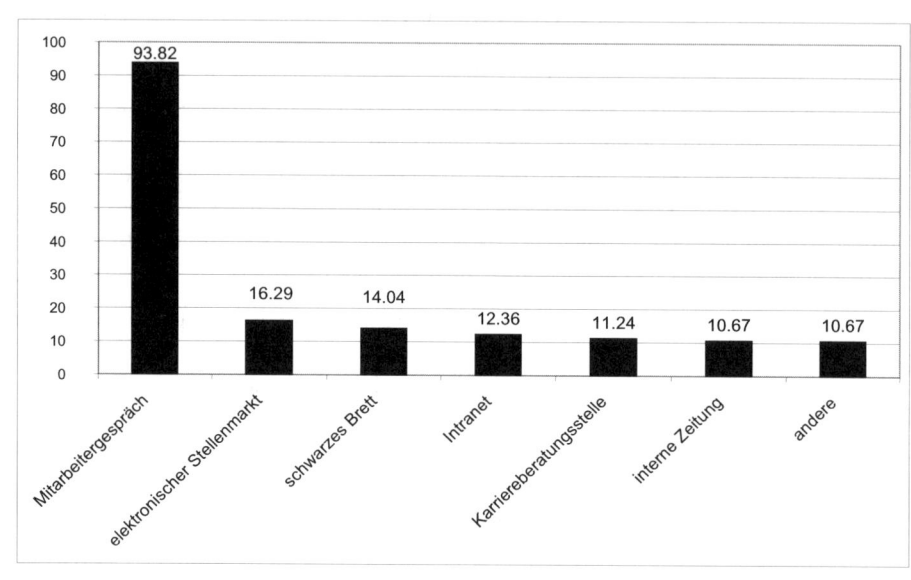

Nur 10,7 Prozent der befragten Unternehmen gaben an, über eine vollständige Dokumentation der in ihrem Unternehmen möglichen Karrierewege zu verfügen. Über die Hälfte der antwortenden Unternehmen erarbeitet *keine* Dokumentation, was mit ein Grund für die recht niedrig eingeschätzte Transparenz der Karrieresysteme sein dürfte. Unabhängig von der Unternehmensgrösse besteht ein grosser Nachholbedarf bei der Verbesserung der Dokumentation über mögliche Karrierewege.

3.2.4 Interne Weiterbildung

Bei *88,2 Prozent* der antwortenden Unternehmen erfolgt die interne Weiterbildung *on-the-job*. Unterstützt wird diese dabei meist durch (interne) *fachspezifische Kurse (75,8 Prozent)* und *Seminare (67,4 Prozent)*. Ebenfalls wichtig sind *allgemeine Führungstrainings*; 55,1 Prozent der Befragten führen solche durch. Eine nur relativ geringe Rolle spielen bei den antwortenden Unternehmen *Trainee-Programme (21,3 Prozent)*. Dies kann aber darauf zurückgeführt werden, dass diese nicht in allen Organisationen bestehen und stark von der Unternehmensgrösse abhängig sind. Ausserdem betreffen sie fast ausschliesslich die Personengruppe der Hochschulabsolventen. Nach dem absolvierten Trainee-Programm haben sich die Hochschulabsolventen mit anderen Formen der betrieblichen Weiterbildung auseinander zu setzen.

4   Gestaltungsempfehlungen

Der intensive Wettbewerb und die verstärkte Internationalisierung führen bei vielen Unternehmen zu strategischen Neuausrichtungen, die teilweise zu Konzentrationen auf das Kerngeschäft und zu Zusammenschlüssen führen. Das einerseits verminderte Stellenreservoir und die andererseits gesteigerten Erwartungen der Stellenanwärter erhöhen den Druck auf die Verantwortlichen für das Personalmanagement.

Die betriebliche Karriereplanung weist vielfältige Verknüpfungen zu personalwirtschaftlichen Instrumenten und Funktionen auf. Erst durch das Zusammenspiel der Karrieremodelle, Instrumente und Funktionen kommt die Karriereplanung eines Unternehmens angemessen zum Tragen. Effektivität und Effizienz der Karriereplanung entscheiden sich massgeblich an diesen Schnittstellen bzw. an deren Ausgestaltung.

Abbildung 4-1:   *Integrierte Sichtweise der Karriereplanung*

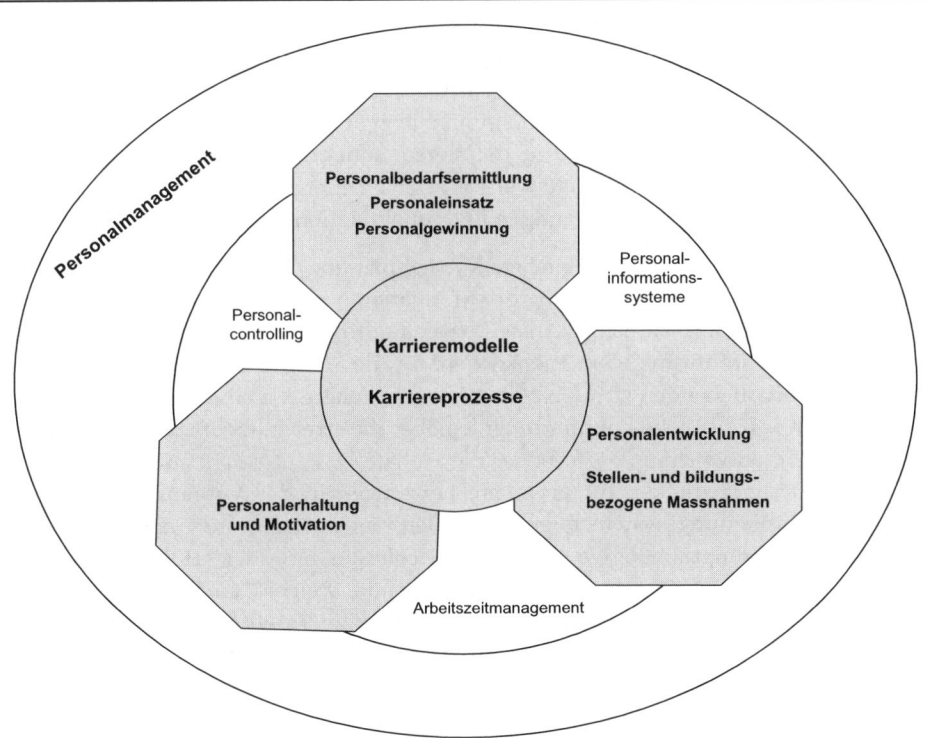

Es gilt, Karrieremodelle an eventuell bereits bestehende Instrumente und Funktionen anzuhängen und so Synergien zu ermöglichen und zu nutzen. Abbildung 4-1 stellt die Einbettung der Karriereplanung in das Personalmanagement grafisch dar. Dabei wurde versucht, die unterschiedlichen Beziehungen innerhalb der Karriereplanung grafisch zum Ausdruck zu bringen: Die Funktionen mit ausgeprägter Wechselwirkung sind grau unterlegt, eher unterstützende Funktionen bzw. Instrumente sind weiss dargestellt.

Insbesondere grössere Unternehmen sollten darauf achten, dass im Rahmen ihrer betrieblichen Karriereplanung neben der Führungskarriere auch weitere Modelle angeboten werden. Nicht nur weil die Führungsstellen durch Restrukturierung abnehmen können; es sind auch nicht alle Mitarbeitenden gleich geeignet bzw. motiviert, eine Führungskarriere zu verfolgen. Diesen sollten zusätzliche strukturierte Veränderungs- und Entwicklungsmöglichkeiten mit adäquaten Positionsausstattungen (z. B. Gehalt, zusätzliche Verantwortung u. a.) angeboten werden. Sind in einem Unternehmen mehrere nebeneinander stehende Karrieremodelle vorhanden, so gilt es, die Voraussetzungen für allfällige Modellwechsel zu bestimmen. Es ist gut denkbar, dass z. B. ein Mitarbeiter, welcher bisher eine Projektkarriere verfolgt hat, zukünftig in die Stufen der Fachkarriere wechseln möchte. Diese Wechsel sollten zu Gunsten der Mitarbeitermotivation gefördert und bis zu einer gewissen Hierarchiestufe ermöglicht werden. Das setzt voraus, dass z. B. auch die Gehaltsbandbreiten frühzeitig auf diese Möglichkeiten ausgerichtet, d. h. Karrieremodell-unabhängig definiert werden. Es reicht nicht, Mitarbeitende nach Karrierearten zu definieren, sondern sie müssen innerhalb der Modelle gefördert und entwickelt werden. Dazu benötigt das Unternehmen klare Strukturen sowie Aufstiegsbedingungen und -qualifikationen innerhalb der Modelle.

Das Vorhandensein einer betrieblichen Karriereplanung an sich bewirkt bei vielen Mitarbeitern bereits eine Verstärkung der Motivation und dient damit der längerfristigen Personalerhaltung. Günstige Auswirkungen auf die Verweildauer im Unternehmen dürfte die Einführung einer Fachkarriere für die Mitarbeitergruppe der hochspezialisierten Mitarbeitenden bzw. Experten haben. Weitere Verbindungen zur Motivation bestehen z. B. über die Lohnfindung: Je höher die erreichte Stufe bzw. die Kompetenzen und Verantwortung, desto höher das Gehalt. Das entspricht auch einem generellen Belohnungsgedanken für erbrachte Leistungen in der Vergangenheit. Einem modularen Entlöhnungssystem folgend, werden hier meistens stufenabhängige Boni bzw. andere leistungsabhängige Geld- und Sachleistungen oder erfolgsunabhängige Fringe Benefits vorgesehen. Auch für Mitarbeitende, welche keinem Karrieremodell zugeordnet sind, empfiehlt sich eine leistungsabhängige Vergütung, welche unabhängig von der ‚Karriereleiter' die in der Beurteilungsperiode erfolgte Leistung honoriert (vgl. Thom/Friedli 2002 und Thom/Friedli 2004).

Die Verknüpfungen der Karriereplanung mit der Funktion der Personalentwicklung können in zwei Kategorien eingeteilt werden: bildungsbezogene und stellenbezogene Massnahmen. Bei den bildungsbezogenen Massnahmen ist es wichtig, dass die Voraussetzungen und Bedingungen sowohl für den Eintritt in ein Karrieremodell als auch für die modellbezogene Weiterentwicklung klar definiert und kommuniziert werden. So können einerseits spezifische Weiterbildungskurse darauf hin ausgerichtet werden, andererseits weiss der Mitarbeiter zu jeder Zeit selbst, welche Qualifikationen ihm noch fehlen. Stellenbezogene Massnahmen können definitive Arbeits- und Positionswechsel effizient vorbereiten. So eignet sich z. B. die Stellvertretung sehr gut dazu, einen potenziellen Nachfolger mit umsichtiger Einführung und Begleitung durch den Stelleninhaber auf die nächsthöhere Stufe zu entwickeln.

Häufig umfasst die Karriereplanung auch eine mehr oder weniger konkrete Nachfolgeplanung für ausgewählte Schlüsselpositionen. Besteht eine solche, beeinflusst sie sowohl die Personalbedarfsplanung als auch die Personalgewinnung. So genannte Mitarbeiterpools bestehen aus Mitarbeitenden, welche sich aufgrund ihrer herausragenden Leistungen bzw. der zu erwartenden Leistungen (Potenzial) für diese Schlüsselstellen empfehlen. Zur Motivation dieser Mitarbeiter bedarf es unbedingt der intensiven Pflege des Pools: Den Mitarbeitern muss klar kommuniziert werden, für welche Stellen sie in der Anwärterposition sind und für welchen Zeitraum ein Stellenwechsel ins Auge gefasst wird. Bis zu diesem Zeitpunkt können spezifische Kurse und sonstige Lernangebote die benötigten Fähigkeiten weiter spezialisieren und ergänzen. Nur eine wohl abgestimmte und in das Gesamtsystem des Personalmanagements integrierte Karriereplanung kann als gezielter Anreiz für Schlüsselmitarbeitende eingesetzt werden und so ihre ganze Motivationsfunktion für dieses Mitarbeitersegment ausschöpfen.

Literaturverzeichnis

BECKER, FRED G. (1994): Lexikon des Personalmanagements, München 1994 (2. Auflage 2002).

BECKER, MANFRED (1999): Personalentwicklung. Bildung, Förderung und Organisationsentwicklung in Theorie und Praxis, 2. Aufl., Stuttgart 1999 (4. Auflage 2005).

BERTHEL, JÜRGEN (1995): Karriere und Karrieremuster von Führungskräften. In: Handwörterbuch der Führung, 2. Aufl., hrsg. v. Alfred Kieser, Gerhard Reber und Rolf Wunderer, Stuttgart 1995, Sp. 1285-1296.

BERTHEL, JÜRGEN (1997): Personal-Management. Grundzüge für Konzeptionen betrieblicher Personalarbeit, 5. Aufl., Stuttgart 1997.

BREISIG, THOMAS/KUBICEK, HERBERT (1987): Hierarchie und Führung. In: Handwörterbuch der Führung, hrsg. v. Alfred Kieser, Gerhard Reber und Rolf Wunderer, Stuttgart 1987, Sp. 1064-1077.

BREXEL, ERNST (1998): Fette Jahre für Manager. In: Personalwirtschaft, 25. Jg. 1998, Nr. 9, S. 34.

CORPINA, PIERO (1996): Laufbahnentwicklung von Dual-Career Couples. Gestaltung partnerschaftsorientierter Laufbahnen. Dissertation, Universität St. Gallen, St. Gallen 1996.

ECKARDSTEIN, DUDO VON (1975): Laufbahnplanung. In: Handwörterbuch des Personalwesens, hrsg. v. Eduard Gaugler, Stuttgart 1975, Sp. 1149-1157.

FRIEDLI, VERA (2002): Die betriebliche Karriereplanung. Konzeptionelle Grundlagen und empirische Studien aus der Unternehmensperspektive, Bern u. a. 2002

FUCHS, JÜRGEN (1998): Die neue Art Karriere im schlanken Unternehmen. In: Harvard Business Manager, 20. Jg. 1998, Nr. 4, S. 83-91.

GAUGLER, EDUARD (1989): Personalplanung. In: Handwörterbuch der Planung, hrsg. v. Norbert Szyperski, Stuttgart 1989, Sp. 1350-1362.

KOCH, HANS-EBERHARD (1981): Grundlagen und Grundprobleme einer betrieblichen Karriereplanung, Frankfurt am Main und Bern 1981.

KOCH, HELMUT (1993): Planungssysteme. In: Handwörterbuch der Betriebswirtschaft, 5. Aufl., hrsg. v. Waldemar Wittmann u. a., Stuttgart 1993, Sp. 3251-3262.

MAZUR, ULLA (1998): Wege aus der Karrierefalle: Die Krise als neue Chance. In: Personalführung, 31. Jg. 1998, Nr. 6, S. 34 -38.

O. V. (1996): Karriere. In: Brockhaus – Die Enzyklopädie. 20. Aufl., Leipzig, Mannheim 1996, S. 522.

ROSENSTIEL, LUTZ VON (1997): Die Karriere – ihr Licht und Schatten. In: Perspektiven der Karriere, hrsg. v. Lutz von Rosenstiel, Thomas Lang-von Wins und Eduard Sigl, Stuttgart 1997, S. 12-42.

THOM, NORBERT/FRIEDLI, VERA (2002): Personalerhaltung. Fallstudien zur Personengruppe der High-Potentials, Arbeitsbericht Nr. 62 des Instituts für Organisation und Personal der Universität Bern, Bern 2002.

THOM, NORBERT/FRIEDLI, VERA (2004): Hochschulabsolventen gewinnen, fördern und erhalten, 2. Aufl., Bern u. a. 2004 (4. Auflage 2008, im Druck).

WEITBRECHT, HANSJÖRG (1992): Karriereplanung, individuelle. In: Handwörterbuch des Personalmanagements, 2. Aufl., hrsg. v. Eduard Gaugler und Wolfgang Weber, Stuttgart 1992, Sp. 1114 – 1126.

Anita Graf

Lebenszyklusorientierte Personalentwicklung
Handlungsfelder und Massnahmen

1 Grundlagen der lebenszyklus-orientierten Personalentwicklung

Die Idee der Einteilung des menschlichen Lebens in verschiedene Phasen wurde vor allem in den 70er Jahren von AutorInnen unterschiedlicher Wissenschaftsdisziplinen (Betriebswirtschaftslehre, Psychologie, Soziologie, Gerontologie) aufgegriffen und anhand von Zykluskonzepten dargelegt und diskutiert (vgl. beispielsweise Erikson 1973, Hall 1976, Schein 1978). Mitte der 90er Jahre führte Sattelberger (1995) den Begriff der lebenszyklusorientierten Personalentwicklung (PE) im deutschsprachigen Raum ein und betonte die Notwendigkeit der Ausrichtung von Beratungs- und Entwicklungsprogrammen auf den Lebenszyklus eines Organisationsmitglieds. In den letzten Jahren wurde die Thematik in der betriebswirtschaftlichen Literatur insbesondere im Kontext von „Erhalt der Arbeitsmarktfähigkeit", „Beschäftigung älterer Mitarbeitender" und „lebensphasengerechte Karriere- und Laufbahnplanung" diskutiert.

1.1 Begriff

Die lebenszyklusorientierte Personalentwicklung orientiert sich am individuellen Lebenszyklus der Mitarbeitenden und umfasst alle informations-, bildungs- und stellenbezogenen PE-Massnahmen, die zur gezielten Entwicklung sämtlicher Mitarbeitenden eines Unternehmens während ihres gesamten betrieblichen Lebenszyklus dienen. Sie versteht sich sowohl mitarbeitenden- als auch unternehmensorientiert (vgl. Graf 2002: 34).

Bei der lebenszyklusorientierten PE geht es um die persönliche und berufliche Entwicklung von Mitarbeitenden in Bezug zu ihrem individuellen Lebenszyklus. Bei der Ausgestaltung der betrieblichen PE oder bei der Wahl von geeigneten PE-Massnahmen wird berücksichtigt, in welcher Lebensphase sich Mitarbeitende befinden. Der Grund dafür ist, dass sich Bedürfnisse, Aufgabenstellungen und Potenziale ändern, je nachdem, in welcher Phase des Lebenszyklus sich Menschen befinden. Mit 20 Jahren sind andere Themen relevant und Möglichkeiten oder Kompetenzen vorhanden als mit 40 oder 60 Jahren. Demzufolge sind je nach Phase auch andere PE-Massnahmen effizient und effektiv.

Die informationsbezogenen PE-Massnahmen (z. B. Personalbeurteilungssysteme, Anforderungsprofile, Personalportfolios) bilden die Grundlage für die Wahl von geeigneten bildungsbezogenen (z. B. Coaching, Aus- und Weiterbildung) und stellenbezogenen (z. B. Karriere- und Nachfolgeplanung, Arbeitsstrukturierung, Stellvertretung) PE-Massnahmen (vgl. hierzu auch Thom 1993: 3083 ff.). Wesentlich ist, dass die Mitarbeitenden aller Ebenen gleichermassen in die Betrachtung miteinbezogen werden, d. h. sämtliche Berufsgruppen, Funktions- und Hierarchiestufen, jüngere wie ältere

Mitarbeitende, Frauen wie Männer. Viele PE-Konzepte konzentrieren sich jedoch nach wie vor auf die Förderung von High Potentials und von Mitarbeitenden, die sich auf dem Weg zum Karrierekulminationspunkt befinden. Konzepte für die Weiterentwicklung nach Erreichen des Karrierezenits oder bei einer zeitlich begrenzten Stagnation fehlen häufig oder sind erst ansatzweise vorhanden.

1.2 Bedeutung und Zielsetzungen

Das Ziel der lebenszyklusorientierten (oder auch laufbahnbezogenen) PE ist die Erhaltung und Förderung von Leistungsfähigkeit und -bereitschaft während der gesamten Dauer der Betriebszugehörigkeit von Mitarbeitenden.

Die PE sieht sich heute mit der Situation konfrontiert, dass die Anforderungen an Führungskräfte und Mitarbeitende infolge beschleunigter Veränderungsprozesse und der zunehmenden Komplexität von Wissen stark zugenommen haben. Immer mehr Menschen in Organisationen sind überfordert; psychosomatische Beschwerden, Burnout und Suchtprobleme häufen sich. Das geforderte Leistungsniveau und der damit verbundene Druck sind oft kaum mehr bis zur Pensionierung durchzuhalten. Frühpensionierungen sind in vielen Unternehmen bereits heute gängige Praxis. Gleichzeitig ist jedoch ein Rückgang der Erwerbsbevölkerung infolge der demografischen Entwicklung ab dem Jahre 2010 zu erwarten (vgl. Bundesamt für Statistik 2001). Tritt dieser ein, dann sind diejenigen Unternehmen im Vorteil, denen es gelingt, die komparativen Stärken verschiedener Alterskategorien gezielt zu berücksichtigen. Infolge des Wertewandels verändern sich zudem Karriereorientierung und Leistungsverständnis insbesondere von jüngeren Mitarbeitenden. Ein ausgeglichenes Verhältnis zwischen Engagement im Beruf, der Familie und den persönlichen Interessen wird zunehmend wichtiger und auch gefordert.

Für eine zeitgemässe PE geht es somit einerseits um das frühzeitige Erkennen von Trends mit Wirkung auf das Human Capital, die Analyse des Mitarbeitenden-Portfolios bezüglich Leistungsfähigkeit und -bereitschaft (in Abstimmung mit der strategischen Ausrichtung des Unternehmens) sowie die Implementierung effizienter und zweckmässiger Instrumente und Massnahmen. Andererseits ist die PE gefordert, sich stärker auf den individuellen Lebenszyklus der Mitarbeitenden auszurichten. Im Zentrum stehen insbesondere:

- die optimale Nutzung des Mitarbeitendenpotenzials durch die Abstimmung des individuellen Lebenszyklus – und den damit einhergehenden Bedürfnissen, Leistungsvoraussetzungen und Potenzialen – mit den Anforderungen und Möglichkeiten der aktuellen resp. einer neuen Funktion/Stelle,

- der Erhalt von LeistungsträgerInnen durch PE-Massnahmen, welche die Förderung und Erhaltung von Leistungsfähigkeit und -bereitschaft unterstützen, d. h.

Sicherstellung einer permanenten Entwicklung sowie Unterstützung bei der Erschliessung neuer Wachstums- und Lernpotenziale und

- die frühzeitige Anpassung an den bevorstehenden altersstrukturellen Wandel und insbesondere Sicherung des Erfahrungswissens älterer Mitarbeitenden durch gezielte Weiterbildung, langfristig ausgerichtete Motivation sowie Sensibilisierung und Schulung der Führungskräfte.

2 Der individuelle Lebenszyklus als Ausgangspunkt

2.1 Konzept der Lebenszyklen

Eine wichtige Grundlage für die lebenszyklusorientierte PE ist das Konzept der Lebenszyklen, welches seinen Ursprung in der Biologie hat. Es geht um den evolutionären Prozess des Werdens, Wachsens, Veränderns und Vergehens lebender Systeme. Der Lebenszyklus beschreibt die typischerweise durchlaufenen und somit recht genau prognostizierbaren quantitativen und qualitativen Veränderungen im Zeitablauf. Es können jeweils mehrere Lebensphasen unterschieden werden, die durch bestimmte Merkmale oder Merkmalskombinationen (phasentypische Gesetzmässigkeiten) charakterisiert sind. Wesentlich ist, dass die jeweils definierten Phasen nicht als starre Konstrukte mit einem klar festgelegten zeitlichen Rahmen angesehen werden. Die Anwendung von Phasenmodellen bedarf einer gewissen Flexibilität und dient primär dazu, Anregungen und Anhaltspunkte zu geben.

2.2 Die Teilzyklen im Überblick

Insgesamt können beim individuellen Lebenszyklus eines Menschen fünf verschiedene (Teil-)Lebenszyklen unterschieden werden, die jeweils unterschiedliche Lebensbereiche betreffen. Zu den wichtigsten Lebensfeldern gehören die individuelle Entwicklung im Bereich der Identität (biosozialer Lebenszyklus), der Familie (familiärer Lebenszyklus) und der beruflichen Laufbahn, die den beruflichen, betrieblichen und stellenbezogenen Lebenszyklus beinhaltet (vgl. beispielsweise Sattelberger 1995: 288 ff., und Mayrhofer 1992: 1241 ff.):

- **Biosozialer Lebenszyklus:** Er spannt den umfassenden Bogen von der Geburt eines Menschen bis zu dessen Tod. Der Zyklus wird von verschiedenen biologischen und sozialen Faktoren beeinflusst. Ansatzpunkte für die lebenszyklusorientierte PE ergeben sich aus den verschiedenen Lebensphasen (Lebensalter) des

Menschen, die unterschiedliche Qualitäten haben und jeweils andere Lebensaufgaben und Potenziale mit sich bringen.

■ **Familiärer Lebenszyklus:** Er bezieht sich primär auf die von einem Individuum gegründete Familie und umfasst die Bereiche Ehe, Kinder und Grosskinder. Ansatzpunkte für die lebenszyklusorientierte PE ergeben sich insbesondere aus dem Spannungsfeld Beruf und Familie (z. B. Work-Life-Balance, Dual-Career-Couples).

■ **Beruflicher Lebenszyklus:** Er umfasst die Entwicklung des Menschen von der Berufswahl bis zum Ausscheiden aus dem Erwerbsleben. Er setzt sich in der Regel aus einer Ausbildungsphase sowie verschiedenen betrieblichen Lebenszyklen zusammen. Der berufliche Lebenszyklus kann durch erwerbsfreie Phasen (z. B. infolge Weiterbildung, Mutterschaft) unterbrochen sein. Ansatzpunkte für die lebenszyklusorientierte PE sind beispielsweise die Notwendigkeit des lebenslangen Lernens und die Veränderung der Bedeutung von Arbeit und Karriere infolge des Wertewandels.

■ **Betrieblicher Lebenszyklus:** Er beschreibt die Entwicklung von Mitarbeitenden vom Eintritt ins Unternehmen bis zum Austritt. Er setzt sich in der Regel aus verschiedenen stellenbezogenen Lebenszyklen zusammen und beschreibt die Laufbahn von Mitarbeitenden innerhalb der Organisation. Ansatzpunkte für die lebenszyklusorientierte PE ergeben sich in Bezug auf die Förderung und Entwicklung der Mitarbeitenden während der gesamten Dauer ihrer Unternehmenszugehörigkeit.

■ **Stellenbezogener Lebenszyklus:** Er beinhaltet die Entwicklung von Mitarbeitenden vom Antritt einer neuen Stelle bis zum erneuten Stellenwechsel (resp. Austritt aus dem Unternehmen). Ansatzpunkte für die lebenszyklusorientierte PE ergeben sich bezüglich Erhaltung und Förderung von Leistungsfähigkeit und -bereitschaft der Mitarbeitenden.

Besonders kritische Situationen zeigen sich jeweils beim Übergang von einer Phase in die nächste resp. infolge von Überschneidungen/Interdependenzen zwischen den verschiedenen Teilzyklen. Als Folge kann es zu einer Häufung anspruchsvoller Situationen kommen. Dies ist beispielsweise der Fall, wenn der Berufseintritt mit einer Veränderung beim familiären Lebenszyklus (z. B. infolge Heirat, Nachwuchs) zusammenfällt. Solche Situationen können mehr Zeit und Energie benötigen, als einem Individuum im Moment zur Verfügung stehen. Mögliche Verhaltensweisen sind dann, dass entweder das Engagement in einem der beiden betroffenen Lebenszyklen reduziert oder aber eine radikal herbeigeführte Veränderung angestrebt wird.

Wichtige Einflussfaktoren, die bei der Betrachtung der Interdependenzen der Lebenszyklen ebenfalls zu beachten sind, stellen die vielfältigen Trends im Zusammenhang mit den Teilzyklen dar (vgl. folgende Tabelle). Diese Entwicklungen bringen einerseits eine Beschleunigung mit sich und vergrössern andererseits auch die Wahl- und Handlungsmöglichkeiten des Individuums in räumlicher, zeitlicher und sozialer Hinsicht.

Tabelle 2-1: *Entwicklungen im Zusammenhang mit den (Teil-)Lebenszyklen des Menschen*

Lebenszyklus	Entwicklungen / Trends
▨ Biosozialer Lebenszyklus	Steigende Lebenserwartung
	Entwicklungen im Bereich der Gesundheit (Todesursachen, Krankheitsmuster)
▨ Familiärer Lebenszyklus	Entwicklung der Heirats- und Scheidungsrate: tendenzielle Abnahme der Heiratshäufigkeit resp. Zunahme der Scheidungsrate
	Rückgang der Geburtenrate
	Veränderung der familialen Lebensformen: Dual-Career-Couples, Ein-Eltern-Familien, spätere Heirat, Verschiebung des Zeitpunkts der Erstgeburt etc.
▨ Beruflicher Lebenszyklus	Veränderung der Bedeutung der Arbeit infolge Wertewandel
	Verkürzung des beruflichen Lebenszyklus infolge Verlängerung der Ausbildungszeit und Senkung des durchschnittlichen Rentenalters
	Veränderungen im Verlauf des beruflichen Lebenszyklus: Abnehmende Bedeutung der Erstausbildung, häufigere Arbeitsplatzwechsel, Auftreten von Brüchen, Veränderung der bestehenden Arbeitsformen etc.
▨ Betrieblicher Lebenszyklus	Verflachung des betrieblichen Lebenszyklus infolge Abbau von Hierarchiestufen
	Veränderung der Karriereorientierung infolge Wertewandel
	Trend zu mehr Selbstverantwortung
	Zunahme der Bedeutung älterer Arbeitnehmender infolge demografischer Entwicklungen
▨ Stellenbezogener Lebenszyklus	Veränderung der Arbeitsbedingungen
	Veränderung der Arbeitsanforderungen und der benötigten Qualifikationen

„Der Dauerdruck, unter dem man sich häufig genug in der modernen Lebenshektik fühlt, resultiert aus Akkumulation, Verkürzung und Stückelung der lebensrelevanten Lebenszyklen. [...] Immer mehr Möglichkeiten, immer mehr Wünsche, immer weniger Zeit [...]." (Gross 1993: 44). Die individuelle Biographie ist somit einem entscheidenden Wandel unterworfen. Daraus resultierende Krisen lassen sich nicht vermeiden. Der Mensch muss sich mit diesen Herausforderungen auseinandersetzen und versuchen, eigene Lebensregeln zu entwickeln. Gemäss Gross bedeutet Selbstmanagement dies und nichts anderes. „Selbstmanagement heisst, bei sich selber zu beginnen. Selbstmanagement heisst nicht, sich selber wie eine Maschine im Griff zu haben. Selbstmanagement heisst, sein eigenes Leben im Schnittpunkt von sich kreuzenden Lebenszyklen zu sehen und zu lernen, die auseinander brechenden Lebenszyklen immer aufs neue zusammenzukitten. Selbstmanagement heisst, leben zu können mit einer Vielzahl von Optionen, immer weniger Obligationen und dem Ertragenkönnen der Kontingenz des einmal Gewählten. Selbstmanagement heisst schliesslich, [...] präventiv

Vorstellungen und Prioritäten über die auf einen zukommenden Lebens- und Laufbahnphasen zu entwickeln." (Gross 1993: 48).

Nachfolgend werden 2 der 5 Teilzyklen ausführlicher vorgestellt – der biosoziale und der betriebliche Lebenszyklus; diese sind für das Verständnis der Thematik der lebenszyklusorientierten PE besonders wesentlich (für eine vertiefte Darstellung aller 5 Teilzyklen vgl. Graf 2002, 47 ff.).

2.3   Der biosoziale Lebenszyklus

Der biosoziale Lebenszyklus beschreibt den stufenweisen Verlauf der Persönlichkeitsentwicklung und ist von zahlreichen biologischen und sozialen Einflussfaktoren abhängig. Die menschliche Entwicklung wird durch biologische Regelmässigkeiten – wie beispielsweise die mit zunehmendem Lebensalter eintretenden Abnützungserscheinungen – beeinflusst. Auch soziale Einflussfaktoren bestimmen die menschliche Entfaltung mit. Dies sind unter anderem die in der Ursprungsfamilie erfahrene Erziehung, gesellschaftliche bzw. kulturell tradierte Wertvorstellungen oder auch soziale Normen und Riten, welche die verschiedenen Lebensabschnitte regeln. Besonders auffällig sind die biosozialen Veränderungen an den „Lebensrändern" Kindheit und Alter, wie beispielsweise die rasche körperliche und geistige Entwicklung von Kleinkindern oder die gesellschaftliche Ausgrenzung von alten Menschen (vgl. Mayrhofer 1992: 1241 f.).

Nachfolgend wird exemplarisch das Zykluskonzept von Schein (1978) dargelegt. Es ist – nebst dem entwicklungspsychologischen Zykluskonzept von Erikson (1973) – eines der bekanntesten Modelle. Schein nimmt eine Einteilung in verschiedene Lebensalters-Abschnitte von zehn Jahren vor. Er begründet diese Einteilung damit, dass die Menschen dazu neigen, den Beginn eines neuen Lebensjahrzehnts als besonderes Ereignis zu betrachten. Schein betont jedoch auch, dass beim Durchlaufen der verschiedenen Phasen erhebliche individuelle Unterschiede auftreten können (bezüglich Reihenfolge sowie Zeitpunkt des Eintreffens von Ereignissen). In der folgenden Tabelle sind die verschiedenen Aufgaben und Charakteristiken der jeweiligen Dekade stichwortartig und chronologisch aufgeführt. Schein bezieht dabei auch einige Elemente des familiären und des beruflichen Lebenszyklus mit ein. Die Inhalte der Tabelle basieren auf der gekürzten Übersetzung von Sattelberger (1995: 290 f.)

Tabelle 2-2: Das biosoziale Zykluskonzept nach Schein (1978) und Sattelberger (1995)

Alter	Aufgaben	Charakteristiken
20 – 30	Selbständig werden, die Stammfamilie verlassen Sich in der Welt der Erwachsenen etablieren Eine eigene Familie gründen Eine berufliche Laufbahn/Karriere einschlagen	Vorläufige Entscheidungen Phase voller Energie, Enthusiasmus und Idealismus Testen
Ende 20, Anfang 30	Überprüfung der getroffenen Entscheidungen Konfrontation der eigenen Ideale mit der Wirklichkeit (Beruf, Ehe, Kinder)	Phase der Entscheidungen Phase entweder der Stabilisierung oder bedeutsamen Neuorientierung
30 – 40	Verwirklichung der getroffenen Entscheidungen Einstehen für die eingegangenen Verpflichtungen	Stabilisierung Etablierung
Ende 30, Anfang 40	Übergang oder Krise der Lebensmitte (Midlife Crisis) Gegenüberstellung der gemachten Zugeständnisse mit den eigenen Hoffnungen und Träumen Treffen neuer Entscheidungen	Erkennen der eigenen Sterblichkeit (erste Anzeichen psychischer Erscheinungen) Phase der Selbstkonfrontation „Halbzeit"
40 – 50	Übernahme der Verantwortung für das eigene Leben Mit den Konsequenzen der getroffenen Entscheidungen leben lernen Sich nach einer Phase des Rückzugs wieder der Umwelt öffnen Familiäre Probleme durch das Heranwachsen der Kinder und die neue Qualität der Beziehung zum Partner/zur Partnerin bewältigen	Phase neuer Stabilisierung Neue Rollendefinition
50 – Pensionierung	Sich selbst akzeptieren und aufhören, die eigenen Eltern für die Probleme zu tadeln Mit den abnehmenden Fähigkeiten und physischen Schwierigkeiten umgehen lernen Das Leben leichter und angenehmer gestalten Sich andere Qualitäten in der Beziehung zu den eigenen Kindern aufbauen Mit dem Wettbewerb Jüngerer fertig werden	Phase der Wertschätzung des Gewohnten und der eigenen Ansichten
60 – Tod	Mit dem beruflichen Rückgang und den sich daraus ergebenden Veränderungen des eigenen Lebensstils umgehen lernen Gesundheitliche Probleme als tägliche Routine „managen lernen" Den Tod naher Freunde und des Partners/der Partnerin bewältigen Mit neuerlichen Abhängigkeiten umgehen lernen Soziale Isolierung und das Gefühl des Überflüssigwerdens durch das Schätzen lernen und Anwenden von Weisheit und Erfahrung vermeiden	Tod als Wirklichkeit

Die Biografie von Menschen ist – wie auch die im vorangehenden Kapitel aufgeführten Entwicklungen/Trends zeigen – starken Veränderungen unterworfen. Im Zykluskonzept von Schein erscheint insbesondere die letzte Phase relativ lang. Immer mehr Menschen gehen auch nach der Pensionierung verschiedenen beruflichen Tätigkeiten nach. Das gesetzlich fixierte Rentenalter verliert an Bedeutung (auch durch die zunehmenden Möglichkeiten der flexiblen/gleitenden Pensionierung). Zudem kann gerade in dieser Phase eine neue Dynamik erzeugt werden, in der lang gehegte Wünsche und Bedürfnisse verwirklicht werden.

In der Fachliteratur zunehmend diskutiert wird die „Krise der Lebensmitte". Mögliche Auslösefaktoren sind das Erreichen eines Karriereplateaus (kein weiterer Aufstieg möglich), mangelnde Herausforderung und Langeweile, Überqualifikation für die aktuelle Position, Gefühl des Nicht-Gebraucht-Werdens oder die Erkenntnis, dass der falsche Beruf gewählt wurde (vgl. Greenhaus et al. 2000: 277). Diese Krise kann zu Umorientierungen der karrierebezogenen Wahrnehmungen, Ziele und Werte führen.

Im Rahmen der lebenszyklusorientierten PE ist entscheidend, dass die verschiedenen Themen und Aspekte des biosozialen Lebenszyklus bei der Ausgestaltung der Arbeitsbedingungen, der Karriere- und Laufbahnplanung, der Teamzusammensetzung etc. berücksichtigt werden. Im Zentrum stehen insbesondere auch flexible Arbeitszeit- und Lohnmodelle, welche die Gestaltung des eigenen Lebens (Beruf und Freizeit) entscheidend erweitern können.

Im folgenden Kapitel wird der betriebliche Lebenszyklus vorgestellt, der insbesondere Themen im Kontext von Beruf und Karriere/Laufbahn aufzeigt und auf die Zeit vom Eintritt von Mitarbeitenden in die Organisation bis zum Austritt fokussiert.

2.4 Der betriebliche Lebenszyklus

Der betriebliche Lebenszyklus beginnt mit dem Eintritt in die Organisation (vgl. folgende Abbildung). Die Mitarbeitenden durchlaufen in einer ersten Phase den betrieblichen Sozialisationsprozess (Phase der Einführung). Dabei handelt es sich um einen Lernprozess, in dem die Mitarbeitenden gesellschaftliche, betriebliche und gruppenbezogene Normen und Werte verinnerlichen, sich die für den Betrieb erforderlichen Kenntnisse und Fertigkeiten aneignen sowie ihre Einstellungen und Erwartungen anpassen und ändern. Das Ziel des betrieblichen Sozialisationsprozesses ist die Integration der neuen Mitarbeitenden.

Der weitere Verlauf führt über die individuelle Laufbahn von Mitarbeitenden (Phase des Wachstums), wobei Bewegungen innerhalb der Organisation grundsätzlich in drei Richtungen möglich sind: vertikal, horizontal oder radial (in Richtung zu mehr Einbezogensein/Zentralität, z. B. durch die Übernahme einer Funktion in einem wichtigen inner- oder ausserbetrieblichen Gremium). Denkbare Laufbahnformen im Rahmen der vertikalen und horizontalen Karriere sind die Fach-, Projekt- und Führungslaufbahn. Immer häufiger wird „Karriere" in der Literatur jedoch nicht mehr als „Abfolge von Positionen innerhalb betrieblicher Strukturen im Zeitablauf" verstanden, sondern das fortwährende Lernen und Gewinnen von Erfahrungen ins Zentrum des Karriereverständnisses gerückt (vgl. beispielsweise Hall 2002: 24, der auch darauf hinweist, dass nicht mehr das chronologische Alter, sondern das Karrierealter, d. h. Early, Middle/Midlife, Later Career, entscheidend ist).

Abbildung 2-1:   *Phasen des betrieblichen Lebenszyklus nach Graf (2002)*

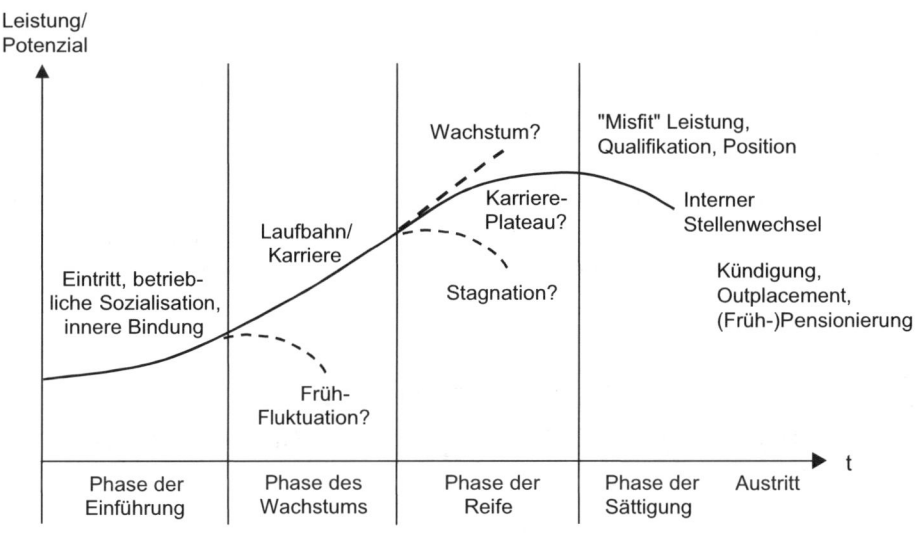

Im Verlaufe des betrieblichen Lebenszyklus können Mitarbeitende in die Phase der Reife gelangen und unter Umständen ein Karriereplateau erreichen. Mitarbeitende haben dann ein Karriereplateau erreicht, wenn eine weitere Beförderung unwahrscheinlich ist, sie zu lange auf ihrer Position verweilen und/oder ihre Tätigkeit keine Herausforderung und Lernchance mehr darstellt (vgl. Eckhardstein/Elšik/Nachbagauer 1997: 7). In der betrieblichen Reifephase geht es darum, mit geeigneten PE-Massnahmen zu verhindern, dass die Leistung von Mitarbeitenden sinkt und er/sie in die Phase der Sättigung gelangt (z. B. infolge Demotivation, Stress, gesundheitlicher Probleme, Veränderung der Arbeitsanforderungen und als Folge von Unter- oder Überforderung). Im Rahmen der PE-Arbeit erfordert diese Phase besondere Aufmerksamkeit, insbesondere auch, weil sich in dieser Phase – wie die betriebliche Praxis zeigt – viele LeistungsträgerInnen befinden.

Rutschen Mitarbeitende in die betriebliche Sättigungsphase, dann sollte in einem ersten Schritt geklärt werden, aus welchen Gründen sie die geforderte Leistung nicht mehr erbringen können oder wollen. Ist innerhalb angemessener Zeit keine Rückkehr in die Reifephase möglich, muss ein Stellenwechsel initiiert werden. Sind die entsprechenden Voraussetzungen (Fähigkeiten, Motivation, offene Positionen etc.) vorhanden, kommt ein innerbetrieblicher Stellenwechsel in Frage. Immer häufiger werden hier Wechsel im Rahmen von Downward Movement vollzogen (Übernahme einer Funktion mit weniger Verantwortung resp. auf einem tieferen hierarchischen Niveau). Kann intern keine geeignete Stelle gefunden werden, kommen die verschiedenen Formen der Personalfreistellung wie Kündigung, Entlassung, Outplacement, (Früh-)Pensionierung zum Zuge.

Beim betrieblichen Lebenszyklus können die einzelnen Phasen individuell sehr unterschiedlich verlaufen. Zu unterscheiden ist zwischen Phasen und Übergängen, die aufgrund des individuell erlebten Verlaufs des Lebenszyklus entstehen, und solchen, die auf betriebliche Funktionsänderungen (z. B. infolge von Umstrukturierungen) zurückzuführen sind.

Im folgenden Kapitel werden verschiedene relevante Handlungsfelder eines lebensphasenorientierten Human Resource Management aufgezeigt und mögliche PE-Massnahmen für den betrieblichen Lebenszyklus im Überblick dargelegt.

3 Lebenszyklusorientierte Handlungsfelder und PE-Massnahmen

3.1 Überblick über betriebliche Handlungsfelder und Erfolgsfaktoren

Für die Erhaltung und Förderung von Leistungsfähigkeit und -bereitschaft während des gesamten betrieblichen Lebenszyklus müssen vielfältige Einflussfaktoren berücksichtigt und gesteuert werden. Die folgende Abbildung zeigt zentrale Handlungsfelder und Erfolgsfaktoren auf, die im Rahmen eines lebensphasenorientierten Human Resource Management (HRM) zum Tragen kommen. Werden diese Einflussfaktoren entsprechend gestaltet, so erhöht sich die Chance, dass Mitarbeitende bis zum Austritt aus dem Erwerbsleben erfolgreich tätig sind (vgl. Glur 2003: 43 ff., wo auch die einzelnen Handlungsfelder/Erfolgsfaktoren ausführlich beschrieben sind).

Abbildung 3-1: *Handlungsfelder und Erfolgsfaktoren nach Glur (2003)*

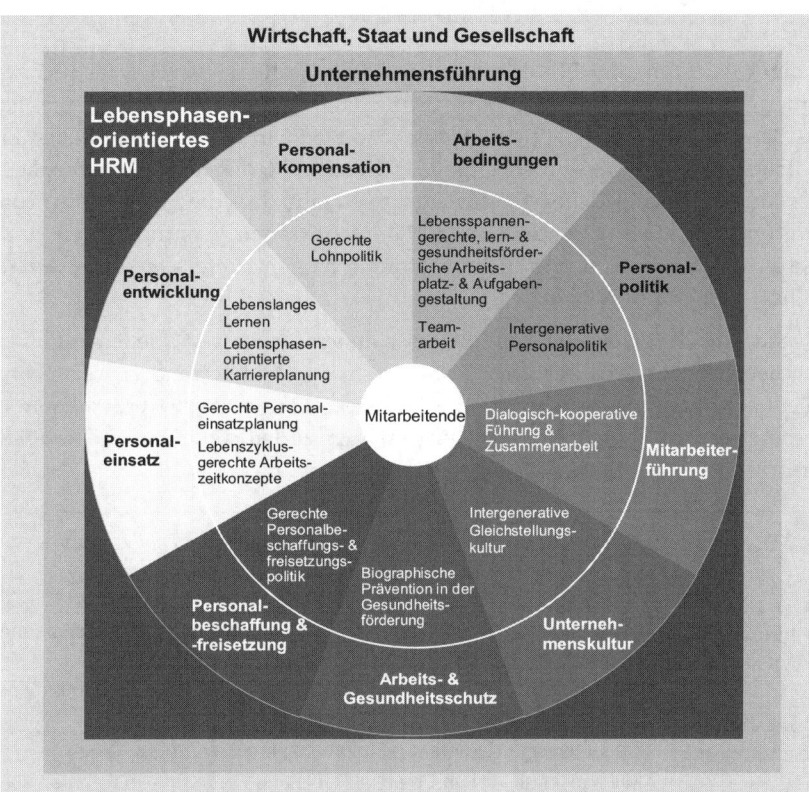

Die Lebensphasenorientierung kommt in allen Funktionen des HRM zum Tragen. Glur (2003: 84) hat insgesamt 12 Erfolgsfaktoren bestimmt, die zur erfolgreichen Bewältigung des beruflichen und betrieblichen Lebenszyklus – insbesondere auch in der zweiten Hälfte des Erwerbslebens – beitragen. Sämtliche Erfolgsfaktoren zeigen einen positiven Zusammenhang entweder zur Leistungsfähigkeit und/oder zur Leistungsbereitschaft. Eine Unternehmensphilosophie, welche die intergenerative Gleichstellungskultur zum Ziel hat (d. h. gleiche Chancen und Möglichkeiten für alle Mitarbeitenden unabhängig von Alter, Geschlecht, Ethnie etc.), ist dabei Voraussetzung für die erfolgreiche Umsetzung der übrigen Erfolgsfaktoren im betrieblichen Alltag. Im Rahmen der lebenszyklusorientierten PE stehen insbesondere Aspekte der Aus- und Weiterbildung sowie Karriere- und Laufbahnplanung im Zentrum (vgl. folgendes Kapitel). Es braucht jedoch eine enge Verzahnung mit den anderen HRM-Funktionen, damit die grösstmögliche Wirkung erzielt wird.

3.2 Überblick über lebenszyklusorientierte PE-Massnahmen

Durch die Ausrichtung der PE-Massnahmen auf den individuellen Lebenszyklus erhält die Förderung von Mitarbeitenden eine zusätzliche dynamische Komponente. Es geht um das Bewusstsein, dass „[...] das betriebliche Handeln in das ganze Leben biographisch überspannende Zusammenhänge eingebunden ist, dass es in Abhängigkeit vom Lebenszyklus unterschiedliche Mitarbeitergruppen gibt, dass die Perspektiven von Mitarbeitergruppen und von Mitarbeitern und Führungskräften, je nachdem, wie stark ihre Biographie mit der des Unternehmens verknüpft ist, ganz unterschiedliche Akzentuierungen haben." (Gross 1993: 44).

Die folgende Tabelle zeigt mögliche PE-Massnahmen für die verschiedenen Phasen des betrieblichen Lebenszyklus auf. Die Liste ist nicht als abschliessend zu verstehen, sondern dient als Anregung, welche unternehmensspezifisch ergänzt werden kann. In der praktischen Personal- resp. PE-Arbeit erweist sich zudem oft nur eine Kombination verschiedener PE-Massnahmen als sinnvoll.

Tabelle 3-1: *Lebenszyklusorientierte PE-Massnahmen (betrieblicher Lebenszyklus)*

Phase	Mögliche PE-Massnahmen
■ Einführungsphase	Einführungsprogramme für den Erwerb der benötigten fachlichen, methodischen und sozialen Kompetenzen
	Massnahmen zur Integration der Mitarbeitenden in die Unternehmenskultur, Förderung des Networking
■ Wachstumsphase	Regelmässige Karriere- und Laufbahnplanung
	Mitgliedschaft in High-Potential-Pools und Förderung im Rahmen spezifischer Aktivitäten (Action Learning, Think Tank, Diskussion mit Geschäftsleitungsmitgliedern, Networking-Programme etc.)
	Vorbereitungsprogramm als NachfolgekandidatIn für die Übernahme einer Schüsselposition (z. B. mittels Job Rotation, Stellvertretung, Auslandeinsatz)
	Führungsausbildungsprogramme auf allen Ebenen
	Fachausbildungen mit Fokus auf die weitere Karriereentwicklung (z. B. Nachdiplomstudium, MBA, Fachausweise)
	Mentoring-Programme
	Projektarbeit (Leitung oder Mitarbeit, im selben Bereich oder bereichsübergreifend)
	Job Rotation (einmalig oder als Abfolge)
	Auslandeinsatz (mehrere Monate oder Jahre)
■ Reifephase	Standortbestimmung (mindestens alle 3-5 Jahre)
	Laufbahnberatung
	Förderung horizontaler Karriereschritte
	Perspektivenwechsel/Job Rotation/Stage-Programme: mehrwöchige oder

Phase	Mögliche PE-Massnahmen
	mehrmonatige Einsätze in anderen Bereichen innerhalb und/oder ausserhalb des Unternehmens
	Förderung durch Erweiterung des aktuellen Tätigkeitsbereichs (Schaffen von Lernchancen): Job Enrichment, Job Enlargement, Mitarbeit in Projekten, Gremien und Qualitätszirkeln, Einsatz als SupervisorIn, LehrerIn, BeraterIn oder MentorIn, Vertretung des Unternehmens gegen aussen etc.
	Unterstützung bei Umschulungsmassnahmen
	Flexible/gleitende Pensionierung
	Vorbereitungsprogramme auf die Pensionierung
Sättigungsphase	Massnahmen zur Steigerung der Leistungserbringung
	Unterstützung bei der Suche eines neuen Tätigkeitsbereichs extern (Outplacement) oder intern (auch Berücksichtigung der Möglichkeit eines Downward Movement)
Alle Phasen	Vereinbarung von individuellen Entwicklungsprogrammen
	Förderung der Selbstentwicklung, Sensibilisierung der Mitarbeitenden hinsichtlich der Notwendigkeit des lebenslangen Lernens
	Fach- und führungsbezogenes Coaching
	Überprüfung der Arbeitsmarktfähigkeit mittels eines Flexibilitätsportfolios (Dimensionen: Wahrscheinlichkeit Verbleib in aktueller Funktion/Anzahl Einsatzmöglichkeiten intern und extern)
	Förderung und Entwicklung älterer Arbeitnehmender
	Konzepte für die Förderung von Work-Life-Balance

Besonders wichtig erscheint in den nächsten Jahren infolge der demografischen Entwicklungen die stärkere Fokussierung auf die „Mitte des beruflichen Lebenszyklus". Instrumente, welche die Aufrechterhaltung der beruflichen Flexibilität fördern oder eine berufliche resp. innerbetriebliche Standortbestimmung sowie Neuorientierung unterstützen, gehören zwingend zu einer zeitgemässen PE. Mögliche Massnahmen sind z. B. die Schaffung einer internen Laufbahnberatungsstelle, die Förderung horizontaler Karriereschritte, die Aufnahme eines Standortbestimmungsseminars ins Ausbildungsangebot (evtl. sogar obligatorisch zu besuchen alle 5 Jahre ab 40) oder die Sensibilisierung der Mitarbeitenden und Führungskräfte mittels regelmässiger Beurteilung der beruflichen Flexibilität auf der Basis eines Personalportfolios (mögliche Dimensionen: Wahrscheinlichkeit des Verbleibs in der heutigen Funktion, Anzahl der Einsatzmöglichkeiten intern/extern).

4 Fazit

Abschliessend gilt es zu erwähnen, dass die Verantwortung für die Entwicklung und Förderung von Leistungsfähigkeit und -bereitschaft eine geteilte Verantwortung ist. Einerseits kommt den Vorgesetzten bei der Entwicklung von Mitarbeitenden eine zentrale Rolle zu. Es braucht ihre Bereitschaft, die Mitarbeitenden ihrem individuellen Lebenszyklus entsprechend zu fördern und sie insbesondere auch bei auftretenden Dissonanzen zwischen den verschiedenen Teilzyklen kreativ zu unterstützen. Untersuchungen haben gezeigt, dass die Vorgesetzten einen entscheidenden Einfluss darauf ausüben, ob Mitarbeitende auch mit zunehmendem Alter motiviert, arbeits- und leistungsfähig bleiben (Ilmarinen/Tempel 2002: 227, 245 ff.). Andererseits wird immer wichtiger, dass die Mitarbeitenden ihre berufliche Laufbahn eigenverantwortlich planen, steuern und fortwährend überprüfen. Immer häufiger muss z. B. damit gerechnet werden, dass sich im letzten Drittel des beruflichen Lebenszyklus der Lohn reduziert oder der angelernte Beruf nicht bis zur Pensionierung hin ausgeübt werden kann. Die Bereitschaft zum lebenslangen Lernen stellt den eigentlichen Schlüssel zum beruflichen Erfolg dar.

Literaturverzeichnis

BUNDESAMT FÜR STATISTIK (2001): Demos 1+2/2001. Szenarien zur Bevölkerungsentwicklung der Schweiz 2000-2060, Neuchâtel 2001.

ECKARDSTEIN, DUDO V./ELŠIK, WOLFGANG/NACHBAGAUER, ANDREAS (1997): Formen und Effekte von Karriereplateaus. Eine theoretische und empirische Analyse, München et al. 1997.

ERIKSON, ERIK H. (1973): Identität und Lebenszyklus, Frankfurt 1973.

GLUR, MAYA (2003): Leistung und Flexibilität bei Mitarbeitenden ab 40 Jahren: Erfolgsfaktoren, Massnahmen und Instrumente. Diplomarbeit an der Hochschule für Angewandte Psychologie HAP in Zürich, Küsnacht 2003.

GRAF, ANITA (2002): Lebenszyklusorientierte Personalentwicklung. Ein Ansatz für die Erhaltung und Förderung von Leistungsfähigkeit und -bereitschaft während des gesamten betrieblichen Lebenszyklus, Bern et al. 2002.

GREENHAUS, JEFFREY H./CALLANAN, GERARD A./GODSHALK, VERONICA M. (2000): Career Management, 3. Aufl., Fort Worth et al. 2000.

GROSS, PETER (1993): Dissonanz der Lebenszyklen. Zwischen Produktlebenszyklen und Lebens-Portfolio. In: gdi impuls, 11. Jg. 1993, Nr. 1, S. 39-47.

HALL, DOUGLAS T. (1976): Careers in Organizations, Pacific Palisades 1976.

HALL, DOUGLAS T. (2002): Careers In and Out of Organizations, Thousand Oaks et al. 2002.

ILMARINEN, JUHANI/TEMPEL, JÜRGEN (2002): Arbeitsmarktfähigkeit 2010, Hamburg 2002.

MAYRHOFER, WOLFGANG (1992): Individueller Lebenszyklus und Lebensplanung. In: Handwörterbuch des Personalwesens, 2. Aufl., hrsg. v. Eduard Gaugler und Wolfgang Weber, Stuttgart 1992, Sp. 1240–1254.

SATTELBERGER, THOMAS (1995): Lebenszyklusorientierte Personalentwicklung. In: Innovative Personalentwicklung, 3. Aufl., hrsg. v. Thomas Sattelberger, Wiesbaden 1995, S. 287-305.

SCHEIN, EDGAR H. (1978): Career Dynamics: Matching Individual and Organizational Needs, Reading et al. 1978.

THOM, NORBERT (1993): Personalentwicklung. In: Handwörterbuch der Betriebswirtschaft, Bd. 2, 5. Aufl., hrsg. v. Waldemar Wittmann et al., Stuttgart 1993, Sp. 3075-3091.

Philippe Hertig

Laufbahnplanung aus Sicht des Executive Search

1 Die erfolgreiche Karriere im Spiegel der Gesellschaft

Was definiert die erfolgreiche Karriere? Welche Voraussetzungen sind erforderlich, um den beruflichen Werdegang in eine erfolgreiche Bahn zu lenken? Die Auseinandersetzung mit dem sowohl individuell wie auch gesellschaftlich relevanten Thema „Karriere" führt zu den Wurzeln der Bedeutung des Begriffs. Zwei etymologische Wurzeln lassen sich identifizieren: Die ältere, aus dem Lateinischen stammende Wortbedeutung geht zurück auf den „Weg", in diesem Zusammenhang wohl am ehesten auf den „Lebensweg" bezogen. Der jüngere, im gallisch-französischen Sprachraum anzutreffende Ausdruck, umschreibt „den Galopp" und „die schnellste Gangart eines Pferdes", aber auch „die Rennbahn" oder „die Laufbahn". Diese Deutungen lassen per se noch offen, ob die Karriere ein Ziel ist, dass sich der Einzelne weitgehend autonom setzen kann, oder ob es sich vielmehr um einen kontinuierlichen Prozess handelt, der zwar unter Anstrengungen und mit Geschick anzugehen ist, aber massgeblich von der Umwelt gestaltet wird.

In unserem heutigen Verständnis ist die Definition von Karriere eng liiert mit „Erfolg". Dies nicht nur im Beruf, sondern ganz generell im Leben. Als Indikatoren für eine erfolgreiche Karriere werden oftmals spezifische materielle und soziale Kriterien herangezogen, die auch im gesellschaftlichen Wertekanon einen hohen Stellenwert einnehmen.

Hierzu gehören unter anderem Einflussmöglichkeiten und Macht, über die ein Individuum verfügt – gemessen zum Beispiel an der Stellung innerhalb der Hierarchie, der Anzahl unterstellter Mitarbeitender oder dem zur Verfügung stehenden Budget. Der Status, den ein Einzelner innehat – abzulesen etwa an seinem akademischen oder Funktionstitel – gehört ebenso dazu wie die erkennbare oder vermutete Vermögenssituation und das Einkommen. Die Einbindung in Netzwerke (z. B. Militär, Executive Clubs etc.) gilt als weiterer Indikator des Erfolgs. Ferner zeigen die persönlichen Laufbahnschritte und ihre Kadenz an, inwieweit die berufliche Progression gradlinig und rasch, mithin erfolgreich verläuft.

Die Antworten auf die Frage, was eine erfolgreiche Karriere ausmacht, bleiben aber stets subjektiv, vielfältig in ihrer Ausprägung und vor allem persönlich geprägt. Voraussetzung für eine langfristig erfolgreiche Karriere ist aber in jedem Fall die permanente Persönlichkeitsentwicklung. Aus der Sicht des Executive-Search-Beraters sollen im Folgenden auf einige ausgewählte Kernfragen der Laufbahngestaltung näher eingegangen und dabei die wesentlichen Determinanten einer erfolgreichen Karriere, insbesondere im General Management, herausgearbeitet werden.

2 Paradigmenwechsel im Laufbahnmanagement

Was steuert eine erfolgreiche Karriere? Wer steuert eine Karriere in Richtung Erfolg? Welche Einflussfaktoren wirken auf das berufliche Fortkommen? Seit jeher sind es die Merkmale der eigenen Persönlichkeit sowie ein Bündel exogener Faktoren, die hierauf einwirken. Schon in der militärisch geprägten Gesellschaft der Assyrer wurden die besonders intelligenten und fleissigen Rekruten unbesehen ihrer Herkunft in höhere Ämter berufen. Seither gilt die permanente Persönlichkeitsentwicklung als einer der Grundpfeiler und als Conditio sine qua non für einen langfristig angelegten Karriereerfolg.

Die Muster des Aufstiegs innerhalb der gewählten Profession und ihre Determinanten haben sich über die Jahrhunderte ausgebildet und sich zu einem bis ins späte 20. Jahrhundert vorherrschenden Paradigma verfestigt: Es ist die Organisation, welche die Karriere des Einzelnen steuert. Hervorstechendes Merkmal war das Senioritätsprinzip, in dem Alter, Loyalität und Erfahrung den Ausschlag über die Schritte des Aufstiegs gaben.

Auf Stabilität ausgerichtete, hierarchisch und vielschichtig gegliederte Organisationen, die sesshafte Verhaltensmuster begünstigen, waren kennzeichnend für diese Strukturen. Die unternehmerischen Gebilde glichen Silos, in denen der Weg nach oben nur durch einen engen Kanal führte. Ihre Akteure, gewohnt an klare Berichtslinien und langfristige, verlässliche Karriereaussichten, waren allenfalls vertikal mobil und eingebettet in ihre vertrauten Netzwerke. Diese wiesen typischerweise einen regionalen oder allenfalls nationalen Charakter auf. Gradmesser des Erfolges waren in diesem Kontext die quantitativen Erfahrungen sowie die institutionellen Kenntnisse (Aufbau und Funktionsweise der Organisation).

Abbildung 2-1:   *Paradigmenwechsel im Laufbahnmanagement*

Organisation steuert Karriere ⟵⟶	**Individuum steuert Karriere**
▪ Senioritätssystem	▪ Leistungsgesellschaft
▪ Sedentär	▪ Nomadisch
▪ Vertikale Mobilität	▪ Horizontale Mobilität
▪ Quantitative Erfahrungen	▪ Qualitative Erfahrungen
▪ Lokales Netzwerk	▪ Globales Ausgesetztsein
▪ Stabilität	▪ Change
▪ Langfristige Karriereaussichten	▪ Mittelfristige Job-Entscheide
▪ Klare Berichtlinien	▪ Kollaborative Webs
▪ Vielschichtige Hierarchien	▪ Flache Organisationsstruktur
▪ Organisatorische Silos	▪ Arbeitsmarktfähigkeit

Modernes Laufbahn-Management, wie es sich erst in den letzten zwei bis drei Dekaden entwickelt hat, fusst hingegen auf den Prinzipien und dem Wertekatalog der Leistungsgesellschaft. Daraus folgt: Nicht die Organisation, sondern das Individuum sitzt an den Schalthebeln der eigenen Karriere. Der nomadisch veranlagte Akteur ist mehrsprachig, überaus mobil und an fremden Kulturen interessiert. Globalisierung begreift er auch für sich selbst als Chance. Der permanente Wandel ist für ihn die einzige Konstante. Laufbahnentscheide trifft er mittelfristig und autonom. Die Selbstverantwortung für das eigene Wohlergehen nimmt zu, weshalb das Individuum auf seine jederzeitige Arbeitsmarktfähigkeit setzt und setzen muss. In den flachen Organisationsstrukturen ist er gewohnt, sich horizontal zu verändern, statt engmaschiger Beziehungsnetze nutzt er offene funktionale und kollaborative Netze. Als Gradmesser des Erfolges bzw. als Voraussetzungen dazu dienen die qualitativen Erfahrungen, Lernbereitschaft, Flexibilität. Dieser Paradigmenwechsel erfordert entsprechend ein pro-aktives, individuelles Karrieremanagement.

3 Der Laufbahn-Kompass

In einem von endogenen und exogenen Determinanten gesteuerten Prozess der beruflichen Reife lassen sich vier Steuerungsfaktoren herausarbeiten, welche die Laufbahn des Individuums prägen:

1. die Selbstwahrnehmung

2. die Kompetenzen

3. die Resultate

4. die persönliche Einstellung

In ihrem Zusammenwirken bilden sie den so genannten Laufbahn-Kompass.

Abbildung 3-1:   *Der Laufbahn-Kompass*

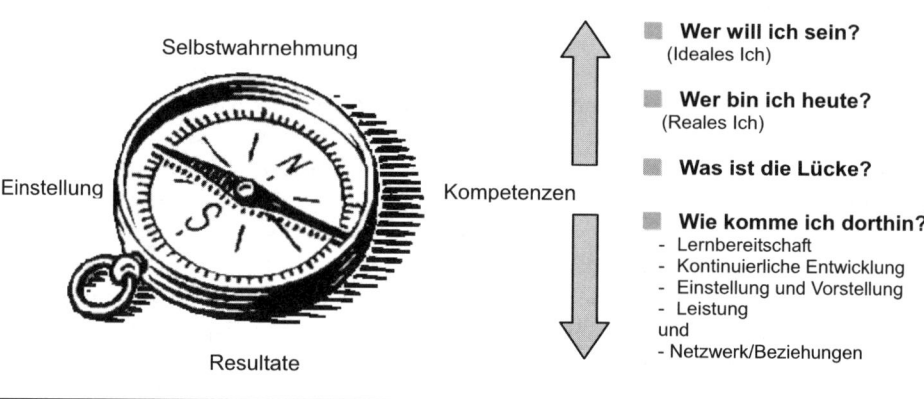

Dieser Laufbahn-Kompass dient dem Individuum als grundlegendes analytisches Konzept für sein Laufbahnmanagement. Auf diese vier Steuerungsfaktoren soll im Folgenden detailliert eingegangen werden.

3.1 Selbstwahrnehmung

„Gnôthi Sautón" (Erkenne dich selbst) – so lautete der Überlieferung zufolge die Inschrift am Eingang des Tempels von Delphi, jener Pilgerstädte im alten Griechenland, die lange „Nabel der Welt" war. Die über 3'000 Jahre alte Aufforderung zur Selbstschau taucht in vielen Religionen und philosophischen Schulen auf und gilt auch heute noch als Grundlage der Selbstwahrnehmung und einer systematischen Auseinandersetzung mit dem Ich und dem eigenen beruflichen Werdegang. Sich selbst zu (er-)kennen versetzt das Individuum in die Lage, die Verantwortung für die eigene Laufbahn zu tragen. Es führt zum Bewusstsein für ein pro-aktives, auf die eigene Person bezogenes Karriere-Management. Drei Fragen zur Selbstwahrnehmung stehen im Mittelpunkt

- Wer bin ich (reales Ich)?

- Wer will ich sein (ideales Ich)?

- Worin besteht die Lücke, und wie lässt sich diese Lücke schliessen?

Der Weg zum idealen Ich, dem angestrebten eigenen Wunschbild, führt über die Offenlegung der Person, die der Einzelne sein möchte. Nötig hierfür sind der Bezug zu den eigenen Wünschen, den Vorstellungen und Werten. Die Selbsteinschätzung, die Wahrnehmung des realen Ich, führt hingegen über die (kritische!) Offenlegung der eigenen Stärken und Schwächen sowie über die Analyse der persönlichen Kernkompetenzen.

Für die Selbstreflexion entscheidend ist die Auseinandersetzung mit den Wertvorstellungen: Was ist wichtig im eigenen Leben? Sich wohl fühlen, mit dem was man tut? Das Gefühl, Sinnvolles zu leisten? Stolz zu sein auf das Erreichte? Eine ausgeglichene Work-Life-Balance zu führen? All dies sind mögliche Ansätze zur Klärung der Wertfrage. Freude an der Arbeit und ein wertkonformes Umfeld wiederum können Antworten für die Motivationsfrage liefern: Was treibt mich an? Bei der Evaluation der Kompetenzen muss sodann die Antwort auf die Frage „Was kann ich?" Aussagen zu den eigenen Fähigkeiten und zum Intellekt, zu individuellen Kenntnissen und Erfahrungen sowie zu den Persönlichkeitsmerkmalen ermöglichen.

Erfolgreich die eigene Laufbahn zu gestalten heisst, die Kluft zwischen Ideal- und Selbstbild, den „Perception Gap", zu überwinden. Dies verlangt neben Leistungs- und Lernbereitschaft, dem Willen zur kontinuierlichen Entwicklung von Fähigkeiten und Persönlichkeitsmerkmalen, der Pflege von Beziehungen und dem Aufbau eines tragfähigen Netzwerkes nicht zuletzt dies: eine entsprechende Einstellung und klare Zielvorstellungen.

3.2 Kompetenzen

3.2.1 Kernkompetenzen

Unter den Determinanten einer erfolgreichen Laufbahn nehmen die Kompetenzen des Individuums und ihre Entfaltung im Arbeitsprozess eine herausragende Stellung ein. Unter Kompetenzen versteht man in diesem Zusammenhang jene Kenntnisse, Verhaltensweisen und Fähigkeiten, die dem Einzelnen bzw. dem Kollektiv zur Verfügung stehen und situationsabhängig angewendet werden können. Kompetenzen sind lern- und trainierbar. Ihre Entfaltung ist aber durch eine Vielzahl von Bedingungsgrössen beeinflusst. Die Aneignung und Entwicklung von Kompetenzen wird durch das „Können" und „Wollen" bestimmt, jedoch ebenso durch das effektive Verhalten des Akteurs. Der in einer konkreten Situation oder im jeweiligen Umfeld geforderte Ausprägungsgrad der individuellen Kompetenzen ist naturgemäss Änderungen unterworfen. Er differenziert sich je nach Aufgabe, hierarchischer Einstufung, Unternehmenssituation und -kultur etc.

In einer enger gefassten Begriffsumschreibung lassen sich die Kernkompetenzen einer Führungskraft als ein Set handlungsorientierter Verhaltensmuster definieren, welche die Beurteilung der Gesamtkompetenz und somit des Erfüllungsgrades seiner heutigen Aufgaben sowie seines Potenzials für künftige, weiterführende Aufgaben ermöglicht.

Von dieser Definition abgeleitet, bezeichnet die Kompetenzfeststellung die Anwendung von Verfahren, die geeignet sind, Verhaltensweisen zu analysieren, die Menschen zur Bewältigung von Aufgaben in spezifischen Situationen anwenden. Die kompetenzbasierte Potenzialanalyse basiert daher auf einer Analyse der in der Vergangenheit ausgewiesenen Verhaltensmuster und der damit verbundenen Erfolge einer Führungsperson. Diese erlaubt die zuverlässigsten Aussagen über das zukünftige Verhalten und die Leistungen einer Führungskraft. Mit anderen Worten: Das, was eine Person in der Vergangenheit geleistet hat, ist der beste Indikator dafür, was sie in Zukunft leisten wird. Ein Beispiel: Hat ein Manager durch ausgeprägte Ziel- und Resultatorientierung sowie durch hohe Sozialkompetenz eine Unternehmenskrise erfolgreich bewältigt, wird er voraussichtlich auch in Zukunft ein zuverlässiger Krisenmanager sein (zum erfolgreichen Krisenmanagement vgl. Egon Zehnder International 2003 sowie Hertig 1996). Eine kompetenzbasierte Potenzialanalyse greift somit die Gruppe von Verhaltensmustern auf, die sich in diesem Zusammenhang auch als „kritische Indikatoren" umschreiben lassen.

Exogen wirken auf das Individuum die ausserbetrieblichen Bedingungsgrössen (das relevante Umfeld als externe Restriktion), die betrieblichen Bedingungsgrössen (Merkmale der Unternehmung als interne Restriktion) sowie die personellen Bedingungsgrössen (Merkmale der personellen Aktionsträger, ebenfalls als interne Restriktion) ein (vgl. Grochla 1978: 18 ff. sowie Thom 1987: 343 ff.). Der Akteur selbst bringt neben den erlernten Fähigkeiten und dem Intellekt auch Wissen, Erfahrung, Motivation sowie die persönliche Einstellung mit. Die Leistung und das Potenzial eines Individuums lassen sich anhand von sechs Kernkompetenzen erfassen:

1. Fachkompetenz

2. Sozialkompetenz

3. Führungskompetenz

4. Veränderungskompetenz

5. Unternehmerkompetenz

6. Interkulturelle Kompetenz

Abbildung 3-2: *Kompetenzbasierte Potenzialanalyse*

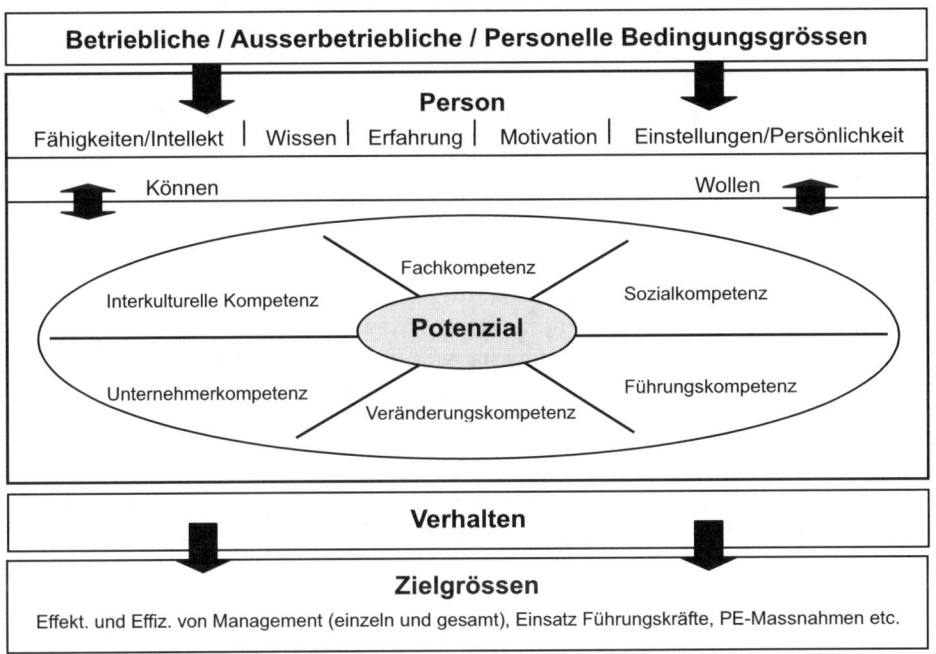

Unter *Fachkompetenz* wird aus Sicht der Executive-Search-Analyse in erster Linie die Fähigkeit verstanden, erworbenes Wissen nutzbringend für das Unternehmen einzusetzen. Je nach Funktion und Stufe innerhalb der Hierarchie steht die Einbringung von Fachwissen (untere Stufen, Fachstellen), die Vermittlung von Wissen und Erfahrung (mittlere Stufe) oder der gezielte Einsatz von Expertenwissen bei gesamtunternehmerischen Fragen im Vordergrund.

Unter *Sozialkompetenz* lassen sich unterschiedliche Fähigkeiten des Umgangs mit Menschen in sozialen Situationen, die über das in der Ausbildung erworbene Fachwissen hinausgehen, aber zum erfolgreichen Handeln unerlässlich sind, zusammenfassen. Im Besonderen zählen hierzu die Fähigkeiten der Konfliktbewältigung, selbstsicheres Auftreten, aber auch die erfolgreiche Problemlösung im Team oder Kenntnisse im Bereich der Kommunikationstechnologie. Wer etwa mit seinem persönlichen Beitrag das

Teamverhalten anderer beeinflussen oder ein Team aufbauen und prägen kann, verfügt über zusätzliche Sozialkompetenzen.

Unter *Führungskompetenz* lassen sich die Fähigkeiten subsumieren, welche die beabsichtigte und zielorientierte Beeinflussung des Verhaltens von Mitarbeitenden zur Erreichung der Ziele eines Unternehmens beinhalten. Führen als methodisch bedachte, geplante und kontrollierte Einflussnahme auf andere und deren künftige Kompetenzgestaltung, unter gleichzeitiger Legitimierung der leitenden Interessen, sind Ausdruck der Führungskompetenz. Führungskompetenz zeigt sich zum einen an der lösungsorientierten Funktion zur Erreichung gesetzter Ziele, zum anderen an der Kohäsionsfunktion in der Gruppe (Gruppenerhalt und Gruppenstärke).

Unter *Veränderungskompetenz* lässt sich die Fähigkeit (von Führungskräften) verstehen, Veränderungen zu akzeptieren, die dafür notwendigen, mitunter komplexen Prozesse zu initiieren und – im Sinne des „Change Leadership" – die Unterstützung anderer zu gewinnen.

Unter *Unternehmerkompetenz* lassen sich schliesslich all jene analytischen und konzeptionellen Fertigkeiten zusammenfassen, die der ergebnisorientierten, nachhaltigen Verbesserung der Geschäftsergebnisse dienen. Voraussetzung ist die Gabe, Prozesse und Handlungsabläufe effizienter zu gestalten und in strategischen Dimensionen weit über die Grenzen des eigenen Verantwortungsbereichs denken und handeln zu können.

Die *interkulturelle Kompetenz*, eine um die kulturelle Komponente erweiterte Form der sozialen Kompetenz, umschreibt die Kommunikations- und Handlungsfähigkeit in kulturellen Überschneidungssituationen. Subjekte mit interkultureller Kompetenz verfügen über die Fähigkeit, regionale, organisatorische oder berufliche Differenzen zu erkennen und angemessen mit ihnen umzugehen sowie unabhängig, kultursensibel und wirkungsvoll mit Vertretern anderer Kulturkreise interagieren zu können. Zu den weiteren Merkmalen zählen etwa die Empathiefähigkeit, die Vorurteilsfreiheit sowie die Ambiguitätstoleranz, d. h. der konstruktive Umgang mit Mehrdeutigkeiten und Widersprüchlichkeiten. Interkulturelle Kompetenz ist das Ergebnis von interkulturellem Lernen.

Aus der Analyse der einzelnen Kernkompetenzen und deren Zusammenhänge ergeben sich Rückschlüsse auf das gegenwärtige und v. a. künftige Verhalten einer Persönlichkeit. Ergänzt man diese Kompetenzanalyse mit der Lernbereitschaft und -fähigkeit des Individuums sowie mit dessen Motivation und Ambition, weiterführende Aufgaben wahrzunehmen, ermöglicht dies eine zutreffende, individuelle Potenzialeinschätzung und Einordnung in das Führungsportfolio (vgl. Kapitel 3.2.3).

3.2.2   Ausprägungen

Basis einer leistungsorientierten Vorhersage künftiger Verhaltensmuster und Leistungen eines Individuums, die so genannte „Performance Oriented Prediction", sind die in der Vergangenheit ausgewiesenen Muster und der damit verbundene Erfolg. Die Identifikation und Beobachtung von Verhaltensmustern, welche anhand von konkreten Beispielen und der Erfassung von Situationen Indikatoren liefern, ermöglichen eine Beurteilung der Kompetenzen und letztlich auch der Leistungen. Die erfassten Indikatoren werden dabei in Ausprägungsmerkmalen zusammengefasst. Beispiele für derartige Ausprägungen können etwa bei der Führungskompetenz die „Zielorientierung" und die „Mitarbeiterorientierung" sein. Bei der Zielorientierung gehören zu den typischen Indikatoren, wenn eine Person

- ziel- und leistungsorientiert bei der Gestaltung von Prozessen sowie bei der Abwicklung von Projekten arbeitet;

- für sich und seine Mitarbeitenden herausfordernde Leistungsziele setzt;

- sich in seiner Tätigkeit an vorgegebenen übergeordneten Leistungszielen orientiert;

- Prioritäten setzt und die Zielerreichung überprüft;

- unterschiedliche, auch konkurrierende Interessen auf ein Ziel ausrichtet;

- Spielregeln definiert und Orientierung bietet.

Indikatoren für eine ausgeprägte Mitarbeiterorientierung sind gegeben, wenn die Person

- die eigenen Mitarbeitenden involviert und motiviert;

- auf die Mitarbeitenden eingeht, ohne das eigene Konzept aufzugeben;

- die Mitarbeitenden entsprechend ihren Fähigkeiten einsetzt;

- Aufgaben und Verantwortung delegiert;

- das eigene Team vor (unnötigen) Problemen abschirmt und Mitarbeitenden bei Schwierigkeiten hilft;

- selbst auf den Einsatz von Machtmitteln/Pressionen verzichtet;

- in der Lage ist, zuzuhören und den Gesprächspartner ausreden zu lassen sowie sich Zeit zu nehmen für das Gespräch;

- an seine Mitarbeitenden regelmässig Feedback gibt;

- die berufliche Weiterentwicklung von geeigneten Mitarbeitenden fördert;

- als Coach agiert.

Mit den genannten sechs Kernkompetenzen (vgl. auch Gerhardt/Ritter 2004) lassen sich die Ausprägungsmerkmale erfolgreichen Führungsverhaltens für die Bedürfnisse des Executive Search nahezu vollständig abdecken.

Ausprägungsmerkmale der Fachkompetenz sind deren Breite und Tiefe, jene der Sozialkompetenz Durchsetzungs- und Teamfähigkeit. Bei der Führungskompetenz stehen, wie im Detail bereits erwähnt, Zielorientierung und Mitarbeiterorientierung im Mittelpunkt, während zu Veränderungskompetenz die Merkmale Innovationskraft und Risikobereitschaft gerechnet werden. Bei der Unternehmerkompetenz sind es Ergebnis- und Strategieorientierung und bei der interkulturellen Kompetenz Internationalität und Sensitivität.

3.2.3 Kompetenzprofile

Die spezifischen Ausprägungen der Kernkompetenzen sichern die Potenzialeinschätzung ab und ermöglichen eine Einordnung des Individuums in eine zweidimensionale Portfoliomatrix (das so genannte Führungsportfolio). Diese besteht aus den Dimensionen „Erfüllungsgrad heutiger Aufgaben" sowie „Potenzial für weiterführende Aufgaben". Innerhalb des Portfolios reicht die Bandbreite von Problemfällen bis zu den bestqualifizierten Stars unter den Kandidaten. Aus dieser fundierten Analyse ergibt sich in erster Linie eine Momentaufnahme. Eine ganzheitliche Betrachtung verlangt darüber hinaus aber auch eine Evaluation im Zeitverlauf. So gilt das gezielte Erlernen von Kompetenzen während der einzelnen Laufbahnabschnitte als Voraussetzung für Aufstieg und Erfolg.

In einer typischen Karriereentwicklung, die eine Führungskraft über die Stationen des funktionalen Experten über eine Position im mittleren Management bis hin zur Einsitznahme in die Geschäftsleitung führt, erfolgt der Erwerb zusätzlicher Kernkompetenzen nicht zuletzt während der Transitionsphasen. So erfolgt der Aufbau von Vertrauen durch zunehmende Führungskompetenz bei gleichzeitig abnehmender funktionaler Expertise vor oder während des Übertritts der Fachperson in das (mittlere) Management. In der zweiten Transitionsphase, dem Wechsel in das Top-Management, erfolgt typischerweise der Aufbau von bereichs- und funktionsübergreifendem Denken und Handeln zur Beeinflussung der Gesamtorganisation. Der Weg vom „realen Ich" führt über den Auf- und Ausbau der idealtypischen Kernkompetenzen hin zum „idealen Ich". Konsistente und erfolgreiche Karrieren fussen typischerweise auf dem gezielten Auf- und Ausbau der zum Fortkommen erforderlichen Kernkompetenzen. Insofern ist die Laufbahn – nicht in jeder Konstellation, aber doch häufig – durch das Individuum plan- und beeinflussbar.

Abbildung 3-3:   *Beispiel einer Karriereentwicklung*

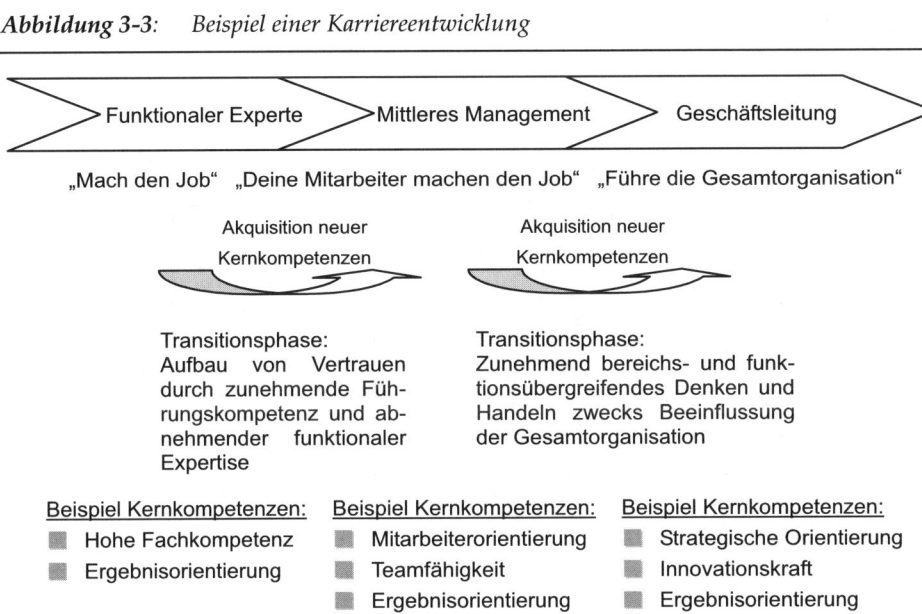

Die stufenweise verfeinerte Gesamtsicht des Individuums lässt sich in der Kombination von Kompetenzarten und deren Ausprägungen zu einem persönlichen Kompetenzprofil eines Kandidaten verdichten. Stellt man dieses dem hypothetischen, ideal-typischen Anforderungsprofil gegenüber, das je nach Funktionsstufe, Branche und Industriezweig sowie Phase innerhalb des Laufbahnzyklus differenziert werden kann, lässt der Grad der Übereinstimmung eine zuverlässige, systematische Eignungsprognose zu. Zur Illustration des Ansatzes findet sich untenstehend eine Gegenüberstellung zweier ideal-typischer Kompetenzprofile.

Abbildung 3-4: *Idealtypische Kompetenzprofile Business Unit Controller vs. CEO*

Business Unit Controller

Kompetenz	Kriterium	1	2	3	4	5
FACH-KOMPETENZ	BREITE			■		
	TIEFE				■	
SOZIAL-KOMPETENZ	DURCHSETZUNGS-FÄHIGKEIT			■		
	TEAMFÄHIGKEIT				■	
FÜHRUNGS-KOMPETENZ	ZIELORIENTIERUNG			■		
	MITARBEITER-ORIENTIERUNG			■		
VERÄNDERUNGS-KOMPETENZ	INNOVATIONS-KRAFT			■		
	RISIKO-BEREITSCHAFT			■		
UNTERNEHMER-KOMPETENZ	ERGEBNIS-ORIENTIERUNG				■	
	STRATEGIE-ORIENTIERUNG			■		
INTERKULTURELLE KOMPETENZ	INTERNATIONALITÄT		■			
	SENSITIVITÄT			■		

1 sehr niedrig 2 niedrig 3 gut 4 hoch 5 sehr hoch

Vorsitzender der Geschäftsleitung

Kompetenz	Kriterium	1	2	3	4	5
FACH-KOMPETENZ	BREITE				■	
	TIEFE				■	
SOZIAL-KOMPETENZ	DURCHSETZUNGS-FÄHIGKEIT					■
	TEAMFÄHIGKEIT				■	
FÜHRUNGS-KOMPETENZ	ZIELORIENTIERUNG					■
	MITARBEITER-ORIENTIERUNG				■	
VERÄNDERUNGS-KOMPETENZ	INNOVATIONS-KRAFT				■	
	RISIKO-BEREITSCHAFT				■	
UNTERNEHMER-KOMPETENZ	ERGEBNIS-ORIENTIERUNG					■
	STRATEGIE-ORIENTIERUNG					■
INTERKULTURELLE KOMPETENZ	INTERNATIONALITÄT				■	
	SENSITIVITÄT			■		

1 sehr niedrig 2 niedrig 3 gut 4 hoch 5 sehr hoch

3.3 Persönliche Einstellung

Während ein Leistungsausweis in Bezug auf validierbare, effektive Resultate entsprechend Zeit benötigt, hat die persönliche Einstellung in Bezug auf Werte, Engagement oder Leistungsbereitschaft einen unmittelbaren Einfluss auf die Fähigkeit des Individuums, Beziehungsnetze aufzubauen und sich für eine erfolgreiche Laufbahn zu positionieren. Der Stellenwert der persönlichen Einstellung ist hoch: Als subjektiver Faktor beeinflusst das eigene Auftreten die individuelle Laufbahn ebenso wie die persönliche Lebenseinstellung oder die soziale Wahrnehmung. Der Wandel von positiven Einstellungen in Gewohnheiten und Verhaltensmustern gilt als wesentliche Voraussetzung für eine erfolgreiche Laufbahn. Als Bespiele sind hierzu etwa Eigenschaften wie Initiativfähigkeit, Freundlichkeit oder Serviceorientierung zu nennen, v. a. aber Aufrichtigkeit und Integrität.

Wie wichtig derartige Faktoren sein können, verdeutlicht der vergleichsweise hohe Anteil an „Entgleisungen" im Verlauf von Karrieren bei Führungskräften. Untersuchungen gehen davon aus, dass – je nach Definition – zwischen 20 und 50 Prozent (!) aller so genannten „High Performers" im Laufe ihres beruflichen Werdegangs ein- oder mehrmals „entgleisen". Nicht alle finden den Weg zurück auf die Schienen. Regelmässig auftretende Symptome für solche Abweichungen sind:

- wenig ausgeprägte kommunikative Fähigkeiten („kann nicht zuhören");

- intelligentes, cleveres, ambitiöses, aber unkooperatives Verhalten;

- ungenügende Bereitschaft zum Delegieren („will alles selbst machen");

- mangelnde Entwicklung von Mitarbeitenden;

- schwache Fähigkeit zum Umsetzen und Implementieren von Projekten;

- fehlende Liebe zum Detail;

- Opposition gegenüber Veränderungen;

- Neigung zu fortlaufenden Meinungsverschiedenheiten;

- geringe Sensitivität gegenüber Mitarbeitenden und anderen Kulturen.

3.4   Resultate

Die vierte und letzte Richtung, welche der Laufbahnkompass aufzeigt, sind die Resultate, welche zugleich eine der wesentlichen Analyse-Komponenten im Selektionsprozess des Executive Search darstellen. Der Leistungsausweis eines Kandidaten, der den Aufbau von „Human Capital" und die Erreichung der finanziellen Zielsetzungen dokumentiert, gehört zweifelsohne zu den bedeutenden Zeugnissen für die Übernahme von höherer (Führungs-)Verantwortung im Unternehmen.

Üblicherweise erfolgen Karriereschritte wie Beförderungen und Neueintritte nach umfassenden Referenzüberprüfungen. Die Qualität solcher Referenzaussagen wird dabei in erster Linie durch die bisherige Erreichung bestimmter Resultate getrieben. Eine nachhaltige Resultatserreichung lässt sich in der Regel erst nach Ablauf von drei bis fünf Jahren feststellen. Die Bilanz einer Tätigkeit ist dabei oftmals das Ergebnis eines Kompetenzprofils – und somit eine messbare Grösse für eine erfolgreiche Laufbahn.

4 Die Treiber der Laufbahn

In der Synthese der breit gefächerten Einflussfaktoren, die auf den Verlauf einer erfolgreichen Karriere einwirken, kristallisieren sich einige verhaltensspezifische Verhaltensmuster heraus, die einen signifikant höheren Einfluss aufweisen. Zu den Grundlagen der bewussten Laufbahngestaltung gehört zweifellos die Bereitschaft zu lernen. In diesem Zusammenhang gilt nicht nur die enge Definition von Lernen, dem systematischen Aneignen von Wissen und Kenntnissen bzw. dem Einprägen in das Gedächtnis, sondern auch die zweite Bedeutungsdimension, das Lernen von anderen. Als eine reiche Quelle dient dabei das Erlernen von Handlungsmustern, die erfolgreiche Führungspersönlichkeiten vorleben, tradieren und kraft ihrer Ausstrahlung in den Status von anerkannten Regeln und Werten heben.

Abbildung 4-1: *Karriere-Katalysatoren (angepasst aus McCall 1998)*

Die Sammlung von Eigenschaften solcher Vorbilder, die sich in diesem Zusammenhang als Karriere-Katalysatoren bezeichnen lassen, basieren auf den zentralen Grundeigenschaften der Ehrlichkeit und Integrität.

Ein zweiter wesentlicher Erfolgsfaktor besteht im bewussten Vermeiden von einstellungsbedingten „Entgleisungsfaktoren" (vgl. Kapitel 3.3), was durch die Fähigkeit zur Selbstreflexion und -kritik und deren bewusstem Anwenden erleichtert wird. Das Anlegen eines Leistungsausweises, der – über einen längeren Zeitraum – die nachprüfbaren, nachhaltig erzielten Resultate umfasst, ist ein weiteres wichtiges Steuerelement.

Die Annahme und Bewältigung von anspruchsvollen Herausforderungen, den so genannten „stretch assignments", sind ein wertvoller Fundus für die bewusste Steuerung des eigenen Verhaltens. Sodann lässt sich die Interaktion mit bedeutsamen Bezugspersonen, in erster Linie den Vorgesetzten, heranziehen. „Manage your Boss" lautet dabei eine oft zitierte Devise. In die gleiche Kategorie fallen der Beizug und der Einsatz eines oder mehrerer Mentoren und Trainern, welche die planbaren Schritte der Laufbahn unterstützen.

Und nicht zuletzt ist es für ein Individuum im heutigen Arbeitsmarkt unerlässlich, die Transferierbarkeit und die Relevanz der eigenen Kompetenzen systematisch zu evaluieren und die entsprechenden Konsequenzen zu ziehen (Stichwort Arbeitsmarktfähigkeit).

5 Fazit

Neben der individuellen Selbstwahrnehmung, der persönlichen Einstellung sowie dem effektiven Leistungsausweis in Form von belegbaren Resultaten ist aus Sicht des Executive Search der gezielte Auf- und Ausbau erforderlicher Kernkompetenzen eine wichtige Voraussetzung konsistenter und erfolgreicher Karrieren.

Persönliche Zielvorstellungen zu entwickeln und entsprechend der individuellen Stärken und Kompetenzen als Meilensteine für die berufliche Entwicklung festzulegen, ist eine essentielle, aber nicht zwingende Basis für die Laufbahnplanung. Sie im Sinne einer Taktik für die Förderung der eigenen Karriere einzusetzen, ist dagegen oft von wenig Erfolg gekrönt. Der beste Garant, um die wichtigen Karriereschritte in der beruflichen Biographie zu vollziehen, um stetig vorwärts zu gelangen, ist eine nachhaltige, zweckgerichtete, zuverlässige und qualitativ bestechende Erfüllung der jeweils gestellten Aufgabe im Beruf – sowie ein ausgeglichenes Privatleben.

Philippe Hertig

Literaturverzeichnis

Egon Zehnder International (2003): Management in der Krise, Zürich 2003.

Gerhardt, Tilman/Ritter, Jörg (2004): Management Appraisal: Das Egon Zehnder-Konzept, Frankfurt et al. 2004.

Grochla, Erwin (1978): Einführung in die Organisationstheorie, Stuttgart 1978.

Hertig, Philippe (1996): Personalentwicklung und Personalerhaltung in der Unternehmenskrise, Bern et al. 1996.

McCall, Morgan W. (1998): High Flyers: Developing the Next Generation of Leaders, Cambridge (MA) 1998.

Thom, Norbert (1987): Personalentwicklung als Instrument der Unternehmungsführung: Konzeptionelle Grundlagen und empirische Studien, Stuttgart 1987.

Hans Hofmann

Fachlaufbahnen
dargestellt am Beispiel von IBM Research

1   Fach- und Führungslaufbahn

Während in Führungslaufbahnen der Fokus auf Managementfunktionen liegt, so dominiert bei der Fachlaufbahn die Konzentration auf fachliche Kompetenzen. Fach- und Führungslaufbahnen versuchen, unterschiedliche Orientierungen und Potenziale zu berücksichtigen und damit die vorhandenen Fähigkeiten so gut wie möglich zu nutzen. Die Fachlaufbahn dient der Förderung von Mitarbeitenden, die keine Führungsaufgabe übernehmen wollen, die dafür nicht geeignet erscheinen oder für die keine entsprechende Position frei ist. Das Vorhandensein beider Laufbahnmodelle und deren gleichwertige Ausgestaltung erlaubt eine Flexibilisierung der beruflichen Entwicklung und bietet den Mitarbeitenden ein breiteres Spektrum an Möglichkeiten an. Damit können Unzufriedenheit, Demotivierung und Fluktuation verringert werden, was zum Vorteil der Unternehmung wie auch der Mitarbeitenden gereicht. Wichtig ist, dass für beide Laufbahnen vergleichbare materielle und immaterielle Anreize geschaffen werden. Nur damit kann vermieden werden, dass der Eindruck entsteht, Fachlaufbahnen seien gegenüber der Führungslaufbahn nicht gleichwertig.

IBM Research beschäftigt rund 3'500 Mitarbeitende in insgesamt acht Forschungslabors. Das einzige Labor in Europa befindet sich in Rüschlikon bei Zürich. Dort sind über 250 Spitzenforscherinnen und -forscher aus mehr als 30 Nationen tätig, von denen gesagt werden kann, dass sie wohl zu den zehn Prozent weltweit Besten ihres Fachs gehören. Im Folgenden werden die Fachlaufbahn-Möglichkeiten detailliert dargestellt. Daneben existiert auch noch die klassische Führungslaufbahn. Gerade in einem Forschungsumfeld streben jedoch viele Mitarbeitende keine Managementaufgabe an, sondern ziehen es vor, sich auf die technische Tätigkeit in Forschungsprojekten zu konzentrieren.

2   Fachlaufbahnen bei IBM Research

2.1   Research Staff Members (RSM)

2.1.1   Aufgabe eines RSM

Die Forschenden lassen ihr wissenschaftliches Wissen in langfristig angelegte strategische Projekte einfliessen, teilweise basierend auf „verrückten" Theorien bzw. Annahmen und/oder noch unerforschten Tätigkeitsfeldern. Sie leisten einen substanziellen Beitrag in einem Forschungsprojekt oder führen ein wissenschaftliches Programm mit signifikantem Einfluss. Solche Programme und Projekte sind typischerweise langfristig ausgelegt, beginnen mit der Ideenbildung, durchlaufen dann die Experimentierphase und enden in der Entwicklung von Prototypen. Ein Research Staff Member (RSM) generiert innovative Ideen und Konzepte durch wissenschaftliche Leistungen auf höchstem Niveau und dies in hochkomplexen, originellen und kreativen Projekten in einer spezifischen wissenschaftlichen Disziplin (Physik, Computer Science, Elektroingenieurwesen, Mathematik, Chemie, Biologie etc.).

2.1.2 Die vier Dimensionen einer RSM-Laufbahn

Die Beiträge des Forschers lassen sich in vier Schlüsseldimensionen aufgliedern:

- IBM Impact

- External Impact

- Leadership

- Teamwork

Der folgenden Abbildung kann entnommen werden, was unter diesen vier Dimensionen verstanden wird. Sehr gut werden daraus auch die Erwartungen ersichtlich, die weit über die eigentliche Forschungsarbeit im engeren Sinne hinausgehen.

Abbildung 2-1:   *Dimensionen einer RSM-Laufbahn*

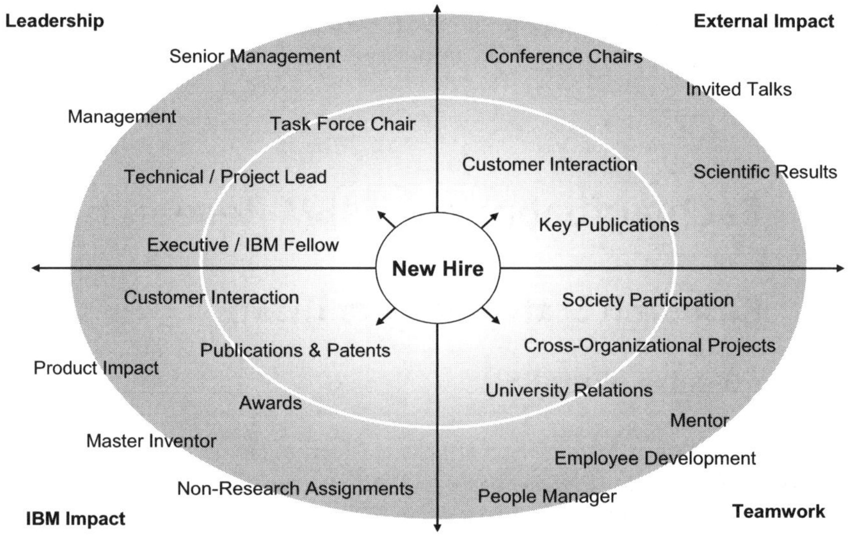

Es genügt also nicht, wissenschaftliche Top-Leistungen zu erbringen, diese werden als Grundvoraussetzung für eine entsprechende Laufbahn erwartet. Vielmehr kommen andere Kompetenzen dazu, die an Bedeutung gewinnen. Beispielsweise erfolgreiche Kontaktpflege zu Kunden oder die Fähigkeit, technisch anspruchsvolle Inhalte auch Laien verständlich zu vermitteln. Nicht zu unterschätzen ist im Weiteren die Fähigkeit, das eigene Wissen und Können in einem Team zielgerichtet einzubringen.

2.1.3 Ranking und Rating von Research Staff Members

2.1.3.1 Ranking

Das Ranking ist ein jährlich stattfindender Prozess, in dem das Potenzial aller RSMs miteinander verglichen wird und diese in einer Rangfolge eingeordnet werden. Das Ranking ist die Basis für das so genannte Zielsalär und damit auch die Grundlage für den jährlichen Saläranpassungs-Plan, insbesondere aber auch für die weitere Entwicklung auf dem Fachlaufbahn-Weg.

Das Ranking basiert auf den oben geschilderten Dimensionen einer RSM-Laufbahn und ergibt sich aus der Evaluation der folgenden Elemente:

- Technische Leistungen (Accomplishments) – Qualität und Quantität.

- IBM Impact – Qualität und Quantität.

- Externer Einfluss – Qualität und Quantität.

- Administration und Führung (vor allem für Führungskräfte).

Die wichtigsten Elemente des Ranking-Prozesses sind:

- Das Ranking wird jährlich im November/Dezember vorgenommen.

- Allen RSMs wird ein Rank auf einer Skala von 0 (Tiefstwert) bis 100 (Höchstwert) gegeben.

- Neue RSMs werden in das Ranking aufgenommen, wenn sie mindestens ein Jahr als Forschende tätig gewesen sind.

- Mehrere Forschende können denselben Rank haben.

- Der Durchschnitt aller Ranks über das gesamte Forschungslabor gesehen muss den Mittelwert von 50 erreichen.

- Das Ranking orientiert sich nicht nur an der Leistung in einer bestimmten, eingeschränkten Zeitperiode, sondern basiert vor allem auf der Einschätzung des Potenzials für die Zukunft.

◼ Veränderungen von mehr als fünf Punkten auf- oder abwärts gelten aufgrund der längerfristigen Ausrichtung des Verfahrens als Seltenheit und bedürfen einer speziellen Begründung.

◼ Der direkte Vorgesetzte macht Vorschläge für das Ranking, die er aufgrund so genannter Accomplishments, d. h. dem wissenschaftlichen Beitrag, dokumentiert. Diese werden auf der Ebene der wissenschaftlichen Abteilungen und nachher des gesamten Labors konsolidiert.

◼ Aufgabe des direkten Vorgesetzen ist es auch, seine Mitarbeitenden über den Prozess und die Bestimmungsfaktoren des Rankings offen zu informieren.

◼ Jedem RSM wird die Bewegung in seinem Ranking, – auf-, abwärts – sowie das Drittel, in dem er sich befindet, mitgeteilt. Auf Nachfrage wird ihm das konkrete Ranking ebenso wie das Zielsalär bekannt gegeben und erklärt.

Die folgende Darstellung zeigt, welche Faktoren zu einer Zuteilung in ein bestimmtes Viertel des Rankings führen. Dabei ist zu beachten, dass auch die Vorgesetzten der ersten Führungsstufe – also die Leiter einer Forschungsgruppe – in das Ranking miteinbezogen werden, da erwartet wird, dass diese noch zu rund 50 Prozent ihrer Tätigkeit selbst als Forschende aktiv sind.

Abbildung 2-2:   RSM Rank Overview

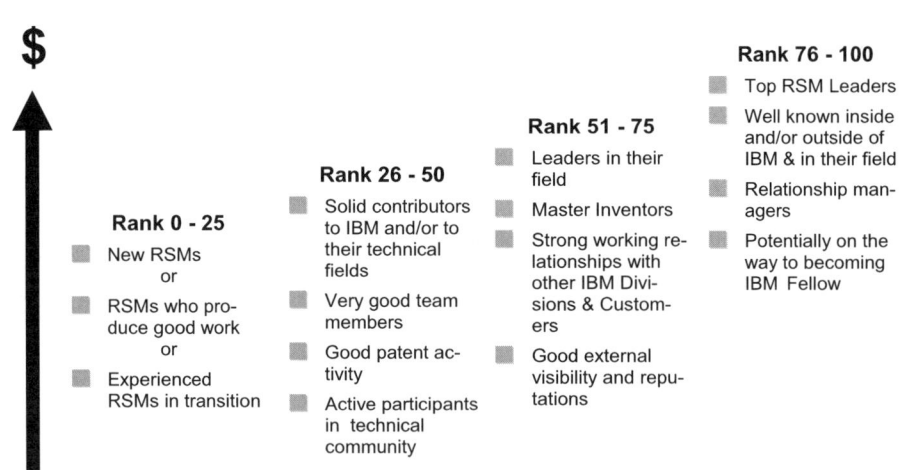

Note: RSM Managers are also ranked and will occupy a quartile based on the combination of their technical contributions and their people management responsibilities.

Das Ranking bildet die Basis für das Festlegen des Zielsalärs. Jedem Rank ist ein Multiplikator zugeordnet (z. B. Rank 0: 1, Rank 50: 2, Rank 100: 3), der multipliziert mit einem Grundsalär, welches aufgrund eines Benchmarkings mit anderen im Forschungsbereich tätigen, international ausgerichteten Firmen festgelegt wird, das Zielsalär ergibt. Die Höhe der jährlichen Saläranpassungen ergibt sich aus der Differenz zwischen dem aktuellen und dem Zielsalär. Je grösser diese ist, desto höher ist in der Regel die Saläranpassung.

2.1.3.2 Rating

Das Rating beruht auf der Leistungsbeurteilung. Dieser Prozess wird Personal Business Commitments (PBC) genannt. Zu Beginn des Beurteilungsjahres macht der Mitarbeitende Vorschläge betreffend seiner Geschäftsziele, seiner Führungsziele (sofern er Führungsverantwortung hat) und seiner Entwicklungsziele. Diese werden mit seinem Vorgesetzten besprochen und dann gemeinsam abschliessend festgelegt. Am Ende der Zielperiode wird festgestellt, ob die Ziele erreicht, übertroffen oder nicht erreicht worden sind. Gestützt darauf erfolgt ein Assessment der Leistungen des Mitarbeitenden, welches auch in Betracht zieht, ob bei der Ausführung der Tätigkeiten die grundlegenden IBM-Werte beachtet wurden:

■ Dedication to every client's success.

■ Innovation that matters – for our company and the world.

■ Trust and personal responsibility in all relationships.

Zudem wird die Beurteilung eines Mitarbeitenden mit denen seiner Kollegen (Peers) verglichen. Es handelt sich also nicht um eine rein absolute, sondern um eine relative Bewertung. Die auf dem Assessment beruhenden einzelnen Ratings sind wie folgt definiert:

Tabelle 2-1: *Beurteilungsskala*

1	**Hervorragender Beitrag in diesem Jahr:** Erreicht aussergewöhnliche Resultate und hebt sich klar von den anderen Mitarbeitenden ab. Verkörpert die IBM-Werte vorbildlich.
2+	**Überdurchschnittlicher Beitrag in diesem Jahr:** Bringt mehr als in dieser Position erwartet werden kann. Hebt sich von der Mehrzahl der anderen Mitarbeitenden ab. Findet Wege, um seine Stelle auszubauen und seinen Einfluss zu verstärken.
2	**Solider Beitrag in diesem Jahr:** Erfüllt die Erwartungen an seine Position. Ist vertrauenswürdig, zeigt ein angemessenes Mass an Wissen, Fertigkeiten, Effektivität und Initiative.
3	**Beitrag ist unter den schwächsten in diesem Jahr, Verbesserung erforderlich:** Im Vergleich zu anderen nimmt er seine Verantwortlichkeiten nicht voll wahr oder bringt weniger Resultate bzw. nicht das verlangte Mass an Wissen, Fertigkeiten, Effektivität und Initiative auf. Zwei aufeinander folgende Beurteilungen mit einem Rating 3 sind nicht annehmbar in der hohen Leistungskultur von IBM und verlangen nach einer Verbesserung innerhalb einer dreimonatigen Periode, nach der ein neues Rating festgelegt wird.
4	**Unbefriedigend:** Bringt nicht das notwendige Wissen und die erforderlichen Fertigkeiten mit oder kann diese nicht anwenden bzw. zeigt keine signifikante Besserung nach aufeinander folgenden Ratings 3. Sofortige, signifikante und anhaltende Besserung muss innerhalb von 90 Tagen sichtbar werden, ansonsten sind eine Versetzung oder Entlassung angezeigt.

2.1.4 Verknüpfung von Rating und Ranking

Selbst wenn das Rating kurzfristig auf ein Jahr ausgelegt ist, so beeinflusst es mittelfristig auch das Ranking, wie Abbildung 2-3 zeigt:

Abbildung 2-3:   *Verknüpfung von Rating und Ranking*

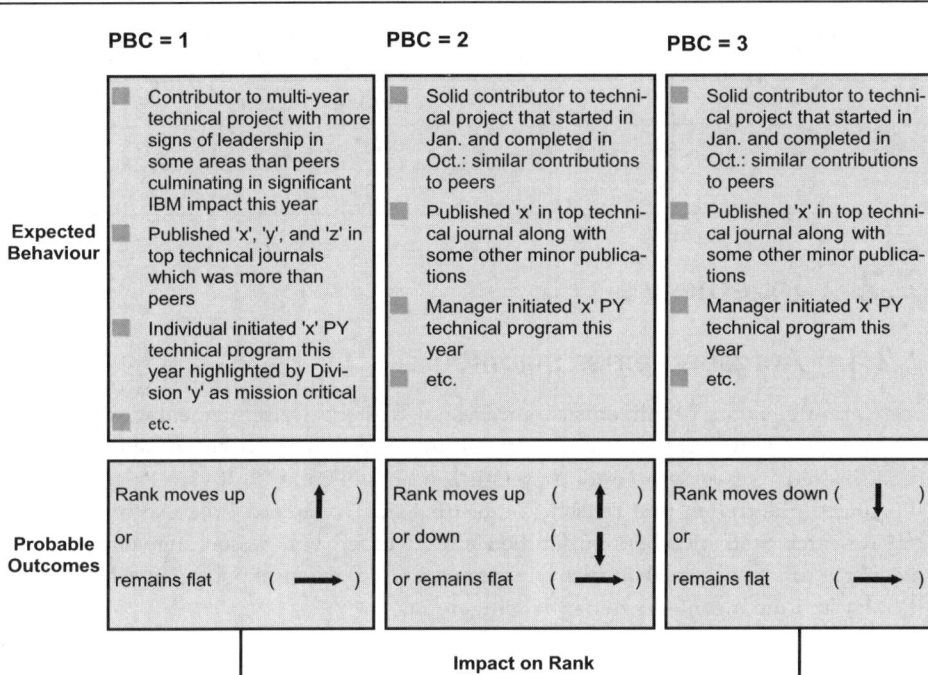

2.1.5 Rating und Growth Driven Profit Sharing (GDP)

Das Rating, basierend auf den Personal Business Commitments (PBC), bestimmt auch den so genannten GDP, eine Art Bonus. Je höher die Leistung ist, desto höher der GDP.

Die Höhe der Auszahlung wird durch den direkten Vorgesetzten innerhalb eines bestimmten Rahmens festgelegt. Der durchschnittliche GDP hängt sowohl vom Wachstum, als auch von Umsatz und Gewinn der IBM Corporation ab. Liegt kein Wachstum vor, so wird kein GDP ausgerichtet, auch dann nicht, wenn die Leistung des Individuums ausgezeichnet war.

Tabelle 2-2: *Rating und Performance Bonus*

Rating	Rahmen
1	9 Prozent-12 Prozent
2	2 Prozent-8 Prozent
2+	2 Prozent-8 Prozent
3	0 Prozent
4	0 Prozent

2.2 Ingenieure

2.2.1 Aufgaben eines Ingenieurs

Software-Ingenieure beteiligen sich am Design, Testen, der Implementation und/oder dem Support von IBM Software-Produkten und -Systemen. Sie entwickeln neue oder modifizieren, verbessern und unterstützen bestehende Software-Produkte und -Lösungen. Sie treffen ihre Entscheide gestützt auf Tools und Prozesse und arbeiten mit Research Staff Members zusammen bzw. werden von diesen angeleitet. Sinngemäss gilt dasselbe für Hardware-Ingenieure. Im Gegensatz zu den Forschenden (RSMs) sind die Ingenieure in Bänder eingereiht.

2.2.2 Das Band-System

IBM kennt 10 Salär-Bänder. Jede Stelle wird aufgrund der folgenden Kriterien in eines der Bänder eingestuft:

■ „Skills", die für die Stelle erforderlich sind.

■ Erfahrung und Führungsverantwortung, welche die Stelle verlangt.

■ Bedeutung der Stelle für IBM.

Durch das Band sind die Parameter für das Basissalär gegeben. Jedes der zehn Bänder hat ein Minimum- und ein Maximum-Salär. Die Bänder überlappen sich relativ stark. Die Research Staff Members sind keinem Band zugeordnet, deren Salärrahmen wird, wie in Abschnitt 2.1 aufgezeigt, durch das Ranking bestimmt und bewegt sich bandübergreifend zwischen Band 7 und dem Maximum von Band 10. Die Stellen der Ingenieure sind den Bändern 6 bis 10 zugeordnet.

Abbildung 2-4:   *Salärbänder für IBM-Ingenieure*

Engineer Band	Description
10	STSMs (Senior Technical Staff Members), Top Engineers well-known outside IBM, D. E. candidates (Distinguished Engineer candidates)
9	Senior Engineer, Senior Technical person, strong record of patents, Master Inventors, influence outside Research. Proven track record of impacting IBM patents & customers. Strong leaders
8	Advisory Level, highly experienced engineers with solid record of patents. Able to work independently
7	Staff Level, some new hires with experience and/or patent experience. Entry level for IBM Research Engineers
6	Entry Level, new hires

Der Einstieg eines Ingenieurs in der Forschung erfolgt üblicherweise in Band 7 (Staff Ingenieur), Beförderungen bis in Band 9 (Senior Ingenieur) bilden eine häufige Fachlaufbahn. Nur verhältnismässig wenige Ingenieure steigen zum Senior Technical Staff Member (STSM – Band 10) auf und ein verschwindend kleiner Teil schafft den Sprung in die eigentliche weltweite Elite als Distinguished Engineer, einer Position auf Executive-Stufe, geschweige denn in den kleinen Kreis der Fellows, der im übrigen auch den RSMs offen steht.

Die folgende Abbildung 2-5 zeigt eine Übersicht der Fachlaufbahn auf der linken Seite und der Führungslaufbahn auf der rechten. Es wird daraus deutlich, dass die beiden Laufbahnen gleichwertig sind und dass beide den Aufstieg in den Kreis der Executives ermöglichen.

Abbildung 2-5: *Laufbahnen bei IBM*

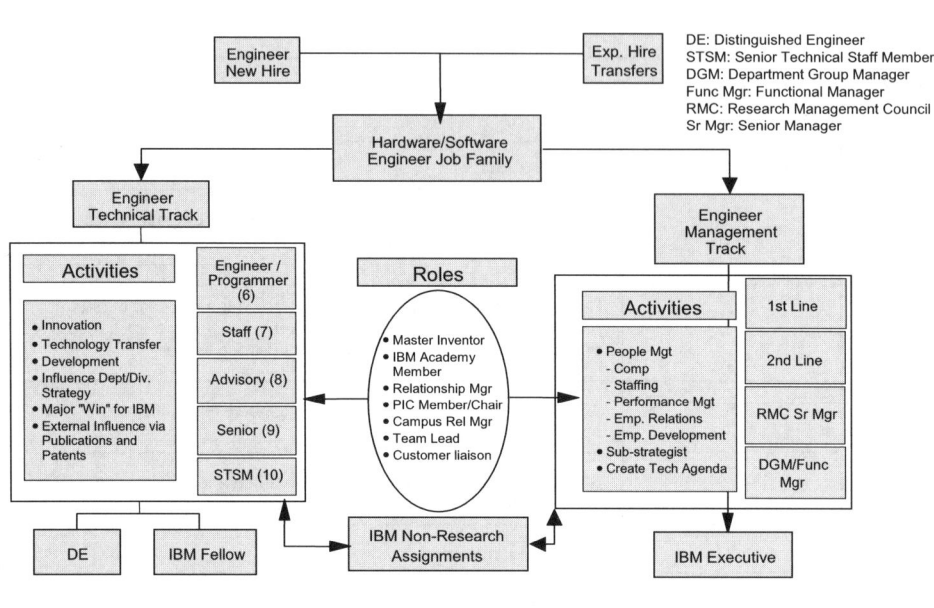

2.3 Der Weg zum Distinguished Engineer oder zum IBM Fellow

Welches sind nun die Charakteristika eines Senior Technical Staff Members (Band 10), eines Distinguished Engineers oder eines IBM Fellows (Letztere gehören zur Kategorie der Executive Technical Leaders)?

2.3.1 Der Senior Technical Staff Member

Seine technischen Leistungen sind nachhaltig wirksam und liegen deutlich über dem, was normalerweise von einem erfahrenen Ingenieur erwartet werden kann. Er hat ein hohes Potenzial, das ihm erlaubt, fortlaufend wichtige Beiträge an das Wachstum und den Erfolg von IBM zu leisten. Er hat sich in mindestens einem für IBM wichtigen Gebiet als führender Experte bewährt und wirkt dabei als Berater des höheren Managements. Zudem weist er in seinem Fachgebiet einen grossen Bekanntheitsgrad innerhalb IBM auf. Seine Nomination erfolgt auf Empfehlung des Technical Resources Committee, die Ernennung durch den Senior Vice President Research.

2.3.2 Der Distinguished Engineer

Er zeichnet sich aus als Entwickler, der neue Technologien, Prozesse, Architekturen und/oder Produkte auch implementiert. Er besitzt einen operationellen Fokus, ohne jedoch den Blick auf die Zukunft zu verlieren, beweist technische Führungsfähigkeiten und stärkt so die technische Gemeinschaft der Firma. Der Distinguished Engineer trägt eine sehr breite Verantwortung für die Lösung technischer Fragen, die für eine Geschäftsrichtung von IBM wesentlich sind. Seine Ernennung für diese Executive-Position erfolgt auf Empfehlung des Technical Resource Committee und nach Genehmigung durch das Executive Review Committee durch die Geschäftsleitung von IBM.

Abbildung 2-6: *An Illustrative Path to either DE or IBM Fellow*

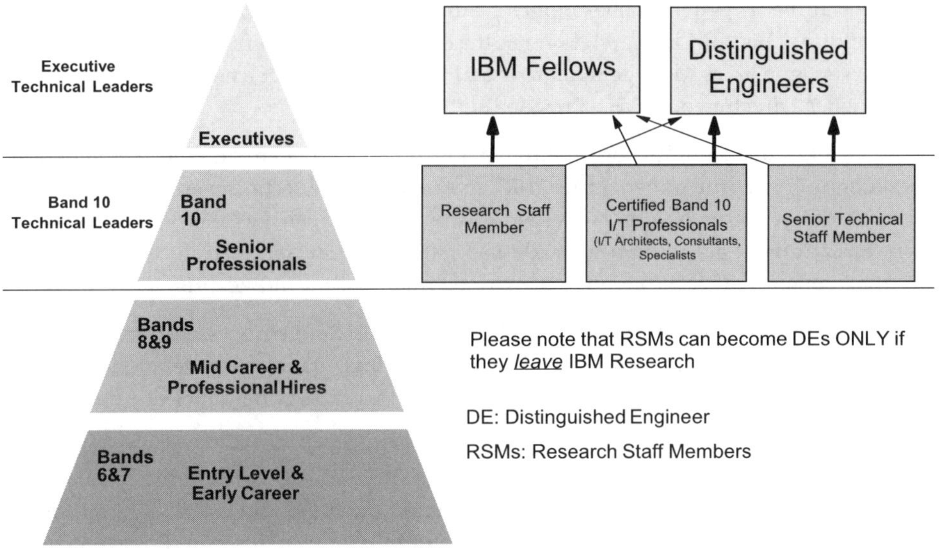

2.3.3 Der IBM Fellow

Er ist ein Erfinder, Forscher oder Wissenschafter, der grundsätzlich Neues geschaffen hat, von dem die Welt auch ausserhalb von IBM Kenntnis nimmt. Er verfügt über einen etablierten Ruf in der Industrie wie auch in der akademischen Welt. Es gelingt ihm, zukünftige Richtungen der Forschung mit neuartigen Denkansätzen zu definieren. Dank seiner technischen Führungsfähigkeit hat er namhaften Einfluss auf das Geschäft und die Zukunft der Firma. Auch profiliert er sich durch Patente und Publikationen. Seine Ernennung für diese Executive Position erfolgt ebenfalls auf Empfehlung des Technical Resource Committee und nach Genehmigung durch das Executive Review Committee durch den Chairman von IBM. Es handelt sich dabei um die angesehenste Position im Bereich der Fachlaufbahnen, die nur einer kleinen wissenschaftlichen Elite offen steht, wie z. B. den vier Nobelpreisträgern, die das IBM Forschungslabor in Rüschlikon hervorgebracht hat.

3 Wichtige Voraussetzungen für eine attraktive Fachlaufbahn

Es müssen für die Fachlaufbahnen die gleichen Anstellungsbedingungen wie für die Führungslaufbahn gelten, insbesondere bezüglich Salär, Bonus, Fringe Benefits und Weiterbildung. Bei IBM Research können Research Staff Members z. B. ein Salär in der Höhe desjenigen eines Managers der dritten Führungsstufe erreichen, IBM Fellows ein solches eines Directors oder Vice Presidents.

Mehr als jene, die eine Führungslaufbahn ergreifen, brauchen sie eine weitgehende Anerkennung in Form so genannter IBM Awards für ihre technischen Beiträge. Aber auch externe Anerkennungen, wie der Einsitz in wichtigen wissenschaftlichen Gremien, Einladungen als Key Speaker, den Vorsitz in Organisationen und an Kongressen, ganz generell die Sichtbarkeit gegen innen und aussen sind wichtig.

RSMs und Ingenieure müssen in wichtige Entscheidungsprozesse miteinbezogen werden, sehr oft erfüllen sie die Rolle eines Beraters, häufig übernehmen sie aber selbst die Leitung eines technisch ausgerichteten Projekts, ohne dabei die personelle Führungsverantwortung zu übernehmen.

Gerade für Mitarbeitende, welche die Fachlaufbahn wählen, ist es von zentraler Bedeutung, dass sie sich laufend weiterentwickeln können. So gibt es bei IBM spezielle Programme zur Förderung der Mitarbeitenden mit hohem technischem Potenzial.

Ein wichtiges und bewährtes Betätigungsfeld ist auch das bei IBM institutionalisierte Mentoring, in dem erfahrene technische Fachkräfte den Nachwuchs beratend unterstützen.

Die Entwicklungsmöglichkeiten im Rahmen einer Fachlaufbahn sind im Forschungsbereich von IBM ausgezeichnet. Trotzdem zeigen sich in der Praxis einige Problemfelder, denen sich das Management und Human Resources laufend widmen müssen:

- Research Staff Members haben keine Möglichkeit einer durch einen Titel sichtbar gemachten Beförderung, mit Ausnahme derjenigen zum IBM Fellow, die aber einem sehr kleinen Teil der RSMs vorbehalten bleibt. Teilweise wird dies als nachteilig empfunden. Auch darum ist es besonders wichtig, dass die technischen Erfolge sich nicht nur in den individuellen Anstellungsbedingungen wie Salär, Bezug von Stock Options etc. auswirken, sondern auch sichtbar gemacht werden. Beispielsweise durch die öffentliche Bekanntgabe von Awards, durch Patente, erfolgreiche Publikationen und externe Ehrungen, wie bei den vier Nobelpreisträgern, die das Forschungslabor Rüschlikon hervorgebracht hat. Die eigentliche Würdigung der technischen Führerschaft ist weniger offensichtlich, als dies bei der Übernahme von höheren Führungsfunktionen der Fall ist.

- Es ist wichtig, dass Mitarbeitende, die sich für eine technische Fachlaufbahn entscheiden, auch auf anderen Ebenen gefördert werden. So genannte Assignments in anderen Geschäftseinheiten dienen diesem Zweck. Als Resultat werden einerseits ihr Wissen und insbesondere ihre Kenntnisse über die Unternehmung erweitert, andererseits erhöht sich damit auch der Bekanntheitsgrad des Mitarbeitenden. Im Weiteren entsteht so oft die Basis für eine fruchtbare Zusammenarbeit über verschiedene Forschungs- oder Entwicklungslabors hinweg. Dadurch entstehen Abteilungen der Firma, die auf den Markt ausgerichtet sind.

Zusammenfassend kann vermerkt werden, dass die technischen Fachlaufbahnen bei IBM sehr geschätzt und auch entsprechend gefördert werden. Sowohl bei den Forschern als auch den Ingenieuren zieht eine klar überwiegende Mehrzahl die Fachlaufbahn gegenüber einer Führungskarriere vor, da sie als grossen Vorteil die Konzentration auf herausforderungsreiche, technisch spannende, zukunftsgerichtete Aufgaben erlaubt, in welchen die kreativen und intellektuellen Fähigkeiten optimal eingesetzt werden können.

Carsten Busch

Business Process Reengineering von Zielvereinbarungen

1 Veränderung der Personalprozesse

1.1 Chance Internet-Technologie

Die weltweite Vernetzung durch das Internet verändert zunehmend das Wesen der Personalarbeit. So hat in der Vergangenheit insbesondere für die Personalbeschaffung die Bedeutung des Internets stark zugenommen. Dadurch mussten die Unternehmen ihre Personalprozesse neu gestalten und diese mit Hilfe von Web-basierten Personalinformationssystemen auf das Internet ausrichten. Allerdings bieten diese Systeme nicht nur die Möglichkeit, die Prozesse der Personalbeschaffung zu unterstützen, sondern auch die gesamten Personalmanagementprozesse mithilfe von Internet-Technologien computergestützt abzuwickeln. Insbesondere werden heute Talent Management Prozesse immer noch „stiefmütterlich" behandelt und nicht durchgängig mit modernen Informationssystemen unterstützt. Das ist hauptsächlich darin begründet, dass die Unternehmen die Potenziale einer Prozessoptimierung nicht erkennen und sich davor scheuen, bestehende unternehmenskulturelle Hürden zu überwinden. Doch welche Potenziale haben die Unternehmen durch eine konsequente Ausrichtung ihrer Talent Management Prozesse von der Internet-Technologie zu erwarten?

1.2 Effiziente Prozesse

Bedingt durch den steigenden Kostendruck muss sich heute auch die Personalentwicklung reorganisieren, sowohl wertschöpfender als auch flexibler werden und sich verstärkt auf die Entwicklung ihrer Potenzialträger und auf das Talent Management konzentrieren (vgl. Scholz 1999: 113). Um diesen Prozess zentral steuern und eine hohe Qualität der Personalentwicklung sicherstellen zu können, muss allerdings in der Personalplanung genauestens bekannt sein, welche Potenziale im Unternehmen vorhanden sind. Somit erfordert die Umsetzung von Talent Management (Laufbahnplanung, Nachfolgeplanung, Kompetenzmanagement, Performance Management etc.) die Verfügbarkeit und Verarbeitung grosser Mengen an mitarbeiter- und stellenbezogenen Daten. Kaum ein anderer Bereich des Personalwesens verarbeitet zur erfolgreichen Ausführung seiner Aufgaben so grosse Datenmengen. Dabei kann der steigende Bedarf an personalentwicklungsrelevanten Mitarbeiterinformationen und der dadurch entstehende administrative Aufwand in den Personalbteilungen nicht mehr geleistet werden. So verfügen auch heute noch viele Personalabteilungen nicht über eine IT-Unterstützung in der Personalentwicklung, wodurch die Mitarbeiter gezwungen sind, auf einfache Hilfsmittel wie Papier, Excel und Word zurückzugreifen. Diese Form der Datenhaltung führt zu Redundanzen, zum Verlust der Datenintegrität und vor allem zum Verlust der Zuverlässigkeit der Daten.

Um die Personalentwicklung effizienter gestalten zu können, sollten also die Aufgaben- und Kompetenzverteilung zwischen zentraler und dezentraler Personalabteilung und zwischen Vorgesetzten und Mitarbeitenden verändert werden. Dabei wird der Grundgedanke verfolgt, die administrativen Aufgaben des Personalwesens zu dezentralisieren, indem die Daten computergestützt am Ort ihrer Entstehung mit Hilfe eines Personalinformationssystems mit Self-Service erfasst werden und die Mitarbeitenden sowie Vorgesetzten ihre Personaldaten selber pflegen. Dadurch wird die Datenerfassung dorthin verlagert, wo die Daten entstehen und die höchste Kompetenz existiert, womit der Anteil der administrativen Aufgaben in der Personalabteilung reduziert wird.

2 Prozessentwicklung des Zielvereinbarungsprozesses

2.1 Prozessmodell

Ziel eines Prozessentwurfs ist eine Optimierung der Prozesse durch die Reduktion redundanter Aufgaben und die Automatisierung von strukturierbaren Aufgaben. Zu Beginn der Prozessmodellierung sollten zunächst die Rahmenbedingungen definiert werden, die durch situationsspezifische Variablen den Gestaltungsspielraum der Prozesse eingrenzen und vergleichbar machen (vgl. Hill et al. 1998). Die Gestaltungsbedingungen sollten durch rechtliche Vorschriften, technologische Verfügbarkeit und insbesondere durch die im Unternehmen vorherrschende Unternehmenskultur bestimmt werden. Dabei sollten die Ist-Prozesse die heutigen Abläufe der Personalprozesse wiedergeben. Darauf aufbauend werden die Sollprozesse in mehreren Entwicklungsstufen gestaltet, wobei der Sollprozess der Entwicklungsstufe I auf eine kurzfristige und der Sollprozess der Entwicklungsstufe II auf eine mittelfristige Realisierbarkeit ausgerichtet sein sollten.

2.2 Prozessorientiertes Performance Management

Am Beispiel des Performance-Management-Prozesses, welcher als systematischer Planungsprozess sicherstellen soll, dass die Summe aller im Unternehmen erzielten Leistungen den Anforderungen und Erwartungen entspricht, erkennt man deutlich, dass in einem Prozess ohne durchgängige Unterstützung mittels eines Web-basierten Talent-Management-Systems die Aufgaben papierbasiert durchgeführt werden müssen (vgl. Abbildung 2-1 und 2-2).

Abbildung 2-1:   *Legende der Elemente einer Aufgabenkette*

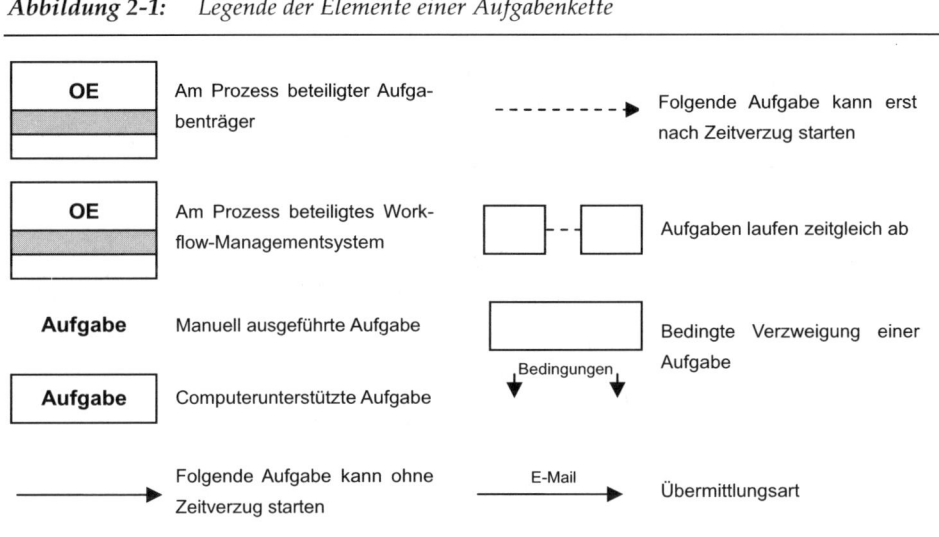

Durch die Abschaffung eines papierbasierten Formularwesens (vgl. Abbildung 2-3) müssen die gleichen Daten bei den Aufgabenverantwortlichen und Personalreferenten nicht mehr getrennt voneinander erhoben werden. Um die Performance-Management-Daten computergestützt in der Personalabteilung auswerten zu können, ist im Istprozess noch eine manuelle Übertragung der Daten von den Zielvereinbarungsformularen in ein Informationssystem notwendig. Bei der Erfassung dieser Daten in einem Web-basierten Self-Service-System entfällt die Massenerfassung der Daten in der Personalabteilung, da alle Mitarbeitenden ihre Daten selber in das Informationssystem eingeben. Durch diese singuläre Erfassung der Daten am Ort der Datenentstehung steigt die Qualität der Daten, wobei die Kosten und die Durchlaufzeiten gesenkt werden. Ausserdem kann die Personalabteilung zu jeder Zeit den Status der Zielvereinbarungen kontrollieren und bei Bedarf unterstützend in den Prozess eingreifen. So kann sie z. B. jederzeit prüfen, welcher Vorgesetzte für das neue Geschäftsjahr mit seinen Mitarbeitenden bereits Ziele vereinbart hat, und dadurch insgesamt die Qualität des Zielvereinbarungsprozesses im Unternehmen sicher stellen.

Abbildung 2-2: *Ist-Prozess Performance Management*

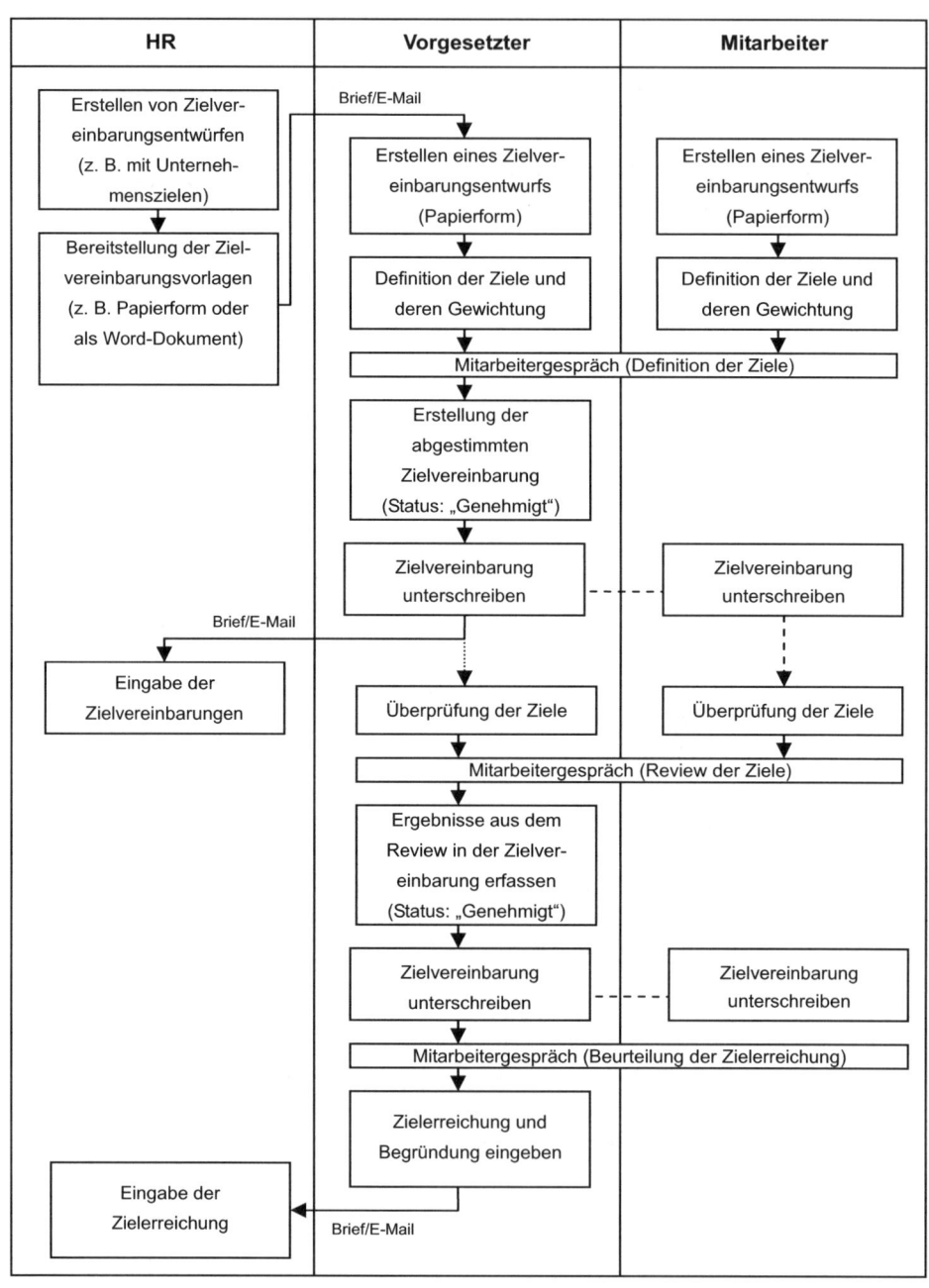

Abbildung 2-3: *Soll-Prozess Performance Management*

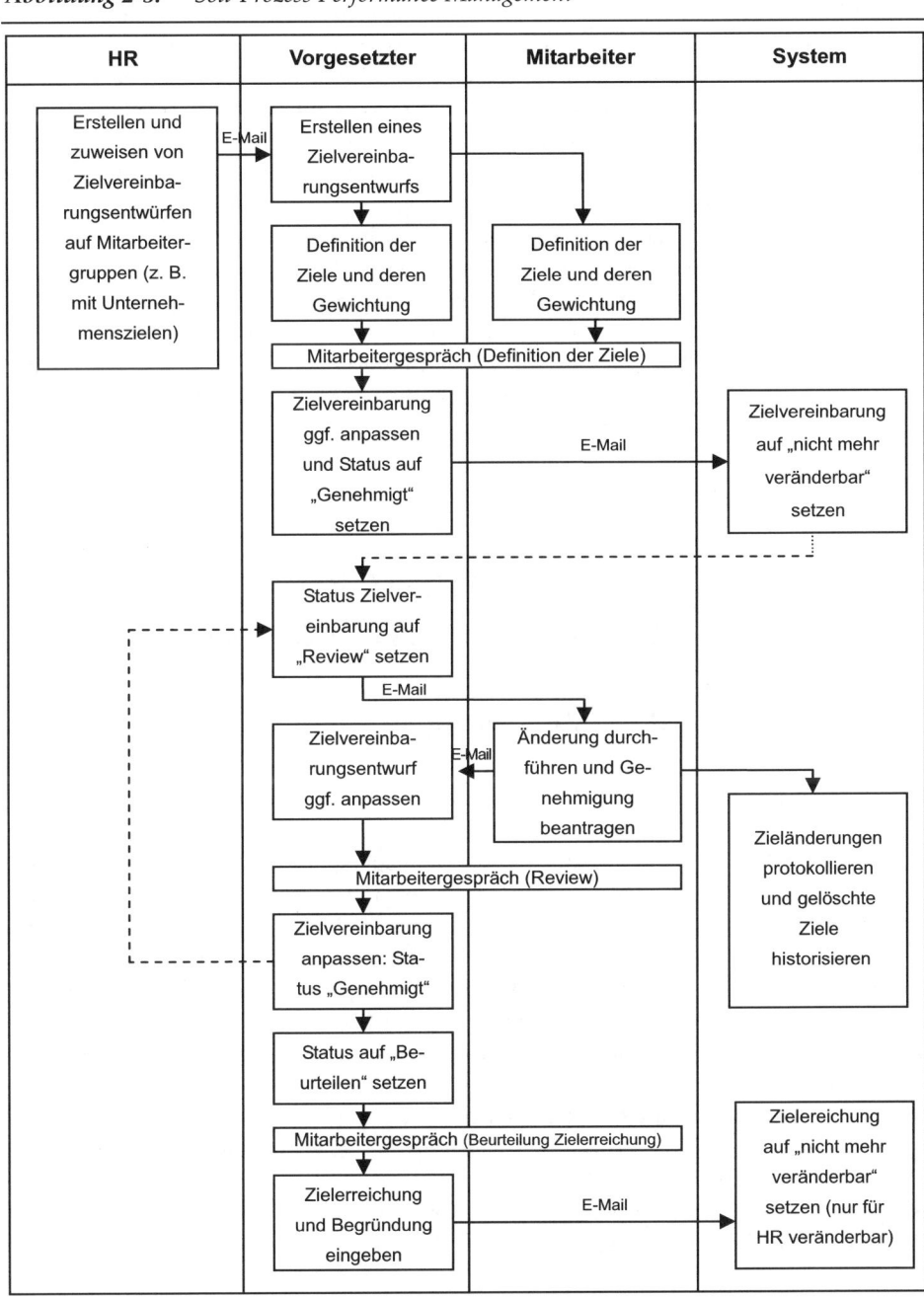

Zusätzlich werden in einem zweiten Schritt diejenigen Aufgaben dezentralisiert und durch ein Workflow-Management-System automatisiert, die durch eine geringe Komplexität keine menschlichen Aufgabenträger zur Ausführung benötigen, strukturierbar sind und deren Bearbeitung nach klaren Regeln erfolgen kann (vgl. Österle 1995). So soll bei gleichzeitiger Wahrung der Flexibilität die Kontrolle und Steuerung des Kommunikations- und Koordinationsaufwands minimiert werden. Allerdings verringert sich bei einer durch informationstechnische Unterstützung durchgeführten organisatorischen Dezentralisierung und Automatisierung der Aufgaben tendenziell die beziehungsorientierte und analoge Kommunikation der Prozessbeteiligten. So kann fehlender menschlicher Kontakt negative Auswirkungen auf die Quantität und Qualität der einzelnen Aufgaben und somit der Personalentwicklung haben. Daher verringert sich die Möglichkeit der Dezentralisierung, je höher der Kommunikationsbedarf ist (vgl. Nippa 1988). Zusätzlich dürfen die sozialen Anforderungen und insbesondere die gesetzlichen Rahmenbedingungen nicht missachtet werden, da die personalwirtschaftlichen Aufgaben Kenntnisse und Verantwortlichkeit im Umgang mit den personenbezogenen Daten erfordern.

3 Potenzial des Business Process Reengineering im Personalwesen

3.1 Kennzahlen als Effizienzgrössen

Für die Messung der Wertschöpfung hat sich im Personalmanagement das Konzept der „Balanced Scorecard" etabliert, das die finanzwirtschaftliche Perspektive mit der Kundenperspektive, der Lern- und Entwicklungsperspektive und insbesondere der Prozessperspektive verbindet (vgl. Kaplan/Norton 1997). Wesentlicher Bestandteil der Prozessperspektive ist die Prozessentwicklung, deren Potenzial anhand der kritischen Erfolgsfaktoren Kosten, Durchlaufzeiten, Flexibilität und Qualität analysiert wird. Kennzahlen sind das Instrument der Prozessplanung und -kontrolle. Sie dienen der Formulierung und Überprüfung von Zielen, der Aufdeckung von Schwachstellen und der Ableitung von Massnahmen zur Optimierung des Prozesses. Dabei können Kennzahlen sowohl Verhältnis- als auch absolute Zahlen sein, wie beispielsweise die durchschnittliche Durchlaufzeit einer Reisekostenabrechnung, die Anzahl der durchzuführenden Aufgaben oder die prozentuale Verfügbarkeit eines Informationssystems (vgl. Schott 1988: 16). In dem hier vorgestellten Prozess wird insgesamt die Anzahl der Aufgaben von 23 im Ist-Prozess (HR: 4, Vorgesetzter: 11, Mitarbeiter: 8) auf 17 im Soll-Prozess (HR: 1, Vorgesetzter: 11, Mitarbeiter: 5) reduziert.

3.2   Kürzere Durchlaufzeiten

Da die Prozessbeteiligten bei der Erfassung ihrer Daten zusätzlich durch ein Informationssystem aktiv unterstützt werden, kann man tendenziell davon ausgehen, dass die Bearbeitungszeiten der Aufgaben – insbesondere die Gesamtvorgangszeiten der Vorgesetzten – im Vergleich zum Ist-Prozess sinken. Insgesamt werden durch den Wegfall jeglicher Transportzeiten von Papierformularen die Durchlaufzeiten nachhaltig reduziert. Somit verringern sich durch die Reduktion der Bearbeitung- und Durchlaufzeiten die Prozesskosten als Ganzes (vgl. Abbildung 3-1).

Abbildung 3-1:   *Reduktion der Prozesskosten*

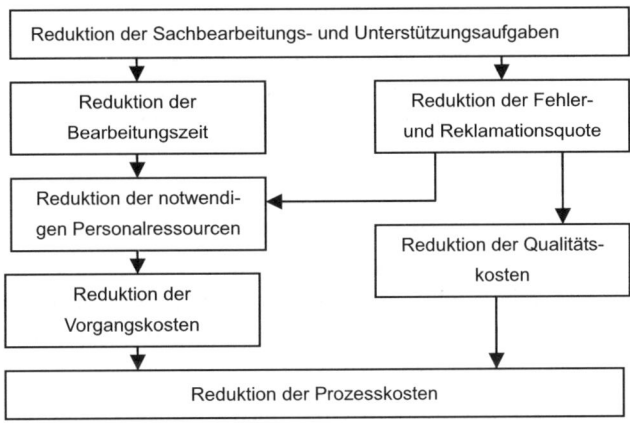

Bei der Abbildung qualitativer Merkmale, wie z. B. der Motivation der Mitarbeitenden, müssen die Kennzahlen um Indikatoren und Instrumente ergänzt werden, welche die qualitativen Erfolgsfaktoren bewerten können (vgl. Mertens et al. 2001: 207 ff.). Dabei ist die Messung der qualitativen Nutzeffekte üblicherweise schwieriger als die Bestimmung der Kosten und der Durchlaufzeit, mit der die Wirtschaftlichkeit einfach beurteilt werden kann.

3.3   Höhere Mitarbeiterzufriedenheit

Auch empirische Studien (vgl. Cedar 2002) belegen, dass durch den Einsatz von webbasierten Informationssystemen mit Self-Service und eine Dezentralisierung der Datenerfassung die Kosten durchschnittlich um 50 Prozent und die Durchlaufzeiten der

Prozesse zwischen 40 Prozent und 62 Prozent reduziert werden. Dabei geht die Reduktion dieser Erfolgsfaktoren einher mit einer Erhöhung der Mitarbeiterzufriedenheit, da durch die aktive Einbindung in den Prozess eine höhere Prozesstransparenz erreicht wird. Zusätzlich kann mit einer Reduktion des Headcounts der Mitarbeitergruppen, die in den Personalabteilungen die Pflege der Daten durchführen, um 50 Prozent gerechnet werden.

4   Fazit

Die Web-Technologie übt einen grossen Einfluss auf die zukünftige Personalarbeit aus. Sie hilft, bisherige und neue Personalprozesse computergestützt abzuwickeln. Als Voraussetzung dafür müssen die benötigten Daten, d. h. mitarbeiter- und stellenbezogene, bekannt sein. Die grössten Effizienzgewinne ergeben sich, wenn die Daten am Ort ihrer Entstehung ihren Eingang in das System finden. Mit diesem Self-Service direkt am Personalinformationssystem einer Unternehmung wird der administrative Aufwand erheblich reduziert. Vorgängig ist jedoch eine Definition der Ist- und Soll-Prozesse nötig.

Ist der neue Prozessablauf einmal implementiert, nimmt die Personalabteilung eine Kontrollfunktion wahr und greift bei Bedarf in den Prozess ein. Der ganze Prozess geschieht im wechselseitigen Zusammenspiel zwischen der Personalabteilung, den Vorgesetzten und den Mitarbeitenden. Durch die erreichte Dezentralisierung gewinnt die gesamte Personalarbeit an Flexibilität. Insbesondere die Kontrolle und Steuerung wird vereinfacht.

Für die Messung der Zielerreichung drängen sich Kennzahlen auf, am besten integriert in eine Balanced Scorecard. Mit Hilfe der Kennzahlen ist ersichtlich, inwiefern sich der Prozessablauf verbessert hat. Dank der Senkung der Bearbeitungs- und Durchlaufzeiten ergibt sich eine Abnahme der Prozesskosten. Der qualitative Nutzeneffekt ist nicht mit einer Balanced Scorecard messbar, jedoch belegen empirische Studien den positiven Einfluss auf die Motivation und die Arbeitszufriedenheit der Mitarbeitenden dank den vereinfachten Prozessschritten.

Literaturverzeichnis

CEDAR (2002): Cedar 2002 Human Resource Self Service/Portal Survey, [Online] URL: http://www.competence-site.de/portale.nsf/0/41937dc46b84b4e4c1256cb 4005fbcbd, 07. Oktober 2005.

HILL, WILHELM/FEHLBAUM, RAYMOUND/ULRICH, PETER (1998): Organisationslehre, 5. Aufl., Stuttgart 1998.

KAPLAN, ROBERT S./NORTON, DAVID P. (1997): Balanced scorecard: Strategien erfolgreich umsetzen, aus dem Amerikan. von Péter Horváth, Beatrix Kuhn-Würfel und Claudia Vogelhuber, Stuttgart 1997.

MERTENS, PETER ET AL. (2001): Grundzüge der Wirtschaftsinformatik, 7. Aufl., Berlin 2001.

NIPPA, MICHAEL (1988): Gestaltungsgrundsätze für die Büroorganisation: Konzepte für eine informationsorientierte Unternehmungsentwicklung unter Berücksichtigung neuer Bürokommunikationstechniken, Berlin 1988.

ÖSTERLE, HUBERT (1995): Business Engineering, Prozess- und Systementwicklung: Entwurfstechniken, 2. Aufl., Berlin 1995.

SCHOLZ , CHRISTIAN (1999): Intranet und Personalmanagement: Eine chancenreiche Verbindung. In: Personalinformationssysteme und Personalcontrolling, hrsg. v. Alfred Protz, Neuwied Kriftel 1999, S. 113-125.

SCHOTT, GERHARD (1988): Kennzahlen - Instrument der Unternehmensführung, 5. Aufl., Wiesbaden 1988.

Norbert Thom und Vera Friedli

Auf der Suche nach exzellenten Trainee-Programmen
Die besten Trainee-Programme der Schweiz

1 Einleitung

Das Institut für Organisation und Personal (IOP) der Universität Bern verlieh den IOP-Award für „Excellence in Human Resource Management" im Jahre 2003 für das beste Trainee-Programm der Schweiz. Vorausgehend fand die systematische Sammlung und Auswertung der Daten der einzelnen Förderungsprogramme sowie die zusätzliche Vertiefung und Aktualisierung des breiten Wissens- und Erfahrungsschatzes des Instituts auf diesem Gebiet statt. Bei Hochschulabsolventen der Wirtschaftswissenschaften gelten die Programme als attraktiver Einstieg. Die Prämierung stiess deshalb auf reges Interesse sowohl bei Studierenden als auch bei Unternehmen.

Der vorliegende Artikel umfasst einen Überblick über die Formen der Trainee-Programme und das Selektionsverfahren des IOP-Awards.

2 Trainee-Programm

Hochschulabsolventen zeichnen sich beim Studien- bzw. Schulabschluss dadurch aus, dass sie über ein beachtliches Theoriewissen verfügen, aber vergleichsweise wenig Praxiserfahrung besitzen. Für sie bieten sich im Wesentlichen zwei verschiedene Praxiseinstiege an: (1) der Direkteinstieg in das Stellengefüge des Unternehmens oder (2) das Absolvieren eines Trainee-Programms.

Ein Einstieg in die Berufswelt auf dem Wege eines Trainee-Programms bietet Hochschulabgängern eine fundierte, unternehmensspezifische Praxiseinführung mit der Chance, das spätere Einsatzgebiet erst einmal zu erkunden.

Trainee-Programme sind firmenspezifische Nachwuchsförderungs-Programme, welche in den letzten gut 30 Jahren in vielen Unternehmen zu einem festen Bestandteil betrieblicher Personalentwicklung geworden sind. Neben den Grossunternehmen mit hohem Bedarf an Hochschulabsolventen bieten zunehmend auch kleinere und mittlere Unternehmen solche Programme an. Das Zielpublikum dieses Instrumentes der Personalentwicklung bilden zur Mehrheit Wirtschaftsakademiker, aber es werden auch Informatiker und (Wirtschafts-) Ingenieure angesprochen. Das Trainee-Programm gilt im Allgemeinen als Einstiegsprogramm und Grundlage für eine erfolgreiche Führungs- oder Fachkarriere im betreffenden Unternehmen.

2.1 Arten von Trainee-Programmen

Durch das Trainee-Programm erhält ein ausgewählter Kreis von Hochschulabsolventen eine Grundlagenausbildung für die spätere Übernahme von herausgehobenen Positionen, vertieft die Kenntnisse über eigene Fähigkeiten und Neigungen, baut Kommunikationsbeziehungen auf und lernt Organisationsstrukturen und Unternehmenskulturen kennen (vgl. Thom 1987: 218).

In der Praxis haben sich zu diesem Zwecke verschiedene Grundformen der Einstiegsprogramme herausgebildet. Gemeinsam sind ihnen generell folgende Merkmale:

- Exklusivität des Teilnehmerkreises (am häufigsten Hochschulabsolventen der Studienrichtungen Wirtschafts- und Ingenieurwissenschaften)
- Planvolles und organisiertes Vorgehen, didaktisches Strukturieren des Programms (On- und Off-the-Job-Komponenten wechseln sich ab)
- Zeitdauer des Programms zwischen 6 und 24 Monaten
- Anwendung des Programms auf eine Personengruppe (also nicht Einzelpersonen)

Abbildung 2-1 zeigt die üblichsten Formen von Trainee-Programmen im Überblick (vgl. auch Ferring/Staufenbiel 1994).

Abbildung 2-1: *Übliche Arten von Trainee-Programmen*

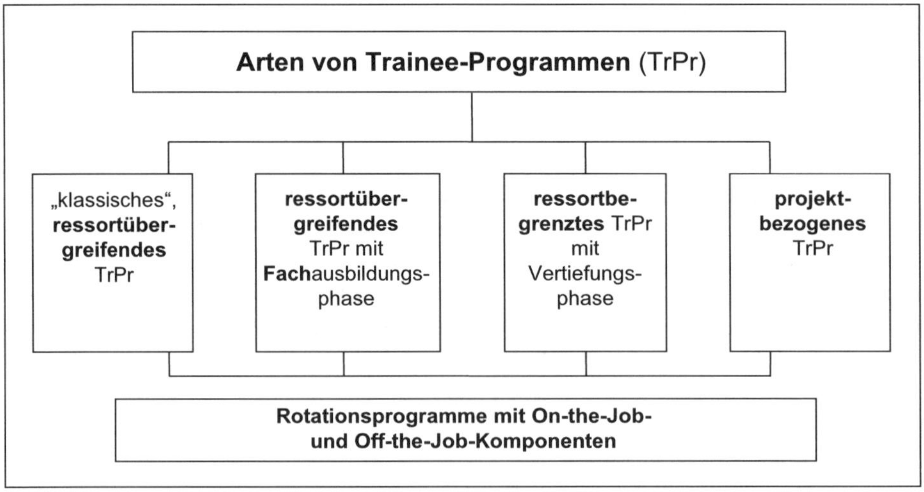

Der Trainee durchläuft beim *klassischen Trainee-Programm* verschiedene wichtige Ressorts eines Unternehmens (z. B. Beschaffung, Produktion, Absatz und Finanzwirtschaft bei Industriebetrieben). Er verbringt in den jeweiligen Abteilungen in etwa gleiche Zeitanteile. Der Absolvent lernt auf diese Weise verschiedene wesentliche wertschöpfende Tätigkeitsgebiete des Arbeitgebers kennen und kann somit im Anschluss an das Programm auf eine fundierte Informationsbasis bezüglich seines Einsatzentscheides für eines dieser Ressorts zurückgreifen.

Im Gegensatz zum ersten Programmtyp verbringt der Trainee im *ressortübergreifenden Trainee-Programm mit Fachausbildungsphase* im Anschluss an das verkürzte Rotationsprogramm eine deutlich längere Zeit in einem der vorher durchlaufenen Ressorts und vertieft hier seine Kenntnisse. In aller Regel entspricht dieses auch dem Bereich der nachfolgenden Einstiegsstelle des Kandidaten.

Im Unterschied zu den vorangehenden Programmen wird im Laufe des *ressortbegrenzten Trainee-Programms mit Vertiefungsphase* nur ein Ressort (z. B. Personalwirtschaft), aber in mehreren Abteilungen (bspw. Personalplanung, Personalentwicklung, Sozialwesen u. a.) zum Ausbildungsort. Im Anschluss an diese Grundausbildungsphase erfolgt die Vertiefungsphase in einer dieser zuvor besuchten Abteilungen. Die Entscheidung über das Einsatzressort steht also bereits vor Beginn des Trainee-Programms fest, die Spezialisierung innerhalb dieses Gebietes wird während der Grundausbildung festgelegt.

Mit der allgemein in Unternehmen wachsenden Zahl der Projekttätigkeiten steigen auch die Projekteinsätze von Trainees und ermöglichen so bei sorgfältiger Planung z. T. auch ein *projektbezogenes Trainee-Programm*. Projekte im Rahmen von Trainee-Programmen können sehr unterschiedlich und in variierender Intensität eingesetzt werden. Als projektorientierte Programme gelten indessen nur jene, bei welchen die Projektarbeit (z. B. bei mehreren kleineren oder einem grösseren Projekt) wirklich im Vordergrund der Ausbildung on-the-job steht. Es versteht sich von selbst, dass hierbei die Grenzen zu anderen Programmarten fliessend sein können.

Immer häufiger werden mit den Trainees individuelle Absprachen bezüglich Einsatzressort und -dauer getroffen. Vom Mitspracherecht der Absolventen bei der Zusammenstellung dieser Stationen versprechen sich die Unternehmen eine verbesserte Anreiz- und Imagewirkung. Insbesondere die Off-the-Job-Komponenten werden aus ökonomischen Gründen für die gesamte Gruppe von Absolventen (also auch für Direkteinsteiger) angeboten.

Die Grenzen zwischen den einzelnen Programmen sind unscharf und die Unternehmen zeigen viel Kreativität bei der Komposition von solchen Nachwuchsförderungsaktivitäten, für die es – im Gegensatz zur Berufsausbildung (Lehre) – keine staatlichen Vorschriften gibt (vgl. zu neueren Entwicklungen Schuhen 2008).

2.2 Kritische Würdigung von Trainee-Programmen

Trainee-Programme sind eingebettet in die unternehmensspezifische Personalentwicklung. Abgeleitet aus dem Oberziel des Unternehmens, der Versorgung mit qualifizierten Nachwuchskräften, ergeben sich im Wesentlichen vier Teilziele (vgl. Abbildung 2-2), die von den Trainee-Programm-Anbietern unterschiedlich gewichtet werden.

Abbildung 2-2: *Erfolgskriterien von Trainee-Programmen*

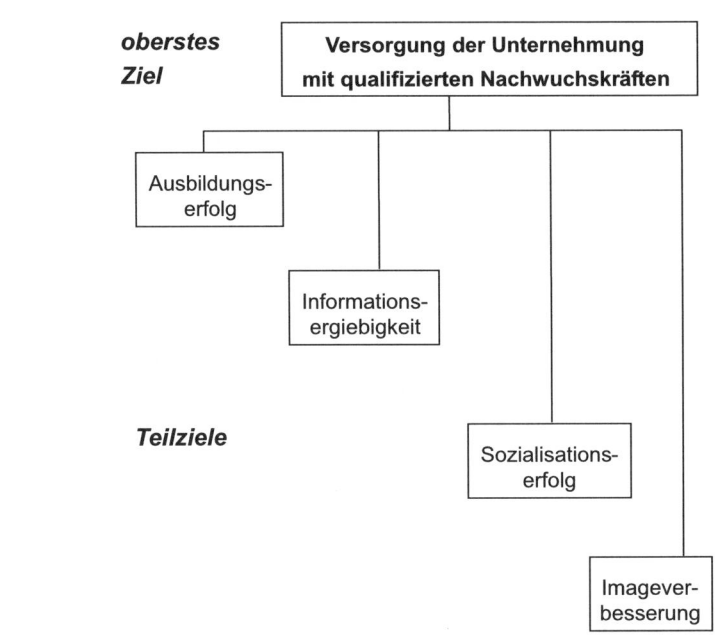

Das Teilziel *Ausbildungserfolg* erfasst die Zunahme an fachspezifischem und/oder führungsspezifischem Wissen eines Trainees während seiner Ausbildung. Die *Informationsergiebigkeit* bezieht sich aus Sicht des Unternehmens auf den Zuwachs an Wissen über die Kandidaten für weitere Fach- und Führungsaufgaben im Unternehmen (z. B. Arbeitsverhalten, Potenzialeinschätzung). Aus der Perspektive des Trainees betrifft es seine Erfahrungen hinsichtlich Unternehmenskultur sowie Führungs- und Kooperationsformen, Informationen bezüglich eines späteren Einsatzgebietes u. a. m. Der *Sozialisationserfolg* zeigt sich z. B. darin, wie sich ein Trainee im Unternehmen einlebt sowie in seinem Umgang mit Kollegen und Vorgesetzten. Nicht zuletzt verfolgt das Unternehmen mit dem Angebot eines Trainee-Programms die *Verbesserung des Images* auf dem Arbeitsmarkt. Eine Veränderung des Images schlägt sich z. B. in der Anzahl und Qualität der Bewerbungen nieder.

Ein Trainee-Programm stellt eine Investition in das Humanvermögen des Unternehmens dar und ist – wie jede Investition – mit Risiken verbunden. Mittels geeigneter Kennzahlen (basierend auf quantitativen und qualitativen Ausgangsdaten) kann die Erreichung der Ziele durchaus ermittelt werden, wenngleich sich der nachhaltige Erfolg einer Ausbildungsmassnahme manchmal erst längerfristig zeigt. Die genannten Teilziele lassen sich zum Zweck eines Controllings relativ leicht durch messbare Grössen operationalisieren (vgl. u. a. Beispiele bei Thom 1987: 279).

3 Der IOP-Award 2003

Der IOP-Award wird alle zwei Jahre für „Excellence in Human Resource Management" verliehen. Mit diesem Preis kann das IOP einen aktiven Beitrag zur Professionalisierung und Qualitätsförderung im Personalmanagement erbringen und ausgezeichnete Leistungen anerkennen. Aufgrund der langjährigen Forschungserfahrung und der Nähe zum direkten Zielpublikum, den Hochschulabsolventen, wurde beschlossen, den IOP-Award 2003 für das beste Trainee-Programm in der Schweiz zu vergeben.

Nachfolgende Erläuterungen dienen dem Nachzeichnen des Selektionsprozesses und des Verlaufs der Entscheidungsfindung (vgl. auch Thom/Friedli/Moser 2004).

3.1 Erforschung des Gegenstandes

Norbert Thom ist Direktor des Instituts für Organisation und Personal der Universität Bern. Er verfügt über eine umfangreiche Lehr-, Forschungs- und Beratungserfahrung (rund 30 Jahre), unter anderem auf dem Gebiet der Personalentwicklung, und befasst sich dabei seit über 20 Jahren auch intensiv mit den in Deutschland und der Schweiz angebotenen Trainee-Programmen. In vielen Befragungen der Trainee-Programmanbieter und von Trainees eignete sich das Institut ein fundiertes Wissen über Quantität, Qualität sowie die Trends bei der Ausgestaltung dieser Ausbildungsprogramme an.

Die Untersuchung des Gegenstandes erfolgte mittels bezugsrahmengeleiteter Forschung. Dazu werden in einem ersten Schritt anhand eingehender Literaturanalysen und Expertengespräche als relevant erachtete Merkmale in einen Zusammenhang gestellt (vgl. Abbildung 3-1). Anhand dieses Beschreibungsrahmens bzw. dessen Bedingungs-, Gestaltungs- und Wirkungsgrössen werden Fragebogen für Anbietende und/oder Teilnehmende erstellt. Eine Breitenbefragung gibt Aufschluss darüber, welche der prognostizierten Zusammenhänge wirklich relevant und wie stark deren Verknüpfungen sind (was in einem so genannten Erklärungsrahmen dargestellt wird). Als massgebende Einflussgrössen bei Trainee-Programmen erwiesen sich u. a. bei den *ausserbetrieblichen Bedingungsgrössen* die aktuelle Arbeitsmarkt- und Wirtschaftslage, bei den *betrieblichen Bedingungsgrössen* die Branche, die Grösse des Unternehmens sowie eine langjährige Erfahrung beim Angebot von Trainee-Programmen. Bei den *personellen Bedingungsgrössen* hatten die Ansprechperson für die Absolventen, das Verhalten der Vorgesetzten sowie die Unternehmensleitung bzw. deren Haltung gegenüber dem Ausbildungsprogramm den stärksten Einfluss.

Mittels Befragungen über mehrere Jahre oder, wie im Falle des IOP, gar über mehrere Jahrzehnte hinweg und dies in verschiedenen Ländern lassen sich Längsschnitts- und Querschnittsstudien durchführen. So werden u. a. länderspezifische Unterschiede, aber auch branchenspezifische Trends und Veränderungen frühzeitig entdeckt und konzeptionelle Vorstellungen in der Forschung können angepasst oder neu geschaffen werden. Auf diese Weise wurde beispielsweise in den 90er-Jahren der Trend zur vermehrten Projektarbeit in den Trainee-Programmen erfasst. Diese Entwicklung verstärkte sich derart, dass für die Forschung und damit auch für die Fachsprache in der Praxis der neue Typus des projektorientierten Programms entstand.

Aus den Ergebnissen der Breitenbefragungen (von Programmgestaltern und Trainees) ergeben sich z. T. sehr konkrete Gestaltungsempfehlungen für die Personalverantwortlichen bezüglich der spezifischen Kriterien, welche in der Praxis zu effektiven und effizienten Programmen führen. Durch die ständige, gegenseitige Rückkoppelung zwischen Forschung und Praxis entsteht ein sich selbst verstärkender Kreislauf.

Abbildung 3-1: Bezugsrahmen der Trainee-Programme (Thom/Friedli/Moser 2004)

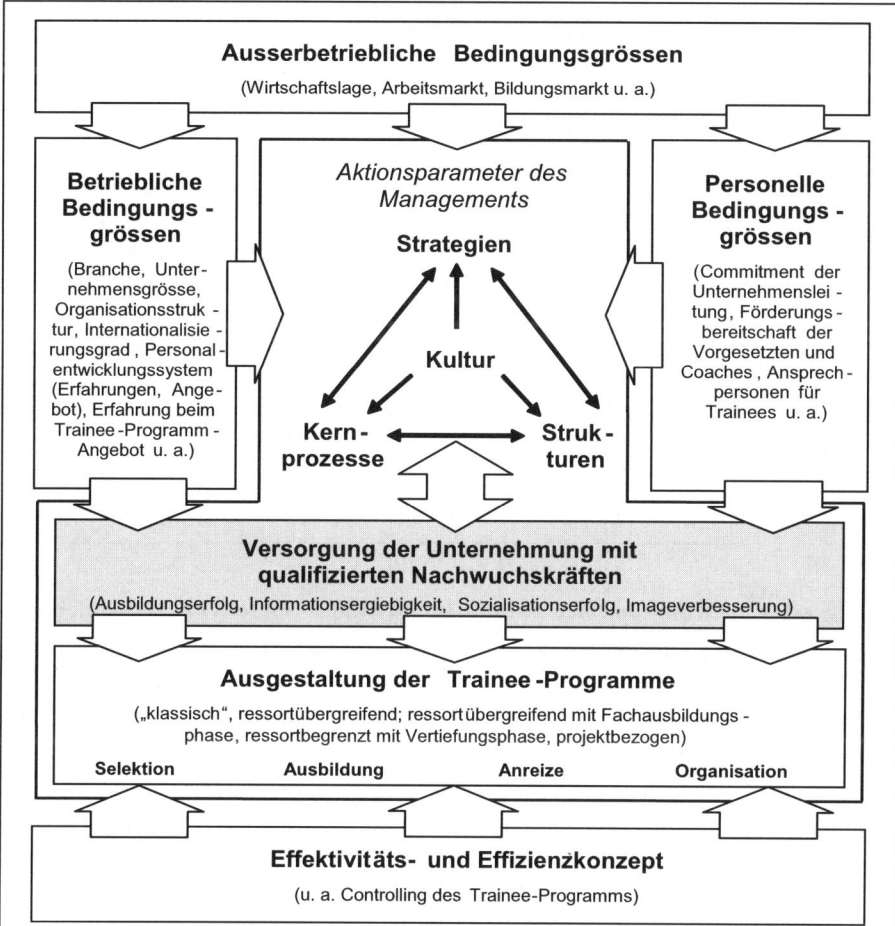

3.2 Von der Forschung zum IOP-Award

In einem mehrstufigen Verfahren wurden aus den vorangegangenen Befragungen die wesentlichen Kriterien eines attraktiven Trainee-Programmes gewonnen (vgl. Kasten 3-1).

Kasten 3-1: *Kriterien eines attraktiven Trainee-Programmes*

Was zeichnet ein *attraktives* Trainee-Programm aus?

- Wenn ich als Hochschulabsolvent direkt und spezifisch angesprochen werde, z. B. an Hochschulmessen oder via Internet.
- Wenn das Programm direkt in das Personalentwicklungssystem des Unternehmens integriert ist und somit eine klare Weiterentwicklung und Karriereplanung gewährleistet wird.
- Wenn ich während der gesamten Ausbildungsdauer gezielt betreut (z. B. Mentorensystem) und regelmässig von verschiedenen Personen beurteilt werde.
- Wenn ich bezüglich der Einsatzorte und insbesondere bezüglich der Erststelle Mitsprachemöglichkeiten habe.
- Wenn ich die Möglichkeit erhalte, integriert in das Trainee-Programm eine Zeit lang in einer Tochtergesellschaft oder einer Filiale zu arbeiten.

Nachfolgend werden die einzelnen Schritte des Auswahlverfahrens kurz beschrieben:

1. Im Rahmen einer Lizentiatsarbeit (basierend auf bisherigen Studien) wurden alle schweizerischen Trainee-Anbieter mittels eines umfangreichen Fragebogens gezielt befragt. 42 Unternehmen gaben an, ein Ausbildungsprogramm im erwähnten Sinne anzubieten, und sendeten den Fragebogen ausgefüllt zurück.

2. Mit Hilfe einer Sonderstudie wurden die in der Lizentiatsarbeit abgefragten Items verfeinert (bspw. die Festlegung der Ober- und Untergrenzen der Antwortspanne) und mit einem Punktesystem neu bewertet. Die 11 Unternehmen mit mehr als 43 von maximal 50 Punkten erhielten von den Jury-Assistentinnen Anschreiben mit der Bitte um Zusendung weiterer Unterlagen.

3. Diese im zweiten Durchlauf eingereichten Dokumente wurden anhand einer neu zusammengestellten Kriterienliste bewertet (Vorgehen: Punkteverfahren ähnlich einer Nutzwertanalyse). Die Gewichtung der einzelnen Kriteriengruppen erfolgte durch die Teilnehmer des IOP-Kolloquiums (Studierende, die sich vor der Lizentiatsarbeit befinden), dem direkten Zielpublikum von Trainee-Programmen.

    Folgende fünf Kriteriengruppen waren für die Bewertung massgebend: Unter den *Rahmenbedingungen* des Ausbildungsprogramms werden z. B. die Ansprache des potenziellen Trainees oder das gesamte Auswahlverfahren verstanden. Die Ansprache soll direkt und zielgruppenspezifisch erfolgen, vorzugsweise an Hochschulmessen oder via Internet. Für die Absolventen ist von Interesse, ob zur Teilnahme am Programm Altersgrenzen bestehen oder andere Kriterien erfüllt werden müssen. An der *organisatorischen Einordnung* des Trainee-Programms lässt sich die Bedeutung des Förderungsprogramms für das Unternehmen erkennen. Der Koordinationsmechanismus zwischen zentralen und dezentralen Linien-/Fachvorgesetzten muss eingespielt sein. Im Beurteilungssystem ist festzulegen, wer, wie häufig sowie zu welchen Zeitpunkten von wem beurteilt wird. Das Betreuungssystem soll mit Komponenten wie beispielsweise einem Paten-Mentor-Konzept, innerbetrieblichen Netzwerken und informellen Treffen eine wirkungsvolle Begleitung während der gesamten Ausbildungszeit ermöglichen. Eine gute *Integration resp. Einbettung des Programms in das Entwicklungssystem* des Unternehmens kann eine Weiterentwicklung und Karriereplanung über diese Einstiegsphase hinaus begünstigen. Ein wesentlicher Punkt ist weiter die *Mitsprachemöglichkeit der Absolventen*, z. B. wenn es um den Grad der Individualisierung des Programmes oder die Entscheidung für die Einstiegsstelle geht. Im Laufe der zunehmenden Internationalisierung ist auch für ein Trainee-Programm in der Schweiz das *Angebot an integrierten Auslandsaufenthalten* immer wichtiger und steigert die Attraktivität der Firma für einen Trainee (vgl. zur Attraktivität des Auslandseinsatzes bei deutschen Studierenden Schamberger 2006: 91 f., 125). Sinnvoll sind solche Aufenthalte allerdings nur bei international ausgerichteten Firmen. Ein Unternehmen, das sich auf den Binnenmarkt konzentriert, muss sich über andere Anziehungskräfte positionieren (z. B. Tochtergesellschaften oder Kooperationen mit anderen Firmen nutzen).

Nach diesem Bewertungsprozess ergaben sich drei Finalisten für den IOP-Award 2003, die im Einzelnen noch einmal durch die drei Jurymitglieder (zwei erfahrene Praktiker, IOP-Direktor) individuell begutachtet wurden. Es wurde der Jury ein Beurteilungsraster mit Kriterien vorgegeben, mit dem Ziel, den Bewertungsprozess möglichst systematisch zu gestalten.

3.3   Die Gewinnerin des IOP-Awards

Das Trainee-Programm der Schweizerischen Rückversicherungsgesellschaft erhielt von der Jury ausnahmslos sehr gute Noten und gewann den IOP-Award 2003 (www.iop.unibe.ch). Besonders gewürdigt wurde unter anderem das mehrstufige Auswahlverfahren mit Assessment Center. Das Förderungsprogramm ist von Beginn weg konsequent in das Personalentwicklungssystem des Unternehmens eingeordnet und somit Bestandteil der Karriereplanung.

Aus Sicht der Absolventen besonders attraktiv dürfte auch der vergleichsweise hohe Lohn sein, den ein Trainee während der Ausbildung erhält. Die internationale Präsenz des Unternehmens ermöglicht allen Teilnehmern einen gut strukturierten, integrierten sechsmonatigen Auslandsaufenthalt. Die konsequente Ausrichtung am unternehmensweiten Personalentwicklungssystem in Verbindung mit zielgruppenspezifischen Anreizen bildet die Basis für eine erfolgreiche Nachwuchsförderung.

4 Ausblick

Mit der Vergabe des IOP-Awards tritt das Institut für Organisation und Personal aus der isolierten Forschungsstation in die Öffentlichkeit und bewertet die Praxis. Dies ist nur machbar unter den folgenden Voraussetzungen:

1. Das Institut verfügt über eine langjährige Forschungserfahrung auf dem entsprechenden Gebiet. Im vorliegenden Fall „Trainee-Programme" ist die Forschungsthematik im IOP-eigenen Forschungsschwerpunkt „Personalentwicklung" gut integriert und breit abgestützt.

2. Das Institut verfügt über einen intensiven und vielseiten Austausch seiner Erfahrungen mit der Praxis. Dieser erfolgte im Falle des IOP sowohl in der Schweiz als auch in Deutschland auf entsprechenden Personalfachtagungen, so z. B. dem Kölner Personalkolloquium oder an der IOP-Fachtagung 2001 sowie durch Praxispartnerschaften aus Beratungsmandaten u. ä.

3. Das Institut verfügt aufgrund seiner breiten Forschung und Erfahrung auf dem entsprechenden Gebiet über einen hohen Bekanntheitsgrad, welcher einem Preis auch das angemessene Gewicht verleihen kann.

Sind diese Voraussetzungen gegeben, so erweckt eine derartige Preisübergabe zusammen mit den damit verbundenen über zwanzig Pressemitteilungen eine rege nationale Aufmerksamkeit. Für die Gewinner stellt der Preis einen Ansporn dar, ausgezeichnet zu bleiben, für „Verlierer" einen Anstoss, zukünftig besser zu werden. Somit kann die Forschung gar in die Situation gelangen, dass sich die Praxis nach ihren Befunden ausrichtet, sich die aufgestellten Anforderungen an eine optimale Programmgestaltung genauestens anschaut, Kriterien überprüft und von den Besten lernt. Diese Anstrengungen gehen dann in einer nächsten Befragungsrunde wiederum in die Forschungsergebnisse ein, womit sich der Kreis schliesst. Aus den Erfahrungen mit dem IOP-Award 2001 („Best in Electronic Recruiting") haben wir gelernt, dass eine solche Preisvergabe effektiv messbare positive Veränderungen in der Ausgestaltung des jeweiligen personalwirtschaftlichen Instrumentes haben kann, sowohl bei den Finalteilnehmern als auch bei den früher ausgeschiedenen Firmen. Die Reaktionen der Preisvergabe im September 2003 („Bestes Trainee-Programm der Schweiz") halten noch immer an. Auf die diversen Auswirkungen in der Praxis sind wir gespannt, denn dadurch ergeben sich wieder neue Impulse für die Forschung.

Literaturverzeichnis

FERRING, KARIN/STAUFENBIEL, JOERG E. (1994): Trainee-Programme für Hochschulabsolventen. In: Handbuch des Führungskräfte-Managements, hrsg. v. Rolf Dahlems, München 1994, S. 73-88.

SCHAMBERGER, INGO (2006): Differenziertes Hochschulmarketing für High Potentials, Norderstedt 2006.

SCHUHEN, MICHAEL (2008): Führungsnachwuchs mit System. Planung und Gestaltung einer Lernumgebung für Trainee-Programme, Marburg 2008.

THOM, NORBERT (1987): Personalentwicklung als Instrument der Unternehmungsführung. Konzeptionelle Grundlagen und empirische Studien, Stuttgart 1987.

THOM, NORBERT/FRIEDLI, VERA/MOSER, REGINE (2004): Trainee-Programme. Der Managementnachwuchs im Trainingslager. In: Unipress, Forschung und Wissenschaft an der Universität Bern, Nr. 121, Juni 2004, S. 40-42.

Teil 5:

Personalentwicklung im

öffentlichen Sektor

Peter Hablützel

Verwaltungsmodernisierung und Personalentwicklung
Vom New Public Management zum kulturellen Lernprozess

1 Personalentwicklung als wirtschaftliche Notwendigkeit

Personalentwicklung ist eine Kernaufgabe moderner Personalarbeit. Sie hilft den Wandel zu verarbeiten und aktiv mitzugestalten, ohne dass dabei Identitäten in Brüche gehen. Die eigene Identität in Anpassungs- und Lernprozessen zu bewahren, ist für Menschen und Organisationen in Zeiten dynamischen Wandels besonders bedeutsam. Denn Identität als Ergebnis einer gelungenen Integration hält Individuen und Kollektive auch in schwierigen Situationen handlungs- und entscheidungsfähig. Insofern basiert ökonomischer Erfolg immer auch auf einer kulturellen Leistung. Deshalb gilt: Wer vor lauter Sparen das Bewusstsein der Mitarbeitenden, ihre Werthaltungen und ihre sozialen Kompetenzen vernachlässigt und zukunftswichtige Investitionen in die grauen Zellen verpasst, ist gerade heute schlecht beraten. Die Herausforderungen der Zukunft lassen sich nicht bewältigen, ohne dass die vorhandenen menschlichen Potenziale systematisch gefördert und gefordert werden. Personalentwicklung stellt besonders auch in kritischen Zeiten eine ökonomische Notwendigkeit dar.

Aus betriebswirtschaftlicher Sicht geht es darum, Leistungsfähigkeit und Potenzial der Mitarbeitenden weiterzuentwickeln, damit das Know-how mit dem Wandel Schritt halten kann. Dabei sind fachliche und kommunikative Kompetenzen gleichermassen gefragt. Wer als Arbeitgeber für die Arbeitsmarktfähigkeit seiner Organisation besorgt sein will, muss zur Arbeitsmarktfähigkeit seiner Mitarbeitenden Sorge tragen. Denn im Zeichen des postmaterialistischen Wertewandels hängt die Attraktivität der Unternehmen nicht zuletzt von den Entfaltungs- und Entwicklungsmöglichkeiten ab, die sie an ihren Arbeitsplätzen anzubieten haben.

Ein hoher Stellenwert kommt der Personalentwicklung aber auch aus volkswirtschaftlicher Sicht zu, zumal bei immer stärker auf Wissen basierter Wertschöpfung. Erfahrung und Innovation, Wissen und Können, also kulturelle Faktoren, sind unsere wichtigste Ressource. Das Personal als Verkörperung und Träger von Expertise ist mit Abstand der teuerste Produktionsfaktor. Das macht nicht nur eine kurzfristig effiziente, sondern vor allem eine mittel- und langfristig effektive Nutzung dieser wertvollen Ressource notwendig. Im Sinne einer nachhaltigen, die Zukunft sichernden Personalpolitik müssen wir unseren Blick weniger auf eine Minimierung der Arbeitskosten um jeden Preis als vielmehr auf die Optimierung des Nutzens von Wissen und Können konzentrieren.

Dazu kommt die demographische Sicht: Für die Schweiz zeichnet sich – jedenfalls ohne Änderung unserer Migrationspolitik – etwa mit dem Jahr 2010 ein markanter Rückgang der Erwerbsbevölkerung ab. Die Zahl der auf dem externen Arbeitsmarkt verfügbaren (qualifizierten) Arbeitskräfte wird dann rasch sinken. Damit wächst zwangsläufig die Bedeutung der internen Arbeitsmärkte. Mitarbeitende zu erhalten und gezielt zu fördern, sie für künftige Aufträge fit zu halten, sind also zentrale Aufgaben eines modernen, strategisch ausgerichteten Personalmanagements. Vergessen wir nicht: Den technologischen und organisatorischen Wandel, der für die Arbeitswelt auch in Zukunft notwendig bleibt, werden wir zum grossen Teil mit Arbeitskräften zu bewerkstelligen haben, die schon heute beruflich aktiv sind. Es wäre deshalb unklug, das vorhandene Humanpotential nicht optimal zur Entfaltung zu bringen.

Trotz des unbestreitbaren wirtschaftlichen Nutzens ist aber die Personalentwicklung in letzter Zeit vermehrt auf Skepsis und Widerstand gestossen. Nach Jahren des Erfolgs und des Ausbaus droht sie heute vielerorts rigorosen Sparübungen zum Opfer zu fallen. Man wird den Eindruck nicht los, dass manche Arbeitgeber und Vorgesetzten – unter dem allgemeinen Kostendruck verständlich – die Situation am Arbeitsmarkt auszunützen versuchen, indem sie etwas kurzsichtig kaum an die mittel- und langfristigen Investitionen denken.

Aber auch die Personalentwicklung als professionelle Querschnitts- und Supportfunktion scheint wenig Geschick und Gespür für ihr eigenes organisationsinternes Marketing zu entwickeln. Sie muss zwar nicht neu erfunden werden, aber sie sollte sich neu positionieren. Dabei sollte sie versuchen, für Arbeitgeber (im Sinne eines organisatorischen Vorteils) wie für Arbeitnehmer (im Sinne besserer Chancen am Arbeitsmarkt) sichtbaren Nutzen zu stiften. Das kann der Personalentwicklung dann gelingen, wenn sie Identität und Wandel zum zentralen Thema macht, Führungsprozesse als Lernprozesse begreifen hilft und damit sowohl die individuelle wie die organisationale Lernfähigkeit nachhaltig zu stärken vermag.

2 Zum Stellenwert von New Public Management

Dass Personalentwicklung Kernaufgabe einer modernen Personalpolitik sein muss, gilt gerade auch für den öffentlichen Bereich. Hier ist Kulturarbeit dringend angesagt, denn hier bedroht der gesellschaftliche Wandel wie kaum anderswo die überkommenen Muster der Identitätsbildung. Es gilt in doppeltem Sinne: Mit Bürokratie macht die Verwaltung keinen Staat. Um die grossen Herausforderungen im Verwaltungsmanagement erfolgreich anzugehen, sind neben neuen Instrumenten vor allem viel (selbst-)kritische Reflexion, bewusste Verhaltensänderungen und aktive Integrationsleistungen von Führung und Belegschaft nötig. Das wird ohne Personalentwicklung kaum möglich sein.

Die Schwierigkeiten auf Verwaltungsebene widerspiegeln nicht zuletzt auch zentrale Schwierigkeiten des politischen Systems. Knappe Finanzen und sinkende politische Akzeptanz für (sozial-)staatliche Lösungen gesellschaftlicher Probleme sind Symptome für eine Krise der Staatsfunktion und des traditionellen Staatsverständnisses. Sie bewirken einen Wandel vieler Staatsaufgaben und erzwingen damit eine Neukonzeption des Verwaltungshandelns. Denn gerade beim Ändern und Abbauen von Leistungen der Verwaltung zeigen sich die Verstrickungen zwischen dem Staat und anderen gesellschaftlichen Subsystemen. Die hohe Komplexität von politisch gesteuerten Funktionen kann nur dann bewältigt werden, wenn Führung, Zusammenarbeit und „Marketing" der Verwaltung eine neue Ausrichtung erhalten.

Unter dem Label New Public Management (NPM) hat der öffentliche Sektor im vergangenen Jahrzehnt auf diese schwerwiegenden Herausforderungen zu reagieren versucht. NPM entstand gleichsam in proaktiver Abwehr gegen die neoliberale Staatskritik der späten 80er und frühen 90er Jahre. Im Grunde ging es um ein sozial-liberales Bestreben, den Staat mittels Verwaltungsreform für die globalisierte Zukunft zu wappnen, indem man erfolgreiche Rezepte aus der Privatwirtschaft für den öffentlichen Bereich nutzbar machen wollte. NPM kann somit als Versuch verstanden werden, dem öffentlichen Sektor wirtschaftlicheres Verhalten beizubringen. Das ist teilweise auch gelungen. Die Legalität reicht heute zur Legitimation des Verwaltungshandelns nicht mehr aus; der Bürger verlangt zu Recht auch einen wirtschaftlichen Einsatz des Steuerfrankens.

Die Ansätze zur Modernisierung der Verwaltung im Zeichen von NPM rufen nach mehr Ziel- und Wirkungsorientierung. Gleichzeitig basieren sie auf einer Aktivierung und Flexibilisierung des menschlichen Potenzials. Als Voraussetzung dazu ist an vielen Orten der Beamtenstatus abgeschafft worden und man versucht, die Personalpolitik näher an die Gegebenheiten des Arbeitsmarktes heranzuführen.

In den letzten Jahren haben manche Reformer, die im Zeichen von NPM angetreten sind, ernüchternde Erfahrungen machen müssen. Zwar sind interessante Steuerungsformen zwischen Markt und Politik wie etwa das Kontraktmanagement entwickelt und manchenorts erfolgreich eingeführt worden. Auch zeigt die Annäherung an private Gepflogenheiten des Arbeitsmarktes Wirkung. Doch Verwaltungen sind zähe Gebilde; sie verhalten sich in Changeprozessen besonders sperrig. Wer Verwaltungen wirklich modernisieren will, braucht viel Zuversicht, Überzeugungskraft und einen langen Atem. Sicher sind die strukturellen Änderungen eine Voraussetzung für die Entbürokratisierung und Modernisierung im öffentlichen Bereich. Aber ohne Personalentwicklung ist ein nachhaltiger Wandel der Verwaltungskultur nicht zu realisieren.

3 Modernisierung und Kulturwandel im öffentlichen Bereich

Verwaltungen erscheinen so träge, weil sie nach Regeln funktionieren, die ins Recht gefasst sind. Doch weder das Recht noch die Regeln als solche, sondern der verheerende Hang zur (Selbst-)Reglementierung aller Systemfunktionen macht Verwaltungen zu zähen Gebilden. Jede bekannte und für die Zukunft denkbare Entscheidsituation wird erst einmal konditional strukturiert und vorsorglicherweise in eine Regel gefasst, um später fehlerfrei und juristisch unanfechtbar bestehen zu können. Die Welt der Bürokratie wird so konstruiert, dass jede Handlung als Vollzug einschlägiger Vorschriften erscheint. Wer gelernt hat, welche Fälle nach welcher Regel zu behandeln sind, läuft kein Risiko vor Gerichtsinstanzen und Aufsichtsgremien. Daneben findet ökonomisches Denken wenig Platz. Fragen nach Ziel, Aufwand und Nutzen werden weitgehend ausgeblendet.

Diese kulturelle Prägung, ja Fixierung der Verwaltung auf eine rigide Inputsteuerung sitzt tief. Sie dominiert das Muster individuellen und kollektiven Lernens. Sie dient vielfach der bewussten oder unbewussten Abwehr politischer Steuerungsversuche und ernsthafter Bestrebungen zur Entbürokratisierung. Modernisierungsbemühungen in öffentlichen Institutionen bleiben deshalb oft an der Systemoberfläche stecken und beschränken sich auf die Ausstattung der Organisation mit neuen betriebswirtschaftlichen Instrumenten. Der entsprechende Kulturwandel in Richtung stärkerer Zielorientierung dagegen stellt ein schwieriges, bisweilen gar schmerzhaftes Unterfangen dar. Er kann nur gelingen, wenn die Führungspolitik konsequent auf Output- und Wirkungsorientierung ausgerichtet wird und wenn sich die Personalentwicklung in den Dienst dieses Kulturwandels stellt. Eine Controlling-Philosophie mit Zielvereinbarungen auf jeder Hierarchiestufe ist dringend nötig und muss erklärt, eingeübt und begleitet werden. Aber eine Entbürokratisierung wird wohl nur dann möglich sein, wenn man der Verwaltung gleichzeitig verbietet, jeden neuen Handlungsspielraum mit Detailregelungen wiederum einzuschränken. Nur weniger Organisation ermöglicht und erzwingt zugleich mehr ergebnisorientierte Führung.

Eine Erkenntnis scheint sich gerade in Verwaltungen zunehmend durchzusetzen: Wirklicher Wandel kann auch in hierarchischen Organisationen nicht allein von oben (oder von aussen) kommen. Wenn die Modernisierung selbsttragend und damit nachhaltig sein soll, muss sie vom Personal aller Hierarchieebenen mitgetragen und im Alltag der Organisation auch tatsächlich gelebt werden. Dazu ist vor allem ein kultureller Lernprozess, der die Kommunikationsroutinen ändert, erforderlich.

Kulturwandel ist immer ein heikles, da nur schlecht steuerbares Vorhaben. Er lässt sich zwar anstossen, aber kaum erzwingen. Der Kulturwandel benötigt sehr viel Zeit, jedenfalls in bürokratischen Institutionen. Aber gerade hier, in der durchreglementierten Welt, bietet ein Change in der Aufbau- und Ablauforganisation für den Wandel kultureller Grundmuster echte Chancen, sofern man diese erkennt und nutzt. Denn je formeller ein Kommunikationssystem ist, desto stärker schlagen sich die kollektiven Erfahrungen auch in sichtbaren Strukturen und expliziten Regeln nieder. Um so wichtiger aber ist bei Reorganisationen ein partizipativer Ansatz, wenn tatsächlich ein nachhaltiger Wandel bewirkt werden soll. Deshalb müssen die neuen (Rechts-)Normen so erarbeitet, propagiert und eingeführt werden, dass sich gleichzeitig auch neue Denk- und Verhaltensweisen entwickeln können.

Nicht nur die sichtbaren Reforminhalte, also die neuen Strukturen an der Oberfläche, sondern vor allem Design und Qualität der Implementierungsprozesse entscheiden darüber, ob, wann und wie weit auch die Tiefenstruktur des sozialen Systems Verwaltung sich entsprechend zu verändern vermag. Hier, im kulturell Selbstverständlichen der kommunikativen Routinen, liegt oft der blinde Fleck einer Organisation. Wenig bewusste Gewohnheiten, kaum problematisierte systemische Zwänge und bisher erfolgreiche mentale Modelle gehören deshalb mit auf den Prüfstand des Changeprozesses. Sonst reproduzieren sich im täglichen Verhalten trotz neuer Normen immer wieder die tradierten Kommunikations- und Handlungsmuster.

4 Führung in Transformationsprozessen

Bei grossem Veränderungsdruck und hoher Komplexität ist heute auch im öffentlichen Bereich ein Wandel angesagt, der den Organisationen schwierige Transformationsprozesse und nicht nur systemkonforme Transaktionen abverlangt. Die Führung ist zu exzeptionellem, risikoreichem Handeln herausgefordert, kann aber letztlich nur erfolgreich sein, wenn sie von den wichtigsten Anspruchsgruppen – darunter natürlich der Belegschaft – verstanden und getragen wird. Um die Leute ins Boot zu holen und bei Laune zu halten, sind neue Kommunikationsformen und ein auch die emotionale Seite ansprechender Führungsstil unabdingbar. Denn rascher und tief greifender Wandel erzeugt Unsicherheit und löst Ängste aus, die jenes (Selbst-)Vertrauen erschüttern können, das für mutige Schritte so dringend nötig wäre. Gerade im Wandel braucht es starke Führung, was auch die Leadership-Diskussion zum Ausdruck bringt.

Das zentrale Führungsproblem in Transformationsprozessen ist eigentlich ein Organisationsproblem. Oder besser: Je komplexer und ausdifferenzierter eine Organisation, je spezialisierter und je erfolgreicher sie in der Lösung ihrer Aufgaben ist oder bisher war, desto schwieriger erweisen sich Initiierung und Führung eines Transformationsprozesses. Organisationen sind häufig zutiefst konservative, zur Bürokratisierung neigende Gebilde. Sie stabilisieren sich über anschlussfähige Routinen ihrer Mitglieder. Neuerungen bewirken grundsätzlich Irritation und werden zuerst entweder ignoriert oder abgelehnt. Organisationen können definiert werden als Systeme aus (einst) erfolgreichen Antworten auf Fragen, die wir kaum mehr stellen (oder nicht mehr stellen, weil sie uns eben gelöst scheinen). Gerade deshalb sind Organisationen effizient und können Probleme bewältigen, zu deren Lösung ein Einzelner nie fähig wäre. Aber sie generieren auch Probleme, vor allem wenn es um Transformationsprozesse geht, in denen das traditionelle Führungsverständnis versagt.

Die Erfahrungen mit Modernisierungsprozessen haben das hierarchisch-bürokratische Paradigma – oft auch als „Maschinenmodell der Organisation" bezeichnet – in seinen Grundfesten erschüttert. Planbarkeit und Führbarkeit von Organisationen gründen in diesem Paradigma auf der erkenntnistheoretischen Trennung von Subjekt und Objekt, die sich – wie längst in der Naturwissenschaft – auch sozialwissenschaftlich als Illusion erweist. Wir sind als Beobachtende und Handelnde und damit auch als Führende stets Teil des Systems. Unsere Sicht der Dinge hat viel mit unserer eigenen Perspektive zu tun. Die Wirklichkeit ist eine soziale Konstruktion. Es gibt keine objektive Erkenntnis, die unser Entscheidungshandeln zukunftssicher machen könnte. Was Not tut, ist der Mut, intelligente Risiken einzugehen, verbunden mit einer sensiblen Offenheit und einer differenzierten Beobachtung der Folgen unseres Handelns. Daraus ergeben sich erst die echten Führungschancen, denn steuern lässt sich nur, was in Bewegung (geraten) ist.

Mit diesem Ansatz von Trial and Error rücken natürlich auch in der Führungsdiskussion das Lernen und die Lernfähigkeit sowohl von Individuen wie von Organisationen ins Zentrum des Interesses. Dabei kann Leadership ein (nicht unproblematischer) Entwicklungspfad, aber sicher nicht das Ziel der Entwicklung sein. In der Wissensgesellschaft braucht es Expertise nicht nur an der Spitze von Organisationen. Wir brauchen vielmehr überall intelligente Menschen, und die wichtigste Aufgabe der Führung ist, dafür zu sorgen, dass sie nicht in dummen Organisationen arbeiten müssen. Die Krux ergibt sich indes gerade daraus, dass (bürokratische) Organisationen ihre selbststabilisierende Effizienz und damit ihre Identität gewissermassen aus dem Nichtlernen beziehen und hohe Hürden gegen Veränderungen gleichsam systemisch eingebaut haben. Diesen angesichts des rasanten gesellschaftlichen Wandels gefährlichen Code gilt es im Transformationsprozess zu knacken, wozu als Voraussetzung erst eine hohe Flexibilität und eine starke Zielorientierung, verbunden mit der entsprechenden Kultur, entwickelt werden müssen. Die Personalentwicklung spielt in diesem Wandel zur Lernfähigkeit eine zentrale Rolle, wenn sie dazu beiträgt, die Führungsprozesse als kulturelle Lernprozesse zu begreifen.

5 Führungsprozesse als kulturelle Lernprozesse

Die Erfahrungen im Umgang mit Wandel machen deutlich: Führen und Lernen sind eng verzahnte Prozesse. Ziele, Inhalte und Methoden des modernen Führens vermischen sich laufend mit didaktischen Reflexionen. Führen ist eben ein dialektischer Lernprozess für alle Beteiligten: Die Führenden müssen lernen, die Geführten das Lernen zu lehren; und die Geführten steuern diesen Lernprozess über ihr Feedback aktiv mit, wenn ein offener Dialog ermöglicht wird.

Wer im Führungsprozess letztlich die Lernenden und wer die Lehrenden sind, lässt sich heute nicht mehr so genau unterscheiden. Nur eins ist sicher: Die Einweg-Belehrung von oben im Sinne von Kommandieren – Kontrollieren – Korrigieren, einst eine Erfolg versprechende Führungsmethode, hat ausgedient; sie ist sogar in hierarchischen Systemen wie Militär und Bürokratie heute eher ein Auslaufmodell. Das nicht allein deswegen, weil man auch hier gelernt hat, dass Lernen einen Veränderungsprozess darstellt, der mit Vorteil partizipativ und aktivierend gestaltet wird und nicht von oben befohlen werden kann. Ebenso wichtig wie diese didaktisch zentrale Einsicht in den Lernvorgang ist die dauernde Veränderung und Relativierung der Lernziele und Lerninhalte: Rasch ansteigende Umfelddynamik und wachsende (System-)Komplexität bewirken, dass wir ständig neu lernen müssen, was es eigentlich zu lehren gilt.

Der Erfolg von Führung misst sich künftig deshalb nicht nur am kurzfristigen Ergebnis zielorientierter Lernprozesse, sondern auch an der nachhaltigen Lernfähigkeit, vor allem an der Lernfähigkeit ganzer Systeme. Gerade für die öffentliche Verwaltung ist das eine neue, gewaltige Herausforderung. Kaum dass sie sich im Zeichen des NPM wirkungsorientiert an konkreten Zielen auszurichten lernt (double loop learning), was im politischen Umfeld übrigens nicht immer einfach ist, muss sie nun auch die Steuerbarkeit ihrer eigenen Lernprozesse sicherstellen (deutero learning). Diese Aufgabe stellt sich gleichsam auf der Metaebene. Sie ist weder allein an der hierarchischen Spitze noch im eingeübten Top-down-Verfahren lösbar. Die Lernfähigkeit wissensbasierter Systeme ist vielmehr von der Selbststeuerungs- und Vernetzungsfähigkeit aller ihrer Systemelemente abhängig. Wenn wir das Führen in der Verwaltung zukunftsorientiert lernen und lehren wollen, müssen wir versuchen, die Hierarchiefalle zu überwinden.

Gute Führung eines Systems ist nur dann möglich, wenn sich die Selbstführungskräfte im System wirklich aktivieren lassen. Dazu braucht es mehr Eigenverantwortung und Selbstvertrauen, und zwar bis an die Basis der Wertschöpfungsprozesse. Dem arbeitssoziologischen Paradigma entsprechend haben wir bisher die Mitarbeitenden vor allem nach ihrer Zufriedenheit am Arbeitsplatz, mit den Arbeitsbedingungen und bezüglich der Führung befragt und kaum gemerkt, dass wir damit eine allfällige oder latente Konsumhaltung nur noch verstärken. Dabei hängt die Überlebensfähigkeit einer Organisation in turbulenter Umwelt nicht von der Zufriedenheit ihrer Mitglieder ab, sondern von deren Kompetenz und Bereitschaft, die Situation kritisch zu analysieren, den Handlungs- und Veränderungsbedarf rasch zu erkennen, zu kommunizieren und so weit möglich auch selbstständig wahrzunehmen, um damit zur Lernfähigkeit des Systems beizutragen. Wenn das gelingt, stellt sich die Zufriedenheit von selber ein.

Gute Führung fördert deshalb Eigenverantwortung und Selbstvertrauen der Mitarbeitenden und sorgt dafür, dass die individuelle Lernfähigkeit nicht in kollektiver, institutioneller Dummheit erstickt. Das ist gar nicht so einfach. Denn soziale Systeme sind von Grund auf konservative Gebilde; sie entstehen aus unseren Handlungs-, Gesprächs- und Denkroutinen. Sie reproduzieren sich durch unser Tun und Lassen, zu einem grossen Teil ohne dass wir das merken. Organisationale Lernfähigkeit kann sich nur in einer Kultur entwickeln, in der Irritationen zugelassen sind und Möglichkeiten zur kritischen Selbstreflexion bestehen. Das gleichsam „Unbewusste" muss - wie auch das Neue und Fremde – beobachtbar und diskutierbar werden. Organisationen sollten sich immer wieder neu in Frage stellen, indem sie sich selber neue Fragen stellen.

Diesen Prozess kritischer Selbstreflexion in Gang zu bringen und in Gang zu halten, um damit Identität im Wandel zu ermöglichen, muss die Kernaufgabe einer modernen Personalentwicklung sein. Sie sollte die Führungskräfte befähigen, die richtigen Fragen zu stellen. Denn Führen heisst fragen, heisst Lernprozesse auslösen und sich selbst, die Mitarbeitenden, das ganze System lernfähig halten. Wer Führen so versteht, hat nie ausgelernt und wird den wichtigen Beitrag einer modernen Personalentwicklung zu schätzen wissen.

André Studer

Managemententwicklung in einer öffentlichen Verwaltung
Praxisbericht aus dem Kanton Luzern

1 Einleitung

„Ein Mann, der Herrn Keuner lange nicht gesehen hatte, begrüsste ihn mit den Worten: „Sie haben sich gar nicht verändert!" „Oh" sagte Herr Keuner und erbleichte" (aus B. Brecht, Geschichten von Herrn Keuner).

Wandel, wohin wir schauen! Veränderungen gab es immer, aber das Tempo ist neu und die Unentziehbarkeit. Alle sind betroffen.

Die Fähigkeit, mit Wandel umzugehen, Wandel zu akzeptieren, dem Wandel sogar etwas Lustvolles abzugewinnen und sich laufend zu entwickeln, wird zum entscheidenden Erfolgsfaktor – sowohl für die einzelnen Individuen als auch für ganze Organisationen. Die Verwaltung – einst Hort von Stabilität und Beständigkeit – ist auf dem Weg zum dynamischen Unternehmen.

Wie die Managemententwicklung im Kanton Luzern in diesem Umfeld ausgestaltet ist, verdeutlicht dieser Praxisbericht anhand einiger wichtiger Grundsätze.

2 Politisches Umfeld

Grundsatz

Die Managemententwicklung muss auf das politische Umfeld, die Kultur und Strategie der Organisation abgestimmt sein, um die gewünschte Wirkung zu erzielen!

2.1 Kanton Luzern

Der Kanton Luzern liegt in der Zentralschweiz und ist der neuntgrösste Kanton der Schweiz mit 353'094 Einwohnern in 107 Gemeinden. Im Jahr 2003 fanden Gesamterneuerungswahlen statt, welche parteipolitisch folgende Sitzverteilung im Grossen Rat ergaben: 37 Prozent CVP, 23 Prozent FDP, 22 Prozent SVP, 13 Prozent SP und 5 Prozent Grünes Bündnis. Der Regierungsrat besteht aus fünf Mitgliedern, die je einem Departement vorstehen. Luzern ist ein Agrar- und Tourismuskanton mit einem starken Brauchtum, welches von der ursprünglich bäuerlichen Lebensweise, vom Zunftwesen in der Stadt und generell vom Kirchenjahr geprägt ist.

2.2   Regierungsprogramm

Das Regierungsprogramm zeigt die politischen Ziele der Regierung des Kantons Luzern und hat damit Leitbildcharakter für die gesamte Verwaltung. Das aktuelle Regierungsprogramm enthält folgende Schwerpunkte:

- Solidarität, Sicherheit und Nachhaltigkeit,

- kompetente, bedarfsorientierte Verwaltung,

- gesunde Staatsfinanzen

- starke, eigenständige Gemeinden,

- intensive Zusammenarbeit über die Grenzen,

- Bildung und Erziehung – eine Chance für Luzern und

- Standortqualität verbessern.

Die folgenden Punkte des Regierungsprogramms prägen die Managemententwicklung:

Kompetente, bedarfsorientierte Verwaltung

Im Jahr 2003 führte die Regierung eine Strukturreform in der Verwaltung durch und reduzierte die Anzahl der Departemente von sieben auf fünf. Eine schlanke und kostenbewusste Verwaltung ist das Ziel. Wie in vielen anderen öffentlich-rechtlichen Organisationen, hat auch im Kanton Luzern die Philosophie des New Public Management, welche den Bürger als Kunden in den Mittelpunkt stellt und die Eigenverantwortung der Mitarbeitenden stärkt, Einzug gehalten. Um die für die Umsetzung des New Public Management notwendigen Veränderungen herbeizuführen, hat die Regierung ein Organisationsentwicklungsprojekt mit dem Namen „Wirkungsorientierte Verwaltung" ins Leben gerufen. Gleichzeitig mit diesen Reformen fordert die Regierung einen stärkeren Fokus auf die Entwicklung der fachlichen und sozialen Kompetenzen der Mitarbeitenden.

Gesunde Staatsfinanzen

Aufgrund der schwierigen wirtschaftlichen Situation der letzten Jahre sind die Steuereinnahmen eingebrochen. Sämtliche Entscheidungen sind derzeit stark geprägt von Sparmassnahmen, auch die Managemententwicklung.

Intensive Zusammenarbeit über die Grenzen

Die Regierungen der Zentralschweizer Kantone haben sich vor drei Jahren entschieden, die Aus- und Weiterbildung zusammenzulegen und den Mitarbeitenden eine gemeinsame Führungsausbildung anzubieten.

2.3 Personalpolitik

Folgende personalpolitischen Grundsätze, welche im Personalgesetz verankert sind, beeinflussen die Managemententwicklung in der öffentlichen Verwaltung Luzern:

- Nutzung und Entwicklung des Potenzials der Mitarbeitenden, indem sie entsprechend ihren Eignungen und Fähigkeiten eingesetzt und gefördert werden.

- Besondere Sorgfalt bei der Auswahl und der beruflichen Weiterbildung der Vorgesetzten.

- Dieselben Chancen für Männer und Frauen.

- Unterstützung der Entwicklung und Umsetzung von zweckmässigen Organisationsstrukturen.

Diese Grundsätze prägen die verschiedenen Instrumente, wie beispielsweise die Potenzialbeurteilung, Assessments, Mitabeiterbeurteilungs- und Fördergespräche, Führungsausbildung, interne Stellenvermittlung etc.

3 Grundverständnis der Managemententwicklung

Grundsatz

Managemententwicklung findet auf zwei Ebenen statt, auf der individuellen Ebene, welche der Kompetenzentwicklung der einzelnen Führungskraft gewidmet ist, als auch auf der Ebene der Unternehmenskultur, welche das Führungsselbstverständnis prägt.

3.1 Axiom der Managemententwicklung

Sowohl das Regierungsprogramm als auch die personalpolitischen Grundsätze des Kantons Luzern zeigen, dass die Verwaltung einerseits auf die individuelle Kompetenzentwicklung der Führungskräfte besonders Wert legt, anderseits aber auch die Unternehmenskultur als Ganzes weiterentwickeln muss, um die zukünftigen Anforderungen zu bewältigen.

3.2 Regelkreis der Managemententwicklung

Neben der Grundhaltung, dass Managemententwicklung auf zwei Ebenen stattfindet, prägt der folgende Regelkreis die Managemententwicklung im Kanton Luzern (vgl. Abbildung 3-1).

Abbildung 3-1: *Regelkreis der Managemententwicklung*

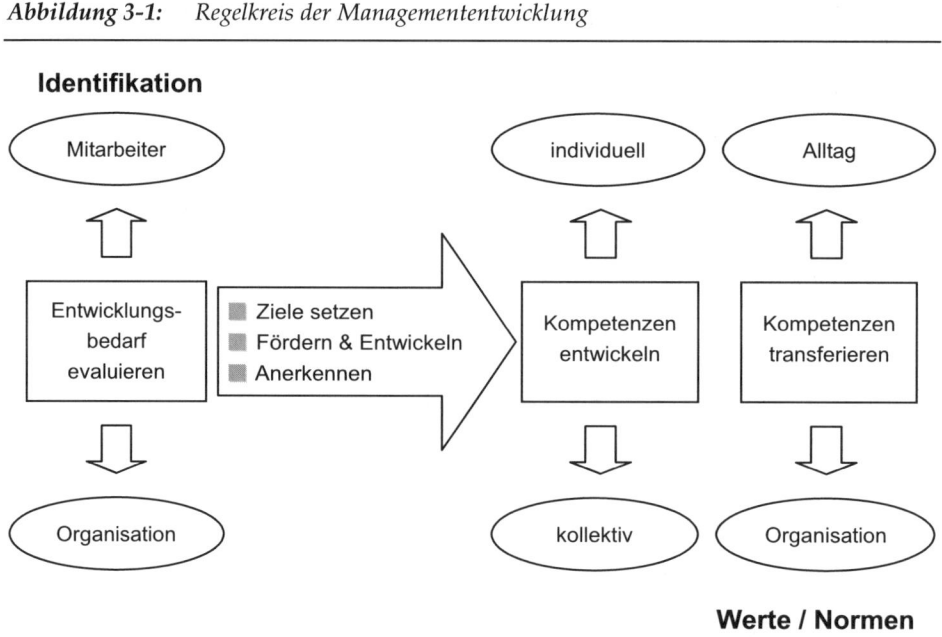

Die Abbildung zeigt, dass die Werte und Normen den Rahmen bilden für das Denken und Handeln und damit für das Selbstverständnis in der Führungsarbeit. Gerade eine öffentliche Verwaltung kann sich den Veränderungen in der Gesellschaft und im übrigen Umfeld nicht entziehen. Dies bedingt eine stetige Weiterentwicklung der Unternehmenskultur und damit der Werthaltungen in der Führungsarbeit.

Weiter zeigt die Darstellung, dass Managemententwicklung auf der individuellen Ebene und der Ebene der Organisation stattfindet. Sowohl die Interessen des Mitarbeitenden als auch die Ausbildungserfordernisse der Organisation müssen in die individuelle Entwicklungsplanung einfliessen.

Zudem lässt sich Entwicklung in die Phasen Identifikation, Initialisierung, Entwicklung im eigentlichen Sinne und Transfer in den Alltag oder in die Organisation unterteilen – also in einen Regelkreis.

Die folgenden Ausführungen umschreiben die Ausgestaltung sowohl der individuellen als auch der organisatorischen/unternehmenskulturellen Entwicklungselemente, die im Kanton Luzern zur Anwendung kommen.

4 Individuelle Managemententwicklung

Grundsätze

- *Die individuelle Managemententwicklung beginnt mit der Auswahl der geeigneten Führungskräfte.*

- *Dem Mitarbeiterbeurteilungs- und Fördergespräch kommt im Zusammenhang mit der Identifikation und Initiierung der individuellen Managemententwicklung eine zentrale Bedeutung zu.*

- *Das Primat der Managemententwicklung sollte im Bereich On-the-Job, nicht Off-the-Job liegen, wobei meistens eine Kombination der verschiedenen Dimensionen zum Erfolg führt.*

- *Die Zentralschweizer Kantone haben die Verwaltungsweiterbildung zentralisiert, um Synergien zu nutzen. Die Verwaltungsweiterbildung Zentralschweiz bietet einen Führungslehrgang an, welcher modular aufgebaut ist und mit einem Zertifikat abgeschlossen werden kann.*

4.1 Ziele individueller Managemententwicklung

Bei der individuellen Managemententwicklung geht es um die Kompetenzentwicklung der einzelnen Führungskraft. Führung kann und muss gelernt werden. Die zunehmende Komplexität der Aufgabenerfüllung, steigende Anforderungen verschiedenster Anspruchsgruppen, Verwaltungsreformen und Kooperationen sowie viele andere dynamische Rahmenbedingungen verlangen daher eine kontinuierliche Anpassungs-, Veränderungs- und Lernbereitschaft.

4.2 Wichtige Voraussetzungen

Die Bedeutung der Selektion für die Managemententwicklung wird leider auch beim Kanton Luzern stark unterschätzt. Stellen Sie sich eine Fussballmannschaft vor, die Sie als Trainer verstärken wollen. Da ist es doch von zentraler Bedeutung, dass Sie einen neuen Spieler engagieren, der ins Team passt, der die notwendige Technik mitbringt, eventuell über Leadership-Fähigkeiten verfügt, um die geplante Rolle wahrnehmen zu können, sowie zusätzlich das notwendige Entwicklungspotenzial besitzt. Der Entwicklungsaufwand im Anschluss an die Selektion hängt stark davon ab, wie gross der Unterschied zwischen den effektiven Stärken und den für die Rolle notwendigen Kompetenzen ist.

Dem Mitarbeiterbeurteilungs- und Fördergespräch kommt eine zentrale Bedeutung für die Identifikation und Initiierung der individuellen Managemententwicklung zu. Dank der systematischen Bedarfs- und Massnahmenplanung werden die Umsetzung und der Nutzen der Entwicklung beurteilbar. Obwohl im Kanton Luzern die Anwendung des Mitarbeiterbeurteilungs- und Fördergesprächs laufend geschult wird, hat das Instrument noch nicht den Stellenwert bezüglich der Entwicklungsplanung, der wünschenswert wäre.

Was macht eine gute Führungskraft aus? Diese Frage ist nicht einfach zu beantworten und die Theorie liefert verschiedene Kompetenzraster. Wichtig erscheint, dass jede Organisation die für sie relevanten Führungskompetenzen definiert und diese bei der Selektion und Entwicklung zur Anwendung bringt (beispielsweise im Rahmen von Assessments).

Wenn erfahrene Führungskräfte auf ihre eigene Entwicklung zurückblicken und sich fragen, wo sie am meisten gelernt haben, dann ist es doch da, wo sie Verantwortung übernehmen konnten, da, wo Vertrauen geschenkt wurde, sei es als Projektleiter, als Stellvertreter oder bei „Feuerwehrübungen" – also On-the-Job. Die Ausbildungspläne strotzen aber meist vor Massnahmen im Off-the-Job-Bereich, auch beim Kanton Luzern. Dies ist ein Thema, an dem der Kanton über die Strukturierung der Hilfsmittel für das Beurteilungs- und Fördergespräch arbeitet.

Einen weiteren „Standpunktwechsel" hat die Verwaltung noch nicht geschafft. Aus der Schulzeit ist man dahingehend geprägt, in allen „Fächern" gut zu sein. Entwicklung bedeutet unter dieser Prämisse, an den eigenen Schwächen arbeiten. Das Erfolgsrezept erfolgreicher Sportler, Wissenschaftler oder Manager besteht aber darin, dass sie das tun, was sie am besten können – also ihre Stärken entwickeln, darauf aufbauen und die eigenen Grenzen kennen. Unter diesem Gesichtspunkt bekommen Themen wie Selbstreflexion, Entwicklungsberatung, Job Rotation und Job Enlargement ein enormes Gewicht in der Entwicklungsarbeit.

4.3 Führungsausbildungselemente der Verwaltungsweiterbildung Zentralschweiz

Die Zentralschweizer Regierungskonferenz (ZRK) hat im Herbst 2001 beschlossen, die Weiterbildung des Verwaltungspersonals der Zentralschweiz gemeinsam zu organisieren. Unter der Führung der Zentralschweizer Finanzdirektorenkonferenz wurden eine Projektorganisation eingesetzt und die Personalleiter der beteiligten Kantone als Steuerungsorgan beauftragt. Das Ziel der Projektphase in den Jahren 2001/2002 bestand darin, eine gemeinsame „Fachstelle Verwaltungsweiterbildung Zentralschweiz" aufzubauen, welche die gemeinsame Weiterbildung realisiert – insbesondere eine gemeinsame Führungs- und Managementausbildung. Dieses Ziel wurde erreicht und die Fachstelle „Verwaltungsweiterbildung Zentralschweiz" nahm im Jahr 2003 ihren Betrieb auf. Die gemeinsame Führungsausbildung ermöglichte es, die Managemententwicklung zu professionalisieren und attraktiver zu gestalten. Zudem gewährleistet die Zusammenarbeit, dass die Führungskräfte in der Zentralschweiz systematisch vernetzt werden.

4.3.1 Grundphilosophie der Führungsausbildung

Da verschiedene Kantone und damit Verwaltungen mit unterschiedlichen Kulturen an der gemeinsamen Verwaltungsweiterbildung beteiligt sind, wird bewusst auf ein einheitliches Führungsverständnis verzichtet.

Im Vordergrund steht die Reflexion der eigenen Führungsrolle und die Unterstützung der Führungskräfte in der Bildung und Festigung eines eigenen modernen Führungsverständnisses. Natürlich bildet das aktuelle Führungswissen der Wissenschaft die Grundlage für diese praxis- und reflexionsorientierte Führungsentwicklung.

4.3.2 Elemente der Führungsausbildung

Die Führungsausbildung der Verwaltungsweiterbildung Zentralschweiz beinhaltet folgende Elemente (vgl. Abbildung 4-1):

Abbildung 4-1: *Elemente der Führungsausbildung*

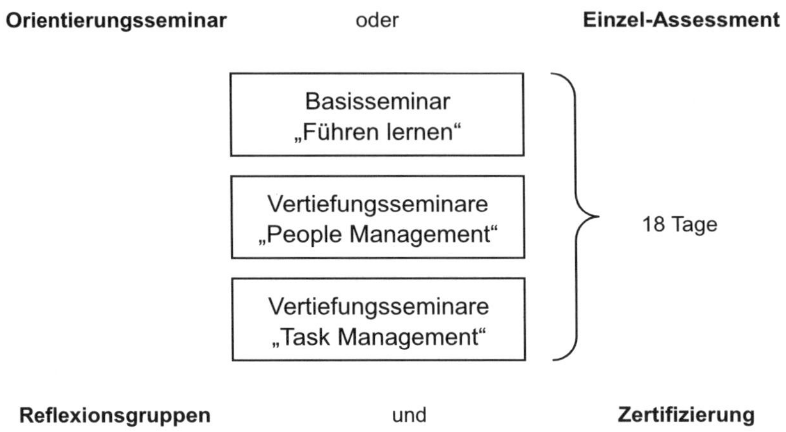

| Orientierungsseminar | oder | Einzel-Assessment |

| Reflexionsgruppen | und | Zertifizierung |

Die Führungsseminare der Verwaltungsweiterbildung Zentralschweiz können einzeln belegt oder zu einer ganzheitlichen Führungsausbildung kombiniert werden. Der modulare Aufbau erlaubt eine bedarfs- und bedürfnisgerechte Ausbildung. Dabei können eigene Schwerpunkte gesetzt und die zeitliche Abfolge selber festgelegt werden. Die vollständige Führungsausbildung besteht aus den in der Abbildung dargestellten Elementen, welche in weiten Teilen eine Auswahl erlauben. In der Folge sind die einzelnen Elemente kurz beschrieben.

Standortbestimmung (Orientierungsseminar oder Einzel-Assessment)

Die Führungskraft kann entweder ein zweitägiges Gruppen-Assessment oder ein halbtägiges Einzel-Assessment wählen. Das Ziel dieses Moduls besteht darin, basierend auf einer persönlichen Stärken-/Schwächenanalyse das Führungspotenzial zu erkennen und die eigenen Lern- und Entwicklungsfelder aufzudecken. Dies erlaubt eine massgeschneiderte Entwicklungsplanung und dadurch eine geeignete Wahl der weiteren Weiterbildungselemente.

Basisseminar „Führen lernen"

Dieses Seminar beruht auf einem langjährigen, erfolgreichen Konzept und besteht aus drei dreitägigen Seminarblocks. Es beinhaltet die Entwicklung des Führungs-Knowhows für die Führung von Einzelpersonen und Teams sowie die Reflexion der eigenen Führungsrolle und den Aufbau eines eigenen – von modernen Grundsätzen geleiteten – Führungsverständnisses.

Vertiefungsseminare

Die Vertiefungsseminare bieten Wahlthemen zu Personal- und Selbstführung einerseits sowie system- und aufgabenorientierter Führung andererseits. Mögliche Themen im People-Management-Bereich sind Coaching, Konfliktmanagement, Führen von Teams, Umgang mit Zeit und Druck, MbO etc.

Seminare wie strategische Führung, Prozess- und Qualitätsmanagement, Führungs- und Controllingsysteme zählen zur zweiten Gruppe des Vertiefungsseminars – wobei die Aufzählung nicht vollständig ist. Um die Führungsausbildung mit einem Zertifikat abschliessen zu können, sind aus beiden Kategorien insgesamt mindestens neun Seminartage zu belegen. Maximal drei Seminartage können durch ein individuelles Einzelcoaching ersetzt werden. Dies macht es möglich, im Rahmen der Führungsausbildung an konkreten Führungsfragen aus dem Alltag zu arbeiten und daran zu wachsen.

Reflexionsgruppen

Reflexionsgruppen sind Kleingruppen von Führungskräften, welche die übrigen Führungsausbildungselemente durchlaufen haben und sich sechs Mal für zwei Stunden treffen, um konkrete, interdisziplinäre Praxisfragen aus dem Führungsalltag zu diskutieren und die persönliche Lernerfahrung sowie das eigene Führungsverständnis im Austausch mit anderen Führungskräften zu reflektieren. Diese Sitzungen werden durch einen erfahrenen Coach begleitet – dadurch lernen die Teilnehmenden zusätzlich gängige Coaching-Methoden kennen.

Zertifizierung

Zum Abschluss der Ausbildung werden einer Zertifizierungskommission die persönlichen Lernerfahrungen präsentiert und eine praktische Fragestellung erörtert. Die Führungsausbildung wird mit dem Zertifikat „Führungsausbildung Verwaltungsweiterbildung Zentralschweiz" abgeschlossen.

Erwähnenswert erscheint nochmals, dass die einzelnen Elemente und Seminare auch losgelöst voneinander besucht werden können und die Ausbildung idealerweise durch On-the-Job-Massnahmen ergänzt wird.

4.3.3   Weitere Elemente

Angebot für das Top-Management

Für das Top-Management organisiert die Verwaltungsweiterbildung Zentralschweiz zusammen mit dem Institut für Organisation und Personal der Universität Bern (IOP) jährlich ein Seminar mit einem aktuellen Schwerpunktthema.

Zudem besteht für das Top-Management ab 2005 die Möglichkeit eines 360-Grad-Feedbacks. Dies ist ein persönliches Feedback in Bezug auf die Führungskompetenzen, welches heute in vielen Organisationen ein nicht mehr wegzudenkendes Instrument ist, wenn es darum geht, bedarfsgerechte und konkrete Entwicklungsmassnahmen einzuleiten.

Lehrgänge Verwaltungsweiterbildung an der HSW Luzern

Im Auftrag des Vereins Verwaltungsweiterbildung Zentralschweiz bietet das Institut für Betriebs- und Regionalökonomie der Hochschule für Wirtschaft Luzern zwei berufsbegleitende Lehrgänge im Bereich „Verwaltungsmanagement" an.

Feierabendforum

Das Feierabendforum ist eine Veranstaltungsreihe, in deren Rahmen Persönlichkeiten ein einstündiges Fachreferat halten. Diese Plattform dient neben der thematischen Weiterbildung auch der Vernetzung der Kadermitarbeiter der Zentralschweizer Kantone.

5 Unternehmenskulturentwicklung

Grundsätze

Kulturentwicklung besteht darin, die Werte und Normen der Organisation dahingehend zu beeinflussen, dass die Organisation als Ganzes lernt, mit Veränderungen umzugehen.

Wichtige Elemente der Kulturentwicklung in der Kantonalen Verwaltung Luzern sind die Vernetzung der Führungskräfte in der heterogenen Verwaltung und die Umsetzung von einheitlichen Führungskernsätzen in der dezentral geführten und organisierten Verwaltung.

5.1 Ziele der Kulturentwicklung

Die Unternehmenskultur – Ausdruck von Werten und Normen in einer Organisation – beeinflusst die Handlungen der Organisationsmitglieder und prägt damit auch das Führungsselbstverständnis und das Führungsverhalten.

Jede Organisation hat das Ziel zu überleben. Dies ist allerdings nur dann möglich, wenn sich eine Organisation schnell an veränderte Umweltbedingungen anpassen kann. Kulturveränderungen bewirken aber, dass Menschen dieser Organisation für eine Zeit ihre Wertebasis und damit ihr Orientierungssystem verlieren. Aus diesem Grund machen sich bei Veränderungen Widerstände breit und überlebensnotwendige Veränderungen werden oft blockiert. Das Ziel der Kulturentwicklung besteht darin, die Werte und Normen dahingehend zu beeinflussen, dass die Organisation als Ganzes lernt, mit notwendigen Veränderungen umzugehen.

5.2 Wichtige Voraussetzungen

Eine der wesentlichsten Voraussetzungen, um Kulturveränderungen erfolgreich zu gestalten, sind visionsorientierte Leader an der Spitze der Organisation. Führungspersönlichkeiten mit hervorragenden kommunikativen Fähigkeiten, welche die Mitarbeitenden begeistern und Strategien umsetzen können. Zudem ist eine einheitliche Vision von Nutzen, damit alle Energie für deren Realisierung gebündelt werden kann.

5.3 Elemente der Kulturentwicklung im Kanton Luzern

Die Kultur der Kantonalen Verwaltung Luzern ist geprägt durch ihre Heterogenität. Verschiedene Aufgaben und Berufsbilder sind in einer Verwaltung vereint. Als Resultat dieser Heterogenität ist die Verwaltung im Weiteren sehr dezentral organisiert und geführt. Aus diesem Grund sind die Vernetzung der Führungskräfte und die Umsetzung von einheitlichen Führungskernsätzen wichtige Elemente der Kulturentwicklung in der Kantonalen Verwaltung Luzern.

5.3.1 Vernetzung der Kadermitarbeiter

Die folgenden Anlässe sind institutionalisiert und dienen der Vernetzung der Führungskräfte.

Jährliche Kadertagung

Die Kadertagung ist ein Führungsanlass, bei dem die Regierung des Kantons Luzern ihre Führungskräfte für einen Tag versammelt. Der Anlass findet einmal pro Jahr statt und hat inzwischen Tradition. Diese Tagung ist eine einmalige Plattform für die Regierung, um strategische Projekte vorzustellen oder voranzutreiben, kulturelle Themen und damit auch Führungsaspekte anzusprechen, an aktuellen Schwerpunktthemen zu arbeiten, einen Informationsaustausch unter den verschiedenen Departementen zu fördern, die Vernetzung zwischen den Führungskräften und den Erfahrungsaustausch innerhalb der Verwaltung zu verstärken und den Schlüsselpersonen in der Verwaltung Dank und Wertschätzung für die tägliche Arbeit auszudrücken.

Mittagsakademie

Die Mittagsakademie ist wie das Feierabendforum eine Veranstaltungsreihe, zu der Referenten für ein einstündiges Referat über Mittag eingeladen werden. Während beim Abendforum Persönlichkeiten aus Wirtschaft und Politik als Referenten zum Einsatz kommen, stehen bei der Mittagsakademie aktuelle Führungsthemen im Vordergrund. Im Anschluss an das Referat wird ein Steh-Lunch serviert, damit Kadermitarbeitende mit verschiedenen Kolleginnen und Kollegen ins Gespräch kommen können.

Arbeitsgruppen

Es bestehen für verschiedene Aufgaben und Projekte interdisziplinäre Arbeitsgruppen und Kommissionen, was die Vernetzung ebenfalls fördert.

5.3.2 Führungskernsätze

Unter dem Motto: „Klare Führung brauchte der Kanton" entwickelte die Regierung zusammen mit den Führungskräften vor zwei Jahren die folgenden Führungskernsätze:

- Wir übernehmen Führungsverantwortung und verlangen Eigenverantwortung.
- Wir setzen Strategien und Entscheide konsequent um.
- Wir kommunizieren zielorientiert und offen.

Die Verankerung der Kernsätze in der Verwaltung erfolgt über verschiedenste Kanäle. So bildet jeweils ein Kernsatz pro Jahr ein Schwerpunktthema und wird an der oben beschriebenen Kadertagung thematisiert. An einem Umsetzungsworkshop mit Vertretern des oberen Managements und der Regierung wurde im Frühjahr 2005 der Handlungsbedarf in Bezug auf die Kernsätze definiert, und die Massnahmen wurden im Rahmen weiterer Workshops mit dem mittleren Management in der Organisation verankert. Zudem fliessen die Kernsätze in die verschiedenen Führungsinstrumente ein, wie beispielsweise das Mitarbeiter- und Fördergespräch oder das Assessment-Center. Die Kernsätze sollen den Führungskräften als Orientierungshilfe für die tägliche Führungsarbeit dienen.

5.3.3 Weitere Elemente

Mitarbeiter- & Kundenumfrage

Wichtige weitere Instrumente, um die Organisation und Unternehmenskultur auf die Bedürfnisse der wichtigsten Stakeholder auszurichten, sind die Mitarbeitenden- und

Kundenumfrage. Beide Instrumente wurden in der Verwaltung des Kantons Luzern in den letzten Jahren eingesetzt – allerdings noch nicht in regelmässigen Abständen.

Strategieprozess & -reporting

Natürlich können auch Kennzahlen aus dem Reporting Kulturveränderungen notwendig machen und entsprechende Veränderungsprozesse in Teilbereichen oder in der ganzen Verwaltung auslösen.

6 Fazit

Die Managemententwicklung ist in der Kantonalen Verwaltung Luzern auf das politische Umfeld, die Kultur und Strategie der Organisation abgestimmt.

Managemententwicklung findet dabei auf zwei Ebenen statt – sowohl auf der individuellen Ebene, welche der Kompetenzentwicklung der einzelnen Führungskraft gewidmet ist, als auch auf der Ebene der Organisation/Kultur, welche das Führungsselbstverständnis prägt.

Die individuelle Managemententwicklung beginnt mit der Auswahl der geeigneten Führungskräfte. Im Rahmen der Entwicklungsplanung für die einzelnen Führungskräfte kommt dem Mitarbeiterbeurteilungs- und Fördergespräch zentrale Bedeutung zu. Dabei sollte das Schwergewicht der Massnahmen im Bereich On-the-job und nicht Off-the-job liegen, wobei meistens eine Kombination der beiden Dimensionen zum Entwicklungserfolg führt.

Die Zentralschweizer Kantone haben die Verwaltungsweiterbildung zentralisiert, um Synergien zu nutzen. Die Verwaltungsweiterbildung Zentralschweiz bietet einen Führungslehrgang an, welcher modular aufgebaut ist und mit einem Zertifikat abgeschlossen werden kann.

Die Unternehmenskultur – als Ausdruck von Werten und Normen in einer Organisation – beeinflusst die Handlungen der Organisationsmitglieder und prägt damit auch das Führungsverhalten. Wichtige Elemente der Kulturentwicklung in der Kantonalen Verwaltung Luzern sind die Vernetzung der Führungskräfte in der heterogenen Verwaltung und die Umsetzung von einheitlichen Führungskernsätzen in der dezentral geführten und organisierten Verwaltung.

Adrian Ritz und Martin Weissleder

Management Development in der öffentlichen Verwaltung

Wandel der Anforderungen in der Führungspraxis

1   Einleitung

Führungskräfte in öffentlichen Institutionen sehen sich vermehrt der anspruchsvollen Situation ausgesetzt, in hochkomplexen Situationen und unter grosser Unsicherheit immer schneller Entscheide fällen zu müssen. Die dazu notwendigen Kenntnisse System übergreifender Zusammenhänge und die Fähigkeit, Menschen auf ein gemeinsames Ziel hin zu bewegen, können bis zu einem gewissen Grad on the job erlernt werden. Der Organisationsforscher Chris Argyris hat jedoch aufgezeigt, dass Führungskräfte mit jeder höheren Hierarchiestufe, die sie erklimmen, weniger lernfähig werden (vgl. Argyris 1991). Einerseits werden sie von ihrem Umfeld viel stärker bestätigt als offen hinterfragt, andererseits erlaubt die tägliche, anforderungsreiche Führungsaufgabe kaum eine Reflektion der eigenen Problemlösungsstrategien.

Auf der Suche nach alternativen Lernmöglichkeiten neben dem beruflichen Alltag bietet sich den Kaderpersonen heute eine unübersichtliche Vielzahl von Entwicklungsangeboten. Die berufsspezifischen Entscheidungskriterien bei der Wahl einer Führungsweiterbildung führen bei Staatsangestellten gleich zu Beginn der Suche zur ernüchternden Feststellung, dass für sie der Weiterbildungsmarkt im Vergleich zu privatwirtschaftlich ausgerichteten Angeboten deutlich weniger attraktive Angebote bereithält. Zudem werden Zusatzqualifikationen zu wenig in der Laufbahnplanung öffentlicher Bediensteter berücksichtigt und die Mittel für die Personalentwicklung sind deutlich geringer als in der Privatwirtschaft.

Der vorliegende Artikel erläutert vor diesem Hintergrund die Grundlagen des Management Developments (MD) für öffentliche Institutionen, präsentiert originäre Studienergebnisse aus einer Umfrage bei 1'400 Verwaltungskadern und stellt diese dem Führungsentwicklungskonzept der Eidgenössischen Zollverwaltung in der Schweizerischen Bundesverwaltung gegenüber.

2   Management Development im öffentlichen Sektor

Unabhängig davon, wie die Flexibilität öffentlicher Institutionen von Bürgern oder Kunden beurteilt wird, erfordert die gesellschaftliche Funktion einer staatlichen Organisation ein überaus hohes Mass an Flexibilität und Veränderungsfähigkeit. So sehen sich Verwaltungen, Schulen etc. laufend den Ansprüchen aus Politik, Wirtschaft und Gesellschaft ausgesetzt. Zusammengefasst lassen sich in jüngster Zeit drei Entwicklungstendenzen beobachten, die nicht ohne Einfluss auf die Führungskräfteweiterbildung bleiben werden (vgl. Coombes 1998: 20 ff.; Becker 2002: 31 ff.):

1. *Legitimitationserhaltung*: Vom Wohlfahrtsstaat zum Steuerungsstaat

Die Möglichkeiten des heutigen Verwaltungsstaats reichen nicht mehr aus, um die künftigen Probleme der sich ausdehnenden und immer dynamischer agierenden Marktwirtschaft lösen zu können. Dieses Steuerungsdefizit untergräbt mittelfristig die legale und rationale Autorität staatlicher Institutionen. In Zukunft wird weniger die Organisation von Wohlfahrt als die Steuerung der gesellschaftlichen Subsysteme im Vordergrund der Staatstätigkeit stehen, d. h. die Organisation von Experten-Know-how gewinnt an Bedeutung.

2. *Komplexitätsbewältigung*: Kooperation und Wissenserneuerung

Die grenzüberschreitenden Globalisierungsentwicklungen von Technologie, Wirtschaft und Gesellschaft fördern komplexe Abhängigkeiten zwischen Staaten sowie ihren Verwaltungs- und Rechtssystemen. Dadurch nehmen die Kooperationserfordernisse und gleichzeitig die dazu notwendige Wissenserneuerung zu.

3. *Effizienzerfordernis*: Gezieltes Leistungs- und Prozessmanagement

Das Aufgabenwachstum, die damit zusammenhängende Überbeanspruchung sowie der z. T. fragliche Einsatz des staatlichen Leistungsapparats erhöhen den Druck auf die Effizienz öffentlicher Leistungserbringung. Nur durch gezieltes Leistungs- sowie Prozessmanagement kann die staatliche Aufgabenerfüllung Transparenz und Effizienz erreichen. Dadurch werden grundlegende Kenntnisse der Unternehmensführung sowie Betriebswirtschaftslehre für Führungsverantwortliche im öffentlichen Sektor an Wichtigkeit gewinnen.

Welche Folgen dies für die Ausgestaltung des MD in öffentlichen Verwaltungen hat, wird im Folgenden vertieft.

2.1 Fähigkeiten und Kompetenzen im Wandel

Führungsfähigkeiten und Kompetenzerfordernisse differieren im öffentlichen Sektor nicht grundsätzlich von jenen in der Privatwirtschaft, wie auch aus dem im vierten Abschnitt erläuterten Praxisbeispiel ersichtlich wird. Ein wesentliches Merkmal der kontinentaleuropäischen Verwaltung ist aber, dass mehrheitlich „[...] Juristen als Generalisten in der öffentlichen Verwaltung eingesetzt sind und tatsächlich einen erheblichen Anteil der Führungspositionen besetzen [...]" (Siedentopf 1998: 464). Dies ist jedoch weniger ein Ergebnis einer systematischen Personalauswahl, sondern eher eine Folge traditioneller Rekrutierungsmuster, bei denen primär die akademischen Fähigkeiten bzw. die Fachkompetenz als Auswahlkriterien dienen. Gleichzeitig herrscht in vielen staatlichen (und auch privatwirtschaftlichen) Bürokratien ein Führungsverständnis, das die Durchsetzung formaler Macht und Autorität als Führungsaufgabe und nicht die Motivierung der Mitarbeitenden auf ein gemeinsames Ziel hin versteht.

Das Webersche Bürokratiemodell bevorzugt die sachliche Unpersönlichkeit, also eine entpersonalisierte Führung für Verwaltungsorganisationen (vgl. Weber 1976: 578). Die gegenwärtigen Reformen des öffentlichen Sektors in Europa tendieren jedoch in eine andere Richtung. Personalisierte Führung und zielorientierte Mitarbeitermotivierung gewinnen an Bedeutung. Diese Entwicklung wird durch den andauernden Wertewandel i. S. verstärkter Emanzipation des Einzelnen von Autoritäten, zunehmender Autonomiebedarf und Ungebundenheit unterstützt (vgl. Klages 1985).

2.1.1 Kompetenzfelder im öffentlichen Dienst

Die *Fachkompetenz* stellt zwar immer noch einen wichtigen Aspekt bei der Führungskräfteauswahl im öffentlichen Dienst dar, doch in leitenden Funktionen haben andere Kompetenzbereiche, nämlich die Sozial-, Persönlichkeits- und Führungskompetenzen an Bedeutung gewonnen. Sie leisten einen wichtigen Beitrag zur Erzielung von Führungserfolg. Denn Führung stellt zu einem grossen Teil eine soziale Einflussnahme dar, welche stark von der Rollenwahrnehmung des Führenden und der Geführten abhängig ist (vgl. Rosenstiel 2007: 338 ff.).

Die *Führungskompetenz* kennzeichnet die Visions- und Innovationsgenerierung, die Strategiefindung bzw. -umsetzung, die Motivations- und Orientierungsfähigkeit, den Umgang mit Widerstand und die Ressourcenverantwortung. Kaderpersonen im öffentlichen Sektor müssen insbesondere im strategischen Bereich eine erhöhte Sensibilität für politische Prozesse, Entscheidungsmechanismen sowie Verhandlungtaktiken mitbringen. Während im Unternehmen die zielorientierte und rasche Umsetzung einer Marktstrategie zu Erfolg führen kann, sehen sich die im Spannungsfeld von politischer und betrieblicher Führung stehenden Verwaltungskader mit der Herausforderung konfrontiert, zum richtigen und nicht etwa raschesten Zeitpunkt ein politisches Programm zu lancieren. Sie beherrschen die Kunst des fachlich wie auch politisch Möglichen.

Im Rahmen der *Sozialkompetenzen* zählen die Interaktions- und Konfliktfähigkeit, das Ausdrucks- und Einfühlungsvermögen sowie die Teamfähigkeit zu den zentralen Eigenschaften einer Führungsperson. Neue Formen des Kontraktmanagements und damit zusammenhängend der Führung mit Zielvereinbarungen setzen v. a. höhere Ansprüche an die Interaktions- bzw. Konfliktfähigkeit. Hier zeichnet sich in jüngster Zeit ein Wandel von der Weisungs- zu einer vermehrten Vereinbarungskultur ab, der für öffentliche Dienststellen nicht immer einfach ist. Die erhöhte Bürgernähe erfordert gezielte Ausdrucksformen der Verantwortungsträger in Ämtern, deren Verbreitung auf allen Verwaltungsabteilungen durch die Führungsverantwortlichen initiiert wird. Ebenfalls fördern neue organisatorische Arbeitsformen die Prozess- und Selbstorganisation, was eine erhöhte Teamfähigkeit innerhalb der Verwaltung notwendig macht.

Die *Persönlichkeitskompetenz* umfasst z. B. eine starke Identifikationsfähigkeit der Führungsperson mit ihrer Arbeit und Institution, verinnerlichte ethische Normen und

Verhaltensstandards, Eigenantrieb, Veränderungsbereitschaft und Professionalität. Staatliche Führungskräfte zeichnen sich hier insbesondere durch gleichzeitige Autonomie und hierarchische bzw. weisungsgebundene Einordnungsfähigkeit aus, um ihrer Verpflichtung des „speaking truth to the power" nachkommen zu können. Genügend Selbstsicherheit erlaubt eine angemessene Abgrenzung zu Macht und politischen Personalentscheiden. Die individuelle Wertorientierung orientiert sich an gesellschaftsrelevanten Inhalten und fördert die intrinsische Motivation zur Übernahme öffentlicher Verantwortung.

2.1.2 Beeinflussbarkeit der Kompetenzfelder

Den vier zuvor erläuterten Kompetenzfeldern kommt eine unterschiedlich hohe Bedeutung für die Führungskräfteentwicklung zu, indem bspw. die Beeinflussbarkeit der Persönlichkeitskompetenz eines erwachsenen Menschen eher gering ist und von daher ein früher Massnahmenbeginn notwendig ist (vgl. Wenk 1993: 119; Thom/Ritz 2007: 363 ff.). Demgegenüber können Entwicklungsmassnahmen betreffend der Fachkompetenz später einsetzen, da hier die Einflussnahme leichter fällt. Dies widerspricht oft gängigen Vorstellungen. Weiterbildungen im Bereich der Sozial- und Persönlichkeitskompetenzen dominieren den Executive-Bereich, obwohl gerade hier strategierelevantes, fachliches Know-how mindestens ebenso gefragt ist. Gleichzeitig gilt zu beachten, dass Sozial- und Persönlichkeitskompetenzen im Vergleich zu den anderen Kompetenzbereichen einen höheren Einfluss auf die Potenzialentwicklung haben.

Es kann festgehalten werden, dass Persönlichkeits- und Sozialkompetenzen, aber auch die Führungskompetenz massgeblich über Erfolg oder Misserfolg von Führungskräften entscheiden. Sie erhalten künftig einerseits eine grössere Bedeutung für das MD in öffentlichen Institutionen, andererseits ist ihre Beeinflussbarkeit aber geringer und die Entwicklungsmassnahmen sollten besser früh als spät einsetzen. Gleichzeitig muss insbesondere im öffentlichen Dienst mit seiner vergleichsweise hohen Regelungsdichte und Vernetzung verschiedener Fachgebiete die Bedeutung der Fachkompetenz i. S. der Verbindung mehrer Fachgebiete sowie jeweiliger Interessenmeinungen hervorgehoben werden. Dies ruft aber nach einem späteren Massnahmenbeginn innerhalb des MD und richtet sich folglich an die oberen Kader.

2.2 Management Development als integriertes System

Soll MD systematisch und in Institutionen des öffentlichen Sektors auch institutionalisiert betrieben werden, dann stellt sich im Weiteren die Frage, ob und wie Führungskompetenzen überhaupt erlernt werden können. Führungserfolg hängt u. a. von Personenmerkmalen ab, ergibt sich jedoch nicht nur aus Intuition und Eigenschaften der

Führenden, sondern steht in massgeblichem Zusammenhang mit den Situations-merkmalen der Führungsaufgabe (z. B. Kommunal- oder Bundesverwaltung). Dieses Wechselspiel zwischen Eigenschaften, Fähigkeiten, Verhaltensweisen und Führungssi-tuation steht im Zentrum des MD. Das Erlernen bzw. die Veränderung von Fähigkei-ten und Verhalten im Hinblick auf künftige Führungssituationen stellt eine zentrale Aufgabe der Verwaltungsführung insgesamt dar – besonders wenn man bedenkt, dass sowohl im öffentlichen Sektor als auch in der Privatwirtschaft Führungspositionen mehrheitlich aus den eigenen Reihen und nicht über den externen Arbeitsmarkt be-setzt werden (vgl. Becker 2002: 245). Dieser Qualifikationsfunktion kommt beim Auf-bau eines integrierten MD-Systems eine besondere Bedeutung zu.

2.2.1 Qualifikationsfunktion eines MD-Systems

Die notwendige Abstimmung der strategischen Führung mit der Führungskräfteent-wicklung verlangt nach dem Aufbau eines integrierten MD-Systems, das die Höher-qualifikation des Individuums und der Organisation anstrebt. Dafür müssen der indi-viduelle Lernprozess und das kollektive organisationale Lernen aufeinander abge-stimmt werden. Die Positionierung der Führungskräfteentwicklung kann anhand zweier Dimensionen anschaulich aufgezeigt werden: Einerseits hat das MD keine oder eine zentrale Bedeutung für die Unternehmensentwicklung, andererseits sind die Entwicklungsaktivitäten mehrheitlich fremd- oder selbstgesteuert (vgl. Sattelberger 1995). Diese Kriterien können zur differenzierten Analyse von MD-Programmen heran gezogen werden. Daraus resultieren folgende exemplarische Varianten der Gestaltung von MD-Programmen:

1. Programme, die primär auf die Entwicklung von Personal i. S. einer Sozialisation (Fremdsteuerung) und keine resp. nur eine periphere Bedeutung für die Unter-nehmensentwicklung besitzen (z. B. allgemeine Off-the-Job-Seminare).

2. Programme, die einen persönlichkeitsbezogenen Fokus (Selbststeuerung) und eine geringe Bedeutung für die Unternehmensentwicklung aufweisen (z. B. lebenspha-senorientierte Personalentwicklung).

3. Programme, die primär fremdgesteuert sind und gleichzeitig eine hohe Unter-nehmensentwicklungsrelevanz aufweisen, kennzeichnen anforderungsorientierte Entwicklungsmassnahmen „near the job" (vgl. Thom/Ritz 2007: 359 ff.), die sich strategischen Fragestellungen der betroffenen Organisation widmen.

4. Programme, die sowohl die Persönlichkeitsentwicklung als auch die Unterneh-mensentwicklung integrieren und dadurch selbstgesteuerte Veränderungsschritte von Laufbahn und Persönlichkeit mit Transformationsprozessen der Organisation verbinden.

Fremdgesteuertes Aufgabenlernen zielt kurzfristig auf einen Zuwachs aufgaben- und leistungsbezogener Kenntnisse, Fähigkeiten und Fertigkeiten hin. Längerfristig wird bei den am Entwicklungsprogramm Teilnehmenden eine erhöhte individuelle Anpassungs- und Veränderungsfähigkeit bewirkt. Demgegenüber thematisiert eine selbstgesteuerte Lerneinheit kurzfristig v. a. Aspekte der persönlichen Situation in Beruf und Privatleben (bspw. im Rahmen eines Entwicklungs-Assessments oder der Laufbahnberatung). Solches Persönlichkeitslernen trägt längerfristig am stärksten zur individuellen Identitätsbildung aufgrund bewusster Selbstreflektion bei (z. B. durch Coaching).

Ein integriertes MD-System versucht diese Lernarten miteinander zu verbinden, indem Fremdsteuerung mit Persönlichkeitslernen, z. B. durch ein Laufbahncoaching, ergänzt wird. Ebenso berücksichtigt es Distanz und Nähe zum Arbeitsplatz, damit der notwendige Freiraum zur Selbstreflektion und die erforderliche Realitätsnähe gegeben sind.

2.2.2   Motivationsfunktion eines MD-Systems

Neben der Qualifikationsfunktion spielt die Motivationsfunktion eine entscheidende Rolle bei der Gestaltung des MD (vgl. Frey/Osterloh 2002). Wird MD ohne konkrete Belohnungs- bzw. Förderkomponenten betrieben, dann werden falsche Hoffnungen geweckt und eine ungünstige Ausgangslage für die Entwicklungsmassnahmen geschaffen.

Kaderentwicklung gehört zu einer der wichtigsten extrinsischen Anreizformen nebst der Entlohnung (vgl. Herzberg 1966). Als Motivationskomponenten eines systematisch konzipierten MD-Systems für die längerfristige Bindung der besten Kaderpersonen an die staatliche Institution lassen sich z. B. die Mitgliedschaft in einer Gruppe von ähnlich begabten und förderungswürdigen „High Potentials" (immaterielle soziale Anreize) oder die Aussicht auf Übernahme von neuen, herausfordernden und verantwortungsvollen Tätigkeiten (immaterielle institutionelle Anreize) bezeichnen (vgl. Thom/ Ritz 2004: 306).

Das mit der Motivationsfunktion verbundene Ziel verstärkter Verantwortungsübernahme durch die zu Fördernden wird u. a. dann erreicht, wenn die Verknüpfung des selbstgesteuerten Lernens mit dem organisationalen Lernen gelingt. Für entwicklungsbereite Nachwuchskräfte stellt die Möglichkeit, sich weiterzubilden, einen ständigen Motivationsfaktor dar. Diese Personen lösen zum einen Innovationsprozesse in der Organisation aus, was sie gerade als Führungskraft kennzeichnet, zum anderen nehmen sie die ihnen obliegende Förderungsverantwortung freiwillig wahr (vgl. Thom 1990). Dadurch gelingt es ihnen, mit im Organisationsinteresse stehenden Werten und Verhaltenweisen gegenüber anderen Mitarbeitenden eine Vorbildfunktion auszuüben. Diesem Umstand kommt eine hohe Bedeutung zu, indem solche an der Führungs- und Förderungsaufgabe intrinsisch motivierten Personen an die öffentliche Organisation gebunden werden, individuelle und kollektive Lernprozesse auslösen, das organisationale Lernen in der Verwaltung fördern und letztlich zur nachhaltigen

Organisationsentwicklung beitragen. Entsprechend sollten diese Personen in den Aufbau des MD-Systems integriert werden.

2.2.3 Aufbau eines integrierten MD-Systems

Abbildung 2-1 veranschaulicht ein MD-System, das je nach situationsspezifischer Ausprägung in Verwaltungen eingesetzt werden kann. Die Konzeption besteht aus den beiden Systemelementen des Laufbahn- und Nachfolgemodells sowie der Weiterbildungs- und Entwicklungsangebote. Im Folgenden wird primär auf Ersteres eingegangen, da die Weiterbildungs- und Entwicklungsangebote anhand der Umfrageergebnisse in Abschnitt 3 vertieft werden.

2.2.3.1 Laufbahn- und Nachfolgemodell

Im Rahmen des Laufbahn- und Nachfolgemodells orientieren sich die Mitarbeitenden nach drei Entwicklungspfaden, nämlich der Fach-, Projekt- und Führungslaufbahn (vgl. Friedli 2002: 28 ff.). Erstere sind gekennzeichnet durch eine zunehmende Fachqualifikation mit jeder höheren Qualifikationsstufe sowie einer Differenzierung nach Leistungsbeurteilung innerhalb der Qualifikationsstufen. Unabhängig von der Anzahl Qualifikationsstufen, die je nach Organisation variieren kann, besteht das Endziel desjenigen Mitarbeitenden, der diesen Weg wählt, im Erreichen einer Expertenqualifikation. Diese sollte bezüglich Honorierung den anderen Laufbahnarten nicht hinten angestellt sein und führt zu besonderen Qualifikations- sowie Führungsaufgaben im fachlichen Bereich i. S. eines Expertencoaches. Solche Laufbahnpfade, bspw. verbunden mit dem Aufbau eines internen Kompetenzzentrums, sind gerade im öffentlichen Dienst ein sinnvolles Motivationsinstrument, da die fachliche Expertentätigkeit auch in Zukunft eine hohe Bedeutung erlangt. Gleichzeitig ermöglichen sie als Teil eines integrierten MD-Systems jedoch die notwendige Auflösung des vielerorts verbreiteten „Juristenmonopols" in öffentlichen Führungspositionen und schaffen eine zweckmässige Differenzierung der Führungsaufgaben nach entsprechenden Qualifikationen.

Abbildung 2-1: *Integriertes Management Development-System*

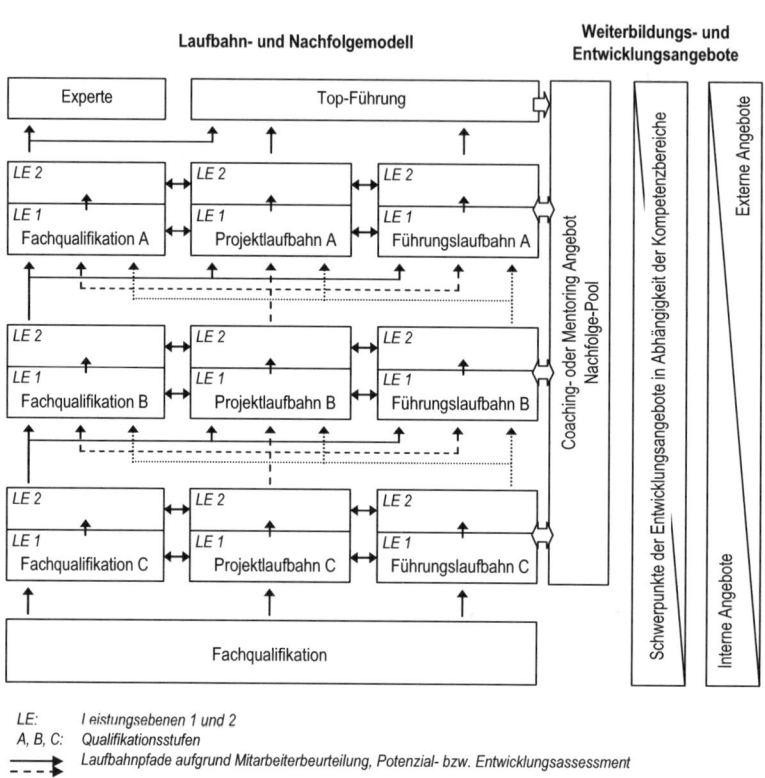

LE: Leistungsebenen 1 und 2
A, B, C: Qualifikationsstufen
Laufbahnpfade aufgrund Mitarbeiterbeurteilung, Potenzial- bzw. Entwicklungsassessment

Neben der Fachlaufbahn besteht die Qualifizierung via Projekt- oder Führungslaufbahn. Projektlaufbahnen zeichnen sich durch die Übernahme von zeitlich begrenzten Führungsaufgaben mit einer ausserordentlich hohen Intensität aus und erfordern spezifische Fähigkeiten (z. B. abteilungsübergreifende Koordination und Motivation, Entscheidungsfindung und Aufgabenrealisierung in hoch vernetztem und Ziel divergentem Umfeld). Im Gegensatz dazu verlangt die Führungslaufbahn eine stetige Zielbildungs-, Motivations-, Controlling- und Förderungstätigkeit innerhalb eines homogeneren Umfelds über eine längere Zeit.

Mehrere Stufen im Rahmen der Qualifikations- und Leistungsebenen führen pro Entwicklungspfad zu einer Höherqualifikation. Diese beiden Dimensionen bilden neben dem Erfahrungsanteil die Grundlagen für die Zuweisung zu Gehaltsklassen und für die Bandbreiten der Gehaltsstufen.

2.2.3.2   Laufbahnpfade

Die erstmalige Einstufung von neuen Mitarbeitenden wird sowohl vom Können der Kandidierenden als auch vom den Stellenanforderungen her bestimmt. Ein optimaler „Fit" des Tätigkeits- und des Kandidatenprofils resultiert aus der regelmässigen Überarbeitung der Stellenbeschreibungen sowie der Ergebnisse aus systematisierten Personalauswahlverfahren. Ein Anteil der Mitarbeitenden verfolgt im Normalfall keine bestimmten Entwicklungspfade und ist innerhalb der Stufe Fachqualifikation positioniert. Der interne Aufstieg geht von der Fachqualifikation in die drei Entwicklungspfade über und beginnt bei der Qualifikationsstufe C. Externe Einsteiger beginnen auf dem Level ihrer Tätigkeits- und Kandidatenprofile. Ausgangslage jeder Führungs- oder Projektlaufbahn bildet im Normalfall die Fachqualifikation, da die stellen- und kandidatenbezogenen Anforderungen von den Personen in Projekt- oder Führungslaufbahnen erfüllt werden müssen.

Ein Wechsel zwischen den Entwicklungspfaden derselben Qualifikationsstufe ist grundsätzlich immer möglich, mit Ausnahme des Einstiegs in die Expertentätigkeit aus höchster Führungs- oder Projektfunktion. Innerhalb der Entwicklungspfade sind jeweils zwei Leistungsebenen erreichbar (z. B. Fachqualifikation 1, Projektlaufbahn 1, Führungslaufbahn 2 usw.), die aufgrund der Mitarbeiterbeurteilungen oder der Potenzialanalyse festgelegt werden. Leistungsebene 1 ermöglicht innerhalb jedes Entwicklungspfads den Aufstieg in die Leistungsebene 2, wenn deren spezifische Anforderungen erfüllt werden, oder den Wechsel in die äquivalente Leistungsebene 1 der beiden anderen Entwicklungspfade (z. B. Wechsel von Projektlaufbahn/Leistungsebene 1 in Fachqualifikation/Leistungsebene 1). Alle Wechsel sind jedoch mit der entsprechend notwendigen Bewertung aus der Mitarbeiter- bzw. Potenzialanalyse verbunden.

Personen der Leistungsebene 2 haben nun die Möglichkeit, in die nächst höhere Qualifikationsstufe aufzusteigen. Beispielsweise kann jemand der Führungslaufbahn (Leistungsebene 2/Qualifikationsstufe B) in die Qualifikationsstufe A wechseln und dort in allen drei Entwicklungspfaden die Leistungsebene 1 einnehmen, wenn die Anforderungen erfüllt werden. Aufstiege in den Qualifikationsstufen sind möglich, wenn die Ergebnisse der Mitarbeiterbeurteilungen und eines Entwicklungsassessments das Entwicklungspotenzial bestätigen. Alleinige Aufstiege aufgrund des Anciennitätsprinzips sind nicht möglich.

2.2.3.3   Nachfolgepool

Neben den oben erläuterten Pfaden und Entwicklungsstufen gehört der Aufbau eines so genannten Nachfolgepools zu einem integrierten MD-System. Eine bestimmte (und mit ansteigender Qualifikationsstufe abnehmende) Anzahl der jeweils bestqualifizierten Personen je Qualifikationsstufe hat die Möglichkeit, für eine begrenzte Zeitdauer in den Nachfolgepool einzutreten. Der Nachfolgepool ermöglicht einerseits die besten Chancen auf eine höhere bzw. anspruchsvollere Position, andererseits bildet sich dadurch ein Netzwerk potenzieller zukünftiger Führungskräfte, das diesen Personen für ihre Weiterentwicklung einen entsprechenden Mehrwert an Beziehungen mit anderen „High Potentials" bringt. Durch das Tannenbaum-Prinzip erstreckt sich das Netzwerk auch auf die nächst höhere Qualifikationsstufe, indem diese Personen eigene Pool-Veranstaltungen besuchen. Die zeitliche Begrenzung ist notwendig, weil dadurch ein gewisser Druck auf die Organisation entsteht, Personen im Nachfolgepool nicht vergeblich „auflaufen" zu lassen, sondern gezielt zu fördern. Ebenfalls macht sie den Pool-Mitgliedern bewusst, dass ein Austritt aus dem Pool ein Überdenken der eigenen beruflichen Situation erfordert. Pool-Mitglieder haben die Möglichkeit, ein Laufbahn-Coaching oder ein Mentoring durch Pool-Mitglieder der nächst höheren Qualifikationsstufe in Anspruch zu nehmen.

Neben den erläuterten Elementen des Laufbahn- und Nachfolgemodells reiht sich das Entwicklungs- und Weiterbildungsangebot nahtlos in diese Konzeption ein. Je höher die Qualifikationsstufe, desto mehr externe Entwicklungsangebote gelangen zum Einsatz, da sehr oft die internen Kapazitäten nicht mehr ausreichen, um auf den höheren Ebenen die Erwartungen zufrieden zu stellen. Trotzdem ist der Verknüpfung von externen Angeboten und strategierelevanten Inhalten höchste Aufmerksamkeit zu widmen. In den folgenden zwei Kapiteln soll diesbezüglich auf die Ergebnisse einer Kaderbefragung der Autoren sowie ein Praxisbeispiel eingegangen werden, die den Bedarf an Entwicklungs- und Weiterbildungsinhalten von Kadern öffentlicher Verwaltungen aufzeigen.

3 Entwicklungs- und Weiterbildungsbedarf von Verwaltungskadern

Die in diesem Abschnitt präsentierten Studienergebnisse stammen aus einer originären Untersuchung, die im Rahmen eines MD-Programms des Eidgenössischen Personalamts der Schweizerischen Bundesverwaltung durchgeführt wurde.[1]

3.1 Merkmale der Kaderbefragung

Im Zentrum der Untersuchung stand die Erhebung der Anforderungen an eine Führungsausbildung für Verwaltungskader. Diese wurden mittels eines standardisierten Fragebogens ermittelt. Der Fragebogen umfasste zwei Teile: Zum einen wurde die persönliche Einschätzung der Nachwuchskräfte als potenzielle Absolventen einer Ausbildung ermittelt. Zum anderen wurden Vorgesetzte nach der Einschätzung aus Sicht ihrer Institution für eine Führungsausbildung gefragt. Insgesamt wurden 1'439

Führungs- und Nachwuchskräfte angeschrieben.[2] Von den eingegangenen Fragebogen konnten 834 ausgewertet werden, was zu einer Rücklaufquote von 58 Prozent führte.

3.2 Untersuchungsergebnisse

Im Folgenden wird auf die Untersuchungsergebnisse eingegangen, die im Fazit des Artikels vor dem Hintergrund des zuvor entwickelten MD-Systems reflektiert werden.

3.2.1 Weiterbildungsbedarf und Motivation

Rund 47 Prozent der Befragten (388 von 834 Personen) haben ein Interesse, in den nächsten Jahren eine Führungsausbildung zu absolvieren (vgl. Tabelle 3-1). Weitere 36 Prozent bekunden ein eventuelles und 17 Prozent kein Interesse. Bei den Bundesange-stellten ist die Bereitschaft am höchsten, bei den Angestellten der Stadtverwaltung am geringsten. Dies widerspiegelt auch die oft in den entsprechenden Institutionen exis-tierenden Laufbahnmöglichkeiten, welche in einer Bundesverwaltung vielfältiger sind als auf der Kommunalebene. Die Bereitschaft, sich entsprechend weiterzubilden, nimmt zudem ab einem Alter von ca. 45 Jahren deutlich ab. Das Ausbildungsniveau der Befragten hat hingegen keinen Einfluss auf die Bereitschaft, eine Führungsausbil-dung zu absolvieren.

Tabelle 3-1:   *Interesse an einer Führungsweiterbildung*

	Bund	Kanton	Gemeinde	Total
ja	58,1%	40%	31,8%	47,1%
eventuell	34,6%	40%	33,5%	35,8%
nein	8,3%	20%	37,7%	17,1%
N	384	310	120	814

Die Vorgesetzten haben aus Sicht der Institution ein noch grösseres Interesse, ihren Mitarbeitenden eine Führungsausbildung zu ermöglichen. 60 Prozent aller Befragten haben ein grundsätzliches Interesse, Mitarbeitende mit Führungspotenzial entspre-chend zu fördern. Weitere 27 Prozent sind hierzu eventuell bereit.

Abbildung 3-1: *Motivation für eine Führungsweiterbildung*

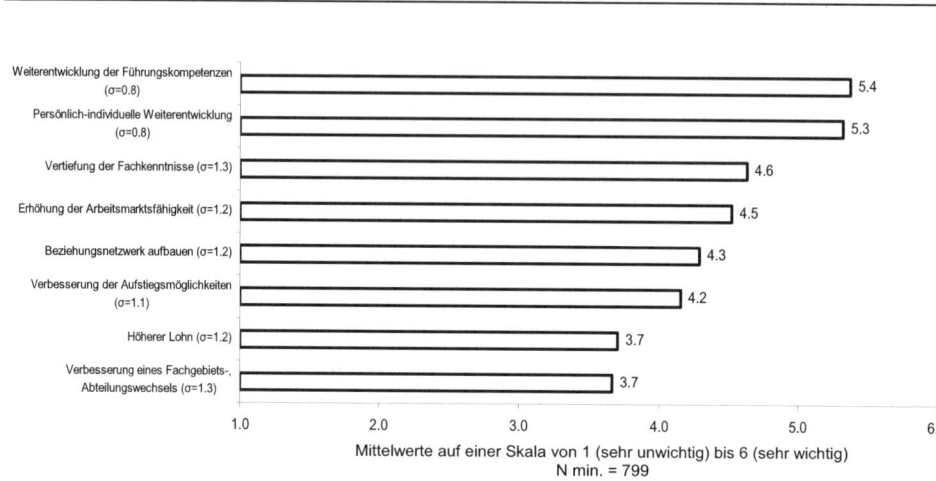

Mittelwerte auf einer Skala von 1 (sehr unwichtig) bis 6 (sehr wichtig)
N min. = 799

Als wichtigste Motive, eine Führungsausbildung zu absolvieren, wurden der Wunsch nach einer Weiterentwicklung der Führungskompetenzen sowie eine generelle persönliche Weiterentwicklung genannt (vgl. Abbildung 3-1). 51 Prozent der Antwortenden erachten die Stärkung ihrer Führungskompetenzen als sehr wichtig und weitere 40 Prozent als wichtig. Beim Wunsch nach persönlicher Weiterentwicklung betragen die entsprechenden Werte 47 Prozent bzw. 40 Prozent. Eine Erhöhung der Fachkompetenz wird hingegen als weniger zentral erachtet. Nur 27 Prozent der Nachwuchskräfte beurteilen eine Vertiefung der Fachkenntnisse als sehr wichtig, weitere 38 Prozent als wichtig.

3.2.2 Inhalte einer Führungsweiterbildung

Die inhaltliche Ausrichtung der Führungsweiterbildung soll nach Ansicht der befragten Verwaltungskader bei der Vermittlung von anwendungsorientiertem Wissen liegen (vgl. Tabelle 3-2). Theoretisches Grundlagenwissen wird vergleichsweise als weniger zentral beurteilt. Für die Ausgestaltung des MD und hierbei insbesondere der betriebsinternen Ausbildungseinheiten zeigt sich folglich, dass eine Schwerpunktsetzung bei der Vermittlung von anwendungsorientiertem Wissen in Kombination mit „Learning on the job" zweckmässig ist. In Bezug auf den Ausbildungsstand der Befragten nimmt der Wunsch nach Theorievermittlung mit sinkendem Ausbildungsstand der Befragten tendenziell zu. Auch die Vorgesetzten streben aus Sicht der Verwaltung in erster Linie die Vermittlung von anwendungsorientiertem Wissen an.

Tabelle 3-2 *Inhaltliche Ausrichtung einer Führungsweiterbildung*

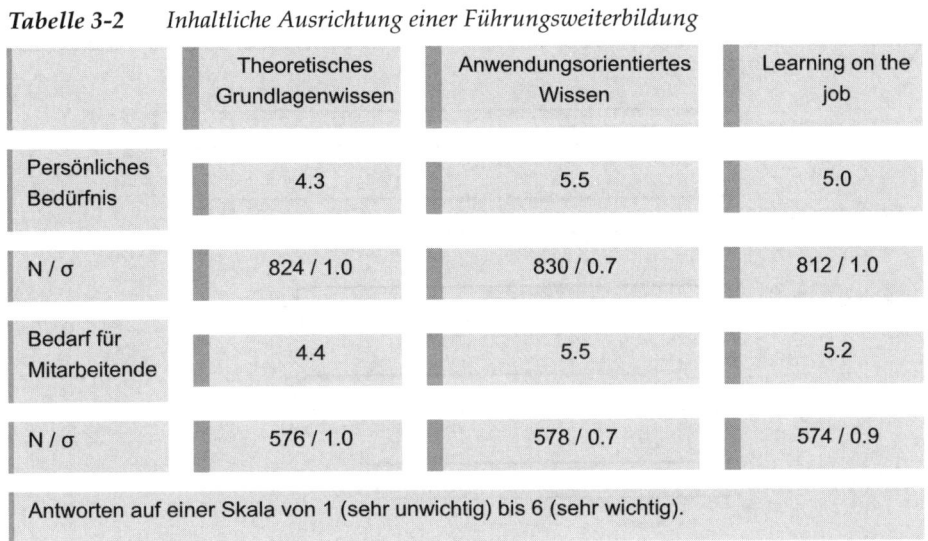

	Theoretisches Grundlagenwissen	Anwendungsorientiertes Wissen	Learning on the job
Persönliches Bedürfnis	4.3	5.5	5.0
N / σ	824 / 1.0	830 / 0.7	812 / 1.0
Bedarf für Mitarbeitende	4.4	5.5	5.2
N / σ	576 / 1.0	578 / 0.7	574 / 0.9

Antworten auf einer Skala von 1 (sehr unwichtig) bis 6 (sehr wichtig).

Die Schwerpunkte der inhaltlichen Gestaltung zeigen vor dem Hintergrund der stark managementorientierten Verwaltungsreformen vergangener Jahre ein nicht unerwartetes Ergebnis. Die befragten Verwaltungskader äussern klar einen Bedarf nach betriebswirtschaftlichen und führungsorientierten Inhalten (vgl. Abbildung 3-2 und auch Voss/Häring/Welge 2000).

Abbildung 3-2: *Schwerpunkte der Inhalte einer Führungsweiterbildung*

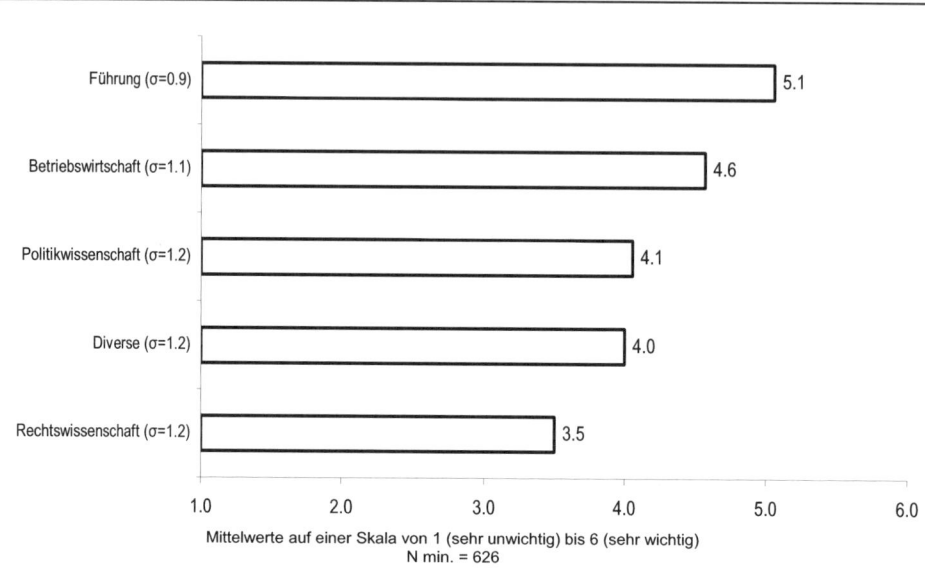

Führung (σ=0.9) 5.1
Betriebswirtschaft (σ=1.1) 4.6
Politikwissenschaft (σ=1.2) 4.1
Diverse (σ=1.2) 4.0
Rechtswissenschaft (σ=1.2) 3.5

Mittelwerte auf einer Skala von 1 (sehr unwichtig) bis 6 (sehr wichtig)
N min. = 626

Aufgrund der Erhebung kann weiter festgehalten werden, dass die Führungskräfte Qualifikationen in folgenden Bereichen als sehr wichtig betrachten:

■ Selbst- und Sozialkompetenz, Führungslehre, Personalmanagement, Kommunikation, Strategisches Management, Qualitäts-, Projekt- und Change-Management.

Als wichtig können die folgenden Bereiche beschrieben werden:

■ Organisation, Controlling, Marketing, Public Relations, Evaluation, New Public Management.

Als eher unwichtig ergaben sich Qualifikationen zu folgenden Themen:

■ Politologie, allgemeine Staats- und Verwaltungslehre, Staats- und Verwaltungsrecht.

Gleichzeitig gilt es aber zu bedenken, dass eine umfassende Führungsweiterbildung sowie qualitativ hoch stehende Bildungsangebote für öffentliche Kader immer auch die Interdisziplinarität und damit die Verknüpfung all dieser Fachbereiche im Auge behalten müssen. Denn der Praxisalltag dieser Führenden bewegt sich immer im Spannungsfeld zwischen den rechtlichen Rahmenbedingungen und der politischen Rationalität, weshalb auch hier neueste Kenntnisse notwendig sind.

3.2.3   Eckdaten einer Führungsweiterbildung

Die Verwaltungskader wurden auch zu den Eckwerten einer entsprechenden Führungsweiterbildung befragt. Die Ergebnisse lassen sich wie folgt zusammenfassen:

- *Referenten:* Personen aus der Praxis werden gegenüber Wissenschaftlern deutlich bevorzugt. Ausländische Wissenschaftler sind nicht sehr gefragt, noch etwas weniger als Referierende aus anderen Bereichen (z. B. Sport, Kunst).

- *Weiterbildungsdauer:* Eine zweijährige berufsbegleitende Weiterbildung stellt die maximale Länge dar. Aus der Sicht der Vorgesetzten wird sogar eine kürzere, z. B. einjährige Dauer bevorzugt.

- *Weiterbildungsstruktur:* Rund 80 Prozent der Befragten sehen einen wöchentlichen Aufwand von 10 bis 20 Prozent der Arbeitszeit als gerechtfertigt an. 51 Prozent der Befragten befürworten ein- oder zweitägige Absenzen während der Woche, im Gegensatz zu 34 Prozent der Befragten, welche periodische einwöchige Absenzen für die Weiterbildung als geeigneter betrachten.

- *Ausbildungsniveau:* Während 42 Prozent der Vorgesetzten eher ein tieferes Ausbildungsniveau i. S. eines Zertifikatskurses, 27 Prozent eine Diplomausbildung und 31 Prozent einen Nachdiplomstudiengang für ihre Mitarbeitenden wünschen, so sieht der Eigenbedarf bei den Nachwuchskräften gerade umgekehrt aus: 47 Prozent bevorzugen ein Nachdiplomstudium, 23 Prozent eine Diplomausbildung und rund 30 Prozent einen Zertifikatskurs.

- *Zahlungsbereitschaft:* Bei der Annahme, dass der Arbeitgeber die Hälfte der Weiterbildungskosten finanziert, sind 54 Prozent der Verwaltungskader bereit, maximal 10'000 Schweizer Franken zu investieren. Bei 38 Prozent der Befragten beträgt die Zahlungsbereitschaft immer noch 10'000 bis 20'000 Franken. Nur noch ein sehr kleiner Anteil ist bereit, mehr Geld zu investieren. Dieselbe Zahlungsbereitschaft zeigt sich auch auf der Vorgesetztenebene. Tendenziell sind Vorgesetzte der Bundesebene eher bereit, einen höheren Kostenanteil zu übernehmen.

Im folgenden Kapitel wird das bisher konzeptionell und empirisch-quantitativ behandelte Thema des MD am Praxisbeispiel der Eidgenössischen Zollverwaltung realitätsnah vertieft.

4   Kaderausbildung in der Eidgenössischen Zollverwaltung

Im Jahre 2003 sind täglich rund 630'000 Personen und 330'000 Personenwagen in die Schweiz eingereist. 21'000 LKWs passierten jeden Tag die Grenzen und täglich wurden

Waren im Wert von 371 Millionen Franken exportiert bzw. für 355 Millionen importiert. Die Eidgenössische Zollverwaltung (EZV), Teil des Eidgenössischen Finanzdepartements, hat die Aufgabe, diesen Personen- und Warenfluss sowohl im Rahmen der gesetzlichen Vorgaben als auch angesichts reduzierter Ressourcen effizient und effektiv zu bewältigen.

4.1 Einführung des Leistungsauftrags

Seit 1998 wird das Grenzwachtkorps und seit 2001 der Zivilbereich der Zollverwaltung mit einem Leistungsauftrag vom Vorsteher des Eidgenössischen Finanzdepartements geführt. Der Leistungsauftrag soll mehr Transparenz bei der Leistungserbringung schaffen, mehr Klarheit über den Ressourceneinsatz erzielen und die Steuerbarkeit der EZV erhöhen. Grundlage für den Leistungsauftrag bildet die Gesamtstrategie: „Die EZV erzielt mit den ihr zur Verfügung stehenden Mitteln die grösstmögliche Wirkung. Sie arbeitet reibungslos und bürgernah. Sie setzt sich für eine gute Zusammenarbeit mit den Auftraggebern und den Zollbeteiligten ein und trägt deren Bedürfnissen Rechnung, soweit dies das Recht und die Pflicht zur Aufgabenerfüllung zulassen." (vgl. EZV 2004: 4).

Mit der Einführung des Leistungsauftrags werden Mitarbeitende und insbesondere Vorgesetzte vor eine neue Herausforderung gestellt. Bis anhin wurde die Arbeitstätigkeit mehrheitlich durch Vorgaben gesteuert. So bestanden Quoten, die beispielsweise die Anzahl der Waren- und Dokumentenkontrollen festlegten. Man sprach in diesem Zusammenhang von einer Input gesteuerten Führung. Über die Veränderung der Quoten konnten z. B. Arbeitsschwerpunkte und -belastungen gesteuert werden. Die Beurteilung der Mitarbeitenden betraf vor allem Fach-, Selbst- und Sozialkompetenz und selten die durch ihre Tätigkeit erzielten Ergebnisse. Mit dem Leistungsauftrag, den risikoorientierten Zielsetzungen und einer leistungsbezogenen Beurteilung der Arbeitsergebnisse wechselte die Zollverwaltung von der Inputsteuerung zum wirkungs- und ergebnisorientierten Führungsprinzip (vgl. Ritz 2003: 297 ff.).

4.2 Neue Herausforderungen an die erforderlichen Kompetenzen

Vor allem Führungskräfte sahen sich mit diesem Paradigmawechsel neuen Anforderungen gegenüber. Die wirkungsorientierte Verwaltungsführung verlangt nach Überlegungen und Massnahmen in den Bereichen Strategie, Struktur und Kultur. Produkte müssen definiert, Ziele, Indikatoren und Beurteilungsstandards festgelegt, betriebliche Abläufe, Aufgaben und Arbeitstätigkeiten kritisch überprüft und angepasst werden. Die Ergebnisse der Risikoanalyse sind laufend in die Arbeitstätigkeit zu integrieren und die Daten für das Reporting sind zu erheben. Das Controlling liefert Ergebnisse zur Zielerreichung und steuert den Einsatz der Ressourcen.

Parallel zum Leistungsauftrag erfolgte die Einführung des neuen Bundespersonalgesetzes, das primär im Bereich der Personalführung und -beurteilung wesentliche Veränderungen mit sich bringt. Vorgesetzte haben nun mit ihren Mitarbeitenden individuelle Zielvereinbarungen abzuschliessen und aufgrund der Zielbeurteilung die Lohnentwicklung festzulegen.

Die für diesen Wechsel notwendigen Kompetenzen waren in der Zollverwaltung nicht von Anfang an vorhanden. Der überwiegende Anteil des Kaders hat die Ausbildung zur Zollexpertin bzw. zum Zollexperten absolviert. Diese Ausbildung ist auf das eigentliche Zollwesen ausgerichtet. Plötzlich mussten sich die Führungskräfte mit betriebswirtschaftlichen Begrifflichkeiten, Verfahren und Überlegungen auseinander setzen. Es stellte sich damit die Frage nach dem notwendigen Qualifizierungsbedarf des Kaders.

Eine intern in der Zollverwaltung durchgeführte Umfrage führte zur Erkenntnis, dass die Führungskräfte ihren grössten Ausbildungsbedarf in den klassischen Führungsthemen orten. Rein betriebswirtschaftliche Kenntnisse oder z. B. rechtliche Themen werden oft nicht als prioritär angesehen. Dies ist insofern nachvollziehbar, als die Kader, nach den grössten Anforderungen in ihrer Tätigkeit befragt, die Aufgabe der Personalführung hervorheben. Fachliche und organisatorische Massnahmen werden grundsätzlich als weniger schwierig und belastend erlebt.

Für die Zollverwaltung war es daher unbestritten, dass die Führungslehre einen wichtigen Aspekt in der Ausbildung der Kader bildet. Wie dargelegt, verlangt der Wandel zur wirkungsorientierten Verwaltungsführung seitens der Institution auch nach einem Wandel der Kompetenzen. Ohne Verständnis für Prozesse und Mechanismen der Wirkungsorientierung ist eine Umsetzung dieses Führungsprinzips kaum möglich.

Zum Erwerb der neuen Kompetenzen wurden verschiedene Ausbildungs- und Informationsmassnahmen ergriffen. Insbesondere wurden die interne Kaderentwicklung neu konzipiert und die Grundlagen des wirkungsorientierten Führungsprinzips als Ausbildungsinhalt aufgenommen. Hier greift die Zollverwaltung unter anderem auf Know-how der Universität Bern zurück, indem Referenten Grundbegriffe, Instrumente und theoretische Grundlagen im Zusammenhang mit den praktischen Erfahrungen den Teilnehmenden vermitteln.

4.3 Veränderter Ansatz in der Kaderausbildung

Die Kaderentwicklung der Eidgenössischen Zollverwaltung verfolgt seit 2002 einen eigenständigen Ansatz der Führungsentwicklung, welcher aus dem Bedürfnis nach einer strukturierten sowie für die Zielgruppen verbindlichen Ausbildung für die insgesamt über 300 mittleren und oberen Kader entstanden ist. Das zuvor existierende Freiwilligkeitsprinzip wurde nicht mehr weiter verfolgt und durch eine gezielte Zusammensetzung der Ausbildungskurse ersetzt. Zusammenfassend lässt sich das neue Ausbildungskonzept folgendermassen charakterisieren:

- *Leitlinien der Kaderausbildung:* Die Kaderausbildung der Zollverwaltung integriert sich in die Kaderentwicklung sowie in die übergeordneten personalpolitischen Grundsätze der Bundesverwaltung. Ausbildungsmodule bauen auf zuvor vermittelten Inhalten auf und verfolgen einen roten Faden während allen Kurstagen. Die Kaderausbildung ist wirkungsorientiert, d. h. die Umsetzung der Ausbildungsinhalte im Arbeitsalltag wird durch spezifische Massnahmen gefördert.

- *Ausbildungsstruktur:* Zwei bis drei Wochen während eines Jahres in drei Modulen und mit einem Mix an internen sowie externen Referenten. Letztere werden spezifisch auf die Verhältnisse der Zollverwaltung vorbereitet.

- *Ausbildungsmodul 1:* Während rund zwölf Tagen werden die Grundlagen des Führungshandelns vermittelt.

- *Ausbildungsmodul 2:* Dieses wiederum zwölftägige Modul behandelt die Themen Unternehmensstrategie, Umgang mit Veränderungen, wirkungsorientierte Verwaltungsführung, Dienstleistungsmanagement sowie Selbst- und Sozialkompetenzen. Parallel dazu findet ein viertägiges Praxiscoaching für alle Kader statt, das besonderen Wert auf die Umsetzung der erlernten Inhalte legt.

- *Ausbildungsmodul 3:* Der Praxistransfer sowie die Vernetzung der erworbenen Kenntnisse mit der eigenen Führungsaufgabe stehen im letzten Modul im Vordergrund. Die Moderation dieses Moduls obliegt der Geschäftsleitung der Eidgenössischen Zollverwaltung. Sie bestimmt die Inhalte und stellt sich während drei Tagen ihren Kaderpersonen zur Verfügung, um die neuen Strategien sowie weitere zentrale Themen der Zollverwaltung gemeinsam zu erörtern.

- *Freiwilliges Zyklusseminar:* Neben der obligatorischen Kaderausbildung besteht die Möglichkeit des Besuchs eines eintägigen Zyklusseminars, das jährlich ein spezifisches Führungsthema (z. B. Personalbeurteilung, Coaching) vertieft.

Neben der internen Kaderausbildung werden ausgewählte Mitarbeitende gezielt und vertieft im Rahmen von Nachdiplomstudien an Hochschulen mit betriebswirtschaftlichen Grundkenntnissen und der wirkungsorientierten Verwaltungsführung vertraut gemacht. Ziel ist es, dass diese Mitarbeitenden einerseits über die notwendigen individuellen Kompetenzen zur Führung in ihrem Verantwortungsbereich verfügen und andererseits durch die interne Weitergabe das organisationale Lernen der Zollverwaltung fördern.

Die Schnittstelle „Verwaltung – Hochschule" spielt im Ausbildungskonzept der Zollverwaltung eine zentrale Rolle. Die Hochschule liefert theoretische Grundlagen, vermittelt Instrumente, zeigt aktuellste Forschungsergebnisse und zukünftige Entwicklungen auf. Diesen Input von aussen braucht die Verwaltung zur Veränderung und Reflektion. Die Zusammenarbeit ist jedoch nur dann erfolgreich und fruchtbar, wenn die Hochschule die praktischen Erfahrungen der Verwaltung mit einbezieht – hierzu bietet die Zollverwaltung explizite Unterstützung an. Theorien, Instrumente und Forschungsergebnisse müssen mit der erlebten Praxis der Führungskräfte verbunden sein. So kann die beabsichtigte Wirkung entstehen.

5 Fazit

Der vorliegende Artikel hat versucht, die sehr aktuelle und dennoch nicht überaus weit verbreitete Thematik des systematischen MD in öffentlichen Institutionen anhand einer eigenen Konzeption, aktueller Umfrageergebnisse und anhand eines Beispiels aus der Eidgenössischen Zollverwaltung zu erörtern. Ausgehend von den im zweiten Kapitel beschriebenen Entwicklungstendenzen im öffentlichen Sektor kann folgendes Fazit gezogen werden:

- Ein integriertes MD-System ermöglicht staatlichen Institutionen eine erleichterte *Organisation von Experten-Know-how*. Zum einen kann die eigens geschaffene Expertenlaufbahn in Verbindung mit dem MD-Pool die Entwicklung und Vernetzung von Expertenwissen fördern. Expertengremien dienen zudem unter Beizug Externer der verstärkten Partizipation mit staatlichen Anspruchsgruppen und helfen mit, das sich abzeichnende Defizit der Steuerung gesellschaftlicher Subsysteme mit innovativen Ansätzen auszugleichen.

- Die empirische Untersuchung und das Praxisbeispiel führen zur selben Erkenntnis in Bezug auf den Wandel erforderlicher Kompetenzen. Das MD im öffentlichen Sektor muss sich verstärkt strategie- und führungsrelevanten Kompetenzen widmen. Die gesteigerten Effizienz- und Effektivitätsansprüche an öffentliche Verwaltungen von Seiten der Bürger, der Wirtschaft und der Kunden rufen nach *professioneller Führung*. Die Bereitschaft zur Übernahme erhöhter Führungsverantwortung und zum Erlernen entsprechender Kompetenzen kann aufgrund der Umfrageresultate als hoch eingestuft werden. Spezifische, das Spannungsfeld zwischen politischer, administrativer und unternehmerischer Führung berücksichtigende Angebote für die Führung im öffentlichen Sektor sind zu entwickeln. Die Umfrageresultate vermochten die entsprechenden Rahmenbedingungen für solche Angebote zu skizzieren.[3]

- Die allgegenwärtige Komplexitätszunahme gesellschaftlicher Steuerung, damit verbundene stetige Wissenserneuerung sowie die oben erläuterte Entwicklungsbereitschaft öffentlicher Kader erfordern eine *verstärkte Kooperation* im Bereich der Führungskräfteweiterbildung. Eine im Fallbeispiel der Eidgenössischen Zollverwaltung erläuterte Alternative betrifft die Kooperation in der Führungsweiterbildung zwischen Verwaltung und Universität. Die empirische Erhebung sowie das Fallbeispiel zeigen gleichzeitig auf, dass der Bedarf an praxisrelevantem Knowhow enorm hoch ist. Insofern erfordern solche Weiterbildungskooperationen eine längerfristige Dauer und eine vorangehende Bekanntmachung der externen Experten mit der Situation vor Ort. Daran anschliessend ist der Umsetzungsberatung entsprechend viel Gewicht beizumessen, um überhaupt einen Transfer und entsprechende Wirkungen erreichen zu können.

Die umfassende Einführung eines integrierten MD-Systems in öffentlichen Institutionen stellt eine längerfristige Aufgabe dar. Einzelne Schritte, wie dies die Neuausrichtung der Kaderausbildung in der Eidgenössischen Zollverwaltung darstellt, weisen in die richtige Richtung. Solche Ansätze können den hohen Bedarf nach qualitativ hoch stehender sowie situationsangepasster Führungsentwicklung nach und nach decken. Der frühzeitige Beginn mit dem Aufbau eines systematischen MD dürfte sich in Zeiten knappen Arbeitsangebots sowie abnehmender Loyalität zwischen Arbeitnehmern und Arbeitgebern positiv auf die öffentlichen Institutionen auswirken.

Literaturverzeichnis

ARGYRIS, CHRIS (1991): Teaching smart people how to learn. In: Harvard Business Review, May-June 1991, 69. Jg. 1991, Nr. 3, S. 99-109.

BECKER, MANFRED (2002): Gestaltung der Personal- und Führungskräfteentwicklung: Empirische Erhebung, State of the Art und Entwicklungstendenzen, München 2002.

COOMBES, DAVID (1998): The Place of Public Management in the Modern European State: Perspectives from East and West Europe. In: Innovations in Public Management, hrsg. v. Tony Verheijen und David Coombes, Cheltenham 1998, S. 8-36.

EZV (2004): Leistungsauftrag für den Zivilbereich der Zollverwaltung 2005 – 2008. Eidgenössische Zollverwaltung EZV, Bern 2004.

FREY, BRUNO S./OSTERLOH, MARGIT (2002): Managing Motivation: Wie Sie die neue Motivationsforschung für Ihr Unternehmen nutzen können, 2., aktualis. und erw. Aufl., Wiesbaden 2002.

FRIEDLI, VERA (2002): Die betriebliche Karriereplanung. Konzeptionelle Grundlagen und empirische Studien aus der Unternehmensperspektive, Bern u. a. 2002.

HERZBERG, FREDERICK (1966): Work and the Nature of Man, Cleveland 1966.

KLAGES, HELMUT (1985): Wertorientierungen im Wandel: Rückblick, Gegenwartsanalyse, Prognose, Frankfurt et al. 1985.

RITZ, ADRIAN (2003): Evaluation von New Public Management - Grundlagen und empirische Ergebnisse der Bewertung von Verwaltungsreformen in der schweizerischen Bundesverwaltung, Bern et al. 2003.

ROSENSTIEL, LUTZ VON (2007): Grundlagen der Organisationspsychologie: Basiswissen und Anwendungshinweise, 6., überarb. Aufl., Stuttgart 2007.

SATTELBERGER, THOMAS (1995): Fortbildung, Training und Entwicklung von Führungskräften. In: Handwörterbuch der Führung, hrsg. v. Alfred Kieser et al., Stuttgart 1995, Sp. 381-391.

SIEDENTOPF, HEINRICH (1998): Das Führungskolleg Speyer (FKS): Fortbildung und Personalentwicklung von Führungskräften der öffentlichen Verwaltung. In: Politik und Verwaltung auf dem Weg in die transindustrielle Gesellschaft: Carl Böhret zum 65. Geburtstag, hrsg. v. Werner Jann et al., Baden-Baden 1998, S. 461-473.

THOM, NORBERT (1990): Was bedeutet „Verantwortung tragen" in einer Institution? In: Verbandsmanagement, 15. Jg. 1990, Nr. 2, S. 6-12.

THOM, NORBERT/RITZ, ADRIAN (2007): Public Management: Innovative Konzepte zur Führung im öffentlichen Sektor, 4. aktualis. Aufl., Wiesbaden 2007.

VOSS, ANETTE/HÄRING, KARIN/WELGE, MARTIN K. (2000): Der Wettlauf mit dem Wandel: Management-Entwicklung im Umbruch. In: Management Development – Praxis, Trends und Perspektiven, hrsg. v. Martin K. Welge et al., Stuttgart 2000, S. 3-23.

WEBER, MAX (1976): Wirtschaft und Gesellschaft: Grundriss der verstehenden Soziologie, hrsg. v. Johannes Winckelmann, 5. Aufl., Tübingen 1976.

WENK, MARTIN (1993): Die Beurteilung des Potentials von Führungskräften durch Linienvorgesetzte, Dissertation Universität St. Gallen 1993.

Anmerkungen

1   Bei der Durchführung haben neben den beiden Autoren Dr. Thomas Isenmann, Dr. Eva Maria Klaper und Walter Lang mitgewirkt. Ihnen, den an der Umfrage beteiligten Verwaltungskader sowie dem Eidgenössischen Personalamt sei an dieser Stelle für die mit der Untersuchung verbundenen Arbeiten, welche diesem Text zugrunde liegen, herzlich gedankt.

2   Die Stichprobenauswahl beinhaltet sowohl erfahrene Kader in Leitungsfunktion als auch jüngere Nachwuchskräfte des mittleren Kaders aus folgenden Institutionen: Eidgenössische Bundesverwaltung, Kantonsverwaltung Bern, Kantonsverwaltung Solothurn, Stadtverwaltung Bern, Schweizerischer Nationalfonds und Mitglieder der Schweizerischen Konferenz der Ausbildungsverantwortlichen (SKAV).

3   Vergleiche als exemplarisches und auf der Basis dieser Umfrageergebnisse entwickeltes Angebot für Führungskräfte im öffentlichen Sektor den Executive Master of Public Administration des Kompetenzzentrums für Public Management der Universität Bern (http://www.mpa.unibe.ch).

Teil 6:

Thesen

Norbert Thom und Robert J. Zaugg

Thesen zur Personalentwicklung

Nach Auswertung der Beiträge zu diesem Sammelwerk sowie auf der Basis eigener Erfahrungen in der PE-Arbeit bei privaten und öffentlichen Institutionen und nicht zuletzt anhand der Auswertung eigener empirischer Forschung wagen die Herausgeber im Sinne eines Resümees die thesenartige Feststellung wichtiger Trends in der Personalentwicklung:

Zahlreiche Einzelmassnahmen ergeben noch kein integriertes Gesamtkonzept.

Die Aktivitätsfelder der Personalentwicklung werden erheblich ausgeweitet. Standen traditionellerweise die Aspekte PE-into-the-job, PE-off-the-job und PE-on-the-job im Vordergrund, werden heute Massnahmen stärker gepflegt, die PE-Elemente near-the-job, along-the-job und out-of-the-job umfassen. Die Einzelmassnahmen und die dazu gehörenden Methoden wurden inzwischen stark differenziert. Hinzu kommt eine unterschiedliche Akzentsetzung gemäss den verschiedenen Lebensphasen der Mitarbeitenden. Angesichts der überbordenden Fülle einzelner Aktivitäten und einer schillernden Vielfalt von Methoden erscheint die Erarbeitung einer Gesamtkonzeption der PE und deren Einordnung in die Unternehmensentwicklung umso wichtiger. Um nicht dem Methodenaktionismus zu verfallen, sind eine integrierte Konzeption und deren strategische Ausrichtung von grösster Bedeutung. Zu einem stimmigen Gesamtentwurf gehören neben der Verankerung im übergeordneten Managementsystem (Unternehmensziele und -strategien) die Schaffung informatorischer Grundlagen, die differenzierte Ausgestaltung von bildungsbezogenen Massnahmen (von der Erstausbildung bis zur Umschulung sowie verschiedene Formen der Vermittlung von Fach- und Führungswissen) sowie die volle Nutzung der Möglichkeiten der PE im Stellengefüge von Unternehmen und über Unternehmensgrenzen hinweg (stellenbezogene Massnahmen).

Für ein umfassendes PE-System ist auch die Identifikation der Träger der PE erforderlich. Hier ist auf der einen Seite die Rolle der Führungskräfte auf unterschiedlichen Ebenen zu klären. Auf der anderen Seite muss das Zusammenspiel zwischen internen und externen Spezialisten mit den Führungskräften koordiniert werden. Innerhalb des Systems PE ist eine Vielzahl von Einzelprozessen (z. B. der Zielvereinbarungsprozess oder die Gestaltung eines Trainee-Programmes) effizient und effektiv zu gestalten. Nur unter Beachtung aller vorgenannten Aspekte ist eine nachhaltige Entwicklungsarbeit möglich. Ein solches integriertes PE-Konzept ist sicherlich auch ein starker Attraktivitätsfaktor auf dem Arbeitsmarkt für Fach- und Führungskräfte.

Im Rahmen von Gesamtkonzepten soll es Schwerpunkte geben.

Die PE gewinnt einerseits für die Erarbeitung von Strategien an Bedeutung (resource-based view), andererseits ist sie heute unverzichtbar, wenn es um die Umsetzung der erarbeiteten Strategien geht. Strategien dienen der Verbesserung der Wettbewerbsposition von Unternehmen und sind deshalb nach Veränderungen in der Wettbewerbssituation zu überarbeiten. Trotz der Unterschiedlichkeit der Strategien in einzelnen Unternehmen lassen sich in Querschnittsbefragungen Felder identifizieren, die für mehrere Unternehmen eine überdurchschnittliche Bedeutung aufweisen. Die grossen Herausforderungen für die PE in der Zukunft liegen in folgenden Bereichen: Förderung von Führungskräften und High Potentials, Nachfolgeplanung, Change Management, Strategieorientierung und Internationalisierung.

Die Grundlage der PE besteht im Erkennen von Kompetenzen und Potenzialen.

Während viele Unternehmen immer noch nicht den klassischen Beurteilungsprozess (Vorgesetzter beurteilt die unmittelbar unterstellten Mitarbeitenden) zufrieden stellend beherrschen, sind Unternehmen, die Best Practices im Bereich der PE realisiert haben, bereits auf dem Weg zum 360-Grad-Feedback. Die vertikale Perspektive wird um eine horizontale Dimension (Beurteilung durch Kollegen) ergänzt. Hinzu kommen Beurteilende ausserhalb der formalen Unternehmensgrenzen, die jedoch in starker Interaktion mit den Beurteilten stehen (z. B. Kunden, Lieferanten). Wenn zusätzlich eine Beurteilung von unten nach oben möglich ist, so spricht dies für eine weit entwickelte Unternehmenskultur, die eine umfassende und konstruktiv-kritische Einschätzung der Fähigkeiten und Verhaltensweisen einer Person ermöglicht. Das Instrumentarium für eine erfolgreiche Umsetzung des 360-Grad-Feedbacks liegt bereits vor.

Bei der Potenzialbeurteilung entwickeln sich die Assessment-Center in verschiedenen Ausgestaltungsformen zum bevorzugten Instrument. Dies gilt sowohl für den privaten als auch für den öffentlichen Sektor. Schlüsselkompetenzen entstehen nicht nur im Berufsalltag, sondern auch in Situationen ausserhalb des Beschäftigungsverhältnisses. Es gibt Ansätze zur Einschätzung von Schlüsselkompetenzprofilen, die sich in verschiedenen Lebenssituationen (z. B. auch in der Mutterrolle) entwickelt haben und sich im Berufsalltag einsetzen lassen. Insgesamt stellt die Orientierung an differenzierten Kompetenzarten (Fach-, Sozial-, Führungskompetenz, interkulturelle Kompetenz etc.) eine wichtige Basis für die PE-Arbeit dar.

Professionelle Executive Searcher haben ein Instrumentarium erarbeitet, mit dessen Hilfe sie Verhaltensmuster erfolgreicher Führungspersönlichkeiten relativ gut identifizieren können. Dies ist bei der Fortsetzung von Karrieren, die über Unternehmens- und Konzerngrenzen hinausgehen, von erheblicher Bedeutung.

Die PE-Arbeit hat sich auch verstärkt an den Lebenszyklen der Menschen zu orientieren. Neben dem beruflichen gibt es auch einen familiären oder einen biosozialen Lebenszyklus. Diesen Aspekten ist bei der Standortbestimmung in den verschiedenen Lebensphasen Rechnung zu tragen („Wo steht der Mitarbeitende, wohin könnte er weiter gehen?"). Ein Teilaspekt ist die Besonderheit der Personalentwicklung bei älteren Mitarbeitenden angesichts der demographischen Entwicklung. Auf der Basis einer Kompetenzanalyse können die spezifischen Fähigkeiten älterer Personen besser genutzt werden. Das Alter der Mitarbeitenden ist eine Dimension in einem umfassenden Diversity Management, dessen Chancen zunehmend ins Blickfeld geraten. Ältere Personen verlangen nach anderen Entwicklungskonzepten. Sie sind auch selbst als Wissens- und Erfahrungsvermittler in wertvoller Weise einsetzbar.

Neue Technologien eröffnen bedarfs- und bedürfnisgerechte Formen der Wissensvermittlung.

Eine gut ausgebaute Komponente der PE-Arbeit im deutschsprachigen Raum waren stets bildungsbezogene Massnahmen. Innerhalb der Bildungsaktivitäten ist durch die neuen informationstechnologischen Möglichkeiten das Instrumentarium wesentlich erweitert worden. Das E-Learning bietet hervorragende Ansatzpunkte zur Wissensvermittlung. Allerdings sind letztlich gemischte Lösungen im Sinne der Kombination virtueller und nicht-virtueller Elemente bzw. der Verbindung verschiedener Lernarrangements (Blended Learning) als nachhaltiger zu beurteilen. Die Einführung des E-Learning stellt selbst einen komplexen Change Prozess dar. Nach der anfänglichen Euphorie („Wir lernen alles über den Computer!") hat sich inzwischen eine realistischere Position durchgesetzt, die die neuen Möglichkeiten nutzt, ohne menschenbasierte Wissensvermittlung mit unmittelbarer Interaktion zu vernachlässigen.

Lernen am Arbeitplatz und Karrierechancen werden immer weiter differenziert.

Die wirtschaftliche Entwicklung (Trend zur schlanken Organisation) und die gesellschaftliche Entwicklung (Anstieg des formalen Bildungsniveaus) erfordern verschiedene Karrieremodelle über die klassische Führungskarriere hinaus. Einerseits haben sich durch den Abbau von Hierarchieebenen vertikale Aufstiegschancen verringert. Andererseits erwarten viele Arbeitnehmende mit formal hohem Ausbildungsabschluss eine Nutzung ihrer Fähigkeiten sowie eine gute „Verzinsung" ihrer erheblichen Bildungsinvestitionen. Die Akzeptanz von Fach- und Projektkarrieren nimmt bei exzellenten Unternehmen deutlich zu. Internationale wissensbasierte Grossunternehmen haben bereits Konzepte entwickelt, aus denen sich die Gleichwertigkeit von Fach- und Führungskarrieren ergibt. Es zeichnet sich ab, dass in allen Karrierepfaden die Anforderungen steigen. Daraus folgt die Notwendigkeit einer kontinuierlichen Personalentwicklung über das ganze Berufsleben hinweg.

Coaching hat sich als ein neues wichtiges Instrument der stellenbezogenen PE-Arbeit etabliert. Die bedeutendsten Anlässe zum Coaching liegen neben dem Führungstraining in der Performance-Optimierung, der Konfliktlösung und der Verbesserung der Arbeitsqualität sowie in der Vermeidung von Job-Stress und Burn-out. Es hat sich ein beeindruckendes Instrumentarium von Coachingtechniken herausgebildet. Die Auswahl der qualifizierten Coaches wird zu einer kritischen Aktivität für Führungskräfte und Personalabteilungen.

Ein weiteres aktuelles Instrument der stellenbezogenen PE besteht in Mentoringprogrammen. Für deren Etablierung lassen sich bereits überprüfte Erfolgsfaktoren identifizieren. Im Mentoring findet PE sowohl bei den Mentees (geförderte Person) als auch bei den Mentoren (z. B. höhere Führungskraft) statt. Mit Mentoring kann dem Trend zur Individualisierung von PE-Prozessen Rechnung getragen werden. In einem Mentoring-Konzept gilt es, einen optimalen Pfad zu finden zwischen der berechtigten Förderung von High Potentials und der unangemessenen Bevorzugung Einzelner.

Verwaltungsmodernisierung ist ohne umfassende Personalentwicklung nicht möglich.

Im öffentlichen Sektor hat die Verwaltungsmodernisierung (als Spezialfall des Change Managements) den Stellenwert der PE deutlich erhöht. Dies lässt sich damit erklären, dass sich ein wirksamer Kulturwandel in der öffentlichen Verwaltung nur mit gezielter Personalarbeit erreichen lässt. Immer mehr Personen haben Führungsaufgaben in Transformationsprozessen zu erfüllen, für welche sie die bisherigen Entwicklungsprozesse noch nicht ausreichend qualifiziert haben. Das verwaltungsinterne Angebot von PE-Massnahmen wird immer reichhaltiger. Es kommt auch zu einer sinnvollen Kooperation über Landes- und Kantonsgrenzen hinweg. So können das Stellenreservoir erweitert und das eingesetzte Instrumentarium professioneller gehandhabt werden.

Für die Führungskräfteausbildung auf der obersten Verwaltungsebene wurden inzwischen umfassende Programme (Executive Master of Public Administration) entwickelt. Diese werden national durchgeführt und international vernetzt. Damit verbessern sich die Voraussetzungen, dass Führungspersonen zwischen dem öffentlichen und privaten Sektor im Laufe ihrer gesamten Karriere wechseln können. Dies fördert die Durchlässigkeit zwischen verschiedenen Sektoren unserer Gesellschaft und erweitert die Chancen für berufliche Entwicklungen.

Professionelle Personalentwicklung verlangt das kombinierte Engagement von Führungskräften und Spezialisten.

PE ist eine herausragende Aufgabe des obersten Managements. Bei diesen Personen stehen die Identifikation und Förderung von Nachwuchsführungskräften im Vordergrund. Weiterhin haben sie die laufende Umsetzung von PE-Konzepten zu überwachen und ihre Kompatibilität mit der Unternehmensstrategie sicherzustellen. Personalverantwortliche müssen heute ihr Engagement im Bereich der PE stärker aus der Wertschöpfungsperspektive begründen. Nicht nur der produzierte Output (z. B. Bildungstage), sondern auch die erzielten Wirkungen (z. B. Verbesserung der Kundenorientierung, Steigerung des Kostenbewusstseins und Beherrschung der Führungsprozesse) werden intensiver evaluiert. Demzufolge orientiert sich die Arbeit der Personalabteilungen immer mehr an aussagekräftigen Kennzahlen. Im Bereich der PE gibt es bewährte Ansätze (wie das klassische Bildungscontrolling) bis hin zur Erfassung des Zugewinns an Humankapital. Letztlich geht es darum, die Kennzahlen mit der Gesamtkonzeption zu begründen, wie dies beispielsweise im Rahmen der Balanced Scorecard erfolgt.

Bei der PE geht es darum, die verschiedenen Kompetenzen der Mitarbeitenden zu identifizieren und weiterzuentwickeln. Dies kann nur mit einem kontinuierlichen und wohl abgestimmten Engagement von Führungskräften und Spezialisten erreicht werden.

Autorenverzeichnis

Univ.-Prof. Dr. Dr. h. c. mult. Norbert Thom

Gründer und Direktor des Instituts für Organisation und Personal der Universität Bern. Studium der Wirtschafts- und Sozialwissenschaften an der Universität zu Köln (Diplom 1972, Promotion 1976, Habilitation 1984). Umfassende Erfahrungen als Forscher, Hochschullehrer und Wissenschaftsmanager. Darüber hinaus Führungspositionen in mehreren Fachgesellschaften für Betriebswirtschaftslehre, Organisation und Management sowie Human Resource Management. Praxiserfahrungen als Berater von Unternehmen, Verwaltungen und Regierungen sowie als Beirat und Verwaltungsrat. Zahlreiche Publikationen mit Übersetzungen in über 20 Sprachen in den Bereichen Personal-, Organisations- und Innovationsmanagement sowie im Gesundheits- und Public Management. Gastvorträge an rund 50 Universitäten/Hochschulen. Ehrendoktorwürden der Mykolas Romeris Universität Vilnius (Litauen), der Johannes Kepler Universität Linz (Österreich) und der Martin-Luther-Universität Halle-Wittenberg (Deutschland).

norbert.thom@iop.unibe.ch

Univ.-Prof. Dr. Robert J. Zaugg

Dozent für Personal- und Organisationsmanagement an der Universität Freiburg (Schweiz) und Managementberater. Studium der Wirtschaftswissenschaften an der Universität Bern (Lizentiat 1991, Promotion 1996, Habilitation 2005). Lehr- und Forschungstätigkeit an den Universitäten Bern, Freiburg (Schweiz), Zürich, der Wissenschaftlichen Hochschule Lahr (WHL) sowie an der University of California in Berkeley. Dozent und Referent in Fach- und Kaderschulungen. Vizepräsident der Schweizerischen Gesellschaft für Organisation und Management (SGO) sowie Stiftungsrat der SGO-Stiftung. Inhaber der Ingenio Managementconsulting und Mitinhaber der empiricon AG für Personal- und Marktforschung. Verwaltungsrat. Forschungsschwerpunkte: Personal- und Organisationsmanagement, Leadership sowie Case Study Methodologie.

robert.zaugg@swissonline.ch

Prof. Dr. Andrea Back

Seit 1994 Professorin für BWL mit besonderer Berücksichtigung der Wirtschaftsinformatik an der Universität St. Gallen und Direktorin des Instituts für Wirtschaftsinformatik IWI-HSG. Sie leitet den Forschungsbereich Learning Center und das Competence Network Business 2.0. Darin werden seit mehreren Jahren praxisorientierte Forschungsfragen zu Corporate Learning und Knowledge Management bearbeitet. Beiden gemeinsam ist der Fokus auf die Mensch-zu-Mensch-Interaktion über neue Medien in kollaborativen Lern- und Arbeitsprozessen. Darüber hinaus ist sie Akkreditierte Beraterin für das Team Management System nach Margerison-McCann.

Univ.-Prof. Dr. Manfred Becker

Inhaber des Lehrstuhls für Betriebswirtschaftslehre, insbesondere Organisation und Personalwirtschaft, an der Martin-Luther-Universität Halle-Wittenberg. Von 1990 bis 1993 Universitätsprofessor für Betriebswirtschaftslehre, insbesondere Personalwirtschaft, an der Gerhard-Mercator-Universität GH Duisburg; Dekan der wirtschaftswissenschaftlichen Fakultät 2003-2006; von 1980 bis 1990 in leitenden Funktionen in der Personalentwicklung eines internationalen Industrieunternehmens tätig; Habilitation (1987), Promotion (1979) an der Johannes Gutenberg-Universität Mainz. Forschungsschwerpunkte: Inhalte und Methoden der Personal- und Organisationsentwicklung, Humanvermögensrechnung Personalcontrolling, Diversity-Forschung, insbesondere Alters-Diversity-Management-Konzepte.

Dr. Adrian Blum

Partner der Unternehmensberatung empiricon AG für Personal- und Marktforschung in Bern. Studium der Wirtschaftswissenschaften an der Universität Bern. Nach dem Studium Betriebswirtschafter in einer Schweizer Grossunternehmung. Anschliessend wissenschaftlicher Assistent bei Prof. Dr. Dr. h. c. mult. Norbert Thom am Institut für Organisation und Personal der Universität Bern. Dissertation zum Thema „Integriertes Arbeitszeitmanagement". Seit 1998 selbstständiger Unternehmensberater, Forscher und Autor im Human Resource Management.

Dr. Carsten Busch

Geschäftsführer der StepStone Solutions GmbH seit 2001 und zuständig für das operative Geschäft in Deutschland und Schweiz. Studium der Betriebswirtschaftslehre an der Universität Essen (1996), Promotion zum Dr. rer. pol. an den Universitäten Essen und St. Gallen (2002). Zuvor beim amerikanischem Unternehmen Best! Software verantwortlich für Vertrieb und Implementierung von web-basierten HR Systemen in dezentralen Konzernstrukturen. Fachliche Schwerpunkte sind Business Process Engineering, web-basierte Technologien und Self-Service im Bereich des Human Capital Managements (insbesondere alle Bereiche des Talent Managements).

Andreas Erb ✝

Lic. phil., Exec. MBA HSG. Gesellschafter der onion: Personal- und Unternehmenswicklung GmbH, Baden. Nach langjähriger Tätigkeit in privatwirtschaftlichen und sozialen Institutionen, 1985 Wechsel an das Betriebswissenschaftliche Institut der ETH Zürich. 1991-2005 selbstständige Beratungstätigkeit. Mitglied im onion: Netzwerk für Beratung. Arbeitsschwerpunkte: Gestaltung und Begleitung komplexer Veränderungsprozesse in privatwirtschaftlichen Unternehmen und Non-Profit-Organisationen und Managemententwicklung (Change, Konflikte, Teamarbeit).

Daniel Fahrni

Lic. phil. Managing Partner cedac entwicklung assessment beratung ag, Geschäftsleiter des centre développement assessment conseil (cedac) der Bundesverwaltung, ehem. Präsident Erwachsenenbildungskommission des Kantons Bern, Stellvertretender Personalchef im Eidgenössischen Departement für Verteidigung, Bevölkerungsschutz und Sport, Leiter der Sektion Personalentwicklung und Interne Kommunikation im Generalsekretariat Eidgenössisches Departement für Verteidigung, Bevölkerungsschutz und Sport VBS, Projektleiter Management Developement VBS, Führungs- und Organisationsberater im Eidgenössischen Personalamt, Ausbildungsleiter im Eidgenössischen Militärdepartement, Assistent am Institut für Politikwissenschaften an der Universität Bern, Primarlehrer.

Dr. Vera Friedli

Lic. et mag. rer. pol. von 1998 bis 2003 Wissenschaftliche Assistentin am Institut für Organisation und Personal (IOP) der Universität Bern. Dissertation zum Thema „Die betriebliche Karriereplanung. Konzeptionelle Grundlagen und empirische Studien aus der Unternehmensperspektive", 2001 mit dem Prädikat „summa cum laude" zum Dr. rer. pol. promoviert. Mitautorin des Buches „Hochschulabsolventen gewinnen, fördern und erhalten" (4. Auflage, 2008). Mit dem Konzertdiplom abgeschlossenes Berufsmusikstudium als Organistin. Auszeichnung mit der Haller-Medaille der Universität Bern (2005).

Dr. Nicolas Gonin

Managing Partner cedac entwicklung assessment beratung ag, Leiter Forschung und Entwicklung im centre développement assessment conseil (cedac) der Bundesverwaltung, Leiter Potenzialidentifikation, Potenzialevaluation und Potenzialentwicklung im Generalsekretariat Eidgenössisches Departement für Verteidigung, Bevölkerungsschutz und Sport, Direktor Potentia Schweiz und Fürstentum Liechtenstein, Stellvertretender Chef Unternehmensplanung und Controlling Heer, Assistent des Ressortleiters Personalentwicklung der Credit Suisse, wissenschaftlicher Mitarbeiter am Institut für Führung und Personalmanagement an der Universität St. Gallen.

Prof. Dr. Anita Graf

Professorin für Human Resource Management an der Fachhochschule Nordwestschweiz, Hochschule für Wirtschaft, Institut für Personalmanagement und Organisation, Olten. Studium und Doktorat an der Rechts- und Wirtschaftswissenschaftlichen Fakultät der Universität Bern. Langjährige Tätigkeit im Bereich Personalentwicklung der UBS AG (1993-2004): zuerst als Trainerin/Beraterin in der Führungsausbildung, nach Auslandaufenthalt Übernahme der Leitung des Bereichs Mitarbeitendenförderung und später des Bereichs Management & Leadership Development. Seit April 2004 Professorin für Human Resource Management an der Fachhochschule Nordwestschweiz. Schwerpunkte: International HRM, Strategische Personalentwicklung, Leistungsbeurteilung und Kompetenzmanagement, Gesundheits-/Selbstmanagement. Zudem selbstständige Tätigkeit im Bereich HR Consulting, Coaching, Training – Europa und Asien.

Hans Gurtner

Projektleiter Logistik und Organisation. Nach jahrelanger Tätigkeit als Lehrer sowie Schulvorsteher berufliche Neuorientierung durch ein berufsbegleitendes Nachdiplomstudium Personalmanagement. Von 1994-97 Personalchef der Eidgenössischen Finanzverwaltung und Mitglied der Direktion. Die Schweizerische Post: Von 1997-2005 Leiter Personal- und Kaderentwicklung, verantwortlich für Personalmarketing, -beurteilung und -entwicklung. Seit 2001 zusätzlich Stv. Leiter Personal, verantwortlich für die Grundlagen der personalwirtschaftlichen Aspekte von Restrukturierungen. 2005 mandatsweise Leiter PostMail Region Mitte, verantwortlich für die Briefverarbeitung mit rund 6500 Mitarbeitenden und Reorganisation der Prozesse. Seit 2006 Leiter Überführung und Stv. Projektleiter REMA (Reengineering Mailprocessing).

Jürg Habermayr

Lic. rer. pol. Nach der Ausbildung zum Chemielaborant in der praktischen Forschung und neben der Karriere als Spitzensportler (Rudern, 1992-1998) eidgenössische Matura am Sportgymnasium auf dem zweiten Bildungsweg. Studium der Betriebswirtschaftslehre (2000-2005) an der Universität Bern mit Vertiefung in Personalmanagement, Marketing und Innovationsmanagement sowie mit Nebenfach Recht. Seit 2005 Tätigkeit als Analyst im Bereich Unternehmensbewertung und wertorientierte Unternehmensführung bei adbodmer und als solcher Geschäftsführer von academics 4 business; einem Unternehmen, das Studierende und herausfordernde, praxisbezogene Aufgaben zusammenbringt.

Dr. Peter Hablützel

Inhaber der Hablützel Consulting Bern (Personal- Führungs- und Politikberatung); Studium der Geschichte, Politikwissenschaft, Wirtschaftsgeschichte und des Staatsrechts in Zürich und Mainz; Assistent und Lehrbeauftragter an den Universitäten Zürich und Bern; 1980-83 persönlicher Mitarbeiter von Bundesrat Ritschard (Vorsteher des Eidgenössischen Finanzdepartements); Forschungs-, Lehr- und Beratungsaufträge im Bereich Politik und Verwaltung; 1987-89 Gesamt-projektleiter EFFISTA (Reorganisation Berner Staatsverwaltung); 1989 bis 2005 Direktor des Eidgenössischen Personalamtes (EPA).

Dr. Philippe Hertig

Managing Partner bei Egon Zehnder International. Spezialisiert auf den Industriebereich sowie auf Management Appraisal und Talent Management. Pilatus Flugzeugwerke AG in Stans, 1989-1992 Regionaler Verkaufsleiter, 1996-1998 Mitglied der Geschäftsleitung, zuerst Head Marketing & Sales, anschliessend Head Business Unit Government. 1993-1995 Doktorand am Institut für Organisation und Personal, Universität Bern. Seit 1999 Berater bei Egon Zehnder International (Executive Search) in Zürich, Partner seit 2004.

Hans Hofmann

Lic. oec. HSG. Human Resources Manager am IBM Forschungslabor in Rüschlikon ZH bis 30. April 2008. Durchführung von Reorganisationsprojekten in verschiedenen Firmen. Leiter der Personalabteilung der ETH Zürich und danach der Fides bzw. CS Fides Trust AG. Seit 1997 am IBM Forschungslabor. Laufende Weiterbildung im Personalmanagement. Nebenamtliche Tätigkeiten im Ausbildungsbereich.

Bernadette Kadishi

Lic. phil. Selbständig tätig in Profit- und Nonprofitorganisationen im Bereich Personal-, Team- und Organisationsentwicklung als Mediatorin, Coach, Trainerin und Moderatorin in deutscher und französischer Sprache. Nach dem Studium der Psychologie an der Universität Fribourg tätig in Lehre und Forschung. Weiterbildung in Mediation, Coaching, Supervision, Systemische Strukturaufstellungen und Kompetenzenbilanzierung. GL-Mitglied des Vereins IES, integrative Evaluationen. Entwicklung eines Instrumentes zur Erfassung von Schlüsselkompetenzen im Rahmen des Chancengleichheitsprojektes Sonnhalde Worb.

Urs A. Klingler

Direktor, Human Resource Services, PricewaterhouseCoopers AG. Zertifikat Global Remuneration Professional™, zertifizierter Berater von Saratoga™ und STRATA™. Studium an der Universität Bern, Schweizerisches Nachdiplomstudium Personalwesen an der Fachhochschule Olten. Seit 1. März 2001 bei Human Resources Services, PricewaterhouseCoopers. Zuvor tätig in verschiedenen Personalfunktionen: Ausbildungsleiter, Personalleiter, Compensation & Benefits Manager mit Schwergewicht Compensation und Performance Review, bei nationalen und internationalen Firmen. Urs Klingler ist Dozent an verschiedenen Fachhochschulen, ist Mitglied der Core-Faculty ZfU, hat einen Lehrauftrag für Compensation & Benefits und ist der Autor des Büchleins „100 Personalkennzahlen".

Rahel Knecht

Lic. Phil. Personalentwicklerin bei der Schweizerischen Mobiliar Versicherungsgesellschaft. Wissenschaftliche Assistentin bei Dr. Lisbeth Hurni „Büro für Laufbahnpsychologie". Praktikantin im centre développement assessment conseil (cedac). Mehrjährige Tätigkeit als Primarlehrerin.

René A. Lichtsteiner

Lic. jur. und Rechtsanwalt. Managing Director Right Management Switzerland AG, Zürich/Basel/Genf und Präsident SKP Schweizerische Kurse für Personalmanagement. Mitglied der Geschäftsleitung von ABB Schweiz, verantwortlich für Personal und interne Dienstleistungen (1991-1999). Projektleiter für das Reengineering der globalen HRM-Prozesse im ABB Konzern (2000). 2001-2005 verantwortlich für das Consulting-Geschäft in der WILHELM-DMS-GRUPPE (Assessment, Development, Outplacement und HR Consulting). Seit 2001 SKP-Präsident und Referent für strategisches Personalmanagement an schweizerischen Universitäten und Fachhochschulen.

Dr. Corinne Montandon

Lic. rer. pol. Von 2001 bis 2005 wissenschaftliche Mitarbeiterin am Institut für Wirtschaftsinformatik der Universität Bern mit Forschungsschwerpunkten E-Learning und Customer Focused E-Learning. Zuvor Studium der BWL und VWL an den Universitäten Bern und Maastricht (NL) mit Vertiefung in Produktionswirtschaft und Wirtschaftsinformatik. Seit 2006 Projektleiterin bei der Robert Bosch GmbH.

Univ.-Prof. Dr. Thomas Myrach

Ordinarius für Wirtschaftsinformatik und Direktor des Instituts für Wirtschaftsinformatik der Universität Bern. Studium der BWL und Informatik an den Universitäten Kiel und Bern. 2001/2002 Lehrstuhlvertretung für Wirtschaftsinformatik an der RWTH Aachen. Seit 2002 Professur für Wirtschaftsinformatik in Bern. Monografien und andere Publikationen insbesondere zu Datenmanagement und Datenbanken. Aktuelle Forschungsinteressen: Online-Marketing, B2B-Integration, Interaktion über technische Netzwerke.

Prof. Dr. Adrian Ritz

Assistenzprofessor für Betriebswirtschaftslehre und Programmleiter des „Executive Master of Public Administration (MPA)" am Kompetenzzentrum für Public Management der Universität Bern. Nach dem Doktorandenstudium bei Prof. Dr. Dr. h. c. mult. Norbert Thom am Institut für Organisation und Personal der Universität Bern folgte der Aufbau des 2002 neu gegründeten Kompetenzzentrums für Public Management (KPM). Zuvor sammelte Ritz Berufserfahrungen bei der ABB Kraftwerke AG in Baden/Schweiz sowie bei der American Laubscher Corporation in New York/USA. Er ist in der universitären Lehre u. a. an den Universitäten Bern, Lausanne, St. Gallen und München tätig. Schwerpunkte in Forschung, Lehre und Beratung sind: Motivation und Performance Management in öffentlichen Organisationen, Führung und Personalmanagement in Politik und Verwaltung, Evaluationsforschung und New Public Management.

Dr. Gabrielle Schlittler

Inhaberin von Vianova GmbH, Beratung für Unternehmensentwicklung, Zürich. Gabrielle Schlittler schloss ihre interdisziplinären Studien mit einer Dissertation in Wirtschaftssoziologie an der Universität Freiburg (Schweiz) ab und besuchte das Executive Development Program der Northwestern University in Chicago (USA). Sie arbeitete im Gesundheitswesen, an der Hochschule und in verschiedenen Managementfunktionen in der Airlineindustrie. 1998 gründete sie Vianova GmbH. Seitdem ist sie als Beraterin für Unternehmen im Dienstleistungssektor und NPOs tätig.

Barbara Saskia Schmid

Studium in Arbeits- & Organisationspsychologie, Klinischer Psychologie und Soziologie. Von 2003 bis 2006 Tätigkeit bei der Personal- und Kaderentwicklung des Konzerns Post in der Personalauswahl und in der internen Weiterbildung. Seit 2006 HR-Beraterin im Personalmanagement der Post. Absolviert zurzeit ein Masterstudium im Bereich Human Capital Management.

André Studer

Studierte an der Universität Zürich Betriebswirtschaft (lic. oec. publ.) und war im Anschluss an das Studium während acht Jahren als Human Resources Manager bei einer Schweizerischen Grossbank in Zürich, London und Hong Kong tätig. In dieser Zeit absolvierte er ein Nachdiplomstudium und verschiedene andere Weiterbildungen im Bereich Human Resources Management. Als Mitglied der Unternehmensleitung führte er während sechs Jahren das Human Resources Management einer internationalen Hightech-Unternehmung mit Sitz in der Schweiz. Von 2004 bis 2006 leitete er die Verwaltungsweiterbildung Zentralschweiz – ein Profit Center der Innerschweizer Kantone. Seit 1. Januar 2007 ist Herr Studer Inhaber der Firma „Alere Consulting GmbH" in Zug mit den Geschäftsbereichen: New Placement – Assessment – Management Development. Website: www.alere.ch

Univ.-Prof. Dr. Jean-Paul Thommen

Professor für Organizational Behavior an der European Business School (EBS) und Titularprofessor für BWL an der Universität Zürich. Nach hauptamtlichen wissenschaftlichen Tätigkeiten an den Universitäten Zürich und St. Gallen seit 1996 an der EBS. Umfangreiche Erfahrungen in den Bereichen Beratung und Weiterbildung (z. B. als Direktor des Executive MBA der Universität St. Gallen). Zahlreiche, auch in der Praxis weit verbreitete Veröffentlichungen (z. B. Managementorientierte Betriebswirtschaftslehre). Forschungsschwerpunkte: Systemisches Management, Organisations- und Personalentwicklung (insbesondere Coaching) und Unternehmensethik.

Martin Weissleder

Lic. phil. hist. Leiter Ausbildung der Eidgenössischen Zollverwaltung. Nach einer Ausbildung als Primarlehrer Studium der Erziehungswissenschaft, Psychologie und Psychopathologie an der Universität Bern. Weiterbildung in den Bereichen Führungsausbildung, Kommunikation und Coaching. 2008 EMBA Abschluss im Bereich Human Resources Management. Tätigkeit als Primarlehrer und Assistent an der Universität Bern. Von 1996-98 Schulleiter des Ausbildungszentrums der Eidg. Zollverwaltung in Liestal. Anschliessend Leiter Ausbildung der Eidgenössischen Zollverwaltung. Referent für Personalmanagement an der Fachhochschule Bern und in der Polizeiausbildung am Schweizerischen Polizeiinstitut Neuenburg.

Abkürzungsverzeichnis

A	Anerkennung
ABB	Asea Brown Boveri
AC	Assessment Center
AG	Aktiengesellschaft
Aufl.	Auflage
B	Begabung
Bd.	Band
BE	Business Engineering
BSC	Balanced Scorecard
bspw.	beispielsweise
BWL	Betriebswirtschaftslehre
bzw.	beziehungsweise
ca.	circa
CBT	Computer Based Learning
CD	Compact-Disc
CD-ROM	Compact Disc Read Only Memory
CEO	Chief Executive Officer
CHF	Schweizer Franken
CLO	Chief Learning Officer
CU	Corporate University
CV	Curriculum Vitae
CVP	Christlichdemokratische Volkspartei
d. h.	das heisst
DB	Datenbank
DE	Distinguished Engineer
DG	Development Group
DGM	Department Group Manager
Dr.	Doktor
DVD	Digital Versatile Disc
E	Electronic
E-Collaboration	Electronic Collaboration
E-Commerce	Electronic Commerce
ed.	Edition
EDG	Executive Development Group

EDV	Elektronische Datenverarbeitung
Effekt.	Effektivität
Effiz.	Effizienz
ehem.	ehemaliger
E-Learning	Electronic Learning
E-Mail	Electronic-Mail
Erg.-Lief.	Ergänzungslieferung
erw.	Erweiterte
et al.	et alii
etc.	et cetera
E-Training	Electronic Training
E-Tutor	Electronic Tutor
EZV	Eidgenössische Zollverwaltung
f.	folgende
FDP	Freisinnig-Demokratische Partei
ff.	fortfolgende
fin.	finanzielle
FK	Führungskräfte
FKS	Führungskolleg Speyer
GAC	Gruppen-Assessment-Center
ggf.	gegebenenfalls
HAP	Hochschule für angewandte Psychologie
HR	Human Resources
HRDM	Human Resource Diversity Management
HRM	Human Resource Management
hrsg. v.	herausgegeben von
Hrsg.	Herausgeber
HSG	Hochschule St. Gallen
HSW	Hochschule für Wirtschaft
http	hypertext transfer protocol
i. d. R.	in der Regel
i. e. S.	im engeren Sinne
i. S.	im Sinne
IESKO	Instrument zur Erfassung von Schlüsselkompeten-zen
IKT	Informations- und Kommunikationstechnologie
Inc.	Incorporated
inkl.	inklusive
IOP	Institut für Organisation und Personal der Univer-sität Bern

IQ	Intelligenzquotient
IT	Informationstechnologie
Jg.	Jahrgang
JIT	Just in Time
K	Konzept
KMU	kleinere und mittlere Unternehmungen
KPI	Key Performance Indicator
L	Lernen
LE	Leistungsebene
LKW	Lastkraftwagen
MA	Mitarbeiter
MbO	Management by Objectives
McK	Mc Kinsey
MD	Management Development
MDS	Management Development System
Mgr.	Manager
min	Minimum
Mio.	Millionen
MPA	Master of Public Administration
N	Anzahl
NGO	Non Government Organisation
NLP	Neurolinguistisches Progammieren
non-e	non-electronic
NPM	New Public Management
Nr.	Nummer
o. V.	ohne Verfasser
OSTO-Modell	offenes-sozio-techno-ökonomisches Modell
PBC	Personal Business Commitments
PC	Personal Computer
PD	Privatdozent
PDF	Portable Document Format
PE	Personalentwicklung
PISA	Programme for International Student Assessment
Prof.	Professor
Projektm.	Projektmanagement
RE	Rekrutierung
resp.	respektive
RMC	Research Management Council
ROI	Return on Investment

RSM	Research Staff Member
s. o.	siehe oben
S.	Seite
SCIV	Swiss Centre for Innovations in Learning
SKAV	Schweizerische Konferenz der Ausbildungsver- antwortlichen
SP	Sozialdemokratische Partei
Sp.	Spalte
Sr.	Senior
St.	Sankt
STSM	Senior Technical Staff Member
SVP	Schweizerische Volkspartei
SWOT	Strengths Weaknesses Opportunities Threats
SWX	Swiss Exchange
TrPr	Traineeprogramm
TV	Television
u.	und
u. a.	und anderen/und anderes/unter anderem
u. a. m.	und anderen/anderem/anderes mehr
u. ä.	und ähnliches
u. s. w.	und so weiter
u. U.	unter Umständen
überarb.	überarbeitete
unisg	Universität St. Gallen
ÜO	Überprüfung/Optimierung
UR	Umsetzung/Ressourcen
URL	Uniform Resource Locator
v. a.	vor allem
v.	von
vgl.	vergleiche
vs.	versus
WBT	Web Based Training
www	world wide web
z. B.	zum Beispiel
z. T.	zum Teil
ZRK	Zentralschweizer Regierungskonferenz

Stichwortverzeichnis

Management | Unternehmensführung | Organisation

Harald Hungenberg
Strategisches Management
in Unternehmen
Ziele – Prozesse – Verfahren
5., überarb. u. erw. Aufl. 2008.
XXVI, 622 S., Br. EUR 42,90
ISBN 978-3-8349-1260-2

Hartmut Kreikebaum |
Dirk Ulrich Gilbert | Glenn O. Reinhardt
Organisationsmanagement
internationaler Unternehmen
Grundlagen und moderne
Netzwerkstrukturen
2., vollst. überarb. u. erw. Aufl. 2002.
XVI, 243 S., Br. EUR 29,90
ISBN 978-3-409-23147-3

Klaus Macharzina | Joachim Wolf
Unternehmensführung
Das internationale Managementwissen
Konzepte – Methoden – Praxis
6., vollst. überarb. u. erw. Aufl. 2008.
XL, 1.173 S., Geb. EUR 58,00
ISBN 978-3-8349-1119-3

Klaus North
Wissensorientierte
Unternehmensführung
Wertschöpfung durch Wissen
4., akt. u. erw. Aufl. 2005.
XII, 353 S., Br. EUR 36,90
ISBN 978-3-8349-0082-1

Joachim Zentes | Bernhard Swoboda |
Dirk Morschett (Hrsg.)
Fallstudien zum
Internationalen Management
Grundlagen – Praxiserfahrungen –
Perspektiven
3., überarb. u. erw. Aufl. 2008.
XVI. 859 S., Br. EUR 79,90
978-3-8349-0707-3

Georg Schreyögg
Organisation
Grundlagen moderner
Organisationsgestaltung
Mit Fallstudien
5., vollst. überarb. u. erw. Aufl. 2008.
XII, 516 S., Br. EUR 36,90
ISBN 978-3-8349-0703-5

Horst Steinmann | Georg Schreyögg
Management
Grundlagen der Unternehmensführung
Konzepte – Funktionen – Fallstudien
6., vollst. überarb. Aufl. 2005.
XX, 952 S., Geb. EUR 44,90
ISBN 978-3-409-63312-3

Elke Weik | Rainhart Lang (Hrsg.)
Moderne Organisationstheorien 1
Handlungsorientierte Ansätze
2., überarb. Aufl. 2005.
XII, 359 S., Br. EUR 36,90
ISBN 978-3-409-21874-0

Elke Weik | Rainhart Lang (Hrsg.)
Moderne Organisationstheorien 2
Strukturorientierte Ansätze
2003. VIII, 364 S., Br. EUR 36,90
ISBN 978-3-409-12390-7

Martin K. Welge | Andreas Al-Laham
Strategisches Management
Grundlagen – Prozess – Implementierung
5., vollst. überarb. Aufl. 2008.
XXVIII, 1.025 S., Geb. EUR 54,90
ISBN 978-3-8349-0313-6

Joachim Wolf
Organisation, Management,
Unternehmensführung
Theorien und Kritik
3., vollst. überarb. u. erw. Aufl. 2008.
XXX, 683 S., Br. EUR 44,90
ISBN 978-3-8349-1011-0

Änderungen vorbehalten. Stand: Juli 2008.
Erhältlich im Buchhandel oder beim Verlag.
Gabler Verlag . Abraham-Lincoln-Str. 46 . 65189 Wiesbaden . www.gabler.de